茶书院系列藏书

屠幼英　何普明　主编

茶与健康

浙江大学出版社
ZHEJIANG UNIVERSITY PRESS

序

　　茶对人类健康的巨大贡献已是不争的事实，也是人们一直坚信并坚持的真理。但是，在19世纪前没有人明确告诉我们茶为什么有如此之多的功能，其科学原理一直扑朔迷离。从20世纪60年代起，茶学这个沉淀了五千年人类实践结果的领域，迎来了自然科学理论的探秘时代，大量的茶成分分析方法、分离和鉴定技术快速发展，对其主成分如儿茶素、茶黄素、茶氨酸、咖啡碱、黄酮、皂素等进行逐一确认，至今已经鉴定的物质达到1500多种，许多物质已实现工业化生产。同时，化学工程、分子生物学、细胞生物学、生物化学、食品营养学和临床医药等大量先进科学技术一齐参与到这种古老植物的研究中，迅速开启了神秘的茶叶健康大门，古老的茶学科理论得到空前的发展。

　　尤其在21世纪，人们对于健康生活的要求越来越迫切。2030年为我国实现健康中国之年，用科学理论指导日常健康生活方式是人类预防疾病的重要手段，茶是最贴近我们生活的药食两用植物，提倡科学饮茶、喝茶、用茶、吃茶，改善我们的生活质量，"让中国人过上茶生活，让全世界爱上中国茶"是我们大家的目标。所以，系统地介绍茶与营养、茶与健康的关系已经是时代的需要。

　　2010年，受世界图书出版公司和"茶文化"系列教材主任、湖南农业大学茶学学科带头人刘仲华院士，福建农林大学原党委副书记、武夷学院原校长杨江帆教授，"茶文化"系列教材副主任、六如茶文化研究所所长林治先生的邀请,作为主编参与编写《茶与健康》一书。同时,"茶与健康"课程自 2010 年下半年在浙江大学开设后,受到同学们的热烈欢迎。经过十年间 12 次印刷,《茶与健康》一书在许多高校已经作为教材,也成为许多茶友喜爱的读物。作为主编,十分感谢大家的支持,另外也考虑到时代发展、新的科研成果大量发表,茶产业产值也从 1000 亿元上升到目前的 6000 多亿元,我国茶叶产量更是达到了 280 万吨。因此,本书必须更新许多知识点,并在原来书稿的基础上重新整理、修改、出版。

本书分七章,主要内容包括:(1)人类的健康;(2)茶叶的化学成分;(3)茶对常见疾病的防治机理和疗效;(4)茶与精神卫生;(5)六大茶类的保健功能;(6)古今茶疗和配方;(7)科学饮茶与健康。第一章和第二章由浙江大学何普明教授撰写;第三章由屠幼英教授、金恩惠博士后、李博副教授、姜炫旭博士生撰写;第四章由屠幼英教授、温欣黎同学撰写;第五章由孟涛先生、马驰先生、屠幼英教授撰写;第六章由屠幼英教授和徐文霞校长撰写;第七章由屠幼英教授、吴媛媛副教授、黄永红老师撰写。

在教材的编写过程中,我们组织了国内多所学校交叉学科的任课教师、茶企业负责人、协会领导,根据目前茶学发展需要进行讨论和选题规划,选用了不少优秀的茶学论文和著作的内容,引用了相关的图片和表格,在此一并表示深深的谢意。

本书既是大学参考教材,也是兼顾学术与科普的读物;既适合广大茶叶爱好者阅读,也对涉及茶叶研究和开发的科研人员,以及医药、农林、食品、饮料、日用化工、饲料及其他诸多领域的专业人员有参考价值。

由于时间仓促和编者的学养水平有限,本书难免有错漏之处,恳请读者批评斧正。

屠幼英

2020 年秋于杭州

目　录

第一章

人类的健康

　　健康是一种在身体上、精神上的完满状态以及良好的适应力，而不仅仅是没有疾病和衰弱的状态。这就是人们所指的身心健康，即一个人在躯体健康、心理健康、社会适应良好和道德健康四方面都健全，才是完全健康的人。本章在了解何谓健康，以及健康与营养的关系后，简述营养学的相关基础知识，包括各种营养素（碳水化合物、脂质、蛋白质、维生素、矿物质）在体内的作用、与健康的关系等。

第一节　人类健康的界定

　　美国思想家爱默生（1803—1882）有句名言：健康是人生第一财富。同样英国剧作家乔治·萧伯纳（1856—1950）也指出，一个健康的民族不会意识到自己的民族性，就像一个健康的人不会意识到自己的身体一样。但是，一旦破坏了一个民族的民族性，那么这个民族所考虑的唯一事情就是如何恢复它。毫无疑问，健康也是如此。而且，健康是一个人学业有成、事业有成、情感融洽、生活快乐的基础。

　　健康是人类生存发展的要素，它属于个人和社会。以往人们普遍认为"健康就是没有病，有病就不是健康"。随着科学的发展和时代的变迁，现代健康观告诉我们，健康已不再仅仅是指四肢健全，无病或虚弱，除身体本身健康外，还需要精神上有一个完好的状态。人的精神、心理状态和行为对自己和他人甚至对社会都有影响，更深层次的健康观还应包括人的心理、行为的正常和社会道德规范，以及环境因素的完美。健康是人类永恒的主题。健康的含义又是多元的、广泛的，它包括生理、心理和社会适应性三个方面。

一、世界卫生组织关于健康的定义

　　1948 年，世界卫生组织（WHO）成立时，就在其章程中开宗明义地指出："Health is a state of complete physical, mental and social well-being and not merely the absence of disease or infirmity."（健康乃是一种躯体上、心理上和社会上的完满状态，而不仅是没有疾病或虚弱。）

1978 年 9 月，国际初级卫生保健大会发表的《阿拉木图宣言》，对健康的含义作了重申："健康不仅是疾病和体弱的匿迹，而且是身心健康、社会幸福的完美状态"。而且提出："健康是基本人权，达到尽可能的健康水平，是世界范围内的一项最重要的社会性目标。"

1989 年，WHO 深化了健康的概念，认为健康应包括躯体健康、心理健康、社会适应良好和道德健康，要求人们应从这四个方面来综合评判一个人的健康。1999 年 WHO 对健康又作出了最新定义："Health is a dynamic state of complete physical, mental, spiritual and social well-being and not merely the absence of disease or infirmity."（健康是身体、精神和社会适应上的完美动态，而不仅是没有疾病或是身体不虚弱。）与当初的定义相比，把精神状态也纳入健康范畴，而且强调了健康是一个动态的概念。

针对此概念，WHO 又提出了衡量健康的一些具体标志，包括：①有足够充沛的精力，能从容不迫地应付日常生活和工作；②态度积极，乐于承担责任，心胸开阔；③善于休息，睡眠良好，精神饱满，情绪稳定；④能适应外界环境的各种变化，应变能力强；⑤能抵抗一般的感冒和传染病；⑥体重适当，身材匀称；⑦反应敏锐，眼睛发亮，眼睑不发炎；⑧牙齿清洁，无空洞，无痛感，无出血现象；⑨头发有光泽，无头屑；⑩肌肉和皮肤富有弹性，步态轻松自如。

WHO 还提出了衡量人类肌体健康和精神健康的新标准，可以简单地概括为：肌体健康的"五快"以及精神健康的"三良好"。肌体健康的"五快"是：①吃得快。进餐时，有良好的食欲，不挑剔食物，并能很快吃完一顿饭。②便得快。一旦有便意，能很快排泄完大小便，而且感觉良好。③睡得快。有睡意，上床后能很快入睡，且睡得好，醒后头脑清醒，精神饱满。④说得快。思维敏捷，口齿伶俐。⑤走得快。行走自如，步履轻盈。精神健康的"三良好"是：①良好的个性人格。情绪稳定，性格温和；意志坚强，感情丰富；胸怀坦荡，豁达乐观。②良好的处世能力。观察问题客观、现实，具有较好的自控能力，能适应复杂的社会环境。③良好的人际关系。助人为乐，与人为善，对人际关系充满热情。

由此可见，人体健康是心理健康和生理健康的统一，两者是相辅相成、互相依存的。生理健康是心理健康的基础，心理健康反过来又促进生理健康。众所周知，当人生病时，往往会情绪低落、萎靡不振或烦躁不安，影响工作和学习，而心理不健康往往会导致冠心病、高血压、糖尿病和癌症等严重疾病，还会使人的社会适应能力遭到破坏，直到无法进行正常的家庭生活和社会生活。

二、健康程度的分类

个体是否健康，主要是看个人各主要系统、器官功能是否正常、有无疾病、体质状况和体力水平等。

个体健康状态产生于人体细胞、组织器官等在能量支撑下的运动，其形成依赖于人体组织结构、能量，但不同于人体细胞、组织器官，不同于能量，不同于生命体的运动本身。个体健康状态是一种客观存在，不以人的意志、人的认识而变化，一旦形成就有其自身的特点与变化的规律，可以脱离形成的本体而通过其他的载体广泛地传播。人体有运动就必然形成个体健康状态，它是普遍存在的一种客观实在。但存在于本体的个体健康状态可以被感觉主体所感知、理解和利用；主体对个体健康状态的认识、概括和描述又受到主体所持观点、经验的直接影响。对个体健康状态的认识程度及其信息量的大小，不是取决于产生个体健康状态的客体，而是取决于认识的主体本身；由于个体健康状态是内部结构与外部自然、社会环境相互作用的结果，所以健康是多样的、动态变化的。

世界卫生组织认为健康是一种身体、精神和交往上的完美状态，而不只是身体无病。根据这一定义，经过严格的统计学统计，人群中真正健康（第一状态）和患病者（第二状态）不足三分之二，有三分之一以上的人群处在健康和患病之间的过渡状态，世界卫生组织称其为"第三状态"，我国常常称之为"亚健康"状态。"亚健康"状态处理得当，则身体可向健康转化；反之，则患病。

因此，健康的程度可分类如下。根据健康程度的差异，依次划分为"健康态""欲病态"和"已病态"三大类（图1-1）。

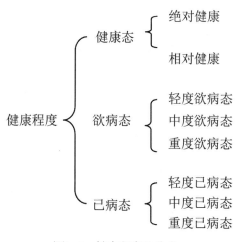

图1-1　健康程度的分类

根据是否具备针对某种疾病的危险因素和潜在的发病趋势将"健康态"划分为两种状态，即"绝对健康态"和"相对健康态"。"绝对健康态"是在精神、意识、思维活动正常的前提下，保持机体内部功能活动的稳态、协调和有序，且与外在的自然环境、社会环境相适应的一种生命活动的理想状态，其体质类型、理化等检测检验指标等生命指征均达到绝对良好的程度，无任何不适症状，不具备任何疾病的危险因素和潜在趋势。"相对健康态"是指相对某种疾病而言，未见与此类疾病直接关联的危险因素和潜在趋势，但可能存在其他疾病的相关危险因素和潜在趋势，其状态是相对的。

"欲病态"的个体已经接近但尚未达到疾病的诊断标准，但相对某种疾病，已经出现了与此疾病存在着直接或间接联系的体质类型、症状表现等，已经具备了若干该种疾病发生的危险因素和趋势。对"欲病态"健康状态的划分主要采用理化等检测检验指标接近疾病诊断临界值。根据理化指标、症状表现等，可将"欲病态"的健康状态再细分为"轻度欲病态""中度欲病态"和"重度欲病态"。上述的亚健康状态大多属于此类病态。

"已病态"的个体在这个阶段，其疾病状态下的解剖、病理、生理等已经发生了明显的变化，综合运用中医症候程度评级和理化指标等检测检验参数体系，更能准确地概括在此阶段不同类型的程度特征，所以对"已病态"的个体健康状态的划分，以目前临床通用的疾病分期、分型方法，结合症状的危重程度以及并发症、合并症的出现等相关因素作为分类原则，结合中医症候的程度划分，将"已病态"的个体健康状态划分为"轻度已病态""中度已病态"和"重度已病态"。

三、亚健康

什么是"亚健康"？它是人们在身心、情感方面处于健康与疾病之间的健康低质量状态及其体验。亚健康状态是指无器质性病变的一些功能性改变，又称第三状态或"灰色状态"。其主诉症状多种多样，且不固定。根据中华中医药学会编写和发布的《亚健康中医临床指南》，亚健康（sub-health）是指人体处于健康和疾病之间的一种状态。处于亚健康状态者，不能达到健康的标准，表现为一定时间内的活力降低、功能和适应能力减退的症状，但不符合现代医学有关疾病的临床或亚临床诊断标准。它是人体处于健康和疾病之间的过渡阶段，在身体上、心理上没有疾病，但主观上却有许多不适的症状表现和心理体验。

西医学描述亚健康状态涉及的范围主要有以下几方面：①身心上不适应的感觉所反映出来的种种症状，如疲劳、虚弱、情绪改变等，其状况在相当长时期内难以明确；②与年龄不相适应的组织结构或生理功能减退所致的各种虚弱表现；③微生物失衡状态；④某些疾病的病前生理病理学改变。亚健康症状主要有：倦怠、注意力不集中、心情烦躁、失眠、消化功能不好、食欲不振、腹胀、心慌、胸闷、便秘、腹泻、感觉很疲惫，甚至有欲死的感觉。然而体格检查并无器官上的问题，所以主要是功能性的问题。

亚健康的主要特征是身体的不适状态或适应能力显著减退，这种状态如果持续出现三个月不能缓解即可考虑亚健康状态。如果偶尔出现或出现持续时间不长即可缓解消除，应属于身体的正常反应，不必认为是亚健康，应该说是对健康与亚健康做的一个界定。其中三个月的约定主要是根据与亚健康相关的主要表现，如疲劳、失眠以及情绪方面变化的临床实际与基础研究的结果。在人体持续出现不适和能力减退时，首先应该进行疾病的排除，通过各种相关的检查排除器质性或明确功能性的病变。从特殊致病因素或病理变化诊断疾病来看，并非所有的不适状态或能力下降都与明确诊断的疾病有直接因果关系，如局限性的神经性皮炎、陈旧性的胃溃疡、痔疮等，所以在亚健康诊断时如果存在明确的非重大疾病，还需要认真界定已有的疾病是否是造成这种不适状态或能力下降的直接原因，如果不是直接原因就可从疾病诊断中排除，而界定为亚健康状态。亚健康人群筛选可参照下面方法进行（见表1-1）。

表 1-1 筛选亚健康症状及分类

类别	症状
A	疲劳、口干咽痛、睡眠不佳、腰腿酸软或疼痛、情绪不稳、急躁易怒
B	心慌、家庭及人际关系紧张、记忆力减退、担心自己的健康、多梦、工作效率低、头昏目眩、胸闷
C	手足发冷、盗汗或多汗、食欲不振、注意力不集中、头痛、面色萎黄

很多学者用世界流行的 MDI 健康评估法对亚健康状态进行定量研究，它本来是 WHO 用于对人类死亡危害最大的疾病所提示的各项指标进行测定，根据被测者的实际检测状况逐项打分（采取百分制，满分为 100 分），对应于 WHO 的健康定义，进行综合评价。其标准是:85 分以上为健康状态,70 分以下为疾病状态,70 ～ 85 分为亚健康状态（第三状态）。MDI 所依据的提示包括依次排列的对心脑血管疾病监测及中风预报、恶性肿瘤征象提示、脏器病变提示、血液及过敏性疾病提示、体内污染测定、内分泌系统检查、肢体损害探测、服药效果探测等躯体性指标，以及近年来增加的心理、社交障碍指标。

2009 年沈佩莉、徐勇在"亚健康筛选方法与标准探讨"中研究亚健康症状严重程度，将被调查者分为 5 个等级，分别赋予 0、1、2、3、4 等级数值。亚健康的计算公式：亚健康总分 = 亚健康症状权重 W × 亚健康症状严重程度数值（见表1-2）。

表 1-2　亚健康症状的权重咨询结果

指标	x	s	CV	权重系数（WI）
A	1.94	0.30	0.15	0.42
B	3.12	0.42	0.13	0.31
C	3.05	0.45	0.15	0.27

亚健康人群的不同症状表现上符合中医症候气虚、肝郁、心神不宁的诊断，符合率达到 90.9%。

现代医学研究的结果表明，造成亚健康的原因是多方面的，例如过度疲劳造成的精力、体力透支；人体自然衰老；心脑血管及其他慢性病的前期、恢复期和手术后康复期出现的种种不适；人体生物周期中的低潮时期；等等。"亚健康"状态通过自我的身心调节是完全可以恢复的。

根据中医"治未病"理念与中医对人体健康状态的认识，结合亚健康临床检查时的一些理化指标，我们看到个体的人健康状态可以分类为健康（相当于图 1-1 中的绝对健康）、"未病"（相对健康，即亚健康早期阶段）、欲病态（即典型亚健康阶段）与已病态阶段。同时根据"个体人健康状态"，还可以在此基础上进行细化。

总之，健康是建立在身体上与精神上完满状态并具良好的社会适应力，绝不仅仅是没有疾病和衰弱的状态。健康是人类宝贵的社会财富，是人类生存发展的基本要素。健康水平反映生命运动水平，生命运动的协调、旺盛和长寿就表现健康的良好状态。据世界卫生组织提供的资料表明，人们的寿命正在延长，当全球死亡率降低到 15‰ 以下时，与生活方式有关的疾病都出现了。不良生活方式导致的疾病已成为影响世界人民健康的大敌。还强调指出，适当的饮食和运动是促进人们健康的主要因素。

"生活方式疾病"的发生与人类文明进步密切相关，故也称"文明病"，其中关键是社会因素，特别是不科学、不健康的生活方式和生态环境。这些因素主要包括，不平衡的膳食、不懂营养卫生、酗酒、吸烟、好逸恶劳、缺乏运动等。

第二节　影响健康的因素

健康是人类生存的基本前提，是人生第一财富，是人生最大的幸福。健康就是一切，没有了健康也就没有了一切。世界卫生组织研究报告显示，人类三分之一的疾病通过预防保健可以避免，三分之一的疾病通过早期发现可以得到有效控制，三分之一的疾病通过信息的有效沟通能够提高治疗效果。影响人身体健康的因素有很多，主要有以下三点：

一、影响健康的三大因素

1. 平衡饮食

平衡饮食简单地说也就是均衡营养，配制合理的饮食就要选择多样化的食物，杂豆类使所含营养素齐全，比例适当，以满足人体需要。人体必需营养素有近 50 种，缺一不可，没有一种天然食物能满足人体所需的全部营养素，因此，膳食必须由多种食物组成。两千年前我国《黄帝内经·素问》中提出"五谷为养，五果为助，五畜为益，五菜为充"的配膳原则，体现了食物多样化和平衡膳食的要求。根据食物的营养特点，可将其分为五大类：第一类为谷类、薯类，主要提供碳水化合物、蛋白质和 B 族维生素，也是我国一般膳食主要热能和蛋白质的来源；第二类为大豆及豆制品，主要提供蛋白质、脂肪、膳食纤维、矿物质和 B 族维生素；第三类为动物性食品，包括肉、禽、蛋、奶、鱼等，主要提供蛋白质、脂肪；第四类为蔬菜、水果，主要提供矿物质、维生素 C、胡萝卜素和膳食纤维；第五类为纯热能食物，包括动植物油脂、食用糖、淀粉等，主要提供热能。每日膳食中食物构成要多样化，各种营养素应品种齐全，包括供能食物，即蛋白质、脂肪及碳水化合物；非供能食物，即维生素、矿物质、微量元素及纤维素。粗细混食，荤素混食，合理搭配，从而能供给用膳者必需的热能和各种营养素。

2. 心理状态

心理状态最为常见的就是生活中的"喜怒哀乐"。心理状态，又可以分成积极的情绪和消极的情绪。积极的情绪可以提高人体的机能，能够形成一种动力，激励人去努力，而且，在活动中能够起到促进的作用。消极情绪会使人感到难受，会抑制人的活动能力，活动起来动作缓慢、反应迟钝、效率低下；消极的情绪会减弱人的体力与精力，活动中易感到劳累、精力不足、没兴趣。在生气时的生理反应非常剧烈，同时会分泌出许多有毒性的物质。消极情绪长期存在，当生理变化不能复原时，情绪压力就会损害健康。消极情绪长期存在与发展会转化成为心理障碍和心理疾病，所以人应形成主动调适情绪的意识。

3. 有氧运动

有氧运动是指人体在氧气充分供应的情况下进行的体育健身运动，是以运动时自身呼出的氧气与吸入的氧气基本平衡为重要特征，其主要功能是增强心肺循环，运动强度中或小。有氧运动主要由糖和脂肪代谢供能，最适合大众健身。长期坚持有氧运动能增加体内血红蛋白的数量，提高机体抵抗力，抗衰老，增强大脑皮层的工作效率和心肺功能，增加脂肪消耗，防止动脉硬化，降低心脑血管疾病的发病率。减肥者如果在合理安排食物的同时，结合有氧运动，不仅减肥能成功，而且减肥后的体重也会得到巩固。有氧运动对于脑力劳动者也是非常有益的。另外，有氧运动还具备恢复体能的功效。

此外，这些因素也不容忽视。①遗传因素。遗传决定了人类具体的生长、发育、衰老和死亡，很大程度上决定了人类个体的健康状况和后代的遗传素质。②自然环境因素。它是人类赖以生存的物质基础。在现代社会飞速发展的今天，人们的生存环境受到严重污染，人们的健康也就岌岌可危。我国被列为世界上 13 个最缺水的国家之一；臭氧的破坏使得皮肤癌患病率增加；铅污染使得儿童的智力发育造成严重损害；类雌激素化学物质使得人类生殖能力受到严重挑战，造成女性子宫内膜异位症、子宫肌瘤、卵巢癌、乳腺癌，以及男性睾丸癌、前列腺癌、精子数量与质量下降等。③社会环境因素。社会环境包括政治、经济、文化、教育等诸多因素。疾病的发生和转轨直接或间接地受社会因素的影响和制约。经济的发展、社会生活节奏的加快、竞争的日渐激烈，人的精神压力越来越大，世界卫生组织调查报告显示，精神疾病在不远的将来将成为危害人类健康的第一号杀手。④病原微生物因素。纵观人类历史，病原微生物导致的传染病一直威胁着人类健康。如中世纪欧洲的鼠疫，造成欧洲人口剧减，影响深远；此外，还有霍乱、天花、麻风等。18 世纪以来，随着社会的进步和科学技术的迅猛发展，特别是生物科学技术的长足进步，使医学发展进入了一个新的历史时期。1875 年，法国化学家巴斯德首先发现酵母菌、鸡霍乱菌、炭疽菌等，开辟了细菌学时代。此后，生理学、解剖学、组织学、寄生虫学、细菌学、病理学、免疫学等生物学科体系逐渐形成，对克制威胁人类生命与健康的传染病，取得了重大的成果。20 世纪 60 年代后期，世界上大部分国家基本上消灭了脊髓灰质炎和天花，人类一度认为传染病的时代已经远离。但是到 20 世纪末，人类惊讶地发现传染病再度成为危害人类健康的主要原因，如 20 世纪 80 年代末和 90 年代初开始蔓延的人类免疫缺陷病毒（HIV），以及之后的埃博拉病毒（Ebola）、拉撒热病毒（Lassa）、马堡病毒（Marburg）和 2003 年的 SARS 病毒等。此外，一些旧的传染病也死灰复燃，如霍乱、黄热病、白喉和结核病。除了从生物医学的角度寻找治疗的手段之外，人类开始对病原微生物致病特征的认识逐渐深化——自然环境、社会环境、行为和生活方式，综合作用于传染病的流行，如艾滋病、规范性行为、禁毒、慢性乙肝等。

世界卫生组织将这些因素归纳为四类：一是内因，来自父母的遗传因素，占 15%；二是外界环境因素，占 17%，其中社会环境因素占 10%、自然环境因素占 7%；三是医疗条件，占 8%；四是个人生活方式，占 60%。由此可见，我们的健康主要还是依赖我们自己日常的个人生活方式，也符合目前我国营养学会推荐的维护健康的十六字方针，即合理膳食、适量运动、戒烟限酒、心理平衡。

二、个人生活方式与健康

个人生活方式是指人们受文化、民族、经济、社会、风俗、家庭和同事影响的生活习惯和行为，包括危害健康的行为与不良生活方式。生活方式是指在一定环境条件下所形成的生活意识和生活行为习惯的统称。不良生活方式和危害健康的行为已成为当今危害人们健康，导致疾病及死亡的主因。居我国前三位的死因是恶性肿瘤、脑血管疾病和心脏病，这些疾病是由生活习惯和不良卫生行为所引起的。健康相关行为是指个体或团体的与健康和疾病有关的行为，一般可分为两大类：促进健康的行为和危害健康的行为。

促进健康的行为是个人或群体表现出的客观上有利自身和他人健康的一组行为：①日常健康行为，如合理营养、平衡膳食、睡眠适量、积极锻炼、有规律作息等；②保健行为，如定期体检、预防接种等合理应用医疗保健服务；③避免有害环境行为，"环境"既指自然环境（环境污染），也指紧张的生活环境；④戒除不良嗜好，戒烟、不酗酒、不滥用药物；⑤求医行为，觉察自己有某种病患时寻求科学可靠的医疗帮助的行为，如主动求医、真实提供病史和症状、积极配合医疗护理、保持乐观向上的情绪；⑥遵医行为，发生在已知自己确有病患后，积极配合医生、服从治疗的行为。

危害健康的行为是个人或群体在偏离个人、他人、社会的期望方向上表现的一组行为：①日常危害健康行为，如吸烟、酗酒、滥用药物（吸毒）、不洁性行为等；②不良生活习惯，如饮食过度、高脂、高糖、高盐、低纤维素饮食、偏食、挑食和过多吃零食、嗜好含致癌物的食品(如烟熏火烤、长时间高温加热的食品、腌制品)、不良进食习惯(如进食过热、过硬、过酸食品)；③不良疾病行为，如求医时瞒病行为、恐惧行为、自暴自弃行为及悲观绝望或求神拜佛的迷信行为。

第二章

茶叶的化学成分

第一节 茶叶中的化学成分概述

一、概论

茶叶中的水溶性物质占 30%～ 48%，其主要化学成分包括果胶物质、茶多酚类、生物碱类、氨基酸类、糖类、有机酸等，它们决定了茶叶的品质和品位（图 2-1）。

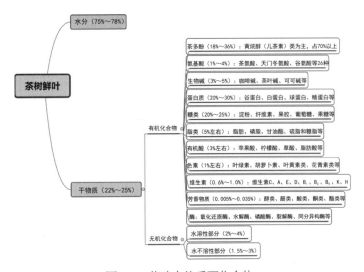

图2-1 茶叶中的重要化合物

二、茶叶中的重要化合物

1. 多酚类化合物

茶多酚是茶叶中多酚类物质的总称。这是茶叶中一类主要的化学成分。它含量高，分布广，变化大，对品质的影响最显著，是茶叶生物化学研究最广泛、最深入的一类物质。它主要由黄烷醇类、花黄素类（黄酮及黄酮醇类）、花色素和酚酸类组成，以儿茶素类化合物含量最高，约占茶多酚总量的 70%。儿茶素类中主要包括表儿茶素（EC）、表没食子儿茶素（EGC）、表儿茶素没食子酸酯（ECG）和表没食子儿茶素没食子酸酯（EGCG）。

茶多酚占干物质重的 20%～35%，全株各器官都有分布。不同品种、不同季节和不同部位含量变化非常明显，内外因的影响最显著集中表现在茶芽上，对品质的影响最显著。

业已证明，它们具有防止血管硬化、防止动脉粥样硬化、降血脂、消炎抑菌、防辐射、抗癌、抗突变等多种功效。

引起茶叶涩味的主要成分是多酚类化合物（如儿茶素、没食子儿茶素、黄酮苷等）及其氧化产物（如茶黄素等）、缩酚类、酚酸、醛类等化合物。中川致之（1970）和 Sanderson 等（1976）对儿茶素的呈味性质及阈值测定认为，D- 儿茶素和 L- 表儿茶素仅有苦味没有涩味。而也有科学家对儿茶素和（-）表儿茶素的味觉性质研究表明，两种化合物均具有苦味和涩味，苦味和涩味强度均随浓度的增加而增强。

红茶的重要品质成分茶黄素、茶红素等化合物也有苦味、涩味。茶黄素是一类红茶色素复合物，是由儿茶素类物质经酶促氧化而成的多酚衍生物。茶黄素是一类具有苯骈草酚酮结构的物质，其大致是通过儿茶素苯骈环化作用而形成。目前已发现并鉴定的茶黄素种类共有 28 种组分，其中主要有四种：茶黄素（TF 或 TF1）、茶黄素 -3- 没食子酸酯（TF-3-G 或 TF2A）、茶黄素 -3'- 没食子酸酯（TF-3'-G 或 TF2B）和茶黄素 -3, 3'- 双没食子酸酯（TFDG 或 TF3）。

茶黄素能显著提高超氧化物歧化酶（SOD）的活性，显著清除人体内的自由基，阻止自由基对机体的损伤，预防和治疗心血管疾病、高脂血症、脂代谢紊乱、脑梗死等疾病，改善微循环及血流变等，还有良好的抗氧化及抗肿瘤作用。

2. 咖啡碱

茶叶中含有咖啡碱、可可碱、茶叶碱三种生物碱，其中以咖啡碱的含量最高，一般为 2%～4%，其他两种生物碱含量极低。按一般冲泡方法，茶汤中咖啡碱含量为 16～26 mg/100ml 茶汤。咖啡碱具有苦味，阈值低，温度和 pH 值对苦味敏感性有影响，pH 值升高和温度升高，会使阈值降低、对苦味敏感性增加。添加氨基酸，对咖啡碱的苦味有消减作用，而添加茶多酚则对其苦味有增强作用，阈值降低。在茶汤中，咖啡碱与大量儿茶素形成氢键络合物，则其呈味特性改变。在红茶汤中，咖啡碱可以与茶黄素、茶红素等形成茶乳凝复合物，产生"冷后浑"，自然常温下（13～18℃）出现冷后浑的时间如图 2-2 所示。同时也可以与茶汤中的绿原酸形成复合物，从而改善茶汤的粗涩味，提高鲜爽度。

图2-2 自然常温下（13～18℃）出现冷后浑的时间

3. 茶叶氨基酸

茶叶中的游离氨基酸除20种蛋白质氨基酸外，还检测出了6种非蛋白质游离氨基酸，其中以茶氨酸含量最高。各种氨基酸的呈味特征不同，同种氨基酸可能感觉到几种呈味特征，但其相对强度不一致。按氨基酸的呈味特征将氨基酸分为甜味氨基酸、酸味和鲜味氨基酸、苦味氨基酸三大类。

茶氨酸是茶叶中的特有氨基酸，约占茶叶中游离氨基酸的50%以上。其水溶液主要表现为鲜味、甜味，其鲜味阈值为0.15%。茶氨酸可以抑制茶汤的苦味、涩味。低档绿茶添加茶氨酸可以提高其品质。

茶氨酸具有促进大脑功能和神经的生长，预防帕金森病、老年痴呆症及传导性神经功能紊乱等疾病；增加肠道有益菌群和减少血浆胆固醇；降压安神、改善睡眠和抗氧化等作用。

4. 茶叶中的色素

茶叶鲜叶中含有一类具有发色基团的化合物称色素，其中主要有叶绿素、叶黄素、胡萝卜素、花黄素和花青素。

鲜叶中的叶绿素由甲醇、叶绿醇和卟吩环所组成，是一种双羧酸酯化合物。其含量占干物质的0.3%～0.85%，主要由绿色的叶绿素a和黄绿色的叶绿素b组成，叶绿素a的含量比叶绿素b高2～3倍。

鲜叶中的胡萝卜素含量为叶绿素含量的1/4，即0.02%～0.10%，呈橙红色。鲜叶中的叶黄素的含量是干物质的0.012%～0.070%，显黄色或橙黄色。

茶叶中还有一类色素，它们不是鲜叶中原有的，而是在加工过程中形成的，即是由茶多酚氧化聚合而形成的茶多酚氧化产物——茶黄素（TFs）、茶红素（TRs）和茶褐素（TBs）。

5. 维生素类

茶叶中含有丰富的维生素类。维生素有水溶性维生素和脂溶性维生素。

水溶性维生素包括维生素 B 和 C。维生素 B 族的含量一般为茶叶干重的 $100 \sim 150mg/kg$。尼克酸的含量是维生素 B 族中含量最高的，约占维生素 B 族中含量的一半，它可以预防癞皮病等皮肤病。茶叶中维生素 B_1 含量比蔬菜高。维生素 B_1 能维持神经、心脏和消化系统的正常功能。核黄素（维生素 B_2）的含量是每 100g 干茶含 $1.0 \sim 2.0mg$，每天饮用 5 杯茶即可满足人体每天需要量的 $5\% \sim 7\%$，它可以增进皮肤的弹性和维持视网膜的正常功能。维生素 C，又名抗坏血酸，维生素 C 在小肠被吸收为一种含 6 碳的 α – 酮基内酯的弱酸，带有明显的酸味。绝大多数在小肠远端依赖主动转运系统吸收，而由被动简单扩散吸收数量较少。当摄入量不足 100 mg 时，吸收率为 $80\% \sim 90\%$，吸收率随摄入量的增加而降低。

脂溶性维生素包括维生素 A、D、E、K。它们不溶于水而溶于脂肪及有机溶剂（如苯、乙醚及氯仿等）中；在食物中它们常与脂类共存；其吸收与肠道中的脂类密切相关；主要储存于肝脏中；如摄取过多，可引起中毒，如摄入过少，可缓慢地出现缺乏症状。由于我们饮茶时一般用开水冲泡，这些脂溶性维生素很难在茶汤中泡出，因此一般饮茶时我们很难摄取这些脂溶性维生素。

维生素 A 类是指含有 β – 白芷酮环的多烯醇结构且具有视黄醇生物活性的一大类物质。狭义的维生素 A 是指视黄醇，广义而言应包括维生素 A 和维生素 A 原。在植物中不含维生素 A，在黄、绿、红色植物中含有类胡萝卜素，其中一部分可在体内转变成维生素 A 的类胡萝卜素称为维生素 A 原，如 α – 胡萝卜素、β – 胡萝卜素、γ – 胡萝卜素等。

6. 矿物质元素

茶叶中含有多种矿物质元素，如磷、钾、钙、镁、锰、铝、硫等。这些矿物质元素中的大多数对人体健康是有益的，茶叶中的氟元素含量很高，平均为 $100 \sim 200$ mg/kg，远高于其他植物，氟元素对预防龋齿和防治老年骨质疏松有明显效果。局部地区茶叶中的硒元素含量很高，如我国湖北恩施地区的茶叶中硒元素含量最高可达 3.8 mg/kg。硒对人体具有抗癌功效，它的缺乏会引起某些地方病，如克山病。

7. 茶叶的蛋白质和碳水化合物

茶叶的蛋白质含量约为 26%，但能溶于茶汤的蛋白质含量约 1%，即使每天饮茶 10 g，其提供蛋白质的量也不超过 0.1 g。

碳水化合物，也称糖类，是由碳、氢、氧三种元素组成的一类化合物。营养学上一般将其分为四类：单糖、双糖、寡糖和多糖。茶多糖是茶叶中的一种生理活性物质，是一种类似灵芝多糖和人参多糖的高分子化合物。其药用性很早被民间发现，功效是降血糖、降血脂和防治糖尿病，同时在抗凝、防血栓形成、保护血象和增强人体非特异免疫力等方面均有明显效果，也有活化皮肤细胞、保水等功效。

8. 茶皂素

茶皂素属于三萜五环类皂苷，由皂苷元（即配基）、糖体和有机酸形成，分子式为$C_{57}H_{90}O_{26}$，相对分子质量为 1200 ～ 2800。纯的茶皂素固体为白色微细柱状结晶，熔点为 223 ～ 224℃。茶皂素结晶易溶于含水的甲醇、乙醇、正丁醇及冰醋酸中，能溶于热水、热醇，难溶于冷水、无水乙醇，不溶于乙醚、氯仿、石油醚及苯等非极性溶剂。茶皂素味苦而辛辣，是天然表面活性剂，有强溶血作用、鱼毒作用以及抗渗消炎、降血脂等药理作用。茶树体内茶皂素分布较不均匀，有向形态学下端富集的趋势。茶皂素广泛应用于洗发香波、沐浴露等个人清洁产品。

第二节　茶叶中的蛋白质和氨基酸

一、茶叶蛋白质

茶叶中的蛋白质含量占干物质总量的 20% ～ 30%，而能溶于水直接被利用的蛋白质含量仅占 1% ～ 2%。这部分水溶性蛋白质是形成茶汤滋味的成分之一。茶树中的蛋白质可大致分为以下几种：①清蛋白。它能溶于水和稀盐酸溶液，占总蛋白的 3.5%。②球蛋白。它不溶于水，能溶于稀盐酸溶液，占总蛋白的 0.9%。③醇溶蛋白。它也不溶于水，能溶于稀酸、稀碱溶液，可溶于 70% ～ 80% 的乙醇，占总蛋白的 13.6%。④谷蛋白。它也不溶于水，能溶于稀酸、稀碱溶液，受热不凝固，占总蛋白的 82.0%。

研究表明，与大豆分离蛋白相比，茶叶蛋白质的吸油性、乳化性稳定性较高，而吸水性、乳化性、发泡性稍低。这些性质说明，茶叶蛋白具有良好的功能性质。它可应用于西式香肠中，在外观、香气、口味、肉质等品质上与添加大豆分离蛋白质的西式香肠相比，均未有明显区别，是一种较好的功能性蛋白质资源[2]。

将烘干的茶渣以 2% ～ 3% 直接混入普通猪饲料，对阉割的雄性长白猪进行的饲养试验结果表明，2% ～ 3% 的添加量不影响猪的正常生长发育；可明显减少背部脂肪的厚度；部分试验还表明，明显增加了背部脂肪中维生素 E 的含量。虽然这些功效是否直接来自茶叶蛋白质有待考证，但茶渣还有其他有效成分，有望开发出高附加值的强化饲料。

二、茶叶氨基酸

氨基酸是组成蛋白质的基本物质，含量占干物质总量的 1% ～ 4%。茶叶中的氨基酸主要有茶氨酸、谷氨酸、精氨酸、丝氨酸、天冬氨酸等 20 余种，除了构成蛋白质的 20 种天然氨基酸外，茶叶中还含有 6 种非蛋白质氨基酸，它们是茶氨酸、豆叶氨酸、谷氨酰甲胺、γ– 氨基丁酸、天冬酰乙胺、b– 丙氨酸。氨基酸，尤其是茶氨酸是形成茶叶香气和鲜爽度的重要成分，对形成绿茶香气关系极为密切。

氨基酸与人体健康关系密切，如谷氨酸、精氨酸能降低血氨，治疗肝昏迷；蛋氨酸能调节脂肪代谢，参与机体内物质的甲基转运过程，防止动物实验性营养缺乏所导致的肝坏死；胱氨酸有促进毛发生长与防止早衰的功效；半胱氨酸能抗辐射性损伤，参与机体的氧化还原过程，调节脂肪代谢，防止动物实验性肝坏死。精氨酸、苏氨酸、组氨酸对促进人体生长发育以及智力发育有效，又可增加钙与铁的吸收，预防老年性骨质疏松。与茶叶保健功效关系最大的氨基酸是茶氨酸和 γ– 氨基丁酸。

1. 茶氨酸

茶氨酸（Theanine，*L*–glutamylethylamide），化学命名为 *N*– 乙基 –*L*– 谷氨酰胺，为酰胺类化合物，是 1950 年日本学者酒户弥二郎首次从高级绿茶中分离、鉴定出的一种不参与蛋白质组成的特殊氨基酸，一般占茶叶干物质的 0.4% ～ 3%，占茶叶游离氨基酸总量的 50% 以上，因此是茶叶中最主要的氨基酸，以芽类春茶含量最高。除茶以外，仅在一种蘑菇和少数山茶属植物中微量存在。自然存在的茶氨酸均为 *L*– 型，纯品为白色针状结晶，熔点为 217 ～ 218℃（分解），比旋光度 D_{20}=+7.5° ～ +8.5°，极易溶于水，水解度呈微酸性，有焦糖香及类似味精的鲜爽味，味觉阈值为 0.06%，而谷氨酸和天冬氨酸的阈值则分别是 0.15% 及 0.16%。茶氨酸本身具有鲜爽的味感，能缓解苦涩味，增强甜味。日本已在 1964 年将茶氨酸作为食品添加剂。

茶氨酸的功效以往认为茶氨酸通过小肠蛋氨酸载体转运系统而被吸收，最近研究表明它的吸收可能是与谷氨酸共用一个由 Na 偶联的协同转运蛋白，茶氨酸的亲和力比谷氨酸要低。茶氨酸被吸收后，迅速地进入血液、肝脏及脑等组织。血与肝脏中的茶氨酸在 1h 前后达到最高，脑中的茶氨酸浓度在 5h 达到最高，然后逐渐下降，24h 后从这些组织中消失。茶氨酸的代谢部位是肾脏，一部分在肾脏被分解为乙胺和谷氨酸后通过尿排出体外，另一部分直接排出体外。研究表明，茶氨酸具有以下几方面的功效：促进神经生长和提高大脑功能，从而增进记忆力，并对帕金森病、老年痴呆症及传导神经功能紊乱等疾病有预防作用；防癌抗癌作用；降压安神，能明显抑制由咖啡碱引起的神经系统兴奋，因而可改善睡眠；具有增加肠道有益菌群和减少血浆胆固醇的作用；茶氨酸还有保护人体肝脏，增强人体免疫机能，改善肾功能，延缓衰老等功效[1]。

茶氨酸的来源除了从茶叶中提取外，还可利用化学合成、人工酶性合成或生物合成等途径来制作。目前，茶氨酸已用作食品营养添加剂、保健食品和医药原料。

2. γ-氨基丁酸

γ-氨基丁酸是由谷氨酸脱羧而成，在绿茶茶汤中一般含有 0.1% ～ 0.2%。γ-氨基丁酸对人体具有多种生理功能，可以用它作为制造功能性食品及药品的原料。研究证明，γ-氨基丁酸有显著的降血压效果，它主要通过扩张血管来维持血管正常功能，从而使血压下降，故可用作高血压的辅助治疗，其机理是提高葡萄糖磷脂酶的活性。γ-氨基丁酸还有改善脑机能、增强记忆力的功效，其机理是提高葡萄糖磷脂酶的活性，从而促进大脑的能量代谢，促进脑血流，增加氧供给量，最终恢复脑细胞功能，改善神经机能。还有报道指出，γ-氨基丁酸能改善视觉、降低胆固醇、调节激素分泌、解除氨毒、增进肝功能、活化肾功能、改善更年期综合征等。随着新功效的发现，富含 γ-氨基丁酸的茶叶具有很好的开发前景。

茶叶中能通过饮茶被直接吸收利用的水溶性蛋白质含量约为总蛋白质的 3.5%，即可溶于水的清蛋白部分。考虑到它的溶出率，一般为总蛋白质的 2%，大部分蛋白质为水不溶性物质，存在于茶渣内。此外，还有 2% ～ 4% 的氨基酸以游离状态溶解于水中可被人体吸收利用[2]。

因为我们每天的茶叶消费量一般不足 15g，据此可以推算，因饮茶而进入人体的蛋白质、氨基酸的量最多不超过 1g。对于每天蛋白质推荐摄入量为 75 ～ 85g 的成人来说，由饮茶得到的 1g 的量太少了。而且，茶叶中的氨基酸以茶氨酸、谷氨酸、精氨酸、丝氨酸、天冬氨酸为主，与人体的赖氨酸、蛋氨酸、亮氨酸、异亮氨酸、苏氨酸、缬氨酸、色氨酸和苯丙氨酸这 8 种必需氨基酸的一致性较差，因此，通过饮茶可以补充人体需要的蛋白质和氨基酸是非常有限的，也可认为通过饮茶所补充的蛋白质和氨基酸的营养价值很低。

第三节 茶叶中的生物碱

茶，是中华民族的国饮，也是风靡世界的三大饮料之一，茶、咖啡、可可为世界三大无酒精饮料，其中的共同成分，非咖啡碱莫属。

咖啡碱（又称咖啡因）、可可碱和茶碱是茶叶中的主要生物碱。三种生物碱都属于甲基嘌呤类化合物，是一类重要的生物活性物质，也是茶叶的特征性化学物质之一。在茶叶中，主要以咖啡碱为主，占干物质含量的 2%～4%；可可碱次之，占 0.05%；茶碱占 0.002%。它们的药理作用也非常相似，均具有兴奋中枢神经的功效。

一、咖啡碱

咖啡碱属于甲基黄嘌呤的生物碱。其化学名是 1，3，7- 三甲基黄嘌呤或 3，7- 二氢 -1，3，7- 三甲基 -1H- 嘌呤 -2，6- 二酮。纯的咖啡碱具有绢丝光泽的白色针状结晶，是强烈苦味的粉状物，在强光和高温下稳定性较差。熔点为 235～238℃（大量升华）；易溶于水，尤其易溶于热水，其水溶液呈弱碱性；易溶于氯仿、二氯甲烷等；能溶于乙醇、丙酮、醋酸乙酯；难溶于苯，是重要的医药原料。

咖啡碱在 120℃以上的温度下开始升华，180℃时大量挥发。绿茶在加工过程中，因经高温处理，咖啡碱部分升华而有所减少，故绿茶中咖啡碱含量低于红茶。茶树芽叶中咖啡碱含量随鲜叶的粗老而降低，成品茶的级别基本上与成品茶中的咖啡碱含量成正相关。茶叶中咖啡碱的含量与茶树的品种和生长环境有关，大叶种茶树和遮阴茶园茶树的芽叶咖啡碱含量较高，一般南方品种含量多于北方，同一地域，夏茶比春茶含量高。咖啡碱可作为鉴别真假茶的特征成分之一。

1. 咖啡碱对茶汤滋味的影响

茶叶中的咖啡碱对茶叶的滋味形成有重要作用。茶汤中咖啡碱过多，则有辛辣和苦涩味。红茶汤中出现的"冷后浑"就是咖啡碱与茶叶中的多酚类物质生成的大分子络合物，是衡量红茶品质优劣的指标之一。咖啡碱为诱发形成冷后浑的主要物质，冷后浑的形成能力与其浓度呈正相关关系。

2. 咖啡碱的体内代谢

摄入人体的咖啡碱在摄取后 45min 内被胃和小肠完全吸收。吸收后它会分布于身体的所有器官之中，转化过程符合化学动力学一级反应。咖啡碱的代谢在肝脏中发生，由细胞色素氧化酶 P450 酶系统氧化脱甲基，形成三种不同的二甲基黄嘌呤，这三种二甲基黄嘌呤对身体有不同的作用，其中副黄嘌呤（1，7- 二甲基黄嘌呤，84%）能够加速脂解，导致血浆中的甘油及自由脂肪酸的含量增加。其他两种二甲基黄嘌呤为可可碱（12%）和茶碱（4%）。咖啡碱脱下的甲基，可通过四氢叶酸作载体，在相应酶的作用下，转移到其他化合物中，如胆碱等。而副黄嘌呤有两种去向，一是继续分解至尿酸，很快排出体外；另一是可能转化为其他嘌呤核苷酸再被利用。

咖啡碱的半衰期（即身体转化所摄取咖啡碱 50% 时所需要的时间）。咖啡碱摄取后在不同个体之间变化剧烈，主要和年龄、肝功能、怀孕与否及同时摄入的其他药物以及肝脏中与咖啡碱代谢相关的酶的数量等相关。一个健康成人的咖啡碱的半衰期大约是 3 ～ 4 个小时，在口服避孕药物的女性体内则延长至 5 ～ 10 个小时，在已怀孕的女性体内则大概为 9 ～ 11 个小时。当某些个体患有严重的肝脏疾病时，咖啡碱会累积，半衰期延长至 96 个小时。婴儿或儿童的咖啡碱的半衰期可能大于成年人，在一个新生婴儿的体内可能会长至 30 个小时。某些其他因素也会缩短咖啡碱的半衰期，比如吸烟。

3. 咖啡碱的生物活性

咖啡碱的作用极为广泛，会影响人体脑部、心脏、血管、胃肠、肌肉及肾脏等各部位，适量的咖啡碱会刺激大脑皮层，促进感觉判断、记忆、感情活动，让心肌机能变得较活泼，血管扩张，血液循环增强，并提高新陈代谢机能，咖啡碱也可减轻肌肉疲劳，促进消化液分泌。除此，由于它也会促进肾脏功能帮助体内将多余的钠离子（阻碍水分子代谢的化学成分）排出体外，所以在利尿作用提高的前提下，咖啡碱不会像其他麻醉性、兴奋性物（麻醉药品、油漆溶剂、兴奋剂之类）那样蓄积在体内，约两个小时便会被排泄掉。早期的研究认为，较高浓度的咖啡碱具有致突变作用和积累性作用，对此后来有不同的研究结果。进一步的研究证明，茶叶中的咖啡碱不但不会致突变，反而具有抗突变的效果。然而，在饮茶不当而引起的弊病中，许多还是与茶叶的咖啡碱有关。

由于茶叶中存在有多酚类物质，所以其所含的咖啡碱与合成咖啡碱对人体的作用有很大的区别，合成咖啡碱对人体有积累毒性，而茶叶中的咖啡碱 7 天左右便可以完全排出体外。存在于茶汤或茶叶提取物中的咖啡碱，由于其较低的浓度和与其他成分的相互制约，对人体健康应该是安全的，并对茶叶的提神、抗疲劳、利尿、解毒等功能作出主要贡献。但如果不能合理地饮茶，咖啡碱也是有可能危害健康的。

咖啡碱的主要生物活性有：

（1）对中枢神经系统的兴奋作用。目前的许多研究表明，咖啡碱能兴奋中枢神经，主要作用于大脑皮质，使精神振奋、工作效率和精确度提高、睡意消失、疲乏减轻。较大剂量能兴奋下级中枢和脊髓。咖啡碱刺激中枢神经的机理如下：神经递质（第一信使）作用于细胞膜上的受体，激活了膜另一侧的腺苷酸环化酶，被激活的腺苷酸环化酶催化三磷腺苷（ATP）形成环磷酸腺苷（cAMP）。cAMP 又称作第二信使，能引起细胞内一系列生化反应。磷酸二酯酶能水解 cAMP 生成 5'- 磷酸腺苷（5'-AMP）而失活。咖啡碱的作用在于能抑制磷酸二酯酶的活性，从而提高了 cAMP 的浓度和细胞内生化反应水平。

（2）助消化、利尿。咖啡碱可以通过刺激肠胃，促使胃液的分泌，从而增进食欲，帮助消化。咖啡碱可以直接影响胃酸的分泌，也能够通过刺激小肠分泌水分和钠。咖啡碱的利尿作用是通过肾促进尿液中水的滤出率而实现的。此外，咖啡碱的刺激膀胱作用也协助利尿。茶咖啡碱的利尿作用也有助于醒酒，解除酒精毒害。因为茶咖啡碱能提高肝脏对物质的代谢能力，增强血液循环，把血液中的酒精排出体外，缓和与消除由酒精所引起的刺激，解除毒害；同时因为咖啡碱有强心、利尿作用，能刺激肾脏使酒精从尿液中迅速排出。

（3）强心解痉、松弛平滑肌。研究表明，如果给心脏病患者喝茶，能使患者的心脏指数、脉搏指数、氧消耗和血液的吸氧量都得到显著的提高。这些主要是与咖啡碱的松弛平滑肌的作用密切相关。咖啡碱舒张平滑肌的作用机理如下：机体中 cAMP 和环磷酸鸟苷酸（cGMP）之间存在着平衡，细胞中 cAMP 浓度高则平滑肌舒张，cGMP 浓度高则平滑肌收缩。咖啡碱抑制了磷酸二酯酶的活性，提高 cAMP 的浓度，则平滑肌舒张。咖啡碱具有松弛平滑肌的功效，从而可使冠状动脉松弛，促进血液循环，因而在心绞痛和心肌梗死的治疗中，茶叶可起到良好的辅助作用。

（4）影响呼吸。咖啡碱对于呼吸的影响主要是通过调节血液中咖啡碱的含量而影响呼吸率。咖啡碱已经被用作防止新生儿周期性呼吸停止的药物，虽然其中确切的机理还不是很清楚，但已知主要是咖啡碱改善脑干呼吸中心的敏感性，从而影响二氧化碳的释放。此外，在哮喘患者的治疗中，咖啡碱已被用作一种支气管扩张剂。

（5）对心血管的影响。咖啡碱可以引起血管收缩，但对血管壁的直接作用又可使血管扩张；可直接兴奋心肌，使心动幅度、心率及心输出量增高；长期摄入，可能会导致人体对咖啡碱的耐受性提高。长期摄入咖啡碱，最终被认为对于血压的影响很小，甚至没有影响；但是许多研究也表明，不合理的摄入对血压的升高有促进作用，有造成高血压的危险性，甚至会对整个心血管系统造成危害。

（6）影响人体代谢作用。咖啡碱促进机体代谢，使循环中儿茶酚胺含量提高，拮抗由腺嘌呤引起脂肪分解的抑制作用，使血清中游离脂肪酸较正常水平升高 50%～100%。

（7）咖啡碱有时也与其他药物混合提高它们的功效。咖啡碱能够使减轻头痛的药的功效提高 40%，并能使身体更快地吸收这些药品缩短起作用的时间。因此，很多非处方治疗头痛的药品中包含咖啡碱。咖啡碱也与麦角胺一起使用，治疗偏头痛和集束性头痛，也能克服由抗组胺剂带来的困意。

（8）消毒灭菌、抵御疾病。咖啡碱本身有灭菌及病毒灭活功能。茶中咖啡碱对大肠杆菌、伤寒及副伤寒杆菌、肺炎菌、流行性霍乱和痢疾原菌的发育，都有抑制功能，特别对牛痘、单纯性疱疹、脊髓灰质炎病毒、某些柯萨克肠道系病毒及埃柯病毒的活性有抑制效果。除了上述药理功能以外，咖啡碱还具有抗氧化、抗癌变、抗过敏、消除羟基自由基、影响细胞周期、影响月经周期、提高记忆力等多种功效。

4. 咖啡碱的负面效应

当然，咖啡碱也存在负面效应，这主要表现在晚上饮茶可影响睡眠，对神经衰弱者及心动过速者等有不利影响。大剂量或长期使用也会对人体造成损害，特别是它也有成瘾性，一旦停用会出现精神萎靡、浑身困乏疲软等各种戒断症状，虽然其成瘾性较弱，戒断症状也不十分严重，但由于药物的耐受性而导致用药量不断增加时，咖啡碱就不仅作用于大脑皮层，还能直接兴奋延髓，引起阵发性惊厥和骨骼震颤，损害肝、胃、肾等重要内脏器官，诱发呼吸道炎症、妇女乳腺瘤等疾病，甚至导致吸食者下一代智能低下、肢体畸形。因此，咖啡碱也被列入受国家管制的精神药品范围。咖啡碱是一个中枢神经系统兴奋剂，也是一个新陈代谢的刺激剂。

由咖啡碱引起的精神紊乱包括咖啡碱引起过度兴奋、咖啡碱焦虑症、咖啡碱睡眠失调及其他与咖啡碱相关的紊乱。

（1）咖啡碱引起过度兴奋。一个急剧的过量咖啡碱，通常超过 250 mg（相当于 2 ～ 3 杯煮咖啡）就能够导致中枢神经系统过度兴奋。咖啡碱过度兴奋的症状包括：烦躁、神经过敏、兴奋、失眠、脸红、尿液增加、胃肠紊乱、肌肉抽搐、思维涣散、心跳不规则或过快以及躁动。摄取极大剂量的咖啡碱会导致死亡。对于实验鼠，咖啡碱的 LD_{50} 为 192 mg/kg 体重。咖啡碱半数致死量取决于体重和个人敏感程度，为 150 ～ 200 mg/kg 体重。过量摄入咖啡碱可以导致咖啡碱中毒。其症状与上述的过度兴奋症状类似。有些人在每日服用 250 mg 以下时就会有这些症状。每天服用多于 1 g 可以导致痉挛、思想和语言突然转换、心跳不稳、心动过速和精神运动性激越。咖啡碱中毒的症状有点类似恐慌症和全面化焦虑症。

（2）咖啡碱焦虑症及睡眠失调。长期地过度摄取咖啡碱会引起一系列的精神紊乱。其中两种被美国精神病学协会验证的是咖啡碱焦虑症和咖啡碱睡眠失调。

大剂量的咖啡碱所导致的焦虑足够被临床诊断发现。咖啡碱焦虑症会以不同的形式出现，如一般性焦虑失调、恐慌发作、强迫症，甚至是恐怖症，这些症状容易与基本神经失调混淆。

咖啡碱睡眠失调是指由一个个体有规律地摄取高剂量的咖啡碱所导致的睡眠紊乱，并且能被临床诊断所发现。在大脑中咖啡碱可以阻断腺嘌呤核苷接受器。腺嘌呤核苷与它的接受器结合后可以减缓神经细胞的活动。一般在睡眠时两者结合。咖啡碱分子与腺嘌呤核苷类似，可以与同一种接受器结合。但它不会促使细胞活动降低，相反地，阻止腺嘌呤核苷与它的接受器结合，其结果是神经细胞活动增高，神经细胞分泌激素——肾上腺素。肾上腺素导致心跳加快，血压增高，肌肉中的血流量提高，皮肤和内脏的血流量降低，肝脏向血液释放葡萄糖，其结果是严重影响睡眠。此外，咖啡碱与氨基丙苯一样，可以提高脑内的神经递质多巴胺含量。与其他刺激中枢神经系统的物质和酒精不同的是，咖啡碱的作用时间相当短。对大多数人来说，咖啡碱不影响他们的注意力和其他高级智力功能，因此含咖啡碱的饮料往往在工作场所饮用。

（3）长时间饮用咖啡碱可以导致身体对咖啡碱的习惯化。假如这时中断使用咖啡碱，身体会对腺嘌呤核苷过分灵敏，血压会过度降低，导致头疼和其他症状。最近的一些研究似乎说明，饮用咖啡碱可以减低获得帕金森病的危险，但这个研究的结论还有待证实。

（4）目前医学界认为，咖啡碱与骨质流失及骨质疏松症有相关性，过量的咖啡碱同样具有促进骨吸收、减少肠道钙吸收和钙盐在骨中沉积的作用，其轻度利尿作用还会增加尿钙排出，因此建议适量摄取咖啡、茶等饮料。

（5）许多动物试验的结果表明，咖啡碱摄入量过多会导致体内胆固醇含量升高。美国研究人员对已发表的有关咖啡与人体内胆固醇含量关系的报道进行分析研究后得出：每天饮用咖啡6杯以上者，体内低密度脂蛋白胆固醇的含量会升高，而高密度脂蛋白胆固醇的含量不会发生任何变化。

对人来说，咖啡碱是安全的，但其他与咖啡碱类似的物质如茶碱、咖啡碱等对其他动物的毒性很大，比如对狗和马，原因是这些动物肝脏的新陈代谢与人不同。

5. 咖啡碱的应用

（1）在食品、饮料行业的应用。咖啡碱可以明显增添碳酸饮料诸如可乐型饮料的风味和提高人的精神活力，已被160多个国家准许在饮料中作为苦味剂使用，70%以上的饮料以0.02%的浓度添入，很多国家的最大用量在100～200 mg/kg。咖啡碱将作为一种纯天然的添加剂更广泛地应用于食品、饮料的生产中。

（2）在医药行业的应用。茶叶咖啡碱在医药上多用作兴奋剂、强心剂、利尿剂和麻醉剂，也被广泛用于临床上的镇痛、止血领域。相对于茶多酚来说，咖啡碱对人体保健的抗癌防癌还有协同作用。早在第二次世界大战时咖啡碱就已被作为战场上的止痛药而得到应用，现在咖啡碱也常与解热镇痛药配伍以增强其镇痛效果，与麦角胺合用来治疗偏头痛，与溴化物合用治疗神经衰弱。由于其具有极强的舒张支气管平滑肌的作用，在哮喘病的治疗中已被用作一种支气管扩张剂。

（3）在日用化工行业的应用。利用咖啡碱脂肪的局部沉积的功能，开发出减肥产品；利用其舒张血管、促进局部血液循环、改善代谢更新的功用，开发出紧肤、淡化黑眼圈、祛眼袋等系列产品，满足了消费者（尤其是女性）不同层次的消费需求。

（4）在其他领域的应用。咖啡碱还可用于复印纸、摄影、绘图、油漆等工业，是化工、建材的重要原料。

二、可可碱

可可碱是一种生物碱，分子式为 $C_7H_8N_4O_2$，其化学名是 3，7- 二氢 -3，7- 二甲基 -1H- 嘌呤 -2,6- 二酮。它存在于可可和茶叶中。可可碱的熔点是 351℃，290℃升华；微溶于水和乙醇，几乎不溶于苯、氯仿、石油醚、四氯化碳等溶液。它的化学性质与咖啡碱类似，其盐类在水溶液中极容易分解成游离碱和酸，而游离碱则较稳定。可可碱具有利尿、兴奋心肌、舒张血管、松弛平滑肌等作用。其 LD_{50} 为 200 mg/kg（猫口服）。用途：磷酸二酯酶抑制剂、弱腺苷受体拮抗剂、平滑肌松弛剂。

三、茶碱

茶碱是一种生物碱，分子式为 $C_7H_8N_4O_2$，其化学名是 3,7- 二氢 -1,3- 二甲基 -1H- 嘌呤 -2，6- 二酮，1，3- 二甲基黄嘌呤。它是茶中所含的白色不定型的结晶状生物碱，为可可碱的异构体。茶碱是白色结晶，1g 能溶于 120 ml 水、80 ml 乙醇、约 110 ml 氯仿，溶于热水、氢氧化钠溶液和氨水，也溶于稀盐酸及硝酸，难溶于醚。其作用和结构都类似咖啡碱，具有松弛平滑肌、兴奋心脏肌以及利尿的作用。茶碱类药物对胃黏膜有刺激，口服易出现胃部不适、恶心、腹泻等症状，应饭后服用，主治用于治疗哮喘病。茶碱还是一种磷酸二酯酶抑制剂，因此广泛用于呼吸系统疾病的治疗。茶碱是治疗急性哮喘的重要药物，至今已有 60 年的历史。茶碱的一般用量为口服 4 mg/（kg·次），每日 3 次，静滴 2～4 mg/（kg·次），由于该药治疗剂量与中毒剂量十分接近，因此用药过程中易发生毒性反应，严重茶碱中毒还可致死。

茶碱的药理作用与血浓度有关。而其有效血浓度安全范围很窄，如血浓度 10～20μg/ml 时扩张支气管，超过 20 μg/ml 即能引起毒性反应。茶碱口服吸收不稳定，其在体内廓清影响因素多，且个体差异很大，血中的浓度较难控制，故易发生中毒。一次用量过大，或静脉注射速度过快，或反复用药其作用积累，均有发生过量中毒的可能。而且有时中毒症状不易被发现，甚至误诊为原有疾病本身所致，并因此错误地进一步加大茶碱用量，酿成严重中毒。

茶碱中毒症状有：①轻度中毒：恶心、呕吐、头痛、不安、失眠及易激动等；②中度中毒：除上述反应外，出现心前区不适、心悸、心律失常或呼吸不规则等；③重度中毒：可有室性心动过速、精神失常、惊厥、癫痫发作、昏迷，甚至呼吸和心脏骤停。婴幼儿和老年人中毒症状较成年人更为严重。

由表2-1可知，茶碱的主要药效与咖啡碱基本相似，但兴奋高级神经中枢的作用比咖啡碱弱，而强心、扩张血管、松弛平滑肌、利尿等作用较咖啡碱强。而可可碱的主要药理作用与咖啡碱、茶碱也相近，但兴奋高级神经中枢的作用比上述两者都弱，其利尿作用持久性较强。至于强心、松弛平滑肌的作用，可可碱甚于咖啡碱而次于茶碱。

表2-1 茶叶中三种生物碱的药理作用比较

名称	茶叶中含量（%）	兴奋中枢	兴奋心脏	松弛平滑肌	利尿
咖啡碱	2～5	＋＋＋	＋	＋	＋
茶 碱	0.002	＋＋	＋＋＋	＋＋＋	＋＋＋
可可碱	0.05	＋	＋＋	＋＋	＋＋

第四节　茶叶中的多酚类物质及其氧化物

茶多酚是茶叶中多酚类物质的总称。这是茶叶中一类主要的化学成分。它含量高，分布广，变化大，对品质的影响最显著，是茶叶生物化学研究最广泛和最深入的一类物质。现就其组成、理化性质、测定方法、形成和转化、药理功效等方面进行讨论。

一、多酚类的组成

1. 鞣质（单宁）的分类

在一些植物中存在一类具有涩味、有鞣皮为革的复杂有机化合物，称为 Tannin，音译为单宁，意译为鞣质（即使兽皮的蛋白质产生不可逆的沉淀反应而成为革，也就是鞣皮为革的一类有机化合物）。它们的结构单位是苯核上有一系列氢原子给羟基取代的多酚类。鞣质分类可以分为水解鞣质和缩合鞣质。水解鞣质的苯核间的连接是通过酯键或苷键，能为鞣质酶水解。缩合鞣质的苯核间是用碳键连接，不能水解，加热后只能得到相对分子质量更大的红色缩合物。

通常人们所指的鞣质（单宁）是水解鞣质，如没食子单宁，二倍酸单宁是真单宁，具有强而不可逆的蛋白质沉淀效果（鞣皮为革）。在历史上，英国东印度公司为了推销印、锡的红茶，曾宣称中国绿茶的单宁没经过像红茶那样的氧化，单宁会不可逆地沉淀蛋白质，有鞣革作用。目前已十分清楚，茶叶并不含有上述属水解单宁的以葡萄糖和没食子酰基组成的多形式的混合物（鞣酸或单宁酰）。但现在还有人认为，茶叶含有大量的鞣酸，这是一种张冠李戴的错误。

2. 茶多酚的组成

茶叶中的多酚类物质，属缩合鞣质（或称缩合单宁），为了区别，冠以"茶"字，称茶鞣质（或茶单宁）。因其大部分能溶于水，所以又称水溶性鞣质。它是由以下物质组成的复合体：①黄烷醇类（儿茶素类）；②黄酮类和黄酮醇类；③ 4- 羟基黄烷醇类（茶白素类）；④花青素类；⑤酚酸和缩酚酸类。

1）黄烷醇类

黄烷醇是在黄烷的 C_3 上接上一个醇性羟基，称为 3- 羟基黄烷醇，简称黄烷醇。由于黄烷醇在不同的位置上可接一系列羟基，从而生成一系列的黄烷醇衍生物，这就是儿茶素类。

R=R₁=H 儿茶素（Catechin，简称 C）

R=OH，R₁=H 没食子儿茶素（Gallocatechin，简称 GC）

R=H，R₁=X 儿茶素没食子酸酯（Catechingallate，简称 CG）

R=OH，R₁=X 没食子儿茶素没食子酸酯（Gallocatechingallate，简称 GCG）

前两种是简单儿茶素（游离儿茶素），后两种是复杂儿茶素（酯型儿茶素）。

由于 C_2、C_3 是不对称碳原子，是吡喃环，可成顺式和反式。因此，还有不同的旋光异构体和几何异构体，在茶叶中的儿茶素多为 L 构型和顺式，D 构型和反式的儿茶素较少。

在立体化学的分子构型中，以甘油醛的构型作为参考标准，分为 D 型和 L 型。在茶叶中，儿茶素的构型与旋光性能有着相互对应的关系，即 L 型儿茶素均有左旋光性能，而 D 型儿茶素具有右旋光性能，即 L 型和（－）相对应、D 型和（＋）相对应。通常可简化，只写一样就可以了。即写了 L，可以不必再写上（－），写上了 D 就可以不必再写（＋）；反之，亦然。

因儿茶素的 C 环是吡喃环，其结构不是在一个平面上，多以椅式或船式构象存在，故可分为顺式和反式，顺式可称"表"（epi）；在表示方法上，把 C₃ 上的 –OR 写在上面是顺式，称为"表"，而把 C₃ 上的 –OR 写在下面表示反式，不用写上什么符号。因此，儿茶素就有 16 种异构体：4 种基本构型，2 种旋光异构，2 种几何异构体。而实际上茶鲜叶只有 6 种儿茶素，绿茶制造在高温下可使构型改变，多增加 4 种，共有 10 种儿茶素（表2-2）。

表 2-2　绿茶制造过程中儿茶素的变化

	鲜叶	加工转变	绿茶
简单儿茶素	L-EGC	加工转变	L-GC
	D-GC	加工转变	
	L-EC	加工转变	L-C
	D-C	加工转变	
复杂儿茶素	L-EGCG	加工转变	L-GCG
	L-ECG	加工转变	L-CG

2）花黄素

一般高山或热带植物的表皮细胞中花黄素含量较高。这对于过多紫外线，可能具有保护内部组织的意义。因这类物质对紫外线（210 ～ 300 nm）有强吸收峰。花黄素多以糖苷（甙）的形式存在于茶叶中。黄酮的基本结构是 C 环上 C₄ 被氧化。花黄素包含黄酮、黄酮醇及其衍生物。

在茶叶中黄酮醇及苷类约占干物质的 3% ～ 4%，黄酮苷化合物含量较低，为 0.02%，从绿茶中分离并鉴定过的黄酮苷有 21 种，其中 19 种具有芹菜素的基本结构，即 5，7，4'- 三羟基黄酮，较为重要的有牡荆素（牡荆苷）、皂草苷和 6，8- 二 -C- 葡萄糖基芹菜素，黄酮苷的水溶液呈深黄绿色，被认为是绿茶黄绿汤色的重要组分。

黄酮醇类在茶叶中约含 3% ～ 4%，如果 C₃ 上的羟基成苷，即为黄酮醇苷，水解时除了产生苷元外，还有葡萄糖、鼠李糖、半乳糖和芸香糖(葡萄糖 + 鼠李糖结合的双糖)。茶叶中重要的黄酮醇苷为芸香苷，其结构是槲皮素 C₃ 的羟基上结合了芸香糖，即芦丁（Rutin）。这是典型的维生素 P，对毛细血管有收缩作用，能降低血管的脆弱性，使微血管的坚韧性增强，可用于高血压的防治。

3）花色素类

花白素即 4- 羟基 - 黄烷醇，花白素是无色的，但当所处的环境变酸性时（或经盐酸处理）或加热时，可转化成有色的花青类，所以将花白素称为隐色花青素。

同理，飞燕草花白素也可转化成飞燕草花青素。

花青素也称花色素，是色原烯的衍生物。茶树新梢出现的紫芽与花青素有关。花青素的基本结构因分子中存在高度的分子共振，致有多种互变异构形式。花青素与盐酸共热生成无色花色素，又称花白素。

花色素在强光高温和恶劣环境（贫瘠、干旱）下，茶叶中花青素含量也较高，茶芽易呈红紫色，这是茶叶抵抗不良环境或较强紫外线伤害的一种适应性。

花色苷究竟表现出什么颜色，首先，决定于 B 环中的取代基团，甲基的存在会引起变红的效果。还有细胞液的 pH 值对它们的颜色具有很强的控制作用。大多数花色苷在酸性溶液中呈红色，当 pH 值增高时，变为紫色和蓝色，这些变化是可逆的。由于这些性质，并且常常不止一种花色苷存在，所以高等植物的花的颜色就能变化多端。

以上这些化合物都具有 2- 苯基并吡喃基本碳架，这类物质总称为类黄酮（Flavonoids）。注意，黄酮类是类黄酮的一种。植物中已分离鉴定的类黄酮有 500 ～ 600 种，如下所示。

其结构类型之多，主要是由于 C 环的氧化程度、羟基取代的数量和位置不同，还有甲基化的程度不同和成苷时糖结合的部位不同所致。如：芍药花色苷（玫瑰红色）、矮牵牛花色苷（紫色）和锦葵花色苷（淡紫色），与糖联结的位置通常在 3、5、7 碳位上，而多在 C_3 上被糖基化成糖苷，使其水溶性进一步增加。

4）酚酸类及缩酚酸类

（1）酚酸类。如没食子酸、咖啡酸、对香豆酸、鸡纳酸。

（2）缩酚酸类。这是酚酸上的羧基和另一分子的羟基相互作用脱水缩合而成。

如没食子素就是没食子酸与金鸡纳酸缩合而成。绿原酸是由咖啡酸与金鸡纳酸缩合而成。还有鞣花酸是由两个没食子酸分子内缩合而成，这一物质抗癌效果很好。

以上这些物质的分子结构中都含有多个酚性羟基并集中于茶叶中构成了一群多酚复合体，称为茶叶中的多酚类衍生物，简称为茶多酚，与从前称为茶单宁、茶鞣质的化合物是同物异名。

二、茶多酚的理化性质

1. 溶解性

由于分子上有较多的羟基，使它们有足够的水溶性。在甲醇、乙醇、乙醚、乙酸乙酯、丙酮和 4- 甲基戊酮的溶解性也很好，在氯仿、石油醚中不溶。

2. 稳定性

茶多酚在酸性环境中较稳定，在碱性条件、潮湿环境下易氧化聚合成棕黑色物质，在光照下也易聚合成红棕色物质。

3. 光谱特性

类黄酮物质大多在紫外光照射下能呈颜色或荧光，在紫外光区 210 ～ 280 mm 有强吸收峰。

4. 氧化还原性

1）酚性羟基

可提供质子，这是一种理想的天然抗氧化剂。

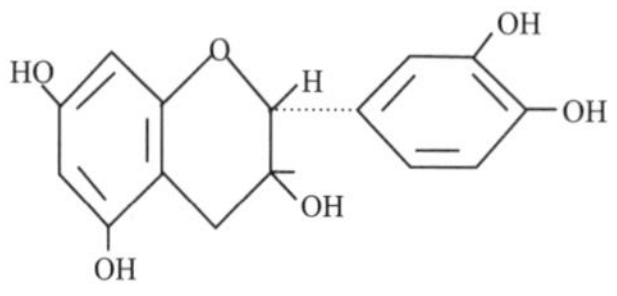

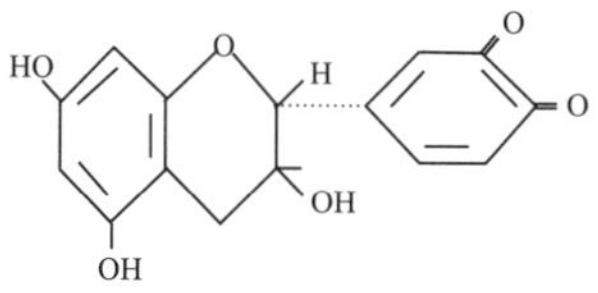

如果是没食子儿茶素，也是只氧化两个羟基生成邻醌，这是由于结构的改变，未被氧化的另一羟基就不能再被氧化了。

一些有机物的变质、人体的衰老，重要的原因之一是氧化反应加速，只要延缓某些氧化过程，就可"保鲜"和"延寿"。也就是说，当氧攻击某化合物使其氧化时，如果有一种氧化还原电位较低的物质与被攻击的化合物竞争性地与氧结合，这种被氧化攻击的化合物就得以保护，这是"牺牲小我，保全大我"的作用。

由于茶多酚结构中具有"对"或"邻"苯酚基，作为抗氧化剂已在食品和医药行业中引起极大的关注并有大量的研究报告。从植物里提取抗氧化剂，茶叶是一种理想的原料来源。尤其是利用茶叶副产品或低档茶，不仅是"变废为宝"，使雄厚的低值资源生产出高值产品，使企业向高科技化发展意义重大。而且，茶多酚的广阔用途对发展生产，促使茶叶对人类健康作出更大的贡献，意义深远。

2）偶联共氧化作用的基础

茶多酚的氧化反应在空气中是很缓慢的，但在多酚氧化酶的作用下，或在碱性、潮湿的条件下就易发生。氧化产物是邻醌，这是一强氧化剂，它有强烈夺取质子的能力。因此，它的存在，能使一系列本来难以氧化的物质发生偶联氧化：即在一氧化还原反应体系中，有一反应的产物是另一反应的作用物，这种共氧化作用，使一种不易被氧化的物质很快被氧化。

3）氧化聚合

儿茶素可聚合成聚合物。因通常与氧化初级产物同时发生，所以称氧化聚合。如

儿茶素——→邻醌—（聚合，二聚化）→联苯酚醌—（还原）→双黄烷醇

茶黄素

Rorbts 用空间结构观点，排除了联苯酚醌进一步地缩合成链状聚合物的可能，一部分以儿茶素为递氢体，被还原为双黄烷醇，另一部分进一步氧化生成茶黄素。

5. 与蛋白质、氨基酸结合

1）与蛋白质结合

因多酚类含有的游离羟基，与蛋白质的氨基酸结合，使蛋白质沉淀，起到杀菌和抑制病毒作用；另外，与口腔黏膜上皮层组织的蛋白质相结合，并凝固成一不透水层，这一层薄膜，产生一种味觉感，这就是涩味。如果多酚类的羟基很多，形成不透水膜厚，就如同吃了生柿子。如果多酚类的羟基相对较少，形成的不透水膜薄而且不牢固，逐步离解，就形成了先涩后甘的味觉，回味无穷。由于简单儿茶素的羟基相对较少，所以刺激性较弱，滋味爽口；而复杂儿茶素收敛性强，涩味重些。

多酚类与蛋白质的结合物是不溶性的，所以蛋白质含量高的茶叶使部分多酚类沉淀于叶底，对红茶品质不利；相反，使多酚类部分沉淀，减少苦涩味，则有利于绿茶品质。

2）与氨基酸结合

茶叶中的多酚，在有氧存在下，被氧化成相应的醌，这些醌能与一些氨基酸反应。这种产物是可溶的，可进入茶汤，对绿茶香气、滋味的形成有良好的作用。

但采下的鲜叶，由于管理不善，堆积过厚，通风透气不良，湿度高，儿茶素与蛋白质分解产物氨基酸相结合，形成红色质，甚至形成黑色质。

在大生产中，主要是在"洪峰期"，由于鲜叶管理不善，往往在贮青间的某一角落，看到鲜叶变黑的情况。

6. 酚性羟基的酸性

儿茶素也称儿茶酸，使茶汤一般呈弱酸性，pH=5.5 ～ 6.0。

利用这一特性，加碱使茶多酚成盐，如果这种盐的水溶性小，就沉淀下来，在一些成分的测定中，常用碱式醋酸铅去除多酚类。

与弱碱氨水作用，能生成棕色沉淀，与 $Ca(OH)_2$ 也能生成沉淀。这些沉淀，可用酸加以溶解，通过这种方法富集茶多酚，分离咖啡碱。

7. 与金属的反应

1）还原重金属离子并生成沉淀

使毒性强的金属离子还原为毒性弱的离子，如 $Cr^{6+} \rightarrow Cr^{3+}$，$Cu^{2+} \rightarrow Cu$；

使不易被吸收的 $Fe^{3+} \rightarrow Fe^{2+}$，利用多酚类与重金属离子生成沉淀的特性，可回收贵重金属。利用茶灰净化水。

2）呈色反应

（1）与铁离子作用，与 Fe^{3+} 结合，生成蓝黑色的络合物，主要是与羟基起作用，但各种羟基显色是不一样的，邻位羟基显绿色，连位显蓝紫→蓝黑色，间位显红色，综合起来，显紫红→蓝黑色。

这是一种典型的呈色反应，称为酸性反应，用于定性定量测定多酚类化合物。

（2）与 $AlCl_3$ 作用，生成黄色结合物，主要是黄酮类化合物起作用。

利用这一原理可进行比色法测定黄酮类。其他金属盐类也可发生这类络合反应，如铅。

（3）与香草精（香荚兰素）作用，在强酸性条件下产生樱红，形成棕红紫红产物，凡是有这样结构的物质都会发色，但若隔壁 C 被氧化，如 C_4 上有羟基、酮基或烯基都不发色，即香草精与间位羟基的发色反应，不受花青素和花黄素物质的干扰，从某种意义上说，香草精是儿茶素的特异显色剂，而且显色的灵敏度高，最低检出浓度可达 $0.5\mu g/ml$。

三、红茶色素

茶多酚的水溶性氧化产物主要是茶黄素（Theaflavin，TF）、茶红素（Thearubigin，

TR）和茶褐素（Theabrownin，TB），它们是红茶内质特有风味的重要来源。茶黄素呈橙黄色，茶红素呈鲜棕红色，高聚合物呈暗褐色，红茶的茶汤要求红艳明亮。TF 是红茶汤色"亮"的主要成分，是汤色强度和鲜爽度的重要成分，同时也是形成所谓"金圈"的最主要物质，茶黄素类含量一般占干重的 0.3% ～ 1.5%。TR 是红茶汤色"红"的主要成分，也是汤味浓度的重要组成物质，并且与茶汤的强度也有关，茶红素类含量一般占干重的 5% ～ 11%。TB 是红茶汤色"暗"的主要原因，量多茶汤发暗、味淡。其含量一般为红茶干物质总量的 4% ~ 9%。

三类物质溶液的可见吸收光谱不同，茶黄素在 380 nm 和 460 nm 波长处有明显吸收峰，茶红素在 350 ～ 380 nm 处有吸收高峰出现的迹象，高聚合物则随波长缩短而增大了吸收，没有出现吸收高峰。从吸收光谱特性的差异，说明这三类化合物确属不同性质和不同结构的物质。

茶黄素、茶红素和褐色高聚合物在不同溶剂中的溶解特性不同，茶黄素溶于醋酸乙酯，茶黄素和茶红素均易溶于正丁醇，而聚合物则不溶于正丁醇。

1. 茶黄素的组成及其形成机理

自 1957 年 Roberts E. A. H. 首先发现茶黄素以来，许多学者在茶黄素的组成及其形成途径上做了大量的研究。目前为止，已发现并鉴定的茶黄素种类共有 28 种组分，其中茶黄素（TF）、茶黄素 -3- 没食子酸酯（TF-3-G）、茶黄素 -3'- 没食子酸酯（TF-3'-G）和茶黄素 -3，3'- 双没食子酸酯（TFDG）是 4 种最主要的茶黄素。茶黄素种类及其前体见表 2-3。

表 2-3　茶黄素种类及其前体

序号	茶黄素种类（中文名称）	英文名称	前体
1	茶黄素	Theaflavin （TF）	EC+EGC
2	异茶黄素	Iso theaflavin B （TF1b）	EC+（+）-GC
3	新茶黄素	Neotheaflavin C （TF1c）	（+）-C+EGC
4	茶黄素-3-没食子酸酯	Theaflavin-3-gallate （TF-3-G）	EC+EGCG
5	新茶黄素-3-没食子酸酯	Neotheaflavin-3-gallate	（+）-C+EGCG
6	茶黄素-3'-没食子酸酯	Theaflavin-3'-gallate （TF-3'-G）	ECG+EGC
7	异茶黄素-3'-没食子酸酯	Iso theaflavin-3'-gallate	ECG+（+）-GC
8	茶黄素-3，3'-双没食子酸酯	Theaflavin-3,3'-gallate （TFDG）	ECG+EGCG
9	茶黄酸	Theaflavic acid	（+）-EC+GA
10	表茶黄酸	Epitheaflavic acid	（-）-EC+GA
11	表茶黄酸-3-没食子酸酯	Epitheaflavic acid-3-gallate	（-）-ECG+GA

续表

序号	茶黄素种类 （中文名称）	英文名称	前体
12	茶黄棓灵	Theaflagallin	（±）-GC+GA（Pyrogallol）
13	表茶黄棓灵	Epitheaflagalllin	
14	表茶黄棓灵-3-没食子酸酯	Epitheaflagalllin-3-gallate	EGCG+GA （Pyrogallol）
15	暂未命名	暂未命名	EGC+Catechol
16	暂未命名	暂未命名	EGCG+Catechol
17	红紫精	Purpurogallin	Pyrogallol
18	红紫精酸	Purpurogallin carboxylic acid	GA+GA （Pyrogallol）
19	暂未命名	暂未命名	GA+Catechol
20	茶烷典酸酯 A	Theaflavate A	ECG
21	茶烷典酸酯 B	Theaflavate B	ECG+EC
22	新茶烷典酸酯 B	NeoTheaflavate B	C+EGCG
23	双苯骈草酚酮环茶黄素 A	Theadibenzotropolone A	Theaflavin-3-gallate+EC
24	双苯骈草酚酮环茶黄素 B	TheadibenzotropoloneB	Theaflavin-3-gallate+C
25	双苯骈草酚酮环茶黄素 C	Theadibenzotropolone C	NeoTheaflavin-3-gallate+EC
26	三苯骈草酚酮环茶黄素	Theatribenzotropolone A	Theaflavin-3,3'-gallate+2EC
27	双茶黄素A	Bistheaflavin A	Theaflavin+ Theaflavin
28	双茶黄素B	Bistheaflavin B	Theaflavin+ Theaflavin

注：Epi-，表；Neo-，新；Iso-，异；Pyrogallol，连苯三酚；Catechol，邻苯二酚；GA，没食子酸（Galllic acid）；C，儿茶素（Catechin）；GC，没食子儿茶素（Gallocatechin）。

茶黄素的化学结构较为清楚，是一类具有苯骈草酚酮结构的物质，其大致是通过儿茶素苯骈环化作用而形成的（图2-3）。没食子酸儿茶素（B环上3、4、5位存在3个羟基）与简单儿茶素（B环上3、4位存在2个酚羟基）B环上的3，4-二羟基或3，4，5-三羟基在多酚氧化酶的催化或化学氧化剂的氧化下，各自氧化生成邻醌，再由邻醌间配对进行聚合反应形成茶黄素及其没食子酸酯（Theaflavin, Theaflavin gallates）。邻苯二酚或连苯三酚以及没食子酸等物质也可氧化生成邻醌，从而可与简单儿茶素或没食子儿茶素反应生成茶黄棓灵（Theagallin）或茶黄酸（Theaflavic acid）。儿茶素的没食子酰基也可氧化形成茶烷典酸酯（Theaflavate）。最新研究发现，茶黄素没食子酸酯可继续与表儿茶素（EC）进行苯骈环化反应而生成具有2个或3个苯骈草酚酮环结构的茶黄素类物质——Theadibenzotropolone或Theatribenzotropolone。此外，茶黄素（Theaflavin）可继续发生聚合反应生成具有2个苯骈草酚酮环结构的双茶黄素（Bistheaflavin）。

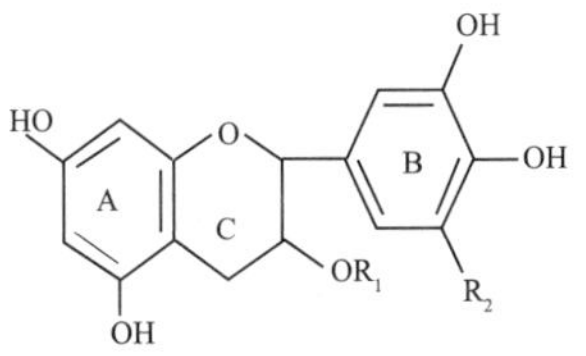

L-EC, D-C ($R_1=R_2=H$)

L-EGC, D-GC ($R_1=H$, $R_2=OH$);

L-ECG, D-CG ($R_1=$galloy, $R_2=H$)

L-EGCG, D-GCG ($R_1=$galloy, R_2-OH)

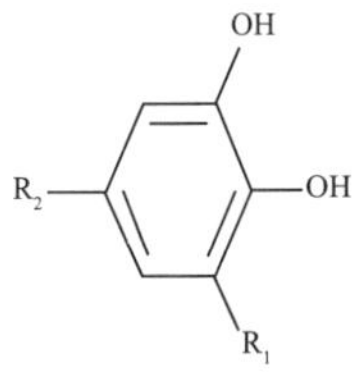

Catechol ($R_1=R_2=H$);

Pyrogallol ($R_1=OH$, $R_2=H$);

Gallic acid (GA) ($R_1=OH$, $R_2=COOH$)

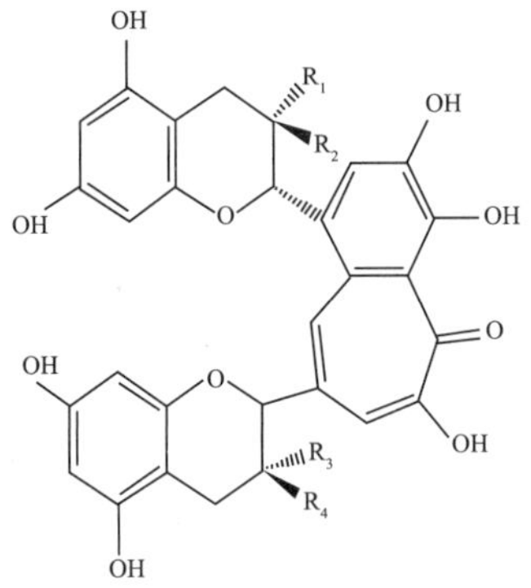

1) TF ($R_1=R_4=OH$, $R_2=R_3=H$);

2) TF_{1b} ($R_1=R_3=H$, $R_2=R_4=OH$);

3) TF_{1e} ($R_1=R_3=OH$, $R_2=R_4=H$);

4) TF-3-G ($R_1=OH$, $R_2=R_3=H$, $R_4=$gallate);

5) NeoTheaflavin-3-gallate ($R_1=R_3=H$, $R_2=OH$, $R_4=$gallate);

6) TF-3'-G ($R_1=$gallate, $R_2=R_3=H$, $R_4=OH$);

7) Iso theaflavin-3'-gallate ($R_1=$gallate, $R_2=R_4=H$, $R_3=OH$);

8) TFDG ($R_1=R_4=$gallate, $R_2=H$);

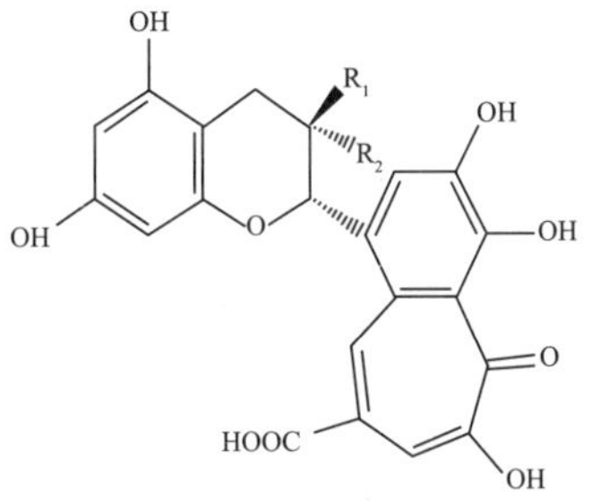

9) Theaflavic acid ($R_1=OH$, $R_2=H$);

10) Epitheaflavic acid ($R_1=H$, $R_2=OH$);

11) Epitheaflavic acid-3-gallate ($R_1=H$, $R_2=$gallate);

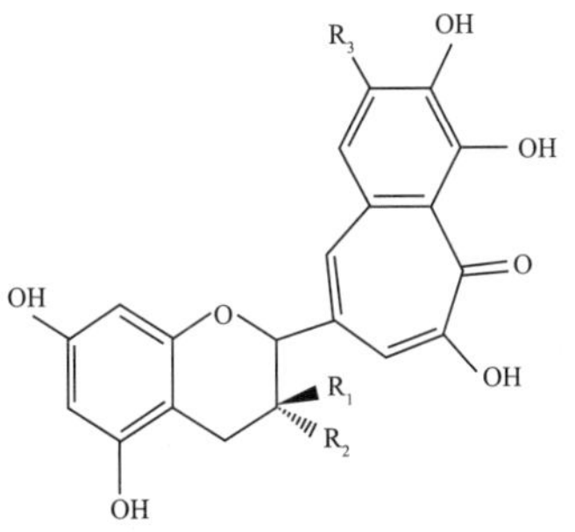

12) Theaflagallin ($R_1=OH$, $R_2=H$, $R_3=OH$);

13) Epitheaflagalllin ($R_1=H$, $R_2=OH$, $R_3=OH$);

14) Epitheaflagalllin-3-gallate

($R_1=H$, $R_2=$gallate, $R_3=OH$);

15) ($R_1=OH$, $R_2=H$, $R_3=H$);

16) ($R_1=$gallate, $R_2=H$, $R_3=H$);

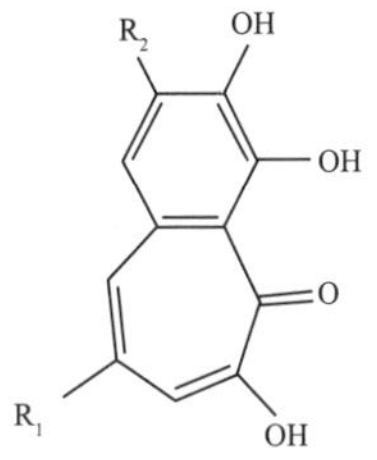

17) Purpurogallin ($R_1=H$, $R_2=OH$);

18) Purpurogallin carboxylic acid

($R_1=COOH$, $R_2=OH$);

19) ($R_1=COOH$, $R_2=H$)

图2-3 茶黄素衍生物及其前体（儿茶素与酚酸类）的化学结构

黄茶素滋味颇辛辣，具有强烈的收敛性。Thanaraj 等（1990）和 Sanderson 等对各茶黄素的涩味阈值测定结果，建立了对红茶中各茶黄素涩味的评价指标。Owour 等对这一指标进行了改进。茶黄素 1 的阈值为 80mg/100ml（涩味），茶黄素单没食子酸酯的涩味为茶黄素 1 的 2.22 倍，而茶黄素双没食子酸酯的涩味为茶黄素 1 的 6.4 倍。

红茶中各茶黄素对涩味的贡献转换成茶黄素双没食子酸酯相当量的计算式：

茶黄素双没食子酸总相当量（%）＝（A/6.4＋B×2.22/6＋4＋C）/100

或茶黄素双没食子酸总相当量（μM/g）＝（A/6.4＋B×2.22/6.4＋C）。

式中：A，B 和 C 分别为茶黄素、茶黄素单没食子酸酯、茶黄素双没食子酸酯的百分含量或 μM/g。

红茶色泽要求"红汤红叶"，制茶技术必须采取破坏叶绿素，促进多酚类的氧化，使形成茶黄素和茶红素等有色物质。红茶制造中如萎凋程度不足或过度，揉捻、发酵不足，干燥不合理等，叶绿素破坏不多，而其他有色物质变化不足时，往往出现干茶、汤色泛青，叶底花青等不良色泽。茶黄素含量的高低，不仅影响红茶汤色的明亮度，还与茶汤滋味的鲜爽、强烈的味感有关。茶红素呈红色，是构成茶汤红色的主要有色物质，茶褐素呈暗褐色是茶汤发暗的因素。红茶制造中萎凋程度、时间、温度，揉捻程度、时间、温度，发酵程度、时间、温度、供氧量及干燥温度等都对叶绿素破坏和多酚类的氧化程度有很大的影响。

茶黄素是由成对的儿茶素等经氧化结合而形成。茶黄素的红外光谱表明，所有的茶黄素分子都具苯骈草酚酮核，这是重要的生色团。

茶黄素的水溶液色橙黄，提纯后成结晶状粉末，色泽金黄。在水中重结晶得到橙黄色针状晶体，熔点为 237～240℃。易溶于热水、醋酸乙酯、正丁醇、异丁基甲酮、甲醇等。呈很弱的酸性，在 pH 值为 3～6.5 溶液中稳定，但在碱性溶液中有自动氧化的倾向，且随 pH 值的增加而加强。因分子中有酚性羟基，可提供质子起抗氧化作用，也可进行酰基化和甲基化反应，其中邻位羟基易被高锰酸钾等所氧化。茶黄素与咖啡碱可以形成络合物，当茶汤温度接近 100℃时，TF、TR 等多酚类化合物与咖啡碱各自呈游离状态存在，但随温度的下降，它们通过羟基和酮基间的氢键缔合形成络合物，茶汤由清转浑，表现出胶体特性。粒径继续增大，便会产生凝聚作用，茶汤呈黄浆色的浑浊，这就是所谓红茶的"冷后浑"现象。这主要取决于 TF 含量的多少，因为只要茶叶含咖啡碱 1.5% 以上就可形成"冷后浑"，这一咖啡碱含量多数茶叶均可达到，但并不是所有红茶都可产生冷后浑，关键是加工过程中能否形成较丰富的 TF，只有高含量的 TF，才能产生标志优良品质的冷后浑现象。

2．茶红素形成的可能途径及预测的化学结构

茶红素（TRs）是由 TF 进一步氧化形成。TRs 是红茶中含量最多的多酚类氧化产物，占红茶干物重的 5%～11%，约占红茶水浸出物的 30%～60%。TR 极性大于 TF，易溶于水，水溶液呈酸性。茶红素相对分子质量为 700～4000，色棕红，是红茶茶汤中红色物质的主要成分，收敛性、刺激性弱于 TF。

由于其组成的复杂性，且包括多种相对分子质量差异极大的异源物质如儿茶素酶促氧化聚合、缩合反应产物，儿茶素氧化产物与多糖、蛋白质、核酸和原花青素等产生非酶促反应的产物等，因此与茶黄素相比，其形成的途径与化学结构的阐明尚不清晰。根据一些研究报道，茶红素形成的可能途径大致包括简单儿茶素或酯型儿茶素的直接酶性氧化、茶黄素形成过程中中间产物的氧化、茶黄素本身的自动氧化或偶联氧化（图 2-4）。关于茶红素的化学结构，有学者提出乙酸乙酯的茶红素是黄烷三醇的五聚体，并含有苯骈䓬酚酮结构。Haslam 最近推测茶红素的化学结构类似于焦棓酸（Pyrogallol）自动氧化产物的结构。

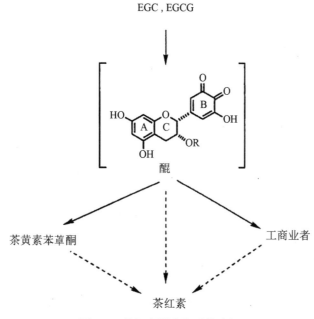

图2-4 茶红素形成的可能途径

3. 茶褐素

茶褐素是一类溶于水而不溶于乙酸乙酯和正丁醇的褐色素，具有十分复杂的组成，除含有多酚类的氧化聚合、缩合产物外，还含有氨基酸、糖类等结合物，化学结构有待

探明。所以，有学者定义其主要组成是多糖、蛋白质、核酸和多酚类物质，是由茶黄素和茶红素进一步氧化聚合而成。目前国际上尚未有此类物质的统一定义，一般统称这类物质为"多酚氧化的高聚合产物"。由于茶褐素组成的复杂性，且对红茶品质具有消极作用（造成红茶茶汤发暗、无收敛性的重要因素），因此其组成、化学结构与生物活性至今未引起众多研究者的关注。茶褐素与蛋白质结合而沉淀于叶底。

第五节　茶叶中的多糖和纤维素

茶叶中的糖类包括单糖、双糖和多糖三类，其含量占干物质总量的 25%～40%，是干茶中成分含量相对最高的一类物质。单糖和双糖又称可溶性糖，易溶于水，含量为 0.8%～4.0%，是组成茶叶滋味的物质之一。茶叶中的多糖包括淀粉、纤维素、半纤维素和果胶等物质，除淀粉外，其他多糖可认为是膳食纤维。多糖不溶于水，并且是衡量茶叶老嫩度的重要成分。茶叶多糖是糖类的大分子聚合物质，分为由糖基和糖基构成的同质多聚糖（如纤维素等）和由糖基与非糖基构成的异质多聚糖（如茶皂苷、脂多糖、粘多糖等）两类。茶多糖是茶叶中复合多聚糖的习惯简称。经实验分析，茶多糖在粗老茶叶中含量为多，成品茶中绿茶较红茶为多。茶叶嫩度低，多糖含量高；茶叶嫩度高，多糖含量低。茶叶中的果胶等物质是糖的代谢产物，水溶性果胶是形成茶汤厚度和外形光泽度的主要成分之一。

一、茶叶中的单糖和双糖

单糖和双糖是构成茶中可溶性糖类的主要成分。游离单糖主要有阿拉伯糖（含量为干物的 0.4%）、鼠李糖（痕量）、果糖（0.73%）、葡萄糖（0.15%）、半乳糖（痕量）和甘露糖（痕量）。双糖有蔗糖（0.64%～2.52%），麦芽糖在茶鲜叶中很少以游离状态存在。以糖苷形式存在的糖基成分有葡萄糖、半乳糖和阿拉伯糖等。日本蒸青茶中含有一种特有的单糖衍生物，即鼠李糖肌醇（2-O-（β-L-arabinopyranosyl）-myo- inositol），其含量为 0.5%～2.5% 不等。

单糖、双糖多存于老叶中，嫩叶较少。蔗糖、果糖和葡萄糖含量随叶龄增大而增加（芽中分别含 4、0 和 0.6 mg/g 鲜重，成熟叶中则分别为 78、2 和 3 mg/g 鲜重）。

单糖是一类不能再被水解的最简单的糖类物质，在茶鲜叶中，以游离态或苷的结合状态而存在；双糖则是由两个相同或不同的单糖分子缩合而成。单糖和双糖均易溶于水，有甜味。在茶叶加工过程中，由于酶、热或氨基化合物的存在，会发生水解作用、焦糖化作用及美拉德反应，生成单糖类、多聚色素及香气物质等。

二、茶叶中的果胶

果胶物质是由数百个半乳糖醛酸以 $\alpha-1,4-$ 糖苷键聚合形成。据其是否甲酯化、是否形成糖苷等带支链的结构，可将其分为果胶酸、果胶素及原果胶。果胶酸仅由半乳糖醛酸经 $\alpha-1,4-$ 糖苷键聚合形成，完全未甲酯化，可溶于水，具有酸性和黏性。果胶素是果胶酸中部分半乳糖醛酸的羧基被甲醇酯化，剩余部分被 K^+，Na^+ 或 NH_4^+ 等中和。原果胶则是在果胶素、果胶酸的基础上和阿拉伯糖、半乳糖、鼠李糖等形成带支链的结构，与纤维素、半纤维素黏合在一起。原果胶为植物胞壁构成物质，不溶于水。

茶鲜叶（一芽三叶）中原果胶含量一般在 8% 左右。果胶素和果胶酸总称为水溶性果胶，在茶鲜叶中含量不高，约 1.5%。果胶的含量与茶树品种及茶梢成熟度有关，新梢中以第三、四叶果胶含量较高。而水溶性果胶的含量则随茶新梢成熟度提高，其含量下降。

1. 果胶物质在茶叶加工中的变化

不同的加工方法，由于酶及水热作用的程度不同，导致成品茶果胶物质变化不同。

在红茶加工中，果胶物质发生了显著变化。在萎凋中，由于果胶酶活性提高，鲜叶的原果胶量下降，水溶性果胶上升，但果胶物质总量下降，说明果胶物质不仅在自己的各个组分间相互转化，且通过分解形成如半乳糖、阿拉伯糖等化合物。在揉捻和氧化中，由于前期水解反应使茶坯酸度增加，使果胶物质易于凝固而不能转入溶液中，此期水溶性果胶下降而原果胶略增。在干燥过程中由于高温水热作用，水溶性果胶急剧下降，这可能与局部产生了加水分解有关。

在绿茶的加工中，较高的杀青温度利于水溶性果胶的增加，在揉捻及炒干（或烘干）过程中，水溶性果胶继续有所增加，成品后略有下降，但均高于鲜叶。

沱茶加工则以晒青原料为主，经过高温蒸汽的蒸揉工序，再低温干燥，贮放陈化。在此过程中水溶性果胶在蒸揉及干燥过程中由于水热作用达到最高，在贮放中逐渐下降，原果胶则从原料至成品逐级下降。在沱茶的加工过程中，由原料中的原果胶水解而成的水溶性果胶可达 2.87%，它对形成沱茶的味厚感有重要作用。

2. 果胶对叶品质的影响

果胶物质是一类胶体性物质，茶叶或茶汤黏稠度与它们的存在有关。在茶叶加工中利于揉捻成形。果胶物质含量高，可使条索紧结、外观油润、汤甘甜而味厚；反之则松散而干枯。

三、茶叶中的多糖

茶多糖也应称为茶叶多糖复合物，是一类组成复杂的混合物。由于分离纯度的限制，早期研究者所制备的茶多糖含有较多的脂类成分，因此那时称为茶叶脂多糖。后来进一步的研究证明，茶多糖中多糖与蛋白质紧密结合，因此认为茶多糖为一种糖蛋白，也有人检测其为一类酸性糖蛋白。茶多糖同时结合有大量的矿质元素，矿质元素主要含钙、镁、铁、锰等及少量的微量元素，如稀土元素等。由此可见，茶多糖的正确名称应是茶叶多糖复合物。由于提取茶多糖的原料不同或因制备工艺不同，所得到的茶多糖其组成有较大的不同。

1. 茶多糖的组成

粗老茶叶富含茶叶多糖。粗茶叶多糖（Crude Tea Polysaccharide，TPS）是多糖、蛋白质、果胶、灰分和其他成分等的混合物。经分离纯化，茶叶多糖是一种相对分子质量约为 $1 \times 10^4 \sim 5 \times 10^4$ 的水溶性复合多糖，主要成分有葡萄糖、阿拉伯糖、核糖、半乳糖、甘露糖、木糖及果糖等。

由于多糖是生物活性高分子化合物，其成分会因分离方法而异，可根据不同多糖在不同浓度低级醇中有不同的溶解度的性质进行分离纯化。清水岑夫报道，茶中降血糖的有效成分为一种复合多糖，包括葡萄糖、阿拉伯糖和核糖，构成比为 1.7∶5.7∶4.7，相对分子质量约为 4 万；汪东风报道，茶叶多糖则是由 5 种单糖组成，包括阿拉伯糖、木糖、果糖、葡萄糖和半乳糖，相对分子质量为 10.7 万。

广西绿茶中分离纯化出的 3 种茶叶多糖：浅黄色的 TPS-1、灰白色的 TPS-2 和灰色的 TPS-3，其总糖含量分别为 48.28%、57.71% 及 40.02%（蒽酮 - 硫酸法）。TPS-1 含 L- 岩藻糖、D- 甘露糖、L- 阿拉伯糖及 D- 果糖，组成百分比为 3.51∶14.78∶20.46∶61.25。TPS-2 含 D- 木糖、L- 阿拉伯糖、D- 果糖及 D- 葡萄糖，构成比为 4.39∶16.22∶79.39（有一个峰滞后，为 D- 葡萄糖）。TPS-3 含 L- 鼠李糖及 D- 果糖，构成比为 100（D- 果糖太低，被鼠李糖掩盖）。此外，TPS-3 还含有锌、锰、硒等多种对人体有益的微量元素。

2. 茶多糖的含量

茶叶多糖的含量与茶类及原料老嫩度有关。从茶类来讲，乌龙茶中茶叶多糖含量高于红、绿茶。乌龙茶中茶多糖含量为（2.65±0.27）%，约为红茶的 3.3 倍和绿茶的 1.7 倍，这可能是由于乌龙的原料比红、绿茶粗老。红茶的茶多糖含量一般为（0.40±0.1）%；但六级红茶可达（0.85±0.1）%。绿茶一级含量为（0.81±0.11）%，六级可达（1.41±0.06）%。茶叶多糖的含量均随原料粗老程度的增加而递增。

在茯砖、康砖以及普洱茶等发酵类加工中，由于微生物的大量繁殖，分泌大量酶类，包括纤维素酶，可分解纤维素形成可溶性糖类。在普洱茶渥堆工序中，由于微生物的大量繁殖，粗纤维显著下降（原料粗纤维18.65%，渥堆完毕仅为14.09%），而可溶性糖则显著增加（原料4.68%，出堆可达7.84%）。

3. 茶多糖的药理作用

近年来的研究发现，茶叶茶多糖有保护造血功能、防治放射性病的神奇功效。茶多糖对于人体主要有以下功效：

1）抗凝血及抗血栓作用

血栓形成主要包括三个阶段：①血小板黏附和聚集；②血液凝固；③纤维蛋白溶解。茶多糖能明显抑制血小板的黏附作用，并降低血液黏度。据王淑如等报道，灌胃给药50 mg/kg，小鼠凝血时间延长31.9%；给药37 mg/kg，家兔凝血酶原时间延长40%，可抑制家兔实验性血栓形成。因此，茶多糖不仅可以抗凝血，还可以起到抗血栓的作用。茶多糖在体内、体外均有显著的抗凝作用，并减少血小板数，延长血凝从而影响血栓的形成。另外，茶多糖能提高纤维蛋白溶解的活力。由此可见，茶多糖可能作用于血栓形成的所有环节。

2）降血糖作用

在中国及日本民间就有用粗老茶治疗糖尿病的案例，有报道称用粗老茶治糖尿病，其临床观察的有效率达70%。李布青等通过对比试验证明，茶叶多糖在降低四氧嘧啶高血糖模型小鼠的血糖浓度的同时，肝糖原大量增加，说明茶叶多糖对糖代谢的影响与胰岛素类似。将福鼎大白茶、福建水仙以及云南大叶种鲜叶分别制成绿茶、乌龙茶和红茶，发现在不同的低、中、高剂量下，各种茶叶多糖对四氧嘧啶诱导的糖尿病小鼠都有显著的降血糖效果，其中在低、中等剂量时，乌龙茶、红茶多糖的降低血糖作用明显优于绿茶多糖，但在高剂量下差异不明显；不同产地、品种和茶类的茶叶多糖对四氧嘧啶诱导的糖尿病小鼠降血糖效果均不相同，其中以湖北产茶叶多糖降血糖效果最好，其次是福建茶叶，再次是云南茶叶。由此可见，不同产地、品种、加工工艺对茶叶多糖降血糖效果都有显著性影响。

3）增强机体免疫功能

用茶多糖对小鼠免疫功能实验表明，给小鼠腹腔注射茶多糖，7天后静脉注射2%的碳素墨水，剂量为0.01 ml/g，2 min和15 min后分别自眼静脉中取血，当茶多糖剂量为25 mg/kg和50 mg/kg时，小鼠碳粒廓清速率分别增加60.5%和83%。这表明茶多糖能够促进单核巨噬细胞系统吞噬功能，增强机体自我保护的能力。另有研究者在茶多糖质量浓度 3.0 ~ 10.0 mg/ml 范围测定血清凝集素的变化，结果表明体液免疫作用增强。大量药理和临床研究发现，天然多糖对机体免疫功能的影响方式和途径主要有以下几种：①激活巨噬细胞。②激活网状内皮系统。生物体中的网状内皮系统具有吞噬、排除老化细胞和异物及病原体的作用，常用碳粒廓清法测定其活性。③激活 T 和 B 淋巴细胞。T 淋巴细胞激活剂在体内和体外均能促进特异性细胞 T 淋巴细胞的产生，并提高它的杀伤活性。④激活补体。补体能杀死病原微生物或协助、配合吞噬细胞来杀灭病原微生物。⑤促进各种细胞因子（干扰素、白细胞介素、肿瘤坏死因子）的生成。茶多糖可能通过上述某些途径发挥其增强机体免疫功能的作用。

4）对心血管系统若干药理作用

高血脂是人类心脑血管疾病的主要原因，茶多糖有降血脂作用。给小鼠喂茶多糖，能使血液中总胆固醇、中性脂肪、低密度脂蛋白胆固醇等浓度下降，高密度脂蛋白胆固醇都能增加。茶多糖能够通过调节血液中的胆固醇以及脂肪的浓度，起到预防高血脂、动脉硬化的作用。研究表明，对每只小鼠进行腹腔注射 0.8 mg 的茶多糖，血清甘油三酯给药组在 12 h 及 24 h 后比对照组降低约 1%；血清胆固醇含量给药组在 12 h 后比对照组约低 1.5%，24 h 后约低 5.0%，但均未达到显著水平。而高密度脂蛋白胆固醇含量在给药后 12 h 上升 7.1%，24 h 上升 15%，表明茶多糖可降低血清中低密度脂蛋白胆固醇。低密度脂蛋白胆固醇能使胆固醇进入血管引起动脉粥样硬化，而高密度脂蛋白胆固醇被认为是对机体有益的，因为它能增强肝脏清除胆固醇的能力。茶多糖还能与脂蛋白酯酶结合，促进动脉壁脂蛋白酯酶入血而起到抗动脉粥样硬化的作用。

5）抗癌作用

用 V79 细胞胞质阻滞法微核试验、细胞代谢协作试验和 Hela 细胞软琼脂生长试验，筛选茶叶中的防癌有效成分。添加茶色素、咖啡碱、茶多糖、茶多酚片及配比混合茶的试验发现，以上各种茶叶有效成分对肿瘤发生的启动、促癌和增值阶段均有不同程度的抑制作用。由此可见，茶多糖在防癌作用方面有一定的效果。

6）防辐射作用

茶多糖有明显的抗放射性伤害的作用，对造血功能有保护作用。小鼠通过 γ 射线照射后，服用茶多糖可以保持血色素平稳。红血球下降较少，血小板的波动也比较正常。小鼠皮下注射茶多糖后照射 ^{60}Co，可提高成活率 30%。

7）抗氧化作用

茶叶多糖对小鼠红细胞内 SOD 的活性有明显增强作用。倪德江等研究乌龙茶多糖对糖尿病大鼠肝肾抗氧化功能和组织形态变化的影响时，发现糖尿病大鼠灌胃乌龙茶多糖4周后，其肝肾SOD和谷胱甘肽过氧化物酶（GSH-PX）活性明显提高，脂质过氧化产物丙二醛（MDA）含量显著下降，抗氧化能力增强。婺源粗老绿茶叶的多糖对超氧自由基、DPPH自由基也有较好的清除作用，对β-胡萝卜素-亚油酸氧化体系有较明显的抑制作用。

多糖以糖类为基础的药物作用位点是在细胞表面，而不进入整个细胞内部，它对于整个细胞和机体的干扰，要比进入细胞核、细胞质内的药物要小得多，就这点而言，糖类药物是副作用相对最小的药物。茶叶中主要药理成分咖啡碱、茶多酚等含量都随茶树叶片的老化而减少，而茶多糖则相反，茶树叶片愈老，茶多糖的含量愈高。目前，我国茶叶资源浪费比较严重，一般只采春茶，或采少量秋茶，大量的夏茶以及修剪的枝叶都没有利用，如把它们都利用起来开发各种治疗糖尿病、动脉粥样硬化以及提高免疫能力的药物，将对人类的健康和茶叶生产的发展有重大意义[3]。

如上所述，茶叶中糖类的含量占干物质总量的25%～40%，但能提供能量的蔗糖、葡萄糖和果糖共计1%～3%，淀粉只含0.2%～2.0%，其余几乎都为非能量来源的膳食纤维（水溶性3%～7%，剩下的全是非水溶性）。膳食纤维能产生的功效有抑制便秘、预防肥胖、大肠癌、动脉硬化、心血管疾病等生活习惯病，故最近一直在倡导加强摄入膳食纤维的重要性。中国营养学会2000年提出：我国成年人膳食纤维的适宜摄入量为30 g/d左右。但据测算，我国人均每日的实际摄入量仅为14 g左右，摄入量严重不足，且摄入量随食品精加工水平的提高呈逐步下降趋势。如果每天摄入绿茶5 g（以茶粉计，全数摄入），即可提供1～1.5g的膳食纤维摄入量。

食品标准成分表的能量一栏中可以看到，各种茶叶每100 g的能量为208～300 kcal，给我们的印象是茶类也能提供一定量的能量。但是，这些数据是简单地将茶叶可食用部分每100 g的蛋白质、脂肪、碳水化合物与各成分的能量系数相乘合计而成的，很容易招致误解。实际上，茶汤中蛋白质、脂肪、碳水化合物的溶出率很低，假如饮用一杯3 g左右的绿茶，所提供能量最多不超过5 kcal，因此它的能量摄入完全可忽略不计。而且即使摄入5 g微细茶粉，所提供的能量也只不过是8 kcal（相当于2 g蔗糖），因此，不管是饮用绿茶还是摄入绿茶，可认为几乎都是无能量食品[4]。

第六节　茶叶中的色素

茶叶色素分水溶性与脂溶性两大类。黄酮类和花青素以及红茶色素属于水溶性色素，叶绿素和胡萝卜素属于脂溶性色素。水溶性色素内容在本章第四节已有介绍，所以本节中仅简单地补充说明。

一、水溶性色素

1. 黄酮类

黄酮类（也称花黄素）基本结构是 α－苯基色原酮（α–phenylchromone）。结构中 C_3 位易羟基化而形成黄酮醇类。黄酮醇类和黄酮类都与糖结合形成相应的苷类。

茶叶中黄酮苷类含量较少，主要是黄酮醇及其苷类，它们占鲜叶干重的 3% ～ 4%，是水溶性的黄色或黄绿色素。这与它具备吡酮环、羰基这些生色团有关。但结构上羟基位置对显色有不同的影响，一般羟基在 5、7 碳位置上对显色影响较小，3'、4' 碳位置上有羟基的衍生物多呈深黄色，在 3 碳位是有羟基仅能使化合物显灰黄色，但 3 碳位上的羟基能使 3' 和 4' 碳位上有羟基的化合物颜色加深，这就是黄酮醇类在紫外线下显亮黄色或黄绿色，而黄酮类呈棕色的原因。

2. 花青素

花青素在茶鲜叶中约占干重的 0.01% 左右，在紫色茶芽中含量达 0.5% ～ 1.0%，花青素苷元水溶性较黄酮苷元强。花青素在可见光下的颜色随环境的 pH 值改变而异，在酸性条件下为红色的锌盐形式，近中性时为无色的 α－羟基色原烯中间体，这种中间体很不稳定，开环而形成查耳酮，进一步碱化则生成蓝色的醌式。

花青素在茶叶中的形成与积累，与茶树品种、茶树生长发育状态、环境条件密切相关。有的品种在较强的光照和较高的气温下，常使茶叶中花青素含量增高，茶的芽叶也呈紫色，用于制作绿茶，叶底常出现靛蓝色，滋味苦涩，汤色褐绿。

二、酯溶性色素

茶叶酯溶性色素主要有叶绿素（包括叶绿素 a 和叶绿素 b），其次是类胡萝卜素（包括胡萝卜素、叶黄素）。这些物质与磷脂、蛋白质等构成茶树光合器官叶绿体基粒，是将光能转化为化学能的重要机构。

1. 叶绿素

叶绿素是茶叶中的主要色素，约占茶叶干重的 0.6%，比胡萝卜素高 4 倍，叶绿素可分为蓝绿色的叶绿素 a 和黄绿色的叶绿素 b 两种。茶树鲜叶的叶绿素 a 含量约为叶绿素 b 的 2~3 倍，使叶片在正常情况下呈绿色。叶绿素是由甲醇、叶绿醇与卟吩环结合而成，是一种双羧酸酯化合物。由吡咯构成卟啉并戊酮环，即卟吩环，中间有一个不电离的镁离子。茶叶越嫩，叶绿素 a 的含量越少，所以嫩叶多呈黄绿色，茶树叶片长大后，叶绿素 a 的比例大增，叶色呈浓绿色。叶绿素中镁原子被氢原子取代，那么叶绿素的原有绿色消失变成褐色的脱镁叶绿素。叶绿素被水解脱去叶绿醇和甲醇，其叶绿酸由脂溶性变成水溶性。水溶性的叶绿酸呈鲜绿色，而且比叶绿素稳定。

2. 类胡萝卜素

类胡萝卜素（Carotenoids）亦称"辅助色素"。类胡萝卜素含有两种色素，即胡萝卜素（Carotene）和叶黄素（Lutein），前者呈橙黄色，后者呈黄色。其功能为吸收和传递光能，保护叶绿素，在自然界分布很广，属四萜类衍生物，大多是结构复杂的复烯色素。类胡萝卜素能使植物最大限度地吸收光能，以充分利用各种不同波长的光来进行光合作用。已知结构式的此类化合物在 300 种以上，茶树体内存在 10 种以上，大致属以下三类：①复烯烃类：有 α－、β－、δ－、γ－胡萝卜素和番茄红素等。②复烯醇类：如叶黄素、玉米黄素、隐黄素。③复烯烃的环氧化物：在茶树中已发现的有堇黄素，α－胡萝卜素环氧[5]化合物。胡萝卜素在茶叶制造过程所受到的酶促氧化和热解等作用可转化为紫罗酮、二氢海葵来进行光合作用。叶黄素（xanthophyll）S 是胡萝卜素的二羟基衍生物，常伴随胡萝卜素共存于茶树及其他植物的绿色鲜叶中，常被叶绿素掩盖，如叶绿素在制茶时破坏，黄色即显露。

3. 叶酸

叶酸（folic acid）又称"维生素 Bc"和"维生素 M"，是 B 族维生素的一种，一般为黄色或橙黄薄片状或针状晶体。

4. 原花色素类

原花色素类（proanthocyan），是茶叶中色素的种类之一，又称"原花色苷元类"，是黄烷 –3– 醇的二聚物和较高的寡聚物，用无机酸处理能产生红色的花青素，属缩合单宁，具鞣质通性，因含有更多的自由酚羟基，收敛性、苦涩味和抗氧化作用更强。

5. 花白素

花白素（antholeucin）即"白花色苷元"，化学名羟基 –4– 黄烷醇，是广泛分布于植物体内的一类还原的黄酮类化合物。花白素按花色素分类，在高等植物中以芙蓉花色素和飞燕草花色素为主。茶叶中含有的花白素苷及其苷元数量比儿茶素少得多。花白素无色，但在盐酸水溶液或酒精溶液中，加热煮沸时可转化为有色的花色苷元或花色苷。花白素较活泼，易氧化聚合，是缩合鞣质的前体。花白素又名隐色花青素，占茶叶中干物的 2% ～ 3%。

6. 脱镁叶绿素

脱镁叶绿素（pheophytin）又名"叶褐素"。叶绿素分子中的镁原子受酶（或热）和酸的作用而丧失形成的一种褐色物质。成品茶的外表色泽同这种物质的含量有关。例如，绿茶制造工艺不当失去翠绿的特点，是叶褐素过量累积的结果。

第七节　茶叶中的芳香物质

茶叶香气是多种芳香物质的综合反映，香气的形成和香气浓淡，既受不同茶树品种、采收季节、叶质老嫩的影响，也受不同制茶工艺和技术的影响。茶叶中的芳香物质是指茶叶中易挥发性物质的总称。在茶叶化学成分的总含量中，芳香物质含量并不多，一般鲜叶中含 0.02%，绿茶中含 0.005% ～ 0.02%，红茶中含 0.01% ～ 0.03%。茶叶中芳香物质的含量虽不多，但其种类却很复杂。据分析，通常茶叶含有的香气成分化合物达 300 余种，鲜叶中香气成分化合物为 50 种左右；绿茶香气成分化合物达 100 种以上；红茶香气成分化合物达 300 种之多。组成茶叶芳香物质的主要成分有醇、酚、醛、酮、酸、酯、内酯类、含氮化合物等十多类。

茶叶香气是决定茶叶品质的重要因子之一，所谓茶香实际是不同芳香物质以不同浓度组合，并对嗅觉神经综合作用所形成的茶叶特有的香型。茶叶芳香物质，实际上是由性质不同、含量差异悬殊的众多物质组成的混合物。

迄今为止，已分离鉴定的茶叶芳香物质约有 700 种，但其主要成分仅为数十种，如香叶醇、顺 -3- 己烯醇、芳樟醇及其氧化物、苯甲醇等。它们有的是红茶、绿茶鲜叶共有的，有的是各自分别独具的，有的是在鲜叶生长过程中合成的，有的则是在茶叶加工过程中形成的。应当指出的是，茶叶香气的研究，目前只达到定性地研究组成成分、组成变化与茶叶品质的相互关系，还不能确定何种芳香物质的组成及其含量能代表何种品类的茶叶。

一、茶叶芳香物质的种类

茶叶芳香物质的组成，包括碳氢化合物、醇类、醛类、酮类、酯类和内酯类、含氮化合物、酸类、酚类、杂氧化合物、含硫化合物类等。

1. 醇类

根据与羟基相结合的主键或母核不同，醇类可分为脂肪族醇类、芳香族醇类和萜烯醇类。

1) 脂肪族醇类

茶鲜叶中含量较高，因其沸点较低，故易挥发。以顺 $-3-$ 己烯醇含量最高，约占鲜叶芳香油的一半以上。顺 $-3-$ 己烯醇亦称"青叶醇"，分子式是 $C_6H_{12}O$，无色液体，溶于有机溶剂。沸点 157℃，具嫩叶的清爽、清香气味。高浓度的青叶醇有强烈的青草气，系亚麻酸酶解及自动氧化后的降解产物。在绿茶茶叶加工过程中，随着温度的升高，低沸点的青叶醇会挥发至痕量，同时由于异构化作用，形成具有清香的反式青叶醇，使鲜叶的气味由青臭转为清香。青叶醇一般在春茶中含量较高，也是新茶茶香代表物质之一，不同等级绿茶中的含量为自高而低递减。红茶加工中的萎凋及绿茶加工中的"摊放"过程对其形成有很大的促进作用。

2) 芳香族醇类

这一类化合物的香气特征是类似花香或果香，沸点较高，较重要的有：①苯甲醇：亦称"苄醇"，分子式为 C_7H_8O，1935 年在煎茶中检出。无色油状液体，沸点 205℃，具微弱的苹果香气。鲜叶及各类茶中均存在，多施肥及遮荫有利于其形成。萎凋时增加不明显，而揉捻及发酵则促进其大量形成。②苯乙醇：1935 年在煎茶中检出，分子式为 $C_8H_{10}O$。无色油状液体，沸点 220℃，可与乙醇和油混合。具特殊玫瑰香气，存在于茶鲜叶和成品茶中，不同叶位的含量会随着嫩度的降低而递减。

3) 萜烯醇类

此类化合物具有花香或果实香，沸点较高，对茶香的形成有重要作用。重要的萜烯醇类有：芳樟醇、香叶醇、橙花醇、香草醇、橙花叔醇。

（1）芳樟醇（Linalool）：又名沉香醇，分子式为 $C_{10}H_{18}O$。无色透明液体，沸点 199～200℃。具百合花或玉兰花香气，是茶叶中含量较高的香气物质之一，在茶树体内以葡萄糖苷的形式存在，茶叶采摘后葡萄糖苷酶水解而呈游离态。新梢各部位的含量由芽、第一叶、第二叶、第三叶、茎依次递减。芳樟醇的含量和茶树品种的关系密切，大叶种的阿萨姆变种中的含量最高，中、小叶种的中国变种中含量较低。春茶含量最高，夏茶最低。

（2）香叶醇（geraniol）：又名牻牛儿醇，分子式为 $C_{10}H_{18}O$。无色油状液体，沸点 199～230℃。具有玫瑰香气，是茶中含量较高的香气物质之一，在茶树体内以糖苷的形式存在，茶叶经采摘后有糖苷酶水解而游离，新梢含量由芽、第一叶、第二叶、第三叶、茎依次递减。其含量与茶树品种密切相关，阿萨姆种及其他大叶种中含量较低，中、小叶种中含量较高。祁门种中含量高于普通种的几十倍，因而成为祁红玫瑰香特征物质之一。含量以春茶含量最高，夏茶最低。

（3）橙花醇（nerol）：单萜烯醇，分子式为 $C_{10}H_{18}O$。无色油状液体，沸点 225～226℃，橙花醇的香气与香叶醇相似，具有柔和的玫瑰香气。

（4）香草醇（citronellol）：又名香茅醇，分子式为 $C_{10}H_{20}O$。

香草醇是带有玫瑰香气的液体，沸点 224～225℃，也有 α 和 β 体之分。

以上四种都是单萜烯醇，在酶、热的作用下，可产生异构体而互变。这种结构上的细微变化也会改变物质的香型，橙花醇和香叶醇互为顺反异构，前者具有轻柔的甜润香气，后者为反式，则具有稍浓的蔷薇香气。

此外，茶叶中还有倍半萜烯醇，例如橙花叔醇。橙花叔醇（nerolidol）：倍半萜烯醇，分子式为 $C_{15}H_{26}O$，无色或淡黄色的油状液体，沸点 276℃，溶于乙醇，微溶于水，有顺、反异构体，具木香、花木香和水果百合香韵。它是茶叶的重要香气成分，尤其是乌龙茶及花香型高级名优绿茶的主要香气成分，其含量的多少与茶的香气品质直接相关。在乌龙茶制作中，晒青、做青及包揉工序中增量显著。单萜及倍半萜大都带有浓郁的甜香、花香和木香。

2. 醛类

醛类与形成食品香气和各种特异香气风格有密切的关系。它在加工后的成品茶含量高于鲜叶，红茶高于绿茶。

1）脂肪族醛类

低级醛类有强烈刺鼻气味，随相对分子质量增加，刺激性程度减弱，逐渐出现愉快的香气。在茶叶中低级脂肪酸以己烯醛含量较多，其含量可达茶叶芳香油的 5%，是构成茶叶清香的成分之一。

2）芳香族醛类

（1）苯甲醛（benzaldehyde）：分子式为 C_7H_6O。无色至淡黄色液体，沸点 179℃，溶于乙醇、油。在空气中不稳定，易被氧化成苯甲酸，具有苦杏仁香气。存在于鲜叶及成品茶中。萎凋中其含量有所增加。苯甲醛为茶花主要香气成分之一，花朵初开时含量剧增。

（2）苯乙醛（phenylacetaldehyde）：亦称 2- 苯基乙醛，分子式为 C_8H_8O。其为茶叶挥发性成分，1965 年在茶叶中检出。无色或淡黄色液体，沸点 206℃，呈风信子型香气，多种茶叶中均含。萎凋中其含量增加，茶叶复火时亦大量产生，低档茶尤为明显，与苯乙醛的先导物——苯丙氨酸在粗老茶中的高含量有关。茶叶复火形成的花香型苯乙醛可改善茶叶香气，尤其对改善粗老气重的低档茶的香型更为有效。

（3）肉桂醛（cinnamic aldehyde）：分子式为 C_9H_8O。沸点 252℃，黄色液体，具有肉桂香气。

3）萜烯醛类

（1）橙花醛（neral）：又名顺柠檬醛（citral）。它是茶叶挥发性成分，分子式是 $C_{10}H_{16}O$。无色至淡黄色液体，沸点 228～229℃，溶于有机溶剂，有浓厚的柠檬香，主要存在于红茶中。

（2）香叶醛（geranial）：又名反柠檬醛。与橙花醛为顺反异构体。

（3）香茅醛（citronellal）：分子式是 $C_{10}H_{18}O$。沸点 205～208℃，易环化，在微量无机酸存在下可逐渐生成薄荷醇（menthol）和其他单环萜烯化合物。

3. 酮类

（1）苯乙酮（acetophenone）：又名甲基苯基酮，分子式是 C_8H_8O。无色液体，沸点202℃。微溶于水，可与甲醇、精油混合，具强烈而稳定的令人愉快香气，存在于成品茶中，含量极微。

（2）α-紫罗酮（α-ionone）：分子式是 $C_{13}H_{20}O$。无色或淡黄色油状液体，沸点237℃，微溶于水和丙二醇，溶于乙醇、乙醚，具有紫罗兰香，为 β-胡萝卜素的降解产物。

（3）β-紫罗酮（β-ionone）：无色或淡黄色油状液体，沸点239℃，具有紫罗兰香，对绿茶香气影响较大，尤其是 β 体在绿茶中含量较高，β-紫罗酮进一步氧化的产物包括二氢海葵内酯、茶螺烯酮等，它们与红茶香气的形成关系较大。

（4）茉莉酮（jasmone）：分子式是 $C_{11}H_{16}O$。淡黄色油状液体，沸点257～258℃。不溶于水，溶于有机溶剂。茶鲜叶及各类成品茶中均存在，有强烈而愉快的茉莉花香，茉莉花茶中含量较多，也是构成新茶香气的重要成分。

4. 羧酸类

羧酸在鲜叶中含量不高，大多以酯型化合物的状态存在于有机体中，经加工的成品茶含量比鲜叶高，尤其是红茶中占精油总量的 30% 左右，绿茶中仅有 2%～3%，这种含量与比例上的差异，是形成红、绿茶香型差别的因素之一。

茶叶中的有机酸可分为两类。一类是二羧酸和三羧酸（在分子中含有两个羧基或三个羧基），如琥珀酸、苹果酸、柠檬酸、枸橼酸、水杨酸等。这类羧酸几乎没有挥发性，不能作为香气化合物。另一类是脂肪酸、如丙酸、辛酸、戊酸、癸酸、乙烯酸、棕榈酸、亚油酸等（大部分为有效抗霉剂）。在这类有机酸中，有的是香气组分（如乙烯酸）；有的本身虽无香气，但可转化为香气（如亚油酸）；有的则是香气成分的良好吸附剂（如棕榈酸）。详细参见本章第十节。

5. 酯类

1）萜烯族酯类

主要是醋酸酯（乙酸酯）类，如：醋酸香叶酯：似玫瑰香气的无色液体，沸点242～245℃；醋酸香草酯：较强的香柠檬油香气的无色液体，沸点170℃；醋酸芳樟酯：似青柠檬香气的无色液体，沸点220℃；醋酸橙花酯：具有玫瑰香气的无色液体，沸点134℃。

2）芳香族酯类

苯乙酸苯甲酯：具有蜂蜜的香气；水杨酸甲酯：沸点224℃，无色液体，具有浓郁的冬青油香，它在鲜叶芳香油中可达9.0%，绿茶中可达2.0%，红茶中仅痕量；邻氨基苯甲酸甲酯：低温下为结晶状物质，熔点24～25℃，沸点130～134℃，极度稀释后具有甜橙花的香气。

6. 内酯类

迄今尚未在茶鲜叶中发现内酯。内酯来源于茶叶加工中羟基酸的脱水以及胡萝卜素的分解。茶叶中内酯有：①茉莉内酯（jasmine lactone）：无色或淡黄色油状液体，不溶于水，溶于乙醇和油类，具有特殊的茉莉花香气。它是乌龙茶、包种茶和茉莉花茶的主要香气成分，其含量的高低与乌龙茶的品质成正相关。②二氢海葵内酯（dihydroactinidiolide）：呈甜桃香，β-胡萝卜素的热降解或光氧化产物。它在茶叶发酵、干燥过程中含量增加。

7. 酚类

茶叶中的酚类化合物，主要是苯酚及其衍生物。

8. 杂氧化合物

茶叶中的杂氧化合物主要有呋喃类、吡喃类及醚类。它们也是茶叶芳香物质的一部分，并参与了茶叶香气的构成。

9. 含硫化合物

主要有噻吩、噻唑及二甲硫等。二甲硫是1963年在煎茶中检出，具有清香，日本蒸青茶中大量存在，亦存在于红茶中，是绿茶新茶香的重要成分。噻唑则具烘炒香。

10. 含氮化合物

含氮化合物大多在茶叶加工过程中，经过热化学作用而形成，具有烘炒香的成分，如吡嗪类、吡咯类、喹啉类及吡啶类等。

二、茶叶中芳香物质的特点

1. 含量少，重要性强

茶叶香气在茶中的绝对含量很少，如前所述，但当采用一定方法提取茶中香气成分后，茶便会无茶味，故茶叶中的芳香物质对茶叶品质的形成具有重要作用。

2. 种类多

茶叶中发现并鉴定的香气成分约 700 种，如上所述有醇、醛、酮、酸、酯等十大类。

3. 芳香物质在茶鲜叶中的存在形式

研究认为，茶树鲜叶中的香气成分主要是以香气配糖体的形式存在。香气配糖体本身并不具有挥发性，无臭无味。与茶叶糖苷类前体释放有关的两个重要酶类为 β - 葡萄糖苷酶和 β - 樱草糖苷酶。

4. 同种茶叶有地域差别

由于不同地区的生态环境及地理状况不同，所以虽是同种茶类，若产于不同的地区，便会具有不同的差异。如云南红茶具有特殊的甜香，祁门红茶有特殊的玫瑰花香（祁门香），阿萨姆红茶则具有"阿萨姆香"。同是绿茶，屯绿具栗香，龙井清香，高山绿茶则具嫩香。

三、香气成分立体异构对嗅觉的影响

我们人类的鼻子能够闻出 1 万余种化合物的气味。香气物质到达鼻子，给人们带来快乐的机制是复杂的。首先，香气分子必须有挥发性，而且凭着分子自身的运动能量到达位于鼻孔深部嗅觉上皮的嗅上皮细胞，并与之产生碰撞，附着后释放出能量。人类鼻子大约拥有 1000 万个嗅上皮细胞，每个细胞的一端都有树状突起，那里各分布着 1 个嗅觉受体（受体配基结合区域）。此外，接受香气分子的 GTP（三磷酸鸟苷）结合蛋白连接型受体的基因约有 1000 余种被发现，同时证实这些基因可表达合成嗅上皮细胞的受体蛋白。再者，有研究报告认为，作为第二信使分子的 cAMP（环磷酸腺苷）和 IP3（三磷酸肌醇）作用于这个受体，提示该受体为代谢型受体。

同一种受体蛋白根据不同化合物的嗅觉本质或其分子结构的差异应答产生不同的电

位变化。同一个香气化合物可成为多个不同受体蛋白的配基。嗅上皮细胞的膜电位变化引起神经冲动，传达至位于嗅球中各特定的嗅小体。这些信息再由作为二级神经元的僧帽细胞和房饰细胞传出。传出的应答波谱范围较广，不论香气物质种类如何，都能做出应答。各僧帽细胞产生特有的随时间变化而变化的时间系列应答，将有气味的分子的气味实质（嗅质）传送至大脑。

从僧帽细胞以后的信息传递途径尚未完全清楚，如大脑梨状叶皮质（联想记忆）、杏仁核（判断气味的价值）、海马体（记忆与空间的认知）、下丘脑—大脑边缘系（引起愉快感或厌恶感）等部位在产生嗅觉时的作用或产生机制如何、如何识别闻到的气味，以及它的浓度、认知及后续的气味的价值判断、情绪的产生等一系列问题。同时，也有试验结果显示，在嗅上皮细胞和同样在嗅觉上皮的三叉神经可以不通过二级神经元，气味分子直接作用于膜的脂质部分亦可产生应答波谱。但是产生嗅觉的主要途径，最终还是从香气物质与嗅觉受体的立体附着开始（图2-5）。因此，香气物质是否拥有功能团、有无双键结构、分子的大小、立体构造均是影响香气疗效问题的关键点。特别是当香气物质是一个光学活性物质时，必须考虑到它的光学异构体（对映体）的气味是否相同、气味的阈值有无变化，研究茶叶香气时我们对几个香气化合物也作了深入的探讨。

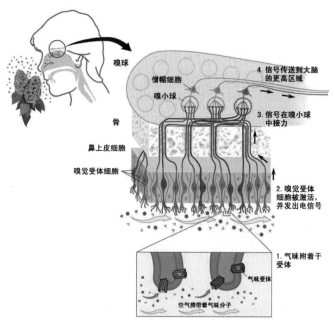

图2-5　大脑产生嗅觉的示意图

茉莉酮酸甲酯（1R，2R顺式构型甜柑橘气味，1S，2S反式构型无味）与其差向异构体—表茉莉酮酸甲酯（1R顺式，2S反式构型柑橘型香气，1S反式，2R顺式构型无味）

是乌龙茶的重要特有香气成分，有报告显示前者的含量较高。顺式的表茉莉酮酸甲酯耐热性差，容易转换成香气较弱的反式茉莉酮酸甲酯（阈限值 70 ng/ml）。此外，顺式的 $1R$，$2S$- 表茉莉酮酸甲酯对蛾、小食心虫（Grapholitha molesta）有性信息素的作用，阈值很低（3 ng/ml），对人的作用尚不明确，但它的顺式构型有较好的香气，广泛被人们所接受。此外，有报告显示，绿茶中的茶香螺酮的光学异构体比例，（$2R$，$5R$）：（$2S$，$5S$）为 14：86，而（$2S$，$5R$）：（$2R$，$5S$）为 84：16，红茶中的茶香螺酮全部都是 $2S$，$5S$ 构型。

四、茶叶香气的吸入试验

将 8 名男性大学生作为被试者，进行茶叶香气的吸入试验。试验在室温 25℃，相对湿度 60%、亮度 50lx 的可调控人工环境室内进行，试验时被试者闭目静坐。检测指标有上述的脑活动指标（近红外分光分析法）和自律神经活动指标（血压和脉搏），实行每秒检测。主观评价在试验结束后进行评价，同时调查香气强度的感知状况。

茶叶香气吸入方法如下：在 30L 的气味袋子里放入 20 g 玉露干茶，让袋子里香气达到饱和状态。利用香气物质提供装置，在被试者的鼻子下方 10 cm 处以 3L/min 的速度将袋子里的香气供被试者吸入。确认被试者各生理应答指标持续稳定 30 s 后方可进行香气吸入。咖啡豆的香气是将 20g 玉露干茶换成 100 g 咖啡豆进行同样的试验。香气吸入顺序随机的，包括对照试验（吸入空气）在内，不向被试者提供任何暗示吸入何种香气物质。

结果表明，主观评价中，感到茶叶香气有一定的快乐舒适感、自然的镇静作用。对于咖啡豆则无明显的快乐舒适感、有一点自然的感觉、有觉醒作用。从脑活动指标看，茶叶和咖啡豆均加强了大脑活动程度，随着时间的推移，两者无明显差异。图 2-6 显示被氧化的血红蛋白浓度的变化状况。氧化血红蛋白的增加提示动脉血的供给量加大，被测部位的脑活动有所加强。我们知道，脑活动加强时一般由动脉提供比其实际需要量更多的氧气。观测动脉血的动态可不间断地检测实时的大脑活动状态。

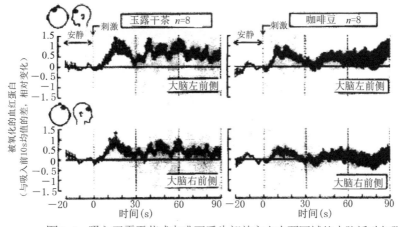

图2-6　吸入玉露干茶或咖啡豆后头部前方左右两区域的大脑活动加强

吸入茶叶香气瞬间，头部前方左右两区域均能观测到强烈的加强大脑活动的迹象。在后续的吸入试验中，加强大脑活动的迹象均处于显著状态，至试验结束。相反，吸入咖啡豆香气的瞬间仅仅在大脑左前部有活动加强的迹象，后续的吸入无法确认到显著的活动加强迹象，而在大脑右前部整个吸入试验过程中均无法确认显著的活动加强迹象。即吸入茶叶香气物质时，被试者显示出对试验物质的兴趣，同时脑部活动持续加强，而吸入咖啡豆香气时，仅显示一过性的兴趣，后来这种兴趣马上消失，脑部活动也没有加强。

杉木碎片的香气物质对机体的影响表述如下。试验方法与上述相同，吸入时间为 90 s。将杉木或罗汉柏粉碎成 3 mm 大小的碎片，取其产生的香气作为本试验物质。至于气味的强度（浓度），设定在分成 6 个等级强度中的"容易感觉到其气味"的等级。

检查结果如图 2-7 所示，杉木香气显著地降低了脑活动强度。吸入类似的罗汉柏碎片香气也得到同样的结果，两者均提示对脑活动有镇静作用。此外，吸入香气后被试者的收缩压也下降了（图 2-8、图 2-9），提示吸入杉木或罗汉柏的香气可使机体向镇静状态转变。

由此可知，上述 3 种香气物质均可导致被试者的情绪变化，但是茶叶香气使脑部活动得到加强，形成鲜明对照的是杉木或罗汉柏的香气有镇静作用，像这样导致产生的变化是多种多样的。

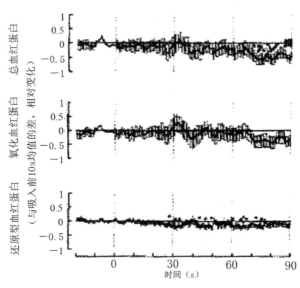

图2-7 吸入杉木碎片的香气使大脑活动镇静

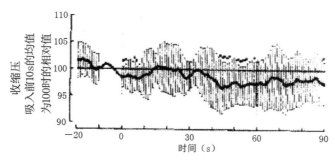

图2-8 吸入杉木碎片的香气时收缩压的变化

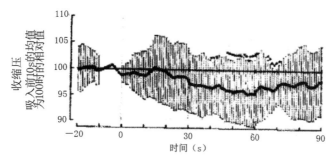

图2-9 吸入罗汉柏碎片的香气时收缩压的变化

如上所述，由于测定生理变化的方法进步很快，今后解析人类状态的手段也会发生急剧的进展。我们将可以定量解析至今为止从生活经验和实际感觉中认知的各种状态，包括茶叶引起的快乐舒适感增强效果，在不远的将来，快乐舒适感研究中科学地明确解析茶叶固有的功效将得以实现。

第八节 茶叶中的维生素

人体对维生素的需要量虽然很少，但其参与人体中许多主要的生理代谢过程与人体健康的关系极大，因此它是维持生命必不可少的一类营养素。茶叶中含有丰富的维生素类，其含量占干物质总量的 0.6% ~ 1%。维生素类分水溶性和脂溶性两类。脂溶性维生素有维生素 A、维生素 D、维生素 E 和维生素 K 等。由于饮茶通常主要是采用冲泡饮汤的形式，所以脂溶性的维生素几乎不能溶出而难以被人吸收。水溶性维生素有维生素 C、维生素 B_1、维生素 B_2、维生素 B_6、维生素 B_{12}、维生素 P 和肌醇等。维生素 C 含量最多，尤以高档名优绿茶含量为高，一般每 100 g 高级绿茶中含量可达 250 mg 左右，最高的可达 500 mg 以上。可见，人们通过饮用绿茶可以吸取一定的营养成分。

一、维生素 C

维生素 C 可治疗坏血病，又呈酸性，故也称抗坏血酸。它在人体内参加氧化还原反应，是机体内一些氧化还原酶的辅酶，是递氢体；它还参与促进胶原蛋白和粘多糖的合成。

维生素 C 还有增强免疫力、预防感冒和促进铁吸收的功效，而且它是强抗氧化剂，能捕获各种自由基、抑制脂质过氧化，从而有防癌、抗衰老等功能。研究表明，维生素 C 的生理功能是抗炎、抗感染、抗毒、抗过敏、治贫血、降胆固醇、防色素沉着、预防色斑生成等。

一般绿茶中维生素 C 的含量约为 250 mg/100g，有的绿茶甚至高达 500 mg/100g 以上。乌龙茶的维生素 C 含量约为 100 mg/100g，而红茶因经过发酵工艺，维生素 C 损失较大，含量小于 50 mg/100g。冲泡中，绿茶中的维生素 C 几乎全部冲泡出来进入茶汤，被人们吸收利用。因而，可通过饮茶部分补充体内维生素 C 的每日所需量。

维生素 C 在茶汤中的含量高低与冲泡水温有密切关系，即水温越高，保持量越低，故欲要保留茶汤中较多的维生素 C 含量，泡茶水温不宜过高，且泡茶时间不宜过长。在茶叶贮藏中，维生素 C 易受光、热、氧影响，发生氧化而含量渐渐降低。

二、维生素 B 族

维生素 B 族作为生物催化剂酶的辅助因子参与细胞中的物质与能量的代谢过程。在细胞内的分布和溶解性能上大致相同。茶叶中的 B 族维生素的维生素 B_2、尼克酸以及叶酸含量较为丰富。而含量较低的成分，如维生素 B_1 的含量约为 70 ~ 150 μg/100g；并且含量变化因茶类而异，成熟叶含量略高于嫩芽，老叶较低，春夏茶较高，秋茶较低。泛酸的含量为 1.0 ~ 2.0 mg/100g；生物素的含量为 50 ~ 80 μg/100g。

1. 维生素 B_2

维生素 B_2 是黄素蛋白酶的辅基，在自然界多与蛋白质结合成黄素蛋白。维生素 B_2 参与茶树体内糖、蛋白质、脂肪代谢中的多种氧化还原反应。缺少它，茶树体内呼吸减弱，氮元素代谢受到障碍。

茶叶中维生素 B_2 含量比一般植物高，约含有 1.2 ~ 1.7 mg/100g，且以春茶芽头含量最高。若一天饮用 10 g 绿茶，即可满足成人男性每天需要量（1.2 mg/d）的 10% 左右。

2. 烟酸

烟酸在体内主要以酰胺形式存在，尼克酰胺在体内主要转变为辅酶 I（NAD）和辅酶 II（NADP），二者都是脱氢酶的辅酶，它们在催化底物脱氢时，通过氧化态与还原态的互变传递质子 H，在生物氧化中起着重要的作用。

茶叶中的尼克酸含量约为 3.5 ～ 7.0 mg/100g。因地区、茶类级别不同而差异很大。它的含量是维生素 B 族中最高的，约占 B 族含量的一半。

3. 叶酸

叶酸（folic acid）在体内主要以四氢叶酸形式作为辅酶存在。在茶树体内参与核酸、咖啡碱和氨基酸的代谢，是细胞增殖时不可缺少的。叶酸在茶叶中含量约为 50 ～ 75 μg/100g。

三、其他水溶性维生素

1. 维生素 P

维生素 P 是一组与保持血管壁正常通透性有关的黄酮类化合物，其中以芸香苷为主，这些物质也可以称为生物类黄酮（bioflavonoids）。它们能维持微血管的正常透性，增加韧性，具有预防和治疗血管硬化、高血压病的作用，并且有抗衰老和抗癌之功效。茶叶中维生素 P 含量较高、种类多，儿茶素和黄酮类中的很多物质都具有维生素 P 的作用，其中最典型的是芸香苷。在茶叶中含量春茶为 340 mg/100g，夏秋茶为 415 mg/100g。

2. 肌醇

肌醇又名环己六醇，是一种特殊形式的糖醇。由植物体内己糖环化而成，起着磷酸储藏和磷酸化作用。在茶叶中可达 700 ～ 1200 mg/100g，随叶子成熟度增加而增加，它与儿茶素的合成有关。

3. 维生素 E

维生素 E 为二氢吡喃的衍生物，维生素 E 已知有 8 种，其中 4 种（α、β、γ、δ-生育酚）较为重要，α-生育酚的生理活性最高。它对氧敏感，极易被氧化成为无活性的醌化合物，从而保护其他物质不被氧化，因而可作为抗氧化剂。

茶叶中维生素 E 含量比蔬菜和水果中含量要高，可以和柠檬媲美。一般茶叶维生素 E 的含量为 50 ～ 70 mg/100g，含量高的可达 200 mg/100g。绿茶中的维生素 E 比红茶高，因红茶经过萎凋和发酵，一部分维生素 E 被酶破坏。但因茶叶中含有大量的生物类黄酮，对维生素 E 的氧化起了保护作用，故制茶中维生素 E 的保留量较高。据报道，印度和斯里兰卡红茶中的维生素 E 含量特别丰富。我们可通过食茶，如将茶粉加入糕点中食用，就能较好地摄取茶中维生素 E。

4. 维生素 A

维生素 A 属于脂环族维生素，其化学本质是不饱和一元醇类，分为维生素 A_1（又称

retinol，视黄醇）和维生素 A₂（又称 3- 脱氢视黄醇）。

维生素 A 主要存在于动物性的食物中，植物组织中尚未发现维生素 A。但植物中存在的一些色素具有类似维生素 A 的结构，如类胡萝卜素。它在人体内能形成维生素 A（称为维生素 A 原）。维生素 A 对酸和热较稳定，但易被空气中的氧和酶作用氧化，尤其是在高温和紫外线的照射下，可引起维生素 A 的严重破坏。如若食物中含有维生素 C、维生素 E 和多酚类等抗氧化剂时，则对维生素 A 有保护作用，能阻止和减少其氧化。

茶叶中不含维生素 A，但含丰富的维生素 A 原——类胡萝卜素。绿茶中有 16 ～ 25 mg/100g 的胡萝卜素，而高山茶树上的芽叶中含量达 50 mg/100g。红茶加工中由于发酵等工艺，维生素 A 原经过酶和空气氧化形成茶叶香气物质，损失较多，红茶中含量仅有 0.5 ～ 1.0 mg/100g。乌龙茶约为 8 mg/100g。茶叶维生素 A 原的 20% ～ 30% 为 α- 胡萝卜素，其余为 β- 胡萝卜素。β- 胡萝卜素转换为维生素 A 的效率为 α- 胡萝卜素的两倍。茶叶中的隐黄素、玉米黄素、黄体素、隐黄体素等类胡萝卜素也具有维生素 A 原的作用。

5．维生素 K

维生素 K 最初是作为与血液凝固有关的维生素被发现的。除了这个作用以外，维生素 K 还参与体内钙的代谢。缺乏维生素 K 时，易骨折，现已被用作骨质疏松症的治疗药。其他的缺乏症有血液凝固力下降，易发心肌梗死等。维生素 K 在茶叶中含量为 1 ～ 4 mg/100g。

第九节　茶叶中的矿质元素

茶叶中无机化合物占干物质总量的 3.5% ～ 7.0%，分为水溶性和水不溶性两部分。这些无机化合物经高温灼烧后的无机物质称之为"灰分"。灰分中能溶于水的部分称之为水溶性灰分，占总灰分的 50% ～ 60%。嫩度好的茶叶水溶性灰分较高，粗老茶、含梗多的茶叶总灰分含量高。灰分是出口茶叶质量检验的指标之一，一般要求总灰分含量不超过 6.5%。

饮茶可以补充人体需要的矿物质元素。茶叶中含有人体所需的大量元素和微量元素。大量元素主要是磷、钙、钾、钠、镁、硫等；微量元素主要是铁、锰、锌、硒、铜、氟和碘等。如茶叶中含锌量较高，尤其是绿茶，平均每克茶含锌量达 73 μg，高的可达 252 μg；每克红茶中平均含锌量也有 32 μg。茶叶中铁的平均含量，每克干茶中为 123 μg；每克红茶中为 196 μg。这些元素对人体的生理机能有着重要的作用。经常饮

茶，是获得这些矿物质元素的重要渠道之一。各种矿物质在温开水中的溶出率各异，以
20% 左右的居多。在茶叶中的近 30 种矿质元素中，铝、氟、硒三种元素，对茶树来讲属
非必需元素，但它们在茶树中的含量高，与一般食物相比，饮茶对钾、锰、锌、氟等的
摄入最有意义 [5]。

一、钾

钾在干茶中约含 2.0% ～ 2.8%，在芽、嫩叶新梢中含量较高，在茶叶灰分中占 50%
左右。

人体中所含的矿物质中，钾仅次于钙、磷，居第三位。钾能调节体液平衡，调节肌
肉活动，尤其是调节心肌活动的重要元素。缺钾会造成肌肉无力、精神萎靡、心跳加快、
心律不齐，甚至可引起低血钾，严重者可导致心脏停止跳动。当人体出汗时，钾和钠一
样会随汗水排出，所以在炎炎夏日出汗多时，除了补充钠外，也要补充钾，否则会出现
浑身无力、精神不振等现象。

二、锌

锌是茶树必需的微量元素，在茶叶中含量为 2 ～ 6 mg/100g，有的高达 10 mg/100g 以上。

锌在人体内含量仅次于铁，成人体内含锌量约为 1.5 ～ 2.3 g。它是很多酶的组成成
分，人体内约有 100 多种酶含有锌，此外，锌与 DNA、RNA 代谢以及蛋白质的合成有关。
骨骼的正常钙化、生殖器官的发育和正常功能、创伤及烧伤的愈合、胰岛素的正常功能
与敏锐的味觉等也都需要锌。锌缺乏时会出现味觉障碍、食欲不振、精神忧郁、生育功
能下降等症状，并易发高血压症、儿童会发育不良，但锌在水果、蔬菜、谷类、豆类中
的含量相当低，动物性食品是人体锌的主要来源。而茶叶中的锌含量高于鸡蛋和猪肉中
的含量，而且锌在茶汤中的浸出率较高，可达 75%，易被人体吸收。一般来讲，级别高
的茶叶中锌含量明显高于级别低的茶叶，茶叶可被列为锌的优质营养源。

三、锰

茶叶是一种富集锰的植物，一般含量不低于 30 mg/100g，高的可达 120 mg/100g，比
水果、蔬菜约高 50 倍，老叶中含量更高，可达 400 ～ 600 mg/100g，茶汤中锰的浸出率为
35%。

锰是人体必需的微量元素，在人体内起着极其重要的作用。大脑皮层、肾、胰、乳腺
等都含有锰，人体内多种酶是含锰金属酶，肝脏中线粒体与血液为锰的贮存库。儿童缺锰

可使生长停滞、骨骼畸形，成人缺锰可致食欲不振、生殖功能下降、皮肤瘙痒甚至出现中枢神经症状。成人每天需锰量约为 2.5 ～ 5.0 mg，一杯浓茶中锰的最高含量可达 1 mg。

四、氟

茶树也是一种富含氟的植物，其氟含量比一般植物高十倍至几百倍。茶树中粗老叶氟含量比嫩叶中更高。一般茶叶中氟含量为 10 mg/100g 左右，用嫩芽制成的高级绿茶含氟量可低至约 2 mg/100g，而较成熟枝叶加工而成的黑茶中氟含量较高，达 30 ～ 60 mg/100g。茶叶中的氟很易浸出，热水冲泡时浸出率达到 60% ～ 80%，因此喝茶也是摄取氟的有效方法之一。

氟是人体必需的微量元素，在骨骼与牙齿的形成中有重要作用。缺氟会使钙、磷的利用受影响，从而导致骨质疏松。缺氟时，牙齿釉质不能形成抗酸性强的氟磷灰石保护层，导致牙釉质易被微生物、酸等侵蚀而发生蛀牙。氟对龋齿的预防作用已引起重视，使用含氟牙膏、含氟漱口水、局部涂氟化合物或在饮用水中加氟都能降低龋齿的患病率和发病率。但要强调指出的是，过量氟会引起氟中毒，如导致氟斑牙，并使骨骼失去正常的颜色和色泽，容易折断。在经常大量饮用高含氟的茶叶（50 mg/100g）以上时，应注意氟的摄取量。

目前，国际上尚无每人每日安全摄氟量的统一标准，一般认为，摄入量以成人 3 ～ 4 mg/d、儿童 1 ～ 2 mg/d 为宜。我国卫生部食品氟允许量制定协作组于 1981 年规定，每人每天摄取氟数量以 3.5 mg 为安全限量。我国居民每日膳食中氟的供给量一般为 0.5 ～ 1.5 mg，其他氟量主要通过饮水（包括饮茶）摄取。

长期摄入过量的氟（一般认为每天摄入 6 mg 以上）会导致慢性氟中毒，主要表现为氟斑牙和氟骨症。氟斑牙是慢性氟中毒最早出现和最明显的体征，氟化物主要损害发育中的牙釉质，影响牙齿的正常矿化，使牙齿失去表面光泽，出现斑点，如有色素沉着则引起釉面着色，严重时牙齿脱落。氟骨症的主要表现为腰腿痛、关节僵硬、骨骼变形，甚至瘫痪残废。另外，大量的氟在胃酸环境中形成的氢氟酸刺激胃肠，可发生抽搐和感觉过敏等神经症状。

由茶氟引起的中毒现象最早见于 1963 年，有人报道越南氟牙症流行之后，国内外陆续出现了许多关于茶氟中毒的报道。如曹进等进行的流行病学调查表明，四川藏族儿童氟中毒与饮用含氟量高的茶有关，白学信等在四川壤塘县发现并证实该地区为饮茶型氟病区。近几年来，不断有少数民族地区饮茶型氟中毒的情况报告，这引起了人们对茶氟危害的高度重视。

众多调查表明，我国茶氟中毒病区主要分布在四川、西藏、新疆、内蒙古、甘肃、青海等地。这些地区的少数民族有过量饮茶的习惯。研究人员根据其饮用砖茶时的生活习惯检测发现，无论儿童、成人其茶氟摄入量大大超过安全摄入标准，这是引起氟中毒的直接原因。而生活在同一地区没有这种饮茶习惯的汉族居民，未见有茶氟中毒的现象。由于茶氟中毒主要由含氟量高的砖茶引起，因此降低砖茶中氟的含量，是最直接、最简便的方法。具体措施：一是在原料选取上要适当控制嫩度以及适量增加茶梗的用量；二是对茶区进行筛选，寻找含氟量低的茶区，在栽培措施上减少磷肥施用量；三是在茶叶加工过程中添加降氟剂，如复合配方 E、氯化铝、氯化钙、皂土等。同时，引导病区少数民族同胞改变饮茶习惯，减少熬煮时间以及减少茶叶饮用量等。另外，改良茶树品种，培育低氟茶树也是一条可行的办法。

按照农业部制定的行业标准（NY659 — 2003），茶叶氟含量不超过 200 mg/kg，以成人日饮茶 10 g 和氟的浸出率为 80% 计算，则通过饮茶摄入的氟为 1.6 mg/d，约为允许摄入量（4 mg/d）的 40%，属于安全范围。

氟对人体的双重影响主要在于氟的摄入量，在高氟地区要降氟以防氟中毒，在低氟地区需要加氟以有利于人体健康发育。如何兴氟利、除氟害，这是人们面临的问题[6]。

五、硒

茶叶中的硒主要为有机硒，易被人体吸收。茶叶中硒的含量的高低主要取决于各茶区茶园土壤中含硒量的高低，一般茶园生产的茶叶中硒含量为 50 ～ 200 μg/100g，硒含量较高的为湖北、陕西以及贵州、四川的部分茶区的茶叶，含量可达 500 ～ 600 μg/100g。就茶树的各部位而言，老叶老枝的含硒量较高，嫩叶嫩枝的含硒量较低。硒在茶汤中的浸出率约为 10% ～ 25%，在缺硒地区普及饮用富硒茶是解决硒营养问题的最佳方法。

硒是人体内最重要的抗氧化酶——谷胱甘肽过氧化物酶的活动中心元素，具有很强的抗氧化能力，保护细胞膜的结构和功能免受活性氧化和自由基的伤害，因而具有抗癌、抗衰老、维持人体免疫功能等效果。缺硒是患心血管病的重要因素。在硒含量较低的地区，克山病发病率较高，但通过提高膳食中硒的含量可降低发病率。

六、铝

铝是茶树非必需元素。茶树为喜铝和耐铝植物。茶树在强酸性和酸性土壤中生长良好，并且以 Al^{3+} 的形式在叶片中大量积累，茶树鲜叶中含量在 20 ～ 150 mg/100g，有的老叶中含量高达 2000 mg/100g。

铝对人体有一定的毒害作用，铝的积累对神经有毒性，与脑疾病有关。例如，老年痴呆症，铝进入人体后有 5% 呈游离状态，它和血浆结合，当铝积累量超过正常人铝含量的 5 倍时，便会加速钙、磷排泄，使人体代谢失调，引起缺钙和缺磷。成人每天摄铝量为 9～14 mg 时为正常，其中通过食物进入人体的量为 2～10 mg，铝在茶叶的泡出率低于 20%，在茶汤中铝浓度为 0.2～0.6 mg/100ml，即使每天饮茶 10 杯，也只有 2～6 mg 铝进入人体，不会影响人体健康。

茶叶中铝究竟有多少被肠道吸收的问题，到目前为止尚未明确。饮用茶叶能使血浆铝浓度发生微微上升，能加大尿液中铝的排泄量，可以看出茶叶中有一部分铝确实被机体吸收，而大部分可能在消化道内未被吸收而直接经粪便排泄。茶叶中的铝在肠道中难以被吸收是因为铝能与茶多酚结合形成络合物或复合体。根据饮茶是否成为老年性痴呆症的发病危险因子所进行的研究结果显示，增加茶叶消费量，无法认定其相对危险度也随之上升，这个结果证实茶叶是老年性痴呆症的发病危险因子的可能性极低。无论如何，茶叶铝的吸收、体内铝沉积、氟的过量摄入等问题，将关系到饮用茶叶的安全性，有必要进行深入研究。

七、铁

60% 的铁是作为血红蛋白铁存在于我们体内，如果铁摄入不足，特别是女性，容易患缺铁性贫血。绿茶中铁含量大多为 10～30 mg，在我们常用的食品中为含量较高的食品之一。若一天摄入 5 g 绿茶，理论上可获得 1 mg 铁，但是非血红蛋白铁的吸收率极低（约 5%），机体吸收的量仅为 0.05 mg（需要量的 0.4%），因此摄入茶叶对增加铁的吸收通常是无效的。

另一方面，众所周知一日三餐同时摄入含铁补充剂时，若同时饮茶对铁的吸收有阻碍作用。所以，与其希望饮茶提供铁的来源，倒不如千万要注意避免饮茶对铁吸收的阻碍。

八、铅

茶树和其他植物一样也含有铅，与其他植物相比处于中等水平。据检测，全国 20 多个省市 566 个茶样的铅含量，有 75% 的铅含量在 2 mg/kg 以下。茶叶中铅的残留与泡茶茶汤的铅含量不能等同，研究表明，溶入茶汤中的铅是极少的，仅为微克级。茶汤中含铅很低，饮茶不会对人体造成毒害。因为茶叶中的铅在泡茶时仅有部分可以溶出，浸出率一般在 3%～5%。

如何对待茶叶含铅问题？茶树容易受到土壤中含铅等有毒或有害物质的污染。铅是食品和饮水卫生中常用的毒性指标，如长期、过量食用铅超标的食物或水，则可能引起铅急性或慢性中毒。然而，饮茶不是吃叶渣，是经冲泡后饮用茶水的，而铅是重金属，难溶于水，与其他食品直接食用有较大区别。为此，专家们用自来水和纯水，做了茶叶中铅在水中的溶解度实验，将铅含量超过 3 mg/kg 的茶叶用沸水浸泡 30min，结果纯水中茶叶溶出量较自来水要低。农业部茶叶质量检测中心进行的一项试验中，将上海市技术监督局送来抽检的最高含铅量的 4 种龙井茶，模仿沏茶，用 100℃沸水沏 1h 后，测定茶汤中铅含量，结果 4 种茶汤中均未测出铅。可见，尽管茶叶中铅含量较高，但这些铅不溶解于茶汤或者浸出率极微量，从而可认为不会被人体摄入。

此外，茶叶中含有 30% 左右的茶多酚，茶叶里的茶多酚能络合许多重金属，避免人体吸收。经实验，茶叶中含有微量的铅，经茶多酚络合后，基本上不被人体吸收，只要饮法得当，对饮用者是安全的。

第十节　茶叶中的有机酸

一、有机酸的定义和分类

有机酸是指一些具有酸性的有机化合物。最常见的有机酸是羧酸，其酸性源于羧基（—COOH）。磺酸（—SO_3H）、亚磺酸（RSOOH）、硫羧酸（RCOSH）等也属于有机酸。

有机酸类在中草药的叶、根、特别是果实中广泛分布，如乌梅、五味子、覆盆子等。常见的植物中的有机酸有脂肪族的一元、二元、多元羧酸，如酒石酸、草酸、苹果酸、枸橼酸、抗坏血酸（即维生素 C）等，亦有芳香族有机酸如苯甲酸、水杨酸、咖啡酸等。除少数以游离状态存在外，一般都与钾、钠、钙等结合成盐，有些与生物碱类结合成盐。脂肪酸多与甘油结合成酯或与高级醇结合成蜡。有的有机酸是挥发油与树脂的组成成分。

有机酸多溶于水或乙醇呈显著的酸性反应，难溶于其他有机溶剂。在有机酸的水溶液中加入氯化钙或醋酸铅或氢氧化钡溶液时，能生成水不溶的钙盐、铅盐或钡盐的沉淀。可用这种方法除去中草药提取液中的有机酸。

一般认为脂肪族有机酸无特殊生物活性，但有研究报告认为苹果酸、柠檬酸、酒石酸、抗坏血酸等能综合作用于中枢神经。有些特殊的酸是某些中草药的有效成分，如土槿皮中的土槿皮酸有抗真菌作用。咖啡酸的衍生物有一定的生物活性，如绿原酸为许多中草药的有效成分，有抗菌、利胆、升高白细胞等作用。

二、茶叶中的有机酸

茶叶中的有机酸种类较多，含量为干物质总量的 3% 左右，参与茶树的新陈代谢，在生化反应中常为糖类分解的中间产物，是香气和滋味的主要成分之一。某些有机酸对茶多酚激活 α-淀粉酶、胰蛋白酶活性具有协同效应[7]。茶叶中的有机酸与咖啡碱、尼古丁中和生成盐类，盐类大多溶于水，可从尿中排出体外，饮茶可解烟毒。

广义上说，凡是含有羧基（—COOH）的有机化合物都可以叫作有机酸。然而从茶叶实际的化学成分分类来说，有些有机酸已各有归属。例如，氨基酸为蛋白质的基本组成成分，和蛋白质一起单独列出一节；抗坏血酸是一种维生素；没食子酸和绿原酸可转化为多酚类。于是，茶叶中的有机酸通常是指二元羧酸和羟基多元羧酸（在分子中含有两个或多个羧基），如琥珀酸、苹果酸和柠檬酸等；或是指环状结构脂肪酸，如奎尼酸、莽草酸等[7, 8]。茶叶中已发现的有机酸有 40 多种。其中，茶汤中的有机酸有 10 余种，香气中的有机酸有 30 余种。有些有机酸如亚油酸本身并无香气，但经氧化后可转化为香气成分；有些有机酸是香气成分的良好吸附剂，如棕榈酸等。

茶鲜叶中羧酸含量不高，加工后成品茶含量显著高于鲜叶，红茶高于绿茶，红茶中占精油的 30% 左右，绿茶中仅有 2%～3%，这种含量与比例上的差异，是红茶和绿茶香型差别的因素之一，茶叶中常见的羧酸类见表 2-3[9]。

表 2-3　茶叶中含有的羧酸类化合物

名称	化学式	沸点（℃）	芳香油中含量（%）		
			鲜叶	绿茶	红茶
乙酸	CH_3COOH	117～178	+	0	+
丙酸	CH_3CH_2COOH	141	+	0	+
异戊酸	$CH_3CH(CH_3)CH_2COOH$	176	+	+	0
正丁酸	$CH_3CH_2CH_2COOH$	163.5	+	5	0
异丁酸	$CH_3CH(CH_3)COOH$	154.7	+	0	+
水杨酸	$C_6H_4OHCOOH$	158～160	+	+	+
棕榈酸	$CH_3(CH_2)_{14}COOH$	215		1.6	

三、茶叶中有机酸对人体的作用

1. 苹果酸

苹果酸是一种二羧酸（图 2-10），化学式为 $HOOCCH_2CHOHCOOH$，分子中含有一个不对称碳原子，因此有两种旋光异构体和一种外消旋体。它是三羧酸循环的中间物之一，由反丁烯二酸水合而成，继续氧化得到草酰乙酸。

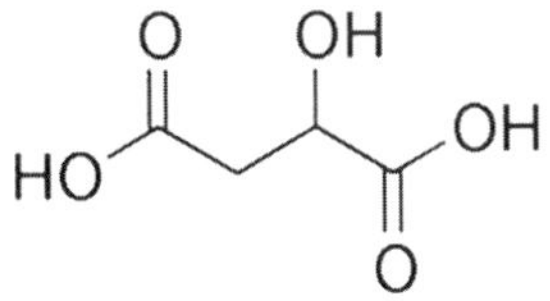

图2-10　苹果酸的化学结构

　　由于苹果酸在物质代谢途径中所处的特殊位置，可直接参与人体代谢，被人体直接吸收，实现短时间内向肌体提供能量、消除疲劳，起到抗疲劳、迅速恢复体力的作用。利用苹果酸的抗疲劳及护肝、肾、心脏作用，可以开发保健饮料。苹果酸促进代谢的正常运行可以使各种营养物质顺利分解，促进食物在人体内吸收代谢，其热量低，可有效地防止肥胖，可以起到减肥的作用。

　　在药物中添加苹果酸可增加其稳定性，促进药物在人体的吸收、扩散；复合氨基酸输液生产中就是利用 $L-$ 苹果酸这一功能而用它来调节 pH 值的，同时作为混合氨基酸输液组分之一，可提高氨基酸利用率，用于治疗尿毒症、高血压和减少抗癌药物对正常细胞的侵害，用于癌症放、化疗后的辅助药物，用于烧伤治疗可以促进伤口愈合。$L-$ 苹果酸可以促进氨代谢，降低血氨浓度，对肝脏有保护作用，是治疗肝功能不全、肝衰竭的良药。$L-$ 苹果酸作为治疗心脏病基础液成分之一，可用于 K^+、Mg^{2+} 的补充，保持心肌的能量代谢，对心肌梗死的缺血性心肌层起到保护作用。$L-$ 苹果酸对人体血管内皮细胞有保护作用，对损伤内皮细胞效应具有抵抗作用。

　　$L-$ 苹果酸是乳酸钙注射液的稳定剂，也可作为抗癌药的前体及用作动物生长促进剂。苹果酸具有酸度大、味道柔和、香味独特及苹果酸的腐蚀破坏作用比较弱，相应的牙釉质磨损体积损失较小，又具有不损害口腔和牙齿等特点。苹果酸还可改善脑组织的能量代谢，调整脑内神经递质，有利于学习记忆功能的恢复，对学习记忆有明显的改善作用。

　　褪黑素是主要由松果腺分泌的吲哚类激素，具有多种生物活性。自其人工合成并作为保健食品上市以来，国内外掀起研究热潮。大量的动物实验和临床研究表明，褪黑素具有良好的镇静催眠作用。$L-$ 苹果酸是一个比较理想的谷氨酸脱羧酶抑制剂。而褪黑素催眠作用与谷氨酸脱羧酶有关，$L-$ 苹果酸或许可以减少睡眠、提高兴奋度[10]。$L-$ 苹果酸对急性铝中毒小鼠脑组织形态及记忆功能具有明显的保护作用[11]。

　　同时，$L-$ 苹果酸有较好的抗氧化能力，食品中脂类的氧化会导致酸败、蛋白质破坏和色素氧化，使得食品的感官性质下降、营养价值降低、货架期缩短。$L-$ 苹果酸可延缓氧化，延长货架期，保持食品的色香味和营养价值。

2. 柠檬酸

柠檬酸是人体内糖、脂肪和蛋白质代谢的中间产物（图 2-11），是糖有氧氧化过程中三羧酸循环的起始物。临床上，柠檬酸铁铵是常用补血药，柠檬酸钠常用作抗凝血剂。

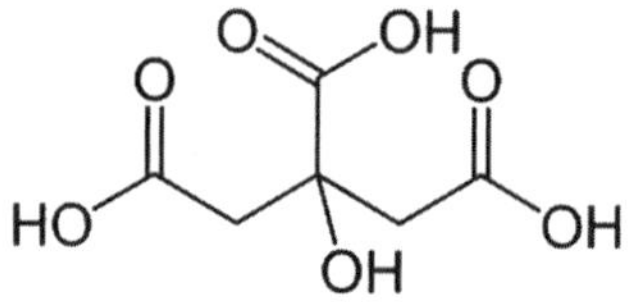

图2-11　柠檬酸化学结构

3. 水杨酸

水杨酸，又名柳酸，化学名称"邻羟基苯甲酸"（图 2-12），是一种带状结晶或轻质的结晶性粉末，化学式为 $C_6H_4(OH)(COOH)$，可由水杨苷代谢得到，是一种植物激素，具有清热、解毒和杀菌作用，其酒精溶液可用于治疗皮肤病，与阿司匹林（乙酰水杨酸）的药效相似。

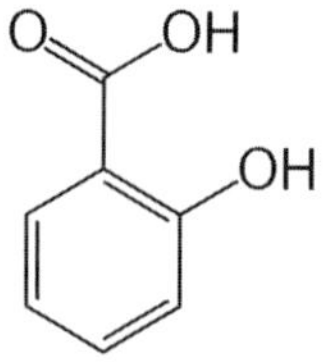

图2-12　水杨酸化学结构

水杨酸外用对微生物有抗菌性，其防腐力近于酚，作为防腐剂则限制使用。水杨酸的局部作用为角质溶解，作为角质软化剂使用，可因制剂浓度不同而药理作用各异。1% ～ 3% 浓度有角化促成和止痒作用；5% ～ 10% 浓度具有角质溶解作用，可使角质层中连接鳞细胞间黏合质溶解，从而使角质松开而脱屑，亦可产生抗真菌作用（因去除角质层后并抑制真菌生长，水杨酸能帮助其他抗真菌药物的穿透，并抑制细菌生长）。25%浓度具有腐蚀作用，可脱除肥厚的胼胝皮脂溢出、脂溢性皮炎、浅部真菌病、疣、鸡眼、胼胝及局部角质增生。许多洗发水中也含有水杨酸，作为去除头皮屑的有效成分。

水杨酸可引起接触性皮炎。大面积使用吸收后，可出现水杨酸全身中毒症状，如头晕、神志模糊、精神错乱、呼吸急促、持续性耳鸣、剧烈或持续头痛、刺痛。

有糖尿病、四肢周围血管疾病者或婴幼儿，使用含水杨酸的药品时应慎重考虑，有可能引起念珠性炎症或溃疡，甚至致死；对皮炎或皮肤感染使用水杨酸25%～60%乳膏或软膏和水杨酸40%～50%硬膏，亦需注意。

次水杨酸铋是一种常见的胃药，用于治疗腹泻、恶心、胃灼热和胃气胀，同时也是一种温和的抗生素。胆碱水杨酸局部使用，可以治疗口腔溃疡。

水杨酸可以抑制外毛细胞运动蛋白（Prestin）的活性，因而具有耳毒性。对于缺锌的患者可能导致暂时性失聪。这一发现基于对白鼠的临床试验。给缺锌大白鼠注射水杨酸会导致失聪，而同时注射锌溶液可治愈失聪，注射镁溶液没有治愈效果。

妊娠的前三个月口服水杨酸（或阿司匹林）不会增加胎儿畸形的概率，但在妊娠晚期服用可能导致胎儿颅内出血。即使在妊娠后期外用水杨酸也不会造成不良影响。许多外用皮肤病药物含有水杨酸，没有报告表明外用水杨酸有致畸风险。

过量的水杨酸可导致水杨酸中毒，临床表现为代谢性酸中毒和呼吸性碱中毒。急性患者的发病率为16%，死亡率为1%。

美国食品和药品管理局建议在使用含有水杨酸（或任何其他抗氧化剂）的护肤品时配合使用防晒护肤产品。

4. 丙酮酸

丙酮酸（图2-13），原称焦性葡萄酸，分子式为$CH_3COCOOH$，是动植物体内糖、脂肪和蛋白质代谢的中间产物，在酶的催化作用下能转变成氨基酸或柠檬酸等，是一个重要的生物活性中间体。

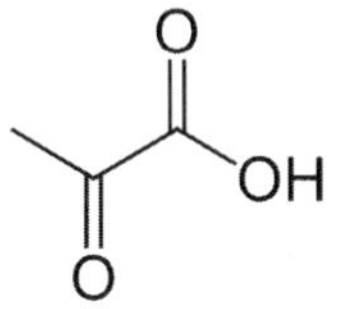

图2-13 丙酮酸的化学结构

在动植物的共同呼吸源中，碳水化合物是最常用的，其反应途径是从形成己糖二磷酸酯经过丙糖磷酸酯而分解为丙酮酸。在无氧分解下有各种变化形式，如肌肉产生乳酸、酵母菌发酵在无氧状态下生成二氧化碳和乙醇，而所有到丙酮酸的反应途径是完全相同的，只是最终的反应多少有些差异。而且在有氧状态下分解，通过三羧酸循环能把丙酮酸完全氧化，可以认为这是获得能量最有效的途径。

5. β-丁酮酸

β-丁酮酸又名乙酰乙酸（图2-14），分子式为CH_3COCH_2COOH，是生物体内脂肪代谢的中间产物。β-丁酮酸、β-羟基丁酸、丙酮总称为酮体，血液中只存在少量酮体。当代谢发生障碍时，血中酮体含量增加，从尿中排出，此为糖尿病的病症。晚期患者血液中酮体含量增加，血液酸性增大，易发生酸中毒和昏迷等症状。

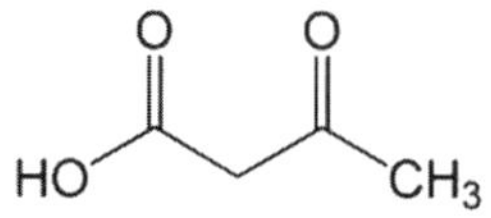

图2-14　β-丁酮酸化学结构

6. 棕榈酸

棕榈酸又称十六酸（图 2-15），是一种在自然界广泛存在的脂肪酸。棕榈酸酯是一种抗氧化剂，可稳定牛奶中的维生素 A。

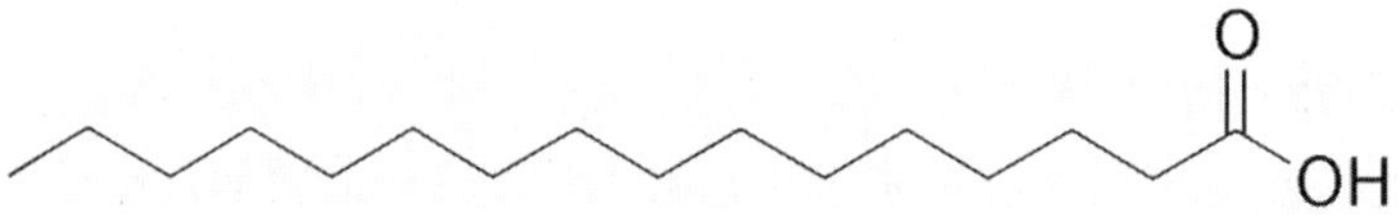

图2-15　棕榈酸化学结构

有机酸是茶叶品质成分的重要物质，但是目前国内外相关的研究还不多。除了上述对人体健康的好处之外，有机酸还是一种无污染、无残留、无抗药性、无毒害作用的环保型绿色添加剂，可提高对矿物质的利用率、提高血液免疫指标和酸碱平衡。随着人们对健康的重视和研究的深入，有机酸将有更广阔的市场前景。

参考文献

[1] 袁海波，童华荣，高爱红．茶氨酸的保健功能及合成 [J]．广州食品工业科技，2002，18（2）：39-40.

[2] 黄光荣，沈莲清，王向阳，等．茶叶蛋白质功能性质及其在肉制品中的应用研究 [J]．食品工程，2007，（1）：42-45.

[3] 汪学荣，邓尚贵，阚建全．茶多糖研究进展 [J]．粮食与油脂，2006（6）：43-46.

[4] 村松敬一郎，小国伊太郎．茶叶的功效 [M]．日本学会出版中心，2002：391-394.

[5] 蔡龙飞，江创树．茶叶中的微量元素 [J]．江西化工，2004（3）：1-5.

[6] 梁月荣，傅柳松，张凌云，等 . 不同茶类和产区茶叶氟含量研究 [J]. 茶叶，2001，27（2）: 32-34.

[7] 陈文峰，屠幼英，吴媛媛，等 . 黑茶紧压茶浸提物对胰蛋白酶活性的影响 [J]. 中国茶叶，2002，24（3）: 16-17.

[8] 杜继煜，白岚，白宝璋 . 茶叶的主要化学成分 [J]. 农业与技术，2003，23（1）: 53-55.

[9] 尹方 . 茶叶中的有机酸及其草酸根测定 [J]. 茶叶通报，1980（4）: 27-28.

[10] 王芳，李经才，吴春福，等 . L-苹果酸对褪黑素催眠作用的影响 [J]. 沈阳药科大学学报，2002（4）: 278-280.

[11] 丁细桃，周红宇，胡国新，等 . L-苹果酸对急性铝中毒小鼠脑组织形态及记忆功能的保护作用 [J]. 中国临床康复，2004（8）: 3762-3764.

第三章

茶对常见疾病的防治机理和疗效

第一节　茶对癌症的防治

一、癌症的定义

癌症是一组可影响身体任何部位的多种疾病的通称，也称为恶性肿瘤和赘生物。癌症的特征是快速产生异常细胞，这些细胞超越其通常边界生长并可侵袭身体的毗邻部位和扩散到其他器官，这一过程称之为转移。转移是癌症致死的主要原因。

癌症是全人类一个主要的死亡原因。联合国世界卫生组织下属的国际癌症研究机构2010年6月1日在一份报告中预测，2030年全世界将有1320万人死于癌症，确诊癌症的患者大约将有2140万。2008年，全世界有760万人死于癌症，1270万人确诊癌症。每年高居癌症死亡率的主要癌症种类为：肺癌130万人；胃癌80.3万人；结肠癌63.9万人；肝癌61万人；乳腺癌51.9万人。超过70%的癌症死亡发生在低收入和中等收入国家。

按全球死亡人数和性别排序，全世界最常见的癌症种类为：肺癌、胃癌、肝癌、结肠直肠癌、食道癌和前列腺癌（男性）；乳腺癌、肺癌、胃癌、结肠直肠癌和子宫颈癌（女性）。

二、癌症的发病原因

癌症源自于一个单细胞。从一个正常细胞转变为一个肿瘤细胞要经过癌前病变发展为恶性肿瘤。这些变化是一个人的基因因素和三种外部因子之间相互作用的结果，这三种外部因子包括：①物理致癌物质，例如紫外线和电离辐射；②化学致癌物质，例如石棉、烟草烟雾成分、黄曲霉毒素和砷；③生物致癌物质，例如由某些病毒、细菌或寄生虫引起的感染，病毒可以引起乙型肝炎和肝癌、人乳头瘤病毒（HPV）和宫颈癌，以及人类免疫缺陷病毒（HIV）和卡波希氏肉瘤，细菌如幽门杆菌可以引起胃癌，寄生虫中的血吸虫病可以引起膀胱癌。

老龄化是癌症形成的另一个基本因素。癌症发病率随年龄增长而显著升高，极可能是由于生命历程中特定癌症危险因素的积累，加上随着一个人逐渐变老，细胞修复机制有效性有走下坡路的倾向。

吸烟、饮酒、水果和蔬菜摄入量偏低以及慢性感染乙肝病毒（HBV）、丙肝病毒（HCV）和部分类型的人乳头瘤病毒（HPV），都是低收入和中等收入国家癌症形成的主要危险因素。由人乳头瘤病毒造成的宫颈癌，是低收入国家中导致妇女发生癌症死亡的一个主要原因。在高收入国家，吸烟、饮酒以及体重超重或肥胖是癌症的主要危险因素。

化学致癌过程有许多假说，现在比较公认的是三阶段致癌学说，即启动、促进和进展。一般认为在启动阶段，致癌物（如DENA）在体内经代谢活化形成亲电性的终致癌物，与细胞核DNA结合，引起DNA损伤而导致细胞突变；然后在促进阶段，细胞分裂时DNA损伤传给子代得以固定，这一阶段是启动细胞克隆后连续增殖的过程；而后，进一步发展至癌前病变和癌变，即进展阶段。

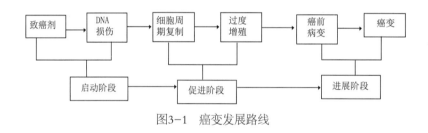

图3-1　癌变发展路线

在图3-1所示传导过程中，只要阻断其中一个环节就可抑制肿瘤产生。国内外学者进行了大量研究，提出了许多可能阻断肿瘤产生的机理，包括：通过捕获自由基、阻断过氧化及DNA损伤而发挥抗氧化作用；选择性诱导Ⅰ、Ⅱ期代谢酶，促进致癌剂的解毒；抑制细胞过度增殖；诱导细胞凋亡；调节免疫功能；以及影响细胞信号传导途径等。

与这些过程有关的重要酶学指标有：

（1）细胞色素P450氧化酶类在前致癌物代谢成为DNA结合代谢物中起重要作用，因为与DNA相结合是肿瘤启动阶段所必需的。

（2）作为肿瘤促进阶段的关键酶和原生型致癌基因，鸟氨酸脱羧酶（ODC）可诱导聚胺的形成，而聚胺被认为与细胞增殖和癌变过程有密切关系，聚胺在癌细胞中的浓度高于正常细胞。

（3）基质金属蛋白酶（Matrix metalloproteinase，MMP）也是抗癌机理研究中异常活跃和非常重要的一类酶。细胞的转移要先穿透一层基层膜，除白细胞外，正常细胞无法穿透这种基层膜，而癌细胞和白细胞则可以穿透，其机制相同，都用一种金属蛋白酶使基质膜分解，穿透第一层膜后，再穿透基层膜以及血管的内皮细胞后，癌细胞即进入血液，随血液流动转移。

（4）环氧合酶 [Cyclo oxygenase（COX）] 是与肿瘤促发过程密切相关的关键酶，即是参与花生四烯酸的环氧酶代谢途径中的限速酶，可催化花生四烯酸转化为前列腺素（prostagland，PG）。过去认为哺乳动物的 COX 有两种异构酶 COX-1 和 COX-2。COX-1 是一种结构型酶，在正常组织中表达；COX-2 是诱导型酶，正常生理状态下表达甚少，而在各种刺激因子存在时表达增加。近年的研究显示，COX-2 在一些肿瘤中存在过度表达现象，提示 COX-2 可能与肿瘤的发生发展密切相关。

（5）端粒酶（Telomerase）是控制癌细胞增殖能力的一种关键酶，它是具有反转录活性的核糖粒蛋白，起着保持染色体末端完整和控制细胞分裂的作用。在直肠癌、肺癌、乳腺癌和食道癌中均发现有过量表达。

（6）氧化酶与生物体内自由基生成相关。黄嘌呤氧化酶（XO）、髓过氧化酶系统（MPO）、还原型辅酶 II（NADPH）、脂氧化酶和环氧化酶、NO 合成酶等生物体内许多氧化酶均与自由基生成相关，是引发和促发癌症发生的一些关键酶。

（7）抗氧化酶是对人体有益的解毒酶类，它们对减少致癌物质的形成和积累起重要作用。抗氧化酶有超氧化物歧化酶、过氧化氢酶、谷胱甘肽过氧化物酶、NADPH、醌氧化还原酶、谷胱甘肽 S 转移酶等。

因此，科学家将上述这些酶作为肿瘤研究的生化标记物。

三、茶黄素对癌症和肿瘤的防治机理和疗效

茶叶抗癌的研究主要围绕如下三个问题：茶叶能不能抗癌、茶叶抗癌的有效成分及其抗癌机理是什么。茶叶抗癌的有效成分在本书第二章茶叶有效成分与功能中已经介绍，包括了茶多酚、茶黄素等多种化合物，是茶叶中含有的多羟基酚类化合物。对于绿茶儿茶素和红茶中的茶黄素的主要抗癌作用和机理研究取得了许多重要的结果，并且对其抑制肿瘤产生的作用机理进行了大量深入研究。

1. 茶黄素对癌症和肿瘤的防治机理

1）茶黄素类对肿瘤细胞起始阶段的抑制

研究表明，茶黄素类可能通过抑制细胞色素 P450 酶的作用，而将肿瘤遏制在起始阶段。TFs 和儿茶素对 2- 氨基 -1- 甲基 -6- 苯丙咪唑 [4,5-b 吡啶] 诱导的突变进行抑制作用研究发现，TFs 及含有没食子酸酯的儿茶素都能抑制 PhIP 诱导突变（此途径经过细胞色素 P450 途径），其机制是 TFs 能清除自由基、超氧阴离子等，并能切断脂质过氧化链式反应。

Chung J 认为转录因子 AP-1（activator protein 1）是由基因 c-jun（一种原癌基因）编码的蛋白，是细胞凋亡过程中重要的调节蛋白，也是肿瘤发生的重要因子，控制与信号传入有关的基因表达[1]。

NF-κB（核因子）是一种转录因子，存在于胞浆中，并被 IκB 结合抑制。IκB 可以抑制 NF-κB 与其操纵基因结合。当 IκB 上 Ser32, Ser36 磷酸化后，IκB 就与 NF-κB 脱离开，并经泛素途径分解，从而激活 NF-κB，具有活性的 NF-κB 就会启动 INOs 基因转录并表达成 INOs 合酶（诱导型 NO 合酶）。在乙酰辅酶 II 等辅因子存在的条件下，这种酶能催化 L- 精氨酸生成 NO。NO 是引起炎症的重要因子，同时在肿瘤的各个阶段也发挥着重要作用，胞内高浓度的 NO 会导致基因毒性。Tasi 等人研究发现，TFDG 可抑制由 LPS（脂多糖）激活的鼠巨噬细胞（RAW264.7 细胞）中 NO 和 iNOs 的产生，TFDG 比 EGCG 强，而其他多酚类没有这种作用。通过蛋白质印迹法和 RT-PCR（逆转录聚合酶链式反应）分析，证实了 TFDG 可以降低 130-kD 蛋白的产生，同时抑制 INOs 的表达也受到抑制。同样 EMSA 分析也显示 TFDG 阻止 NF-κB 活性的降低，其机制是 TFDG 抑制了 IκB 中 Ser32 的磷酸化，并且减少转录因子 NF-κB 亚结构 P65 和 P50 的积累，从而阻断肿瘤的发生。

茶黄素类可以通过抑制 AP-1 作用和促分裂原活化蛋白激酶的途径起到抑制癌细胞生长的作用。通过电泳法、蛋白质印迹法分别分析 AP-1 的活性和 c-jun 基因表达，结果表明：TF-3 不仅强烈抑制 TPA 诱导的 AP-1 活性，同时也是 c-jun 基因表达的强烈抑制剂，其机制是抑制 c-jun 蛋白 Ser73 位点的磷酸化。这说明茶黄素类可以在起始阶段抑制肿瘤的生长。

TPA（诱变剂）能提高膜结构上 PKC 激酶的活性，而 TFDG 可强烈抑制 PKC 活性的升高，抑制率为 94.5%，EGCG 的抑制率只有 9.4%。TFDG 不仅强烈抑制 TPA 诱导的 AP-1 活性，同时也是 c-jun 基因表达的强烈抑制剂，其机制是抑制 c-jun 蛋白 Ser73 位点的磷酸化。

在 TFs 的抑制作用中，H_2O_2 不能发挥重要作用。Chung 等在体外利用小鼠表皮 J86 细胞层和一个突变形 H-ras 基因构建模拟的癌细胞，并研究 TFs 对这些细胞的作用。结果表明：TFs 表现出对 30.76ras 红细胞生长的抑制及对 AP-1 作用的抑制。C 环上的没食子酰基可以促进 TFs 对细胞生长及 AP-1 作用的抑制。在已加入 TFs 的细胞中加入过氧化氢酶，不能阻止 TFs 对 AP-1 作用的抑制。

TFs 还可以通过抑制生长因子受体阻断肿瘤的启动。茶黄素和茶红素对 A431 细胞和鼠 NIH3T3 纤维母细胞胞外信号和增殖的抑制研究发现，在茶多酚预培养的细胞中，TFDG 能抑制由 EGF（表皮生长因子）和 PDGF（血小板源性生长因子）诱导的 EGF 受体和 PDGF 受体自动磷酸化，并且强烈抑制 EGF 与其受体结合，从而阻断与有丝分裂相关基因的信号传导，其作用比 EGCG 更强。另外上述试验物分别与 EGF 同时加入培养液中，结果发现仅 TFDG 起作用。

2）茶黄素类抗肿瘤转移

TFs 可以促进各种细胞的凋亡，抑制癌细胞的增殖和扩散，如抑制胃癌细胞 KATO 的生长并诱导凋亡。通过形态学变化观察可以看到细胞凋亡体。检测凋亡 DNA 条带的结果表明，细胞凋亡与茶黄素类的剂量、时间等成依存关系。绿茶、乌龙茶及红茶提取液可以抑制大鼠腹水肝癌 AH109A 细胞层的增殖和扩散，但对正常的大鼠 M 细胞（Mesothelial cells, 内皮细胞）无影响。高浓度的红茶、乌龙茶提取液还可以抑制 L929 癌细胞的增殖。在加入 10% 小牛血清时，AH109A 细胞可以扩散到 M 细胞单细胞层的底部。当利用口腔插管法饲喂茶提取液分别 0.5、1、2、3、5 小时后，再加入小牛血清，则 AH109A 细胞的扩散和增殖均得到抑制。茶黄素是红茶提取液中抑制癌细胞 AH109A 增殖和扩散最有效的成分，而其作用也与细胞本身的特异性和细胞对茶黄素类作用的高灵敏性有关。TF 也可以抑制人体纤维肉瘤 HT1080 细胞的扩散，并与剂量呈依存关系。

MMPs（金属巯蛋白）是以锌为活性中心的蛋白质酶，在癌细胞的转移中具有促进作用，其中 MMP-2 和 MMP-9 在癌细胞扩散和转移中具有重要作用。茶黄素可以与锌结合，从而抑制 MMPs 酶的活力，达到抑制癌细胞扩散的目的。TF 可以抑制 HT1080 细胞分泌 MMPs，但其浓度范围与抑制 HT1080 细胞扩散的浓度范围不同。TF1、TF2A、TF2B 和 TFDG 可以抑制鼠肺细胞的扩散。酶谱结果显示：癌细胞分泌的 MMPs 中主要包括 MMP-2 和 MMP-9，茶黄素类可以通过抑制 MMP-2 和 MMP-9 的分泌来抑制肿瘤细胞的扩散。

比较 4 种主要 TFs 对正常细胞和癌细胞的生长、凋亡、基因表达的作用时发现：TF1（10～50 μM）能抑制突变体细胞 WI38VA（WI38 突变体）和 Caco-2 结肠癌细胞的生长，能在 mRNA 和蛋白质水平上抑制血清诱导的 Cox-2 基因的表达，从而诱导细胞凋亡，但对相应的正常细胞没有影响。在研究红茶、绿茶提取物及红葡萄酒对 AOM 诱导 16 周后小鼠的肠道肿瘤时发现，在喂食红茶提取物和葡萄酒的试验组中患腺瘤的小鼠（雄 F344 鼠）数量明显低于对照组（对照组、红茶、绿茶提取物及红葡萄酒试验组中患腺瘤的小鼠分别为 86%、59%、90%、50%），而红茶组在诱导肿瘤细胞凋亡上又明显优于其他组。形态学观察发现细胞发生收缩，与相邻细胞失去联系且铬氨盐浓度升高，形成圆形或椭圆形的核碎片，从而诱导细胞凋亡。中国预防医学科学院营养与食品卫生研究所在研究茶色素（包括茶黄素、茶红素、茶褐素）抗肿瘤作用的实验中发现：茶色素 10 ～ l00 μg/mL 对 Hela 细胞存活的抑制率为 2.2% ～ 34.1%，对 S180 在小鼠体内的增殖有明显抑制作用，并有较明显的量效关系，表明对肿瘤细胞的增殖阶段有抑制作用。有研究证明 TFs 可抑制 NNK 诱导的 A/J 鼠的肺癌。研究 TFs 和 EGCG 对食道癌影响时发现，TFs 和 EGCG 浓度在 360 ～ 1200 mg/L 可明显减少 N- 硝基化甲基苯甲胺（NMBA）诱导鼠食道癌的形成。

屠幼英等研究了 EGCG、TFDG、茶黄素 TF、葡萄籽提取物、松树皮提取物、咖啡因、槲寄生和茶氨酸的体外抗癌活性，通过人肺癌细胞（A549）进行体外试验，结果表明除咖啡因、槲寄生、茶氨酸的作用较小以外，其他几种均有很强的诱导人肺癌细胞（A549）凋亡的作用 [2]。用 TFDG、TF2B 及一种未知化合物，采用 MTT 法和磺酰罗丹明 B 法研究三种单体和 TFS 对人胃癌细胞（MKN–28）、人肝癌细胞（BEL–7402）和人急性早幼粒白血病细胞（HL–60）的生长抑制，结果表明，TF2B 和未知物的浓度与相应的 MKN–28、BEL–7402 抑制效果相关性达到极显著水平，前者对三株癌细胞均显示了一定的抑制活性；三种单体对前两种癌细胞的抑制效果均高于 TFS [3]。

2．茶黄素类清除自由基和抗氧化机制

1）抑制自由基产生

生物体内自由基的生成具有多种途径，其中主要有 3 种：①分子氧的单电子还原途径，氧接受一个电子生成 O_2^- 或再接受一个电子生成 H_2O_2，H_2O_2 失去一个电子生成 · OH 或再失去一个电子生成 H_2O。这一过程主要产生 O_2^-，正常情况下，生物体约有 2% 的总耗氧量经呼吸链旁路（单电子还原过程）生成氧自由基。②酶促催化产生自由基：机体细胞液中含有一些可溶性酶，如黄嘌呤氧化酶、醛氧化酶、脂氧合酶等，是常见的可产生自由基的酶。③某些生物物质的自动氧化：过氧化物及某些金属离子的氧化还原均可使机体产生自由基，其中 F_e^{2+} 催化 H_2O_2 产生 · OH（Fenton 反应）和过渡金属离子催化 LOOH 均裂产生脂氧自由基最为常见。茶黄素可通过抑制氧化酶系与络合诱导氧化的金属离子途径达到抑制自由基产生的作用。

2）抑制氧化酶系

缺血性再灌注、吞噬细胞激活、花生四烯酸代谢异常及补体激活是产生活性氧的重要途径，其来源主要有两大细胞系统及多套酶系统。花生四烯酸的三条代谢途径均伴有活性氧的产生，内皮细胞主要依靠黄嘌呤氧化酶系统（XO）、中性粒细胞主要依靠髓过氧化酶系统（MPO）及还原型辅酶Ⅱ（NADPH）氧化形成氧化型辅酶Ⅱ（NADP）产生活性氧，脂氧化酶和环氧化酶、NO合成酶等生物体内许多氧化酶与自由基生成相关。相关研究报道表明，茶黄素对上述大部分氧化酶均有抑制作用（见表3-1）。

此外，茶黄素可通过抑制氧化酶的合成途径达到抑制氧化酶的作用。研究表明，TF3对诱导型一氧化氮合成酶(iNOS)的抑制作用是通过对抑制iNOS mRNA的表达来实现的。由于核因子κB是诱导iNOS所必需的转录因子，TF3通过阻断核因子κB的活化，来抑制iNOS的表达。此外，TF3还可以抑制核因子κB的p65与p50亚基的磷酸化，抑制κB激酶（IKK），从这两个途径最终达到抑制iNOS合成的目的。

表3-1　茶黄素对氧化酶的抑制作用

氧化酶系	自由基产生机制	茶黄素的活性
黄嘌呤氧化酶（XO）	XO催化次黄嘌呤转变为黄嘌呤，进而催化黄嘌呤转变为尿酸。反应过程中产生大量的$O_2^{\cdot-}$与H_2O_2（其在金属离子参与下形成羟自由基）	在HL-60细胞中，抑制XO产生尿酸并清除过氧化物，且TF3抑制能力均强于TF1、TF2、EGCG。对H_2O_2的清除能力依次为TF2>TF3>TF1>EGCG
细胞色素P4501A1（CYP1A1）主要参与代谢活化多环芳烃类（PHAs）化学致癌物的I相酶，具有芳香烃羟化酶（AHH）活性	PHAs在体内活化过程主要由CYP1A1催化完成，同时产生对身体有害的自由基	在HepG2细胞中，抑制由奥美拉唑（OPZ）诱导的CYP1A1的活性
还原型辅酶Ⅱ（NADPH）	NADPH氧化形成氧化型辅酶Ⅱ（NADP）产生活性氧	可抑制NADPH的两个亚单位p22phox和p67phox，同时上调过氧化氢酶的活性（$P<0.05$），从而减少活性氧的产生
诱导型一氧化氮合成酶（iNOS）	当一氧化氮（NO）过量，影响细胞内部信号传导，从而诱发基因突变、细胞凋亡或肿瘤的发生。还会使血管内皮细胞产生过氧化，促进LDL与泡沫巨噬细胞的作用，进而提高动脉硬化和梗死的概率	在活化的鼠类的腹膜巨噬细胞中，茶黄素能够抑制NO的产生。逆转录聚合酶链反应（RT-PCR）显示，茶黄素对iNOS有负调节作用
脂肪氧合酶	花生四烯酸因脂肪氧合酶的酶促氧化，可产生大量的活性氧及代谢产物，对机体产生损伤与致癌作用	TF2与TF3可有效抑制脂肪氧合酶的活性，且均强于儿茶素

3）茶黄素与诱导氧化的过渡金属离子络合

机体内过渡金属离子是自由基的另一重要来源。过渡金属离子绝大多数均含有未配对电子，都是自由基，它们可以催化自由基的形成。体外实验证明40 mol/L的茶黄素磷酸盐与终浓度为40μmol/L铜、铁离子的硫酸盐络合以后，形成的复合物在可见光区出现了新的吸收峰，当培养基中无金属离子存在时，巨噬细胞中LDL氧化程度很小，当

加入少量 $FeSO_4$ 后，可以有效提高 LDL 的氧化程度，这表明存在一定金属离子时会促使 LDL 的氧化。茶黄素类物质与金属离子络合可以直接降低 LDL 的氧化程度，也可抑制机体内 Fenton 反应，起到抑制活性氧自由基产生的作用。同时茶黄素类对机体内金属离子释放也具有抑制作用，在 $400 \mu mol/L$ 以下，TF3 可以降低培养基中金属离子的浓度，但只有大于 $400 \mu M$ 时，效果才达到显著水平。

4）直接清除自由基

茶黄素通过抑制自由基的产生途径而减少自由基，对于机体内固有的自由基，茶黄素则有直接清除效果。体外实验[4]表明茶黄素能有效清除 2，2'- 连氮基 - 双（3- 乙基苯并噻吡咯啉 -6 磺酸）（ABTS）自由基，且抗氧化能力的强弱次序为 TF3 > TF2A=TF2B > TF1。在 HL60 细胞模型中，用四豆蔻的佛波醇醋酸酯（TPA）诱导自由基的产生，观察到茶黄素能抑制约 60% 的自由基的形成。

茶黄素除了作为预防性抗氧化剂清除自由基外，可作为链阻断式抗氧化剂清除脂自由基。脂质在活性氧或辐射条件下产生自由基，引发脂质自由基链式反应。茶黄素可与脂质链式氧化中间产物——脂自由基或脂氧自由基反应，终止链反应而抑制脂质氧化。在鼠巨噬细胞或人内表皮细胞中，TF3 能减少细胞低密度脂蛋白（LDL）的氧化，抑制能力强弱依次为 TF3 > TF1 > EGCG > EGC > GA。TF1、TF3 与茶红素均能有效抑制叔丁基过氧化氢诱导鼠肝匀浆脂质过氧化，且能力均强于抗坏血酸、谷胱苷肽（GSH）、BHT 和 BHA。在体外实验中，通过检测 LDL 氧化过程中形成的硫代巴比妥酸的反应底物和共轭双烯，抑制 LDL 氧化的活性强弱依次为 TF3 > ECG > EGCG > TF2 > TF1 > EC > EGC。从 LDL 氧化过程中共轭双烯的形成时间的快慢程度看，茶黄素以及儿茶素等能延缓共轭双烯的形成，这一作用的强弱顺序依次为 EGCG >茶黄素> α - 维生素 E。

5）对抗氧化酶体系的激活作用

茶黄素除了直接清除自由基或抑制自由基产生，还能通过激活机体自身的自由基清除机制而增强抗氧化效果。在正常情况下，机体自由基维持在损伤阈值以下的平衡态，而这种平衡态的维持依赖于机体的抗氧化体系，包括非酶体系和酶体系。生物体抗氧化酶主要有超氧化物歧化酶、谷胱苷肽酶类和过氧化氢酶。抗氧化酶的重要生理功能在于其对自由基的清除作用。茶黄素能有效促进这些抗氧化酶的活性（见表 3-2）。

表3-2　茶黄素对抗氧化酶的激活作用

抗氧化酶系	酶的作用	茶黄素的活性
超氧化物歧化酶（SOD）	对O_2^-的清除主要经SOD催化生成O_2和H_2O_2	经过茶黄素处理的U937骨髓瘤白血病细胞和一种从慢性骨髓瘤白血病患者中分离的白血病细胞株，也观察到SOD活性的增加。用红茶水提取液（茶黄素与茶红素为主）饲喂SD大鼠12个月，能有效提高其SOD活性
过氧化氢酶（CAT）	CAT存在于红细胞及某些组织内的过氧化体中，它的主要作用是催化H_2O_2分解为H_2O与O_2	茶黄素能明显激活细胞内SOD和CAT的活性，从而及时清除自由基
谷胱甘肽S转移酶（GST）	GST可催化亲核性的谷胱甘肽与各种亲电子外源化合物的结合反应。许多外源化合物在生物转化第一相反应中极易形成某些生物活性中间产物，它们可与重要的细胞生物大分子发生共价结合，对机体造成损害。谷胱甘肽与其结合后，可防止发生此种共价结合，起到解毒作用	用茶黄素喂养小鼠后，将其暴露于致癌物二甲基苄蒽（DMBA）中，结果表明茶黄素均能明显激活小鼠体内的GST与GSH-PX的活性，同时还伴随着脂质过氧化的显著降低
谷胱甘肽过氧化物酶（GSH-PX）	谷胱甘肽（GSH）可在谷胱甘肽过氧化物酶的作用下从H_2O_2处接受电子，发生自身氧化，从而阻断羟基自由基的生成	用红茶提取物处理的JurkatT细胞株的氧化损伤进行了研究。用铁离子作为氧化剂，观察其对用10或25mg/L的红茶处理的JurkatT细胞株中DNA的破坏和GSH-PX活性影响。结果，红茶多酚能显著（$P<0.05$）提高GSH-PX的活性和降低DNA的氧化损伤

6）茶黄素的抗氧化构效关系

茶黄素的强抗氧化活性赋予其独特的生理功能，使其应用前景广阔。结构决定性质，茶黄素的卓越的功效源于其独特的结构。茶黄素的结构中，除了保持了其前体儿茶素 A 环上的两个酚羟基外，由两个 B 环形成的苯骈草酚酮环结构，也具有 3 个羟基，还有没食子酸酯所带的酚羟基，这些羟基保证了它具有很强的提供质子的能力。茶黄素的前体物质——儿茶素的 A 环与 B 环一般情况下比较稳定，不易发生裂环反应，而在活性氧的作用下，可发生剧烈的反应，产生双黄烷醇类物质和羧酸类物质（见图3-2）。以往的研究认为儿茶素清除自由基的作用仅与其结构 B 环相关，最近的研究报道证实 A 环与 B 环均是儿茶素的抗氧化活性的主要位置，且没食子酰基并未参与整个反应中。儿茶素在不同活性氧的作用下，会形成不同的反应产物，且反应的活性位置也不同。不同儿茶素在同一活性氧作用下，反应的活性位置也可能不同。这也表明了儿茶素的抗氧化活性位置不仅取决于活性氧的种类，也会受儿茶素本身的结构影响。在 DPPH 反应体系中，利用 NMR 技术研究儿茶素结构对其捕获电子的能力影响结果表明，邻苯三酚型（焦酚型）儿茶素强于邻苯二酚型（儿茶酚型）儿茶素；含有共轭羰基的结构会降低儿茶素的抗氧化能力；含有共轭烯双键结构会降低邻苯三酚型儿茶素的抗氧化能力，却能提高邻苯二酚型儿茶素的能力。

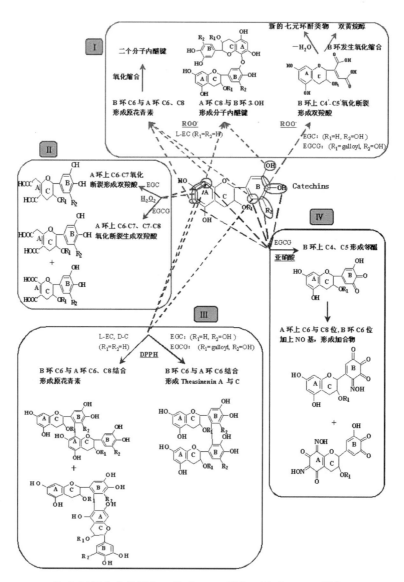

Ⅰ 与过氧自由基反应；Ⅱ 与H₂O₂反应；Ⅲ 与DPPH反应；Ⅳ 与亚硝酸反应

图3-2 儿茶素在不同活性氧作用下的反应机制

茶黄素（单体，theaflavin，TF）可在DPPH、H_2O_2、Al^{3+}或Fe^{3+}的作用下发生氧化、歧化反应生成茶萘酚醌（Theanaphthoquinone）和脱氢茶黄素（Dehydrotheaflavin），甚至可进一步氧化形成高分子量产物（图3-3）。由图可知，由两个B环形成的苯骈䓬酚酮环结构，可能为茶黄素的首选氧化位置。图3-4列出了茶黄素-3, 3'-双没食子酸酯的氧化机制。与TF不同的是，TFDG在H_2O_2反应体系中其首选的氧化位置为两个A环，而不是苯骈䓬酚酮环结构。这也表明了具没食子酰基的茶黄素与无没食子酰基的茶黄素具有不同的抗氧化机制。没食子酰基的茶黄素清除超氧阴离子的能力弱于无没食子酰基茶黄素，其原因推断为没食子酰基可能具有阻止自由基与苯骈䓬酚酮环结构反应的作用。Al^{3+}不仅可在TFDG的苯骈䓬酚酮环结构上结合，也可在其两个没食子酸酰基上结合。这也表明了为更进一步阐明各个基团对茶黄素抗氧化活性的影响，有必要研究具单没食子酰基茶黄素的抗氧化机制。

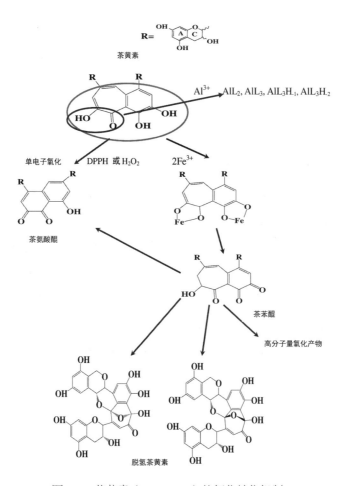

图3-3 茶黄素（Theaflavin）的氧化转化机制

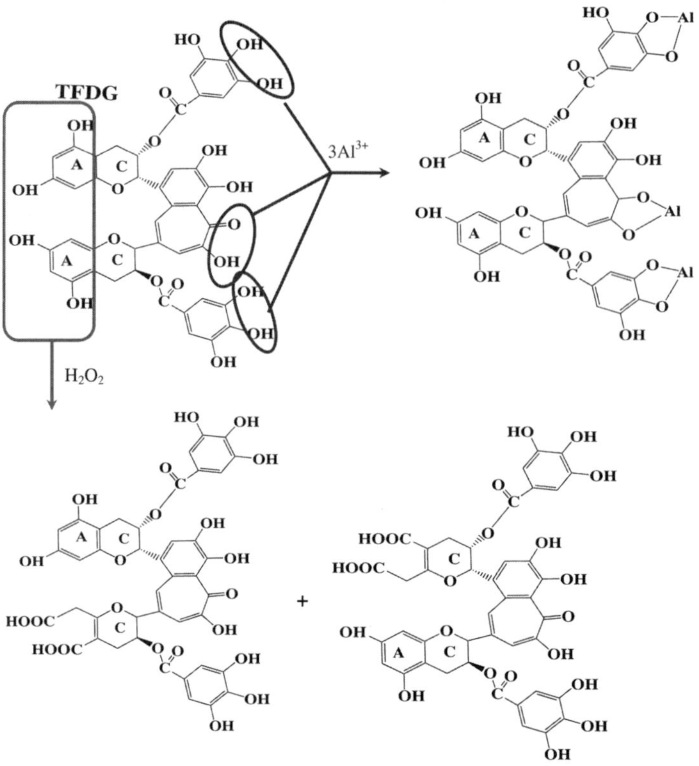

图3-4 茶黄素-3,3'-双没食子酸酯（TFDG）的氧化转化机制

四、茶多酚对癌症和肿瘤的防治机理

有关茶多酚抗癌的性质早有报道，近年来对茶多酚的抗癌机理逐渐在深入。茶多酚的抗癌是多方面的，在癌细胞的各个时期均有抑制作用。癌症的病因有多种，但从正常细胞发展成癌细胞都要经过引发和促发两个阶段。体内的需氧代谢过程能产生活性氧自由基，形成活泼的过氧化物，这些自由基能损伤细胞生物膜及生物大分子，可引发细胞癌变。茶多酚分子结构中具有活泼的羟基氢，能与自由基结合，终止自由基的链锁反应，捕获过量的自由基。故儿茶酚既具有防止自由基损伤 DNA 和引起脂质过氧化等作用，又能与细胞游离的铁和亚铁离子螯合，抑制反应性氧化样本的产生，还能与不饱和脂肪酸竞争性地与活性氧结合，终止脂质过氧化的链式反应，阻止 ROS 对 DNA 的损伤、基因表达的改变和细胞生长分化的影响。

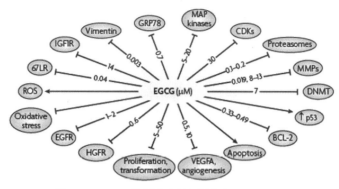

图3-5　EGCG抑制癌症的可能靶标

（引自Nature reviews, Yang C. S. et al., 2009）

1. 茶多酚在起始阶段抑制肿瘤的发生

在启动期，正常细胞由于致癌物或紫外线的作用或生物因素的诱导而导致靶细胞的 DNA 损伤，形成启动细胞。致癌剂的损伤作用是这样形成的：致癌剂影响细胞色素 P450，形成终致癌物，大部分终致癌物再经过代谢排出体外，少部分未代谢的终致癌物作用于原癌基因的 DNA 或抑癌基因的 DNA，从而使癌基因得到表达。紫外线（UV）的损伤作用首先是使脂类物质，尤其是不饱和脂肪酸过氧化产生自由基，然后再作用于 DNA 达到损伤目的，并使细胞进入启动期。

对突变热点的保护也是茶多酚抗癌的一个重要因素。Muto·S 等[5]在转 rpsL 基因小鼠的肺细胞中发现对于苯并芘诱导的许多原癌基因，如对 Ki-ras，rpsL，P53 及肺癌的诸多突变热点的突变产生了抑制，包括了对人的 Ki-ras 的 12 位，P53 的 157、248 位及肺癌的 273 位等。这些位点是一系列的 AGG、CGG、CGT、TGG、TGC、GGT，这些点的突变是原癌基因转变为癌基因或者抑癌基因失效的重要位点，B[α]P 的最终代谢产物 BPDE 是与这些位点结合的，茶多酚正是减少了这种突变的产生从而降低了癌的启动倾向。

李宁等[6]选用二甲基苯并蒽（DMBA）诱导的金黄色地鼠口腔癌模型，认为茶多酚可预防 DMBA 引起的黏膜细胞 DNA 的损伤。

用 SENCAR 小鼠为材料，先用 7,12- 二甲苯并蒽使细胞启动，然后再用 TPA 使癌细胞进入促进期，分别用 EGCG 处理 30min 后与未处理的作对照，然后再用苯甲酰的过氧化物（BPO）、4- 硝基喹啉（4NQO）和丙酮处理，都得到了 EGCG 对皮肤乳头癌的恶化具有抑制作用，其中 BPO 为产生自由基的物质，4-NQO 为化学致癌剂。他们用 3H-dT 表明了 EGCG 阻止了 DNA 的合成，从而对癌细胞的赘生和非整倍性扩增产生了抑制[7]。

2. 茶多酚对肿瘤细胞的转录和生长因子的抑制

在促进期，启动细胞在细胞水平上发生了一系列的变化，包括鸟氨酸脱羧酶（ODC）、激动蛋白 AP1 等因子水平的提高，各种促进生长的胞内信使磷酸化并发生级联反应，从而导致 DNA 的扩增使细胞向癌细胞转化、分化和赘化。

1）对鸟氨酸脱羧酶的抑制

作为肿瘤促发阶段的关键酶和原生型致癌基因，鸟氨酸脱羧酶（ODC）可诱导聚胺的形成，而聚胺被认为与细胞增殖和癌变过程有密切关系，聚胺在癌细胞中的浓度高于正常细胞，因此一些 ODC 酶的抑制物，如二氟甲基鸟氨酸（DFMO）被用于癌症的预防和治疗。20 世纪 90 年代初，Agarwal 等[8] 就曾证明在小鼠皮肤上点施绿茶多酚可以抑制由 TPA 诱导的表皮 ODC 活性，且呈剂量效应。EGCG 对 ODC 的抑制作用具有选择性，对正常细胞 ODC 的抑制作用弱于癌细胞中的 ODC，$1.0\ \mu M$ EGCG 可抑制转移细胞中 ODC 的 40%。Gupta.S 用绿茶多酚喂饲小鼠 7 天后即发现在前列腺癌细胞中过量的 ODC 活性明显下降。Bachrach U 等在绿茶对癌症预防和治疗一文中也提及了 ODC 酶的作用。

Yamane 等[9] 在鼠胃腺细胞中发现 N– 甲基 –N'– 硝基 –N 亚硝基胍对癌的诱导被 EGCG 所抑制，当他们用 5–Br 脱氧尿苷作标记，检测 ODC 活性和组织中多胺水平来研究胃黏膜细胞的动力学时，发现了 ODC 和亚精氨的下降。因为 ODC 是多胺合成的限制酶，是增生或分化的标记和癌细胞进入促进期的重要标志，所以 EGCG 抑制了 ODC 活性，从而抑制了癌细胞的促进。Rajeshy 等[8] 在 SENCAR 小鼠中，发现 ODC 的活性与茶多酚剂量的依赖关系，同时发现在诱导剂 12–O– 十四烷酰咐哌醇 –13– 乙酯（TPA）使用前 30min 用 EGCG 处理抑制效应最强。

2）对激动蛋白 AP1 的抑制

Dong 等[10] 发现，茶多酚、EGCG 和茶黄素在癌症细胞的促进期可抑制 AP–1 的活性，从而抑制癌细胞的转化。其实验步骤为：用 JB–6 鼠表皮细胞系，一组用 EGCG 处理，一组作为对照，30min 后用 TPA 或 EGF（表皮生长因子）处理 24h，检测后发现抑制了 TPA 和 EGF 的诱导作用。在检测 AP1 的活性后，发现 AP1 的转录活性和 DNA 的结合活性均被抑制，最终抑制了转化。而 AP1 的磷酸化是细胞引发赘化、转化、分化和凋亡的信使，高水平的 AP1 可在癌的促进和进展期被发现，同时发现 JB6 中 AP1 引起的信号传递是通过 c–Jun NH2– 末端激酶途径增强转录的。Chung[11] 也对 AP1 作了一系列的研究，用了 EGCG、EGC、ECG、EC、茶黄素（TF）和 TF2A、TF2B 和 TFDG，而 JB6 系用 H–ras 转染，检测 AP1 活性，结果 AP1 活性被抑制。若在体系中加入过氧化氢酶，不影响抑制活性，说明 H_2O_2 未起作用。深入研究表明，在 ras 转染中，AP1 的信号传递是通过 ERK 途径（胞外调节蛋白激酶途径），在 ras 中 AP1 是由 C-jun 和 fra-1 构成的二聚体，EGCG 降低了 C-jun 的水平，而 TFDG 降低了 fra-1 的水平，这样就直接降低了 AP1 的水平，从而阻止了整个促分裂的激酶。

3．进展期的抗癌机理

在进展期，从一个癌细胞开始到发展成病灶，茶多酚在这一时期的作用实质就是抗癌作用，包括了对癌细胞不同于正常细胞的性质的抑制或使癌细胞的无限制生长终止而凋亡。

端粒酶（Telomerase）是控制癌细胞增殖能力的一种关键酶，它是一种具有反转录活性的核糖粒蛋白，起着保持染色体末端完整和控制细胞分裂的作用。正常细胞每分裂一次，染色体的端粒会缩短 $50 \sim 200$ bP，当缩短到一定长度时，细胞不再分裂，进入自然死亡。85% 以上的癌症都表现端粒酶的活性，而大多数体细胞则没有可检出的端粒酶活性。Imad.Naasani 等研究表明 EGCG 可对端粒酶抑制，使端粒变短，从而导致癌细胞的衰老，并检测出了细胞衰老的标志：β - 半乳糖苷酶的活性。实验材料为 UI937 和 HT29，EGCG 剂量为 $5 \sim 20$ μM，85% 癌细胞中表现有端粒酶的活性。所以，这也是一种茶多酚对癌细胞的定向作用。在实验中端粒酶的活性降低，端粒的一个酶切片断（HinfI/RsnI）的长度短了 $1 \sim 1.4$ Kb。而正常情况下，1 Kb 的端粒缺失即可引发出凋亡信号。因为 EGCG 的剂量要求低，口服剂量即会有效。他们还发现，茶叶中的儿茶素对端粒酶的抑制活性以 EGCG 最强，ECG 次之，EGC 和 EC 也有一定的抑制活性。EGCG 和其他多酚类化合物在模拟人体血液中很易分解成 EGCG 的 B 环开环氧化产物，这些代谢物对端粒酶的抑制活性提高了 20 倍之多，认为 EGCG 及类似结构的多酚化合物起前体药物的作用，当被人体吸收和分布时，便会进行变构，增强对端粒酶的抑制活性。体外研究表明，EGCG 对端粒酶的 IC5 为 1 μM，这与饮茶（中等饮用量）后血液中 EGCG（$0.3 \sim 0.4$ μM）的浓度接近；当 EGCG 在体内代谢成氧化产物后，其 LC50 仅为 0.3 μM，这与人体内实际 EGCG 浓度相一致。

Yang 等 [4] 研究了茶多酚在 H661、H1299、H441（肺癌）和 HT29（结肠癌）中诱导癌细胞的凋亡，认为主要起作用的是 EGCG、EGC 和茶黄素。在 30 μM 条件下，凋亡率分别为 23%、26% 和 8%；在 100 μM 条件下，凋亡率分别为 82%、76% 和 78%。另外，在 H661 中发现了依赖于 EGCG 的 H_2O_2 存在，用同量 H_2O_2 也能得到相似结果，所以他们认为是 EGCG 诱导出 H_2O_2 后导致癌细胞的凋亡。

4. 抑制 MMP 酶活性防止细胞转移

基质金属蛋白酶（MMP）膜型 MMP 位于肿瘤细胞表面，它有 20 多种酶，其中 MMP-2、MMP-3 和 MMP-9 具有高选择性。这些 MMP 酶对癌细胞转移是必不可少的，因此抑制 MMP 酶活性的化合物对控制癌细胞转移是有效的。英国、瑞士、日本等国都已开发了这类金属酶抑制剂作为抗癌药物上市，开发过程中发现 EGCG 具有抑制 MMP 酶的活性，对 MMP 的 IC_{50} 仅为 $0.3\,\mu M$。其中，研究最多的是白明胶酶 A（MMP-2）和白明胶酶 B（MMP-9）。研究表明，ECG 和 EGCG 对肺癌细胞的抑制活性高于 EC 和 EGC。据日本山本万里研究，酯型儿茶素和 TF1 对癌细胞的浸润具有强抑制活性。而且 EGCG 对 MT-MMP 酶类的 IC_{50} 很低，在 $0.3\,\mu M$ 左右，可以使人体恶性胶质瘤细胞对原 MMP-2 酶的释放量减少 50%。EGCG 和其他茶多酚化合物对 MMP 酶系的抑制作用备受关注，主要是因它对 MMP-2 和 MMP-9 的抑制浓度比其他关键酶（如尿激酶）的抑制浓度低 500 倍之多。EGCG 对白细胞弹性蛋白酶的抑制浓度是弹性蛋白酶类抑制剂 Elsastinal 的 1/40，甚至是头孢菌素、内酰胺和三氟甲基酮的 1/200～1/50。

白细胞弹性蛋白酶（Elastase）也是一种与肿瘤侵袭和肺气肿密切相关的酶，它可激活多种 MMP 酶。研究发现，EGCG 对这种酶具有极强的抑制活性，其 IC_{50} 为 $0.4\,\mu M$，这个数值比对 MMP-2 和 MMP-9 的抑制活性强 50 倍。

5. 癌细胞与 67LR 的结合

肿瘤是细胞在不受抑制地增殖时而形成，恶性肿瘤能入侵周围的细胞，尤其是具攻击性的恶性肿瘤细胞，先穿透一层基层膜后转移和扩散到其他的器官里去。基层膜是特殊分化的细胞外基质，正常细胞无法穿透这层基层膜。Laminin 是一种大分子糖蛋白，它们广泛地分布于细胞外基质中，通过细胞表面受体而具有与细胞之间沟通的能力，它们是入侵癌细胞主要的附着基体。恶性癌细胞直接黏附于 Laminin 与癌细胞潜在的转移性直接相关。研究发现 Laminin 呈高亲和力黏附于癌细胞表面并可呈饱和状态，暗示有 Laminin 的受体存在。后来发现有一种 67 kD Laminin 受体（67LR）和 Laminin 有高亲和力。众多的研究发现癌细胞表面有过量的 67LR 存在。这和癌细胞入侵和转移直接相关。因而 67LR 在癌细胞穿透基层膜并转移的过程中起重要的作用。许多动物试验和流行病学的研究都显示茶叶具有抗多种类型癌症的功效，尤其是表没食子儿茶素没食子酸酯。但茶的抗癌机理并不完全清楚。不久前日本九州大学科学家找到了与 EGCG 结合的受体，它就是与癌细胞入侵和转移起重要作用的 67LR。和用清水处理比较，有 67LR 的人类肺癌细胞经 ECCG 处理后其生长受到明显的抑制，浓度分别为 0.1 和 $1\,\mu mol$，而无

67LR 的肺癌细胞经 EGCG 处理后其生长不受影响。在 EGCG 处理前用 67LR 的抗体处理，EGCG 则失去了对癌细胞生长的抑制作用。这些表明 67LR 是 EGCG 抗癌作用的直接受体。其他的茶叶成分，如用咖啡因和其他的茶多酚处理，既不能结合于细胞表面也不能抑制有 67LR 的癌细胞的生长。对我们大家最直接相关的是只需一天喝两到三杯绿茶就能受益于绿茶，具有防癌抗癌的功效。

6. 对致癌物代谢途径的调控

化学致癌剂主要包括杂环胺类、芳香胺类、黄曲霉素 B、苯并芘、1,2- 二溴乙烷和 2- 硝基丙烷等。Weisburger 等[11]发现茶多酚对多种致癌物有抑制作用，而 EGCG 的抑制作用在加入 S9（小鼠肝中提取的具有混合多功能氧化酶类的混合物）的培养液中才出现，而在没有 S9 的培养液中未曾发现。因此得出结论，茶多酚的抑癌作用是通过多种代谢酶来实现的，即茶多酚通过增强对这些致癌物的新陈代谢达到抑制作用。

Chen[12]等在用 2- 氨基 3- 甲基咪唑 -[4,5-f] 喹啉（IQ）和苯并芘（B[α]P）的诱导过程中，也发现了茶多酚与 S9 共同作用于致癌物的代谢。同时认为 TP 抑制了细胞色素 P450 介导的对 IQ 和 B[α]P 生成终致癌物的途径。茶多酚作用于前诱变剂和它们的代谢产物，从而减少它们潜在的诱变性，即这是一种去诱变剂（demutagen）。而 Stephanie 等[13]则发现在体外实验中茶多酚对于 4- 甲基亚硝胺 -1-（3- 吡啶基）-1- 丁酮（NNK）的诱导产生的氧化作用和 DNA 的甲基化作用均可被抑制。在比较了各种茶多酚以后，认为 EGCG 起主要作用，它的半抑制量为 0.12 μM，主要抑制 P450 的 A 和 2B1 亚基。其中 2B1 亚基正是 NNK 的结合部位，这样就影响了 P450 对 NNK 的代谢。同时他也发现在体内的抑制效应仅有 6%～13%，不如体外明显，可能另有其他作用方式。

7. 茶多酚类清除自由基和抗氧化机制

1）抗氧化作用和清除自由基的作用

自从 1963 年日本棍本五郎最早报道茶叶的抗氧化活性以来，数以万计的研究报道了茶叶及其活性组分的抗氧化活性。目前，抗氧化作用仍被认为是茶叶抗癌最重要的机理。茶叶中多酚类化合物抗氧化活性的结构基础是 B 环上的邻二羟基（3'，4' OH），A 环上 5 和 7 位上的二个羟基，以及 C 环上的 3 位上的羟基，此外，儿茶素结构上的 3'，4' 邻二羟基可将游离金属离子螯合以减少金属离子活化而产生活性氧离子。人体重大疾病（心血管疾病、癌症）和衰老都与体内自由基过量形成有密切关系。自由基的形成大多是内源性的，电子传递是一个基本反应。人们吸烟、空气污染、紫外线辐射以及人体免疫功能低下均会诱导自由基的形成。研究表明，绿茶的儿茶素类化合物和红茶的茶黄素类化合物都具有很强的清除自由基活性，如对超氧阴离子自由基，EGCG 是一种高效清除剂，清除效果比 EGC 和 ECG 高一倍，茶黄素清除超氧阴离子自由基的活性甚至超过 EGCG 和 ECG，对于其他类型自由基，EGCG 和 ECG 也都具有很强的清除作用。有关茶叶中儿茶素类化合物抗氧化活性研究的报告甚多，这些研究都证明了儿茶素类化合物具有非常强的抗氧化活性，远高于维生素 C 和维生素 E（见表 3-3）。

表 3-3　各种天然抗氧化剂抗氧化活性 [7,12]

抗氧化剂	相对抗氧化活性（mM）
维生素C	1.0±0.02
维生素E	1.0±0.03
槲皮酮	4.7±0.10
EC	2.4±0.02
EGC	3.8±0.06
EGCG	4.8±0.06
ECG	4.9±0.02
茶黄素　（TF1）	2.9±0.08
茶黄素-单没食子酸酯A　（TF2A）	4.7±0.16
茶黄素-单没食子酸酯B　（TF2B）	4.8±0.16
茶黄素-双没食子酸酯　（TF3）	6.2±0.43

瑞典的 Cai 等曾比较了红、绿茶和 21 种蔬菜和水果的抗氧化活性，结果表明，绿茶和红茶对超氧阴离子自由基的抗氧化活性比所有供试的蔬菜和水果要高出许多倍。英国的 Rice-Evans 等同时比较了维生素 C、维生素 E、多种黄烷醇类、黄酮醇类化合物的抗氧化活性，结果表明，茶叶中的 EGCG、ECG、茶黄素单没食子酸酯和双没食子酸酯的抗氧化活性分别是维生素 C 和维生素 E 的 4.8，4.9，4.7 和 6.2 倍。韩国的 Lees R 等比较了 EGCG、trolox（一种水溶性的维生素 E 类似物）、硫辛酸和褪黑激素（melatonin）等 4 种强氧化活性抗氧化剂的抗氧化活性，结果表明在降低由 H2O2 诱导的脂质过氧化过程上，上述 4 种抗氧化剂的 IC_{50} 值依次为 $0.66\mu M$、$37.08\mu M$、$7.88\mu M$ 和 $19.11\mu M$。对由铁离子诱导的脂质过氧化上，其 IC_{50} 依次为 $3.32\mu M$、$75.65\mu M$、$7.63\mu M$ 和 $15.48\mu M$，可见 EGCG 比其他几种抗氧化剂具有强得多的抗氧化活性。

抗氧化和抗自由基也是防癌尤其是对辐射防护的主要途径。Zhao[14] 用志愿者做人体实验，用红茶和绿茶的抽提液 0.2 mg/cm² 预涂于皮肤 30 分钟后，分别用 UVB 和 8- 甲氧基补骨脂素处理后再用 UVA 照射，均发现了有剂量依赖关系的保护作用，抑制了急性红斑的产生。他们在动物模型中发现了茶多酚可防止 UVB 和 PUVA 诱导的 c-fos 和 P53 的基因表达。Wang 等 [15] 用红茶、绿茶以及脱咖啡因的红茶和绿茶预处理 SKH-1 小鼠后发现可抑制 7,12- 二甲基苯并蒽处理后紫外线诱导的皮肤癌和角膜癌，同时也发现了剂量依赖性。用红茶、绿茶、脱咖啡因的红茶和绿茶的 1.25% 的提取物处理对皮肤癌的抑制率分别为 93%、88%、77% 和 72%；对角膜癌的抑制率分别为 79%、78%、73% 和 70%。而且他们认为茶叶的有效成分的抗氧化作用和清除自由基的作用是防紫外线的重要因素。

宫芸芸等[16] 在肝癌癌前病变的模型中，发现茶多酚和茶色素对其发生率抑制了 44% 和 50%，认为茶多酚的抗氧化作用是抑制肿瘤发生的机制之一。Sikandar 等[17] 用绿茶多酚喂养 SKH-1 无毛小鼠发现了肝、小肠和肺的细胞中谷胱甘肽（GSH）过氧化物酶、过氧化氢酶、醌还原酶以及肝和小肠中 GSH-S 转移酶活性提高，提高了多种器官氧化保护作用和增强前致癌物的分解作用。Mukhtar 等[18] 对茶叶的多种组分分析研究后对茶叶防癌抗癌做了一系列的实验，得出了下列结论：①作用于 P450，阻止依赖于 P450 的氧化酶，减少由原致癌物向终致癌物转变的过程，从而对多环芳烃、苯并芘、3- 甲基胆蒽和 7,12- 二甲基苯并蒽等化学致癌剂起预防作用，防止进一步损伤 DNA；②清除自由基；③抑制 UV 的诱导；④抑制了鸟苷酸脱羧酶（ODC）和脂脱氧合酶。

五、茶叶抗癌作用的流行病学调查

多年来，人们一直在探讨饮茶对人体的保健功能，开展了一系列抗消化肿瘤、抗化学致癌物的研究，并取得了一系列研究成果。大量试验研究和流行病学研究显示，茶多酚具有许多生物活性和药理效应，如抗突变、抗肿瘤、抗炎、抗病毒及清除自由基和抗氧化等作用。

最为经典的调查报告是"广岛现象"。1945 年 8 月，广岛原子弹爆炸使 10 多万人立即丧生，同时数十万人遭受辐射伤害。几十年后，大多数人患上白血病或其他各种癌肿，先后死亡。但研究却发现有 3 种人侥幸无恙：茶农、茶商、茶癖者。

安溪县抗癌协会与福建医科大学组成的"安溪铁观音预防食管癌流行病学研究"科技项目研究小组从流行病学、环境因素、基因蛋白产物、遗传学等多方面进行研究。研究认为安溪铁观音具有降低食管癌患病危险；降低 P53 基因蛋白表达，减少具有食管癌家庭史一级亲属患食管癌危险等特殊功效。该项目研究结果表明，乌龙茶是一种独立的保护因素，患食管癌的风险随着饮茶频率的增加、月茶叶消耗量、一生中总茶叶消耗量的增加而下降。

1997 年 1 月至 2002 年 12 月间，上海市调查已确诊年龄 30～69 岁的子宫内膜癌患者（n=995）和全人群对照（n=1087）相关情况，采用非条件 logistic 回归模型分析饮茶与子宫内膜癌的关系，结果表明，和从未饮茶者相比，有饮茶史者患子宫内膜癌的危险略降低（OR=0.82，*P*=0.0466），饮茶主要对绝经前女性有保护作用（OR = 0.74，95% CI：0.54 ～ 1.0）。

上海市新发胆道癌患者 627 例（其中胆囊癌 368 例，肝外胆管癌 191 例和壶腹癌 68 例），按年龄（每 5 岁 1 组）频数配对对照人群 959 人，同时收集胆石症患者 1037 例，采用全人群病例对照研究，非条件 Logistic 回归模型分析饮茶与胆道癌、胆石症的关系。结果显示：与不饮茶者比较，现仍饮茶者的女性胆囊癌、肝外胆管癌和胆石症组中 OR 分别为 0.57（95% CI：0.34 ～ 0.96）、0.53（95% CI：0.27 ～ 1.03）和 0.71（95% CI：0.51 ～ 0.99），肝外胆管癌 OR 值随饮茶年龄的提前及饮茶年限的增加而降低，趋势检验达到显著性水平。男性胆囊癌、肝外胆管癌和胆石症组 OR 均小于 1，但尚无统计学意义。也就是说，饮茶可能对女性胆囊癌、肝外胆管癌具有保护作用，这一保护作用不依赖于胆石症而具有独立性。

对 18 篇符合入选标准的文献应用 STATA 7.0 软件对各研究结果进行一致性检验，运用 Meta 分析法，选择固定效应模型或随机效应模型，以比值比（OR）为饮茶与食管癌患病关系的统计量，计算合并 OR 值及其 95% CI，结果一致性检验 *Q*=89.718，*P*<0.01，饮茶的合并 OR 值为 0.638（95% CI：0.505 ～ 0.807），显示饮茶可减少中国人群患食管癌的危险。

第二节　茶叶减肥和控制"三高"的作用

随着社会的进步，人们生活水平的提高，肥胖症的发生率明显提高。虽然我国肥胖症的比例远低于发达国家，但随着人们饮食结构的变化，其患病率也呈现上升趋势。肥胖可以引起代谢和内分泌紊乱、高血压、高血脂、冠心病等重大疾病。肥胖是当今社会人们广为关注的医学问题，如何有效地减肥也是目前重大的国际研究课题。

一、茶的减肥功能

1. 有关肥胖症的概述和分类

肥胖症是指机体由于生理生化机能的改变引起的体内脂肪沉积量过多，造成体重增加，导致机体发生一系列病理、生理变化的病症。判断肥胖的标准在不断变化。目前肥胖症最常用的测定体内脂肪含量的方法之一是从一个人的体重指数（Body Mass Index，BMI）计算。BMI 的计算方法是：

BMI =体重（kg）/身高（m²）。

根据这个定义：

理想体重：女性 BMI=22，男性 BMI=24；

一般体重：BMI 在 18.5 到 24.9 之间；

超重：BMI 在 25 到 29.9 之间；

严重超重：BMI 在 30 到 39.9 之间；

极度超重：BMI 在 40 以上。

BMI 能直接反映绝大部分成人体内脂肪的百分比。但也有人批评 BMI 的过分简化的计算，按照这个计算方法，一个肌肉非常发达的人也会被算作超重和患肥胖症。所以对于比如健美爱好者或者孕妇之类的特殊群体并不适用，而需要采用其他方法。

肥胖症一般可以分为单纯性肥胖和继发性肥胖两种。单纯性肥胖又分为两种，体质性肥胖和获得性肥胖。体质性肥胖是先天性的，由于体内物质代谢较慢，物质的合成速度大于分解的速度，表现为脂肪细胞大而多，遍布全身。获得性肥胖是由于饮食过量引起，食物中甜食、油腻食物多，脂肪多分布于躯干。继发性肥胖是由于内分泌器官的病变或代谢异常引起的，如胰岛素分泌过多、药物引起的等，这类肥胖在根除病患之后，肥胖会自然消失。临床上所见的肥胖以单纯性肥胖为主，约占 95% 以上。

2．肥胖症的病因和危害

肥胖症的发生受到多种因素的影响，主要因素有：饮食、遗传、神经内分泌、社会环境以及劳作、运动、精神状态等。一般来说，肥胖是遗传与环境因素共同作用的结果。

1）肥胖症的病因

（1）饮食异常。社会发展由贫穷到富庶的阶段是肥胖发生的高峰期，原因在于食物的可得性发生了变化。贫穷时食物供给困难，摄入的热量只是用来维持生命需要；富庶阶段食物供给充足，过量摄取食物被储存起来最后形成肥胖。我国正好位于这个阶段，所以胖子很多。

（2）遗传肥胖者。通常有明确的家族史，父亲或母亲肥胖，其子女约有 40%～50% 出现肥胖，如父母均肥胖，则其子女肥胖的概率可达 70%～80%。父母肥胖基因遗传到了子女身上。

（3）神经内分泌紊乱。下丘脑有两种调节摄食活动的神经中枢，一是位于腹内侧核的饱食中枢，二是位于腹外侧核的饥饿中枢。如果神经内分泌紊乱，下丘脑发生病变，就可引起多食或者厌食。也有人因为感情因素而拼命进食来麻痹自己而发胖，这在个别

20～35岁的女性表现得比较明显。

（4）能量代谢异常。有些肥胖者的进食量并不比正常人多，但体重却增加，也就是那种喝水也要长胖的体质。另一些人进食量很大却不会肥胖，这种差异的原因就是不同个体能量代谢速率不同，瘦人具备一种以产热方式消耗能量的能力，而肥胖者不具备这种能力或者这种能力很差。

肥胖症是一种全身性代谢疾病，虽然不是一种严重的疾病，但长期肥胖所带来的后果非常严重。除了影响身体外形美观之外，还会对人类生活、工作甚至是健康带来严重影响。

2）肥胖症的危害

大体而言，肥胖会给人体造成以下疾病：

（1）糖尿病。肥胖会造成血中胰岛素过度分泌，严重肥胖者的空腹胰岛素浓度越高，进食后胰岛素的分泌无法相应地提高，形成血糖升高的现象。实验发现，较胖者其细胞中胰岛素受体较少，或是在接受胰岛素时容易出现问题，所以肥胖者会增加罹患糖尿病的风险。若是体重减轻，则会改善血糖不正常的情况。

（2）高血压。胰岛素过度分泌及胰岛素作用减低是促成高血压的原因，并且高浓度的胰岛素会借着加强钠离子的回收及交感神经频度来促进高血压的形成。若是体重减轻，由于全身血流量、心搏出量及交感神经作用减少，所以血压通常也会下减。

（3）心血管疾病。肥胖者大多合并有血脂肪浓度过高的情形，因此容易发生血管栓塞，加速了血管的粥状变化，容易患上包括冠状动脉心脏病、心肌梗死、缺血性心脏病等疾病。研究中亦显示，若能维持理想体重，则可减少心血管疾病、郁血性心脏衰竭及脑栓塞的发生率。

（4）关节疾病。因为肥胖者骨头关节所需承受的重量较大，所以较易使关节老化、损伤而发生骨性关节炎。

（5）血脂代谢异常。血脂过高会影响身体携带胆固醇至肝脏的速率，是增加心脏疾病的危险因子。

（6）胆囊与胰脏疾病。肥胖者体内脂肪过剩，造成胆固醇合成增加，使胆汁中胆固醇呈过饱和状态，有利于胆固醇性结石的形成。

（7）呼吸功能低下（气喘）。肥胖造成胸壁与腹腔脂肪增厚，使肺容量下降、肺活量减少而影响肺部正常换气的功能。因为换气不足，可能引起红细胞增多症，造成血管栓塞，严重者可能发生肺性高血压、心脏扩大及梗死性心衰竭。因为脂肪的堆积，亦可能影响气管内纤毛的活动，使其无法发挥正常功能。

3. 茶叶减肥机理与研究现状

作为传统的食品和饮料，茶叶有较好的减肥效果。我国古代就有关于茶叶减肥功效的记载："去腻减肥，轻身换骨"，"解浓油"，"久食令人瘦"等。茶叶具有的良好降脂功效是由于它所含的多种有效成分的综合作用，各种茶叶均有一定的减肥功能，故饮茶是最简单有效、安全的减肥方法。

近年来的流行病学和临床研究等同样证实了茶叶的减肥作用，并探讨了其作用机理。药理学表明，长时间饮用乌龙茶、绿茶、红茶和普洱茶能显著降低大鼠体重和肾周脂肪组织重量，减小肾周脂肪重/体重之比和血清中甘油三酯、胆固醇、低密度脂蛋白的含量[19,20]。Han 等人[21]的实验证明，用乌龙茶喂养大鼠 10 周，可以减轻由摄入高脂饲料导致的营养性肥胖，进一步研究发现乌龙茶的减肥作用是皂苷类（saponins）而不是其主要成分 EGCG 和 ECG，通过抑制胰脂肪酶活性、刺激儿茶酚胺诱导的脂肪动员和去甲肾上腺素诱导的脂肪分解而发挥作用。他们还发现不同来源的皂苷类物质拥有不同的抑制胰脂肪酶活效果，取来自乌龙茶、绿茶和红茶的皂苷类物质在 2mg/ml 的浓度下，分别能抑制 100%、75% 和 55% 的胰脂肪酶活性。杨军等[22]采用给新生大鼠皮下注射谷氨酸钠，建立肥胖鼠模型，研究大方茶对谷氨酸钠肥胖鼠的作用，结果表明：大方茶能显著降低血清甘油三酯，抑制肠道内脂肪吸收，促进脂肪代谢，4.05g/kg 大方茶有显著的减肥作用。

茶叶良好的减肥效果，引起了国内外医学家的高度关注，在世界各地掀起了饮茶减肥热潮，尤其是乌龙茶，受到年轻女子和世界各地发胖妇女的青睐。在人们目前对减肥作用的研究中，临床实验相对较少，目前主要集中在乌龙茶、绿茶及其提取物上。

应用乌龙茶治疗单纯性肥胖症 102 例，结果表明，其减肥疗效显著率为 13.72%，总有效率为 64.71%，并能明显减轻体重、减小腹围和减少腹部皮下脂肪以及甘油三酯、总胆固醇的含量，改善由肥胖引起的肺泡低换气综合征和部分心血管、消化系统症状[23]，并且饮用乌龙茶期间未见厌食和明显的腹泻等不良反应。松井阳吉等[24]以单纯性肥胖症患者为对象，让其连续饮用乌龙茶，然后对减肥效果和脂质代谢的调节作用进行临床实验，结果发现 75 名患者体重减轻有效率为 52%，显著率为 15%，总有效率为 67%。选择 102 名体重指数（BMI）大于 25 的男女单纯性肥胖成年人为实验对象，进行了乌龙茶临床减肥实验。在实验期间，受试者在日常生活和饮食条件下，每天饮 8g 乌龙茶，不进行任何激烈运动，不服用任何具有减肥作用的医药品、保健品和不饮用指定外的各种茶。

通过连续数周的观察，证明饮用乌龙茶可以使受试者体重减轻有效率为52%，显著率为15%，总有效率达到67%[25]。

现代医学进一步阐明了茶叶的减肥作用。茶叶具有良好的减肥功效，与其所含的多种有效成分有关，尤其是茶多酚、咖啡碱、维生素、氨基酸最为重要。肥胖是由于脂肪细胞中的脂肪合成代谢大于分解代谢所引起的。因此，可以通过减少血液中葡萄糖、脂肪酸、胆固醇的浓度，抑制脂肪细胞中脂肪的合成以及促进体内脂肪的分解代谢达到减肥的效果。

乌龙茶中含有的多酚类化合物对葡萄糖苷酶和蔗糖酶具有显著的抑制效果，进而减少或延缓葡萄糖的肠吸收，发挥其减肥作用[26]。现在国内外有较多的研究者越来越倾向于认为，绿茶、绿茶提取物、EGCG等是通过抑制胃和胰腺中脂肪酶的活性，抑制饮食来源的脂肪在消化道中的分解，降低脂肪分解产物（如甘油三酯）在消化道内的吸收，进而起到减肥的效果，并且存在一定的量效关系。同时也发现EGCG促进了脂肪的氧化，减小呼吸熵，但对于这些物质是否在减肥的同时影响食物的摄入，还存在一定的分歧[27]。

过去，科学家对茶叶减肥的研究主要集中在茶叶粗提物以及茶多酚的减肥效果上，但对茶叶的种类、成分、单体的功效比较上研究不够透彻，而且临床的报道也不多。近年来，国内外的研究者利用茶叶中内含物的单体来论证茶叶的减肥效果，并从抑制体内酶活性、减少食物中脂肪的分解等方面来研究。今后的研究重点将放在一系列酶的活性和代谢动力学方面。

针对近年来的肥胖发病率的提高，在不限制饮食的基础上，开发出高效、安全的减肥药物成了目前的研究热点。茶叶是天然的饮料，数千年的饮用历史和保健功效越来越受到重视。茶叶在减肥上必将有广阔的前景。

二、茶叶治疗心血管疾病的作用

1.“三高”的定义

“三高”通常是指高血压、高血脂和高血糖症三种病症，它们都与现代文明有关，故又称之为“文明病”，属于高发慢性非传染性疾病，在成年人群中患病率特别高。“三高”症非常容易并发动脉粥样硬化，进而导致严重的心脑血管疾病。在我国，“三高”更是以其高患病率、高危险性、高医疗费用著称。资料显示，目前中青年白领的健康状况令人担忧。高血脂、脂肪肝等以往老年人容易得的心脑血管疾病都在中青年白领中提前发生。

2."三高"的发病原因

1)高血压的发病原因和危害

高血压是血管收缩压与舒张压升高到一定水平而导致对健康发生影响或发生疾病的一种症状。正常人的血压并不是恒定不变的,健康成年人的收缩压在12.0～18.6kPa(90～140mmHg),舒张压在6.7～12.0kPa(50～90mmHg)之间波动。联合国世界卫生组织高血压专家委员会规定,正常成年人的收缩压与舒张压分别在18.7kPa与12.0kPa以下,凡成年人收缩压达21.3kPa或舒张压达12.7kPa以上的即可确认为高血压。临床表现为动脉血管血压升高为主症,伴有头痛、头晕、头胀、失眠和健忘等症状。

高血压是人类的一种常见病,按其发病机制可以分为原发性与继发性两类。继发性高血压一般有明确的原因,常常是由于某些疾病引起的。继发性高血压通常仅占高血压患者总数的10%左右,如先消除引起高血压的原因,高血压症状可自行消失。原发性高血压又称为初发性或自发性高血压,在临床上找不出单一而又容易鉴定的病因,高血压患者中90%以上是原发性高血压。原发性高血压的发病机制至今尚不清楚,普遍认为是由于血管紧张素Ⅰ在血管紧张素转换酶(ACE)作用下转化为具有强升压活性的血管紧张素Ⅱ,从而导致血压升高。因此通常认为抑制ACE活性可以起到降血压效果。

高血压若不治疗,动脉压的持续升高可导致靶器官如心脏、肾脏、脑和血管的损害,并伴全身代谢性改变。随着血压升高,最终会出现心脑血管疾病,包括心力衰竭、心肌梗死、视网膜受损和肾脏损伤等。高血压会使心脏泵血负担加重,心脏变大,但效率低下,出现心力衰竭的征兆。由于促进通往大脑的血管阻塞或大脑血管破裂出血等意外发生,所以会增加中风的危险性,这两者都会破坏大脑组织。通常,高血压会导致肾血管变窄或破裂,最终引起肾功能衰竭。单纯高血压的死亡率并不高,高血压后期总是演变成脑血管疾病,中风而亡。

2)高血脂的发病原因和危害

高脂血症被称为"富贵病",这是因为人们随着生活水平改善,在饮食中摄入了更多的脂肪。一百年前人们并不知道脂肪对身体的作用,只知道可以使食物变得美味可口。随后的几十年无数的研究结果把高脂饮食、血液中胆固醇含量和心脏病的发病率紧密地联系在一起。一般来说,在饮食结构中含有较多脂肪的地区和人群中,高血脂的发病率较高;反之,心脏病的发病率则较低。

脂肪是由脂肪酸和甘油结合在一起形成的。根据结构,脂肪酸可以分为:饱和脂肪酸和不饱和脂肪酸。其中不饱和脂肪酸根据不饱和键的多少可以分为单不饱和脂肪酸和多不饱和脂肪酸。多不饱和脂肪酸根据氢原子的缺失位置可以分为 Ω-3 和 Ω-6 两类。食物中的饱和脂肪酸存在于畜产品中，例如黄油、全脂奶、冰淇淋、奶油和肥肉以及椰子油、棕榈油等植物油中；不饱和脂肪酸主要存在于植物油和海产品中，其中橄榄油、菜籽油和花生油含有单不饱和脂肪酸，芝麻油、葵花籽油等含有多不饱和脂肪酸。

不饱和脂肪酸中如果氢原子都位于同侧，叫作"顺式脂肪酸"，碳链的形状曲折；如果氢原子位于两侧，叫作"反式脂肪酸"，是直链（见图3-6）。食物中的不饱和脂肪酸主要是顺式的。人们在对动物油脂进行加工时会通过氢化作用给多不饱和脂肪酸加上氢原子，新加的氢原子位于两侧，变成反式脂肪酸。反式脂肪酸的性质类似于饱和脂肪酸。

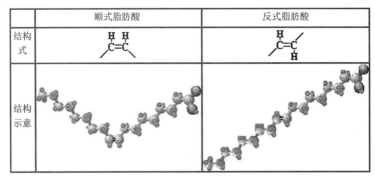

图3-6　顺式脂肪酸和反式脂肪酸结构

脂类分为两大类，一种是前面提到的脂肪，另一种是类脂，是生物膜的基本成分，除包括磷脂外，还有很重要的一种叫胆固醇，胆固醇的情况也和前面提到的脂肪一样复杂。早在 18 世纪，人们已从胆石中发现了胆固醇，1816 年化学家本歇尔将这种具有脂类性质的物质命名为胆固醇。胆固醇广泛存在于动物体内，尤其以脑和神经组织中最为丰富，在肾、脾、皮肤、肝和胆汁中含量也高。人体内的胆固醇一部分在肝脏内自身合成，另一部分则从食物中直接吸收。只有例如蛋、肉、奶和海产品等来自动物的食物才含有胆固醇，来自植物的食物不含有胆固醇。

无论是体内自身合成的还是外界摄取的胆固醇都不能在血液中溶解，要借助于一种脂蛋白来运输。脂蛋白又分为两种：低密度脂蛋白（LDL）和高密度脂蛋白（HDL）。所以，它们的结合体又分为了两种：LDL- 胆固醇和 HDL- 胆固醇。如果血液中前者偏高，就会慢慢在动脉中沉积下来，形成粥样小瘤，阻塞血管，导致动脉硬化，冠心病的危险性就会增加，通常 LDL- 胆固醇又被称为"坏胆固醇"；而 HDL- 胆固醇对心血管有保护作用，它能够把血液当中胆固醇送回肝脏，甚至清除动脉内壁沉积下来的胆固醇，防止粥样小瘤的形成，通常称之为"好胆固醇"。血液中胆固醇含量在 140 ～ 199mg/100ml 是比较正常的水平。

一般来说，食物中的饱和脂肪酸和反式脂肪酸能促使身体合成更多的胆固醇，而不饱和脂肪酸会降低血胆固醇的含量。有趣的是，多不饱和脂肪酸会同时降低"坏胆固醇"和"好胆固醇"的含量，而单不饱和脂肪酸在降低"坏胆固醇"含量的同时不会降低"好胆固醇"的含量。

3）高血糖的发病原因和危害

研究表明，糖尿病存在明显遗传因素，有糖尿病家族史者占 25% ～ 50%，尤其是2 型糖尿病患者。但遗传因素仅涉及糖尿病的易感染性而非致病本身，除遗传因素外，必须要有环境因素的作用才会发病。病毒感染是诱发 1 型糖尿病最重要的因素。与 1 型糖尿病发病有关的病毒是风疹病毒、巨细胞病毒和腮腺炎病毒等。

在各种因素中，肥胖是 2 型糖尿病最主要的诱发因素，其机理主要在于肥胖者本身存在明显的高胰岛素血症，而高胰岛素血症可以使胰岛素与其受体的亲和力降低，导致胰岛素作用受阻，引发胰岛素抵抗。这就需要胰岛 β - 细胞分泌和释放更多的胰岛素，从而又引发高胰岛素血症。如此呈糖代谢紊乱与 β - 细胞功能不足的恶性循环，最终导致 β - 细胞功能严重缺陷，引发 2 型糖尿病。

腹部细胞对胰岛素敏感性原本就比其他部位低，而腹部肥胖患者，主要是脂肪组织增多，这种增多只是细胞体积增大，但脂肪细胞数目并未增多，导致细胞膜上受体数目相对减少而引起胰岛素抵抗，从而使葡萄糖清除率明显降低，导致高血糖，引起糖尿病。

糖尿病最常见的临床症状为"三多一少"，即多饮、多食、多尿和体重减轻。不同类型的糖尿病出现这些症状的时间和顺序可能不同。因为"三多一少"仅是糖尿病典型和较晚期的表现，若以此来诊断糖尿病，不但无助于其早期诊断，而且不利于其慢性并发症的早期防治。"三多一少"是在血糖升高到较高水平，超过肾排糖阈值，出现尿糖时，由于利尿导致多尿，进而因失水导致多饮；又由于糖分从尿液中排出，致使细胞内能量不足而引起饥饿感，表现多食；这一糖代谢障碍使体内蛋白质和脂肪分解增加最终出现消瘦。

3．茶对"三高"的预防机理和疗效

1）茶叶的降血压作用

茶叶可以降血压，在我国的传统医学中早有报道。浙江医科大学在 20 世纪 70 年代曾对近 1000 名 30 岁以上的男子进行高血压和饮茶的关系之间的调查。结果表明，喝茶的人平均高血压的发病率为 6.2%，而不饮茶的人平均为 10.5%。安徽医学研究所用皖南

名茶——松萝茶进行人体降压临床试验，结果表明：一般高血压患者每天坚持饮用 10g 松萝茶茶汤，半年后患者的血压可以降低 20% ～ 30%。中国农业科学院茶叶研究所于 1972 年对 80 例高血压患者进行饮茶治疗临床报道，其中 50 例患者在 5 天内恢复正常，有效率高达 62.5%。国内对城市中老年人进行调查结果发现，适量的饮茶可预防或者降低高血压。

王彩华等[28]对 55 例高血压、高黏血患者口服茶色素进行调查，结果表明患者全血比高且黏度、血浆比黏度和细胞积压得到极显著的改善，全血比低切黏度得到明显改善，此外临床症状也得到不同程度的改善。牟用洲等[29]用该茶色素联合卡托普利治疗高血压，其有效率为 81%，对照组为 60%；治疗组中 26 例肾功能损害、血尿素氮异常者治疗后，血尿素氮明显下降，对照组血压回升 78%，治疗组仅为 15%。

茶氨酸也有降压作用，其降压机理是通过末梢神经或血管系统来实现的。Yokogoshi[30]报道，茶氨酸对先天性高血压患者有降压作用。对患有先天性高血压的白鼠注射 2000 mg/kg 的谷氨酸，血压没有改变；注入同样剂量的茶氨酸后，血压明显下降。对大鼠喂饲高剂量的茶氨酸（1500 ～ 3000 mg/kg）后，人为升压的大鼠收缩压、舒张压和平均血压均有明显下降，但其有效剂量要比儿茶素的剂量高 10 ～ 15 倍。

2017 年报道，广东省广州市番禺区钟村街社区卫生服务中心研究黑茶对于调节代谢综合征的作用，对代谢综合征的患者根据患者意愿分成三组，每组各 45 人，均给予正确的饮食及运动建议：第一组饮黑茶茯砖，第二组饮普洱茶，第三组为对照组。黑茶砖茶组每天饮黑茶茯砖 15 克，分二次饮；普洱茶组每天饮普洱茶 15 克，分二次饮；对照组饮用白水。分别记录在 1 个月的血压变化，见表 3-4 和表 3-5。

表 3-4　黑茶砖茶组、普洱茶组降压疗效比较（例，%）

组别	显效	有效	无效	总有效率（%）
黑茶砖茶组	25（55.6）	15（33.3）	5（11.1）	88.9※
普洱茶组	13（28.9）	25（55.6）	7（15.5）	84.4

注：※：与对照组总有效率比较，经 $\chi 2$ 检验，$P > 0.05$，无统计学意义，说明两组降压疗效相当。

表 3-5　黑茶砖茶组、普洱茶组前后血压变化（x±s，kPa）

组别	N		收缩压	舒张压
黑茶砖茶组	45	治疗前	21.3±1.3	13.3±0.9
		治疗后	18.1±1.0	11.7±0.6
普洱茶组	45	治疗前	20.8±1.3	13.0±0.9
		治疗后	17.9±0.9	11.3±0.6

表中结果可见，治疗前后两组血压经统计分析，黑茶砖茶组：饮用后的收缩压、舒张压和治疗前比较均有显著性差异，说明治疗后血压显著下降（收缩压 t =11.67，$P < 0.01$；舒张压 t=13.15，$P < 0.01$）。普洱茶组治疗后的收缩压、舒张压和治疗前比较也均有显著性差异，治疗后血压显著下降（收缩压 t=12.59，$P < 0.01$；舒张压 t=13.54，$P < 0.01$）。组间比较：饮用后两组收缩压与舒张压均无显著性差异，提示两组疗效相似（收缩压 t=0.52，$P > 0.05$；舒张压 t =2.47，$P > 0.05$）。

2）茶叶的降血脂作用

龙怡道等人[31]的研究显示，茶色素可以降低血小板聚集率。血小板的功能主要是促进止血和加速凝血，血液中血小板含量高会使血液在血管中流速减慢，增高心脑血管疾病的发病率。罗雄等[32]的研究表明茶色素可以降低低密度脂蛋白的含量和升高高密度脂蛋白的含量，且无任何毒副作用。它的作用机制是茶色素通过阻碍胆固醇的消化和吸收，而起到降低胆固醇的作用。茶色素不仅能降低食物中的胆固醇，而且对肠、肝循环中的胆固醇也同样起到降低作用。流行病学调查研究证实，如果使高血脂患者的胆固醇水平降低 1%，则冠心病的死亡率可下降 2%。发达国家已经采取公共卫生措施，即通过饮食结构变化使整个人群的胆固醇维持在较低的范围内。一项很重要的建议就是鼓励人们通过经常喝茶来维持胆固醇处于较低的水平。

茶多酚能减少血液中血脂的水平，促进胆固醇代谢，从而降低体内胆固醇；同时茶多酚还能阻止食物中不饱和脂肪酸的氧化，减少血清胆固醇及其在血管膜上的沉积，通过抑制不饱和脂肪酸的氧化途径起到抗动脉硬化的作用。此外，茶多酚能溶解脂肪，对脂肪的代谢起着重要作用。许宏伟[33]等研究了血脂水平与脑血管疾病之间的关系，结果表明脑梗死患者胆固醇、甘油三酯和载脂蛋白水平显著提高。分析发现，单发性及老年性梗死患者均存在胆固醇、甘油三酯和载脂蛋白血清水平显著提高，而复发性脑梗死患者主要是胆固醇、低密度脂蛋白胆固醇和载脂蛋白血清水平显著提高。可以看出血脂代谢紊乱是脑梗死发病的危险因素。茶多酚可通过降低血脂水平调节血液中胆固醇、甘油三酯、载脂蛋白和过氧化脂质等的水平，起到保护心脑血管疾病的作用。刘勤晋等[34]选用解放军某干休所患有高血脂的 50 位男性离退休军队干部，年龄 60～70 岁，实验前进行血液生化检查，饮茶前做高密度脂蛋白、胆固醇、甘油三酯和脂质过氧化物检查，在不改变饮食结构的前提下，每日服用黑茶 3 次，每次 4g，沸水冲泡服用，1 个月后检查。50 位患者的以上生化指标均有不同程度的下降，表明黑茶有明显的降血脂作用。沈新南等[35]研究了茶多酚对老龄大鼠血脂及体内抗氧化能力的影响，表 3-6 显示，两个茶多酚剂量组的血清过氧化脂质（LPO）均明显低于对照组，2%茶多酚组的红细胞超氧化物歧化酶（SOD）活性高于对照组。

表3-6　大鼠血清LPO和红细胞SOD浓度

组别	LPO(mM/ml)	SOD(U/gHb)
2%茶多酚组	4.78±1.06**	2163±493*
1%茶多酚组	5.26±0.99**	1860±381
对照组	6.81±1.46	1678±355

注：*$P<0.05$，**$P<0.01$，与对照组比较。

同以上黑茶降压处理进行调节代谢综合征研究，1个月后测定各组人员的腹围、空腹血糖、甘油三酯、HDL-C各组分的变化情况以及服用茶品的依从性情况，见表3-7、表3-8和表3-9。

表3-7　代谢综合征诊断标准

诊断项目	诊断标准	或
肥胖	腰围：男性>90cm，女性>80cm	
高TG	≥1.70mmol/L(150mg/dl)	正在接受降脂治疗者
低HDL-C	女性<1.29mmol/L(<50mg/dl)，男性<1.04mmol/L(<40mg/dl)	
血压	收缩压≥130mmHg或者舒张压≥85mmHg	正在接受高血压治疗者
空腹血糖	≥6.1mmol/L(110mg/dl)或糖负荷后2h血糖≥7.8mmol/L(140mg/dl)	正在接受糖尿病治疗者

表3-8　3组试验人群临床疗效（$n=45$）

组别	显效	有效	无效	总有效率（%）
黑茶砖茶组	34	6	5	88.89(40/45)* △
普洱茶组	19	14	12	73.33(33/45)
对照组	0	3	42	6.67（3/45）

注：*：黑茶砖茶组、普洱茶组与对照组比较，$P<0.05$；△：黑茶砖茶组和普洱茶组比较，$P<0.05$。

表3-9　黑茶砖茶组、普洱茶组腹围、血糖、血脂指标前后比较

项目	黑茶砖茶组		普洱茶组	
	治疗前	治疗后	治疗前	治疗后
腹围	82.55±10.65	80.75±9.55	83.15±11.05	82.35±10.25
血糖	10.04±2.95	8.06±1.78△	10.09±2.88	9.96±1.83△△*

续表

项目	黑茶砖茶组		普洱茶组	
	治疗前	治疗后	治疗前	治疗后
TC	6.7 ± 0.79	$5.75\pm0.78^{\triangle}$	6.74 ± 0.79	$5.47\pm1.36^{\triangle\triangle}$
TG	3.3 ± 1.43	$1.86\pm1.12^{\triangle\triangle*}$	3.56 ± 2.09	2.76 ± 1.66
HDL-C	1.3 ± 0.40	1.34 ± 0.44	1.30 ± 0.45	1.31 ± 0.47
LDL-C	4.2 ± 0.73	$3.71\pm0.60^{\triangle}$	4.13 ± 0.69	$3.30\pm0.81^{\triangle}$

注：两组患者的腹围变化不大。经t检验，与黑茶砖茶前比较$\triangle P<0.05$，$\triangle\triangle P<0.01$。黑茶砖茶组间比较*$P<0.05$。表3-9显示：饮用黑茶砖茶、普洱茶前后对比，两组血糖、TC、LDL-C较黑茶砖茶前下降明显。黑茶砖茶后两组无明显差异；黑茶砖茶组TG较黑茶砖茶前明显下降，普洱茶无明显下降，黑茶砖茶后两组差异显著（$\triangle\triangle*P<0.01$）；HDL-C两组均有升高趋势，但无统计学意义。

按照联合国的新标准，65岁老人占总人口的7%，即可将该地区视为进入老龄化社会。广州市番禺区钟村街社区于2014年老龄化水平已达到8.35%，人口老年化，65岁人群逐渐增多，高血压、糖尿病、高脂血症、肥胖等慢性病的发病率有增高的趋势。研究发现"三高"通常与肥胖均存在着始动机制的共同性，即脂肪与糖代谢的障碍，以后逐渐发现具备这些临床特征的患者，容易发展为动脉粥样硬化，出现心绞痛、心肌梗死和脑卒中等严重心脑血管事件概率较大，最终导致伤残甚至死亡，严重影响劳动能力和生活质量，而且医疗费用极其昂贵，增加了社会和家庭的经济负担，其后果应引起我们重视。目前，中医养生的观念日益深入人心，人们生活水平提高，更多关注饮食运动，倾向于运用安全、有效、持久进行的食疗方法缓解多种慢性病的发生与发展。黑茶具有降血脂、减肥胖、降血压、降血糖、防治糖尿病的作用。黑茶具有良好的降解脂肪、抗血凝、促纤维蛋白原溶解作用和显著的抑制血小板聚集作用，还能使血管壁松弛，增加血管有效直径，从而抑制主动脉及冠状动脉内壁粥样硬化斑块的形成，达到降压、软化血管、防治心血管疾病的目的。茶叶中特有的氨基酸茶氨酸能通过活化多巴胺能神经元，起到抑制血压升高的作用。此处，还发现茶叶中的咖啡碱和儿茶素类能使血管壁松弛，增加血管的有效直径，通过血管舒张而使血压下降。茶色素具有显著的抗凝、促进纤溶、防止血小板黏附聚集，抑制动脉平滑肌细胞增生的作用，还能显著降低高脂动物血清中甘油三酯、低密度脂蛋白，提高血清中高密度脂蛋白，并对ACE酶具有显著的抑制作用，具有降压效果。茶多糖复合物通常称为茶多糖，是一类组成成分复杂且变化较大的混合物。对几种茶类的茶多糖含量测定的结果表明，安化黑茶的茶多糖含量最高，且其组分活性也比其他茶类要强，这可能就是发酵茶尤其是安化黑茶茶多糖降血糖效果优于其他茶类的原因之一。

此外，茶叶中含有的维生素C和维生素P具有改善微血管功能和促进排除胆固醇的作用，平时饮茶者通过饮茶摄取一定量的维生素 C，也可起到防止胆固醇升高的目的。

第三节　茶对糖尿病的防治

随着生活水平的提高，膳食习惯的改变，人们每天摄入的脂肪和碳水化合物增多，再加上体力劳动减少以及久坐的生活方式，肥胖者越来越多。肥胖症是糖尿病（Diabetes Mellitus, DM）的主要危险因子之一，因此糖尿病患者也在逐年增多。当前全球患糖尿病的人数多达 1.5 亿。世界卫生组织预测，全球糖尿病患者数到 2025 年将会翻番。目前，杭州市的糖尿病患者总人数高达 30 万以上，约占总人口的 3%。世界卫生组织统计，糖尿病的死亡率目前仅次于意外死亡和肿瘤死亡，位居第三。我国约有 4000 万糖尿病患者，患病率高达 4%～5%。有超过 8000 万糖尿病患者人群，每年死于糖尿病并发症的患者高达 150 多万。据调查，在我国还将以每年 75 万人的速度递增，其中 90% 以上为 2型糖尿病。另外，我国葡萄糖耐量降低者和糖代谢异常者也占有相当大的比例，这些人群都是潜在的糖尿病患者。为了预防、减少和延缓糖尿病及其并发症的发生和发展，就必须全面控制好患者的病情，包括纠正异常的高血糖、高血脂等。

茶叶是我国的传统饮品，它不仅能够解渴，更重要的是具有多种保健功能。茶叶用来治疗糖尿病，国内外皆有报道。20 世纪初，就认为糖尿病患者饮茶，能改善糖脂代谢。日本医学士小川吾七郎在治疗患有糖尿病的肺结核患者时，也偶然发现茶叶对糖尿病有显著疗效。我国和日本民间也都有泡饮粗老茶叶治疗糖尿病的历史。有关茶叶降血糖作用的研究已有 20 多年的历史，目前也有大量的科学依据证实了茶叶的降糖作用，具体的作用成分和机制有待进一步研究。

一、糖尿病的定义

糖尿病是一组以血浆葡萄糖（简称血糖）水平升高为特征的代谢性疾病群，是由于胰岛素相对或绝对不足而引起的糖、脂肪、蛋白质、继发性的水、电解质代谢紊乱及酸碱平衡失调的内分泌代谢紊乱，是一种慢性代谢疾病，严重时会引起患者的慢性血管及神经并发症，使患者致残或死亡。世界卫生组织将糖尿病主要分为 1 型和 2 型两类。1 型糖尿病主要是由于胰岛 β 细胞破坏，胰岛素绝对缺乏，致使血浆中胰岛素水平低于正常引起的。2 型糖尿病是最常见的一类糖尿病，主要是由于胰岛素抵抗为主，伴随胰岛素相对缺乏；或胰岛素分泌缺陷为主，伴随胰岛素抵抗所致，其发生是众多因素相互作用的结果。目前 2 型糖尿病在欧美国家糖尿病患者中占 90% 以上，且发病年龄日趋年轻化。此外，还有特殊的妊娠期糖尿病以及其他类型或称继发性糖尿病 2 种。由于糖尿病患病人数大量增加，糖尿病的治疗已经成为全球性的卫生健康问题。

二、发病原因

不同类型糖尿病的病因也不相同。概括而言，引起各类糖尿病的病因可归纳为遗传因素及环境因素两大类。不同类型糖尿病中此两类因素在性质及程度上明显不同，例如，单基因突变糖尿病中，以遗传因素为主；而在化学毒物所致糖尿病中，环境因素是主要的发病机制。最常见的 1 型糖尿病及 2 型糖尿病则是遗传因素与环境因素共同呈正性或负性参与以及相互作用的结果。

糖尿病的发病机制可归纳为不同病因导致胰岛 β 细胞分泌缺陷及（或）周围组织胰岛素作用不足。胰岛素分泌缺陷可由于胰岛 β 细胞组织内兴奋胰岛素分泌及合成的信号在传递过程中的功能缺陷，亦可由于自身免疫、感染、化学毒物等因素导致胰岛 β 细胞破坏，数量减少。胰岛素作用不足可由于周围组织中复杂的胰岛素作用信号传递通道中的任何缺陷引起。胰岛素分泌及作用不足的后果是糖、脂肪及蛋白质等物质代谢紊乱。依赖胰岛素的周围组织（肌肉、肝及脂肪组织）的糖利用障碍以及肝糖原异生增加导致血糖升高、脂肪组织的脂肪酸氧化分解增加、肝酮体形成增加及合成甘油三酯增加；肌肉蛋白质分解速率超过合成速率以致负氮平衡。这些代谢紊乱是糖尿病及其并发症、伴发病发生的病理生理基础。

糖尿病的发病原因至今尚未完全阐明。临床研究至今，一致认为糖尿病是一个多病因的综合病征。其发病原因的主要因素（遗传因素、环境因素）简述如下。

1. 遗传因素

糖尿病具有家族遗传易感性。但这种遗传性尚需外界因素的作用，这些因素主要包括肥胖、体力活动减少、饮食结构不合理、病毒感染等。

2. 肥胖

肥胖是糖尿病发病的重要原因，特别是腹型肥胖者尤其易引发 2 型糖尿病。其机理主要在于肥胖者本身存在着明显的高胰岛素血症，而高胰岛素血症可以使胰岛素与其受体的亲和力降低，导致胰岛素作用受阻，引发胰岛素抵抗。这就需要胰岛 β-细胞分泌和释放更多的胰岛素，从而又引发高胰岛素血症。如此呈糖代谢紊乱与 β-细胞功能不足的恶性循环，最终导致 β-细胞功能严重缺陷，引发 2 型糖尿病。

腹部细胞对胰岛素敏感性原本就比其他部位低，而腹部肥胖患者主要是脂肪组织增多，这种增多，只是细胞体积增大，但脂肪细胞数目并未增多，导致细胞膜上受体数目相对减少而引起胰岛素抵抗，从而使葡萄糖清除率明显降低，导致高血糖，引起糖尿病。

3. 活动量不足

体力活动可增加组织对胰岛素的敏感性，降低体重，改善代谢，减轻胰岛素抵抗，使高胰岛素血症缓解，降低心血管并发症。因此，体力活动减少已成为 2 型糖尿病发病的重要因素。

4. 饮食结构

无论在我国还是在西方，人们的饮食结构都以高热量、高脂肪为主。而热量摄入过多超过消耗量，则造成体内脂肪储积引发肥胖。同时，高脂肪饮食可抑制代谢率使体重增加而肥胖。肥胖引发 2 型糖尿病，常年食肉食者，糖尿病发病率明显高于常年素食者。这主要与肉食中含脂肪、蛋白质热量较高有关。所以，饮食要多样化，以保持营养平衡，避免营养过剩。

5. 精神神经因素

在糖尿病发生、发展过程中，精神神经因素所起的重要作用是近年来中外学者公认的。人的情绪主要受大脑边缘系统的调节，大脑边缘系统同时又调节内分泌和自主神经的功能，心理因素可通过大脑边缘系统和自主神经影响胰岛素的分泌，成为糖尿病的诱发因素。当人处于紧张、焦虑、恐惧或受惊吓等应激状态时，交感神经兴奋，抑制胰岛素分泌，使血糖升高。同时，交感神经还作用于肾上腺髓质，使肾上腺素分泌增加，间接地抑制胰岛素的分泌和释放，从而导致糖尿病。

6. 病毒感染

某些 1 型糖尿病患者，是在患者患感冒、腮腺炎等病毒感染性疾病后发病的。其机制在于病毒进入机体后，直接侵入胰岛 β-细胞，大量破坏 β-细胞，并且抑制 β-细胞的生长，从而导致胰岛素分泌缺乏，最终引发 1 型糖尿病。

7. 自身免疫

1 型糖尿病是一种自身免疫性疾病，在患者血清中可发现多种自身免疫性抗体。病毒等抗原物质进入机体后，使机体内部免疫系统功能紊乱，产生了一系列针对胰岛 β-细胞的抗体物质。这些抗体物质，可以直接造成胰岛 β-细胞损害，导致胰岛素分泌缺乏，引发糖尿病。

8. 化学物质和药物

已经查明有几种化学物质能引发糖尿病。其中有肾上腺糖皮质激素、α-肾上腺素能拮抗剂、β-肾上腺素能拮抗剂、噻嗪类利尿剂、钙离子通道阻滞剂（主要如硝苯吡啶）、戊烷脒、灭鼠剂 Vacor 及 α-干扰素等。

9. 妊娠

在妊娠期，母体产生大量多种激素，这些激素对胎儿的健康成长非常重要，但是它们也可以阻断母体的胰岛素作用，引起胰岛素抵抗。

虽然糖尿病的病因十分复杂，但归根到底则是由于：①胰岛素绝对缺乏；②胰岛素相对缺乏；③胰岛素效应不足（即胰岛素抵抗：指胰岛素执行其正常生物作用的效应不足，表现为外周组织尤其是肌肉、脂肪组织对葡萄糖的利用障碍）。

因此，在 β-细胞产生胰岛素、血液循环系统运送胰岛素和靶细胞接受胰岛素并发挥生理作用这三个步骤中任何一个发生问题，均可引起糖尿病。

（1）胰岛 β-细胞水平。由于胰岛素基因突变，β-细胞合成变异胰岛素，或 β-细胞合成的胰岛素原结构发生变化，不能被蛋白酶水解，均可导致 2 型糖尿病发生。而如果 β-细胞遭到自身免疫反应或化学物质破坏，细胞数显著减少，合成胰岛素很少或根本不能合成胰岛素，则会出现 1 型糖尿病。

（2）血液运送水平。血液中抗胰岛素的物质增加，可引起糖尿病。胰岛素受体抗体与这些抗性物质结合后，不能再与胰岛素结合，因而胰岛素不能发挥生理性作用。激素类物质也可对抗胰岛素的作用，如儿茶酚胺。皮质醇在血液中的浓度异常升高时，可致血糖升高。

（3）靶细胞水平。受体数量减少或受体与胰岛素亲和力降低以及受体的缺陷，均可引起胰岛素抵抗和代偿性高胰岛素血症，最终使 β-细胞逐渐衰竭，血浆胰岛素水平下降。胰岛素抵抗在 2 型糖尿病的发病机制中占有重要地位。

三、糖尿病的危害

目前糖尿病对人类健康最大的危害是在动脉硬化及微血管病变基础上产生的多种慢性并发症，如糖尿病性心脏病、糖尿病性肢端坏疽、糖尿病性脑血管病、糖尿病性肾病、糖尿病性视网膜病变及神经病变等。糖尿病对人类健康的种种危害往往是在不知不觉中发生的。它主要表现在以下几个方面：①糖尿病急性并发症，可直接危及患者的生命；②糖尿病的慢性并发症，包括大血管、微血管及神经并发症，可使人们的健康水平和劳动能力大大下降，甚至造成残废或过早死亡；③控制不住的糖尿病儿童的生长发育可能受到严重影响，造成身材矮小，发育延迟；④用于糖尿病治疗的费用可能给患者本人、家庭、工作单位以及国家带来沉重的经济负担。

对于糖尿病患者来说，糖尿病本身并不可怕，值得警惕的是由于长期高血糖造成的糖尿病并发症。因此，患者对糖尿病要能够既重视它，又藐视它，树立起战胜疾病的坚定信念，坚持长期控制，克服各种对糖尿病治疗的不利因素，掌握自我防治措施，在医生正确指导下积极配合治疗，这样就能延缓和减少并发症的发生，患者可以保持正常的工作及生活，并与正常人一样长寿。

四、血糖的控制

糖尿病是一组以血糖水平升高为特征的代谢性疾病群。流行病学研究表明，高血糖是引起以上并发症的重要因素，调节血糖对预防血管并发症是非常重要的。严格控制血糖可改善凝固蛋白的异常，降低血栓形成的危险性，从而减少大血管疾病的发生。对于微血管疾病而言，毛细血管及细动脉管壁结构和功能的改变是其发病的原因，而微血管的这些改变与体内的血糖水平及机体对高血糖的耐受程度有关。新的研究表明，餐后血糖水平与空腹血糖水平两个血糖水平指标中，餐后血糖水平是与血管并发症相关的一个重要因素。

因此，不管是 1 型还是 2 型糖尿病，治疗的主要目的都是尽量使血糖水平得到控制并接近正常。但 2 型糖尿病是胰岛素抵抗综合征的一部分，包括肥胖、高血压、高甘油三酯。因此，在治疗中应该将综合征视为一个整体考虑，合理的治疗目标应包括：减轻症状，提高生活质量，预防急、慢性并发症，降低病死率及治疗伴随疾病。

糖尿病患者血糖控制在什么程度可以明显降低糖尿病慢性并发症和低血糖的危险，以往没有一致的意见，常根据医生个人经验掌握，使糖尿病预后很不平衡。自两大著名循证医学研究机构 DCCT（美国前瞻性糖尿病与并发症控制研究）和 UKPDS（英国前瞻性糖尿病研究）结果公布以来，揭示了血糖控制与糖尿病预后的密切关系，并提出了较为公认的控制目标。目前 1 型糖尿病较一致的控制目标是平均血糖控制在 6.8 mM/L 左右，糖化血红蛋白控制在 7.2%。2 型糖尿病情况较为复杂，仅控制血糖往往不够，其他生理指标也应得到良好控制。目前，对 2 型糖尿病最低限度的控制目标是：糖化血红蛋白 ≤ 7.5%，空腹血糖 ≤ 7.0mM/L，餐后 2 h 血糖 ≤ 10.0mM/L，血压 ≤ 140/90mmHg，总胆固醇 ≤ 6.0mM/L，总甘油三酯 ≤ 1.7mM/L，低密度脂蛋白 – 胆固醇 ≤ 3.12mM/L，高密度脂蛋白 – 胆固醇 ≥ 1.1mM/L，体重指数男 ≤ 25，女 ≤ 24。以此标准衡量治疗效果，使得医生和患者有比较具体明确的长期治疗目标，极大提高了治疗质量。

五、茶叶对糖尿病的预防与治疗

我国和日本民间有泡饮粗老茶叶来治疗糖尿病的历史。茶叶越粗老，治疗糖尿病的效果越好，据报道有效率可达 70%。在临床上应用老茶树治疗糖尿病时，轻度病例采用单纯饮茶法的疗效明显。江苏省民间用"薄茶"（即生长 30 年以上的老茶树上叶片做成的茶叶）治疗糖尿病。后经配以适量中药制成"薄玉茶"，每日 3 次，每次 1.5 ～ 3g，连服 2 ～ 3 个月。对不同程度的糖尿病患者均有使病情减轻作用，轻、中型者可使症状消失。日本学者提出的用冷开水泡茶治疗糖尿病的方法已经得到世界卫生组织的认可，即取粗老茶叶 20g，用 400ml 冷开水浸泡 2 小时以上，每次饮服 50 ～ 150ml，每日 3 次。福建中医学院针对轻度糖尿病患者，选用老茶树上采制的茶叶 10 ～ 15g，每日 3 次泡饮，连服 15 天，疗效显著。较重的糖尿病患者在开始 7 天选用西药 D860（磺脲类药物，通过刺激胰岛的 β 细胞释放胰岛素而降低血糖）或降糖灵作诱导法治疗，以后同时饮茶，每日 15g，分 3 次服用，连服 15 天。临床上也有良好的疗效。陈小忆等的报道中指出，饮用日本的淡茶（30 年以上茶树叶制造）和酽茶（100 年以上茶树叶制造），对轻、中度慢性糖尿病患者有较好的疗效，能使糖尿病明显减少或完全消失，症状改善；对重度患者可使尿糖降低，各种主要症状明显减轻。

另外，众多研究报道表明，茶叶是有降低血糖的作用的。研究表明，绿茶能降低成年老鼠体内血糖水平；有研究者认为，茶叶能抑制小肠上皮细胞中葡萄糖转运器的活性，通过减少食物中葡萄糖的摄入量，达到降低血糖的作用；也有研究表明，糖尿病患者在饮茶后淋巴球 DNA 受到的氧化损伤减少，说明茶叶也可以通过抗氧化的功能来减轻糖尿病患者的病情。茶叶对糖尿病的防治作用是与它的有效成分密不可分的，主要包括以下几个方面：

1. 茶多糖与糖尿病的关系

人们从实验研究中发现，在不同嫩度的茶叶中，粗老茶的降糖作用最好，这印证了民间用冷水泡粗老茶治疗糖尿病的依据。在不同季节的茶叶中，秋茶降血糖作用最强。通过分析表明，均是因为这些茶叶里含有较多的茶多糖（TPS）。通过对粗老茶主要成分的分析试验，初步认为 TPS 就是粗老茶治疗糖尿病的主要药理成分。

其实早在 1991 年，国外就报道了茶叶水溶性多糖有明显的降血糖效果[36]。随着人们对茶叶功能了解的逐渐深入，研究 TPS 降血糖作用的报道也越来越多。将 TPS 加到普通茶叶中制成的降糖茶对四氧嘧啶致糖尿病小鼠具有明显的降血糖作用和增强小鼠糖耐量的作用。有研究指出，TPS 对正常小鼠和实验性糖尿病小鼠都具有降低血糖的作用。正常动物血糖浓度虽然有波动，但能维持在相对恒定的范围内（4.4 ～ 6.7 mM/L），因为机体内存在完整高效的调节机制。这些实验都认为 TPS 的作用机制可能是减弱四氧嘧啶

对胰岛 β 细胞的损伤，以及改善受损伤的 β 细胞功能，从而使糖尿病小鼠的糖耐量曲线下移，有益于缓解糖尿病小鼠的症状。最近的研究报道也认为，绿茶 TPS 降血糖的作用与其抗氧化的作用是有直接联系的[37]。

倪德江等[38]通过比较不同茶类多糖对四氧嘧啶性糖尿病小鼠的降血糖效果，得出在所设定低（200mg/kg）、中（400mg/kg）、高（800mg/kg）剂量下，各个茶类的多糖对糖尿病小鼠都有显著或极显著的降血糖效果（见表 3-10），其中绿茶 TPS 具有明显的量效关系；而经木瓜蛋白酶水解后的 TPS（许多 TPS 是与少量蛋白质复合的糖大分子化合物），其降血糖效果优于未经水解的，说明游离多糖的降糖效果更好，而且降糖效果与粗多糖的蛋白部分无关。相关的研究表明，TPS 能明显缓解糖尿病小鼠"三多一少"症状，降低其空腹血糖，并存在量效关系；同时 TPS 对实验小鼠血糖值、饮水量之间相互影响存在明显正相关性；饮水量与体重之间存在负相关性。最终也得出同样的结论：TPS 有降血糖、改善糖尿病症状的作用（见图 3-7）。

表 3-10　不同茶类的茶多糖对糖尿病小鼠血糖浓度的影响

处理 Group	100 mg/kg·d		300 mg/kg·d		600 mg/kg·d	
	n	BG（mmol/L）	n	BG（mmol/L）	n	BG（mmol/L）
正常组 Normal（c）	10	7.50±0.47	10	7.5±0.47	10	7.5±0.47
对照组 Diabetic Mice（DM）	8	21.83±1.38	8	21.83±1.38	8	21.83±1.38
绿茶 Green tea	10	17.79±1.67b	9	12.42±0.73a	9	7.26±0.81a
乌龙茶 Oolong tea	9	9.41±2.54ac	8	8.49±1.88ac	8	8.03±1.90a
红茶 Black tea	8	10.01±1.77ac	9	9.12±2.21ac	9	7.18±1.80a
黑茶 Dark green tea	8	9.54±1.41ac	8	7.09±0.93ac	9	10.98±1.85acf
白茶 White tea	–	–	8	11.44±0.92adeg	–	–

注：a：$p<0.05$分别表示同组与对照组差异显著、显著；c：$p<0.001$表示同组与绿茶组差异极显著；d：$p<0.001$表示同组与乌龙茶组差异显著；e：$p<0.05$，f：$p<0.001$分别表示同组与红茶组差异显著、极显著；g：$p<0.001$表示同组与黑茶组差异极显著。

Note: a: $p<0.001$, b: $p<0.05$, compared with DM; c: $p<0.001$, compared with green tea; d: $p<0.001$, compared with oolong tea; e: $p<0.05$. f: $p<0.001$, compared with black tea; g: $p<0.001$, compared with dark green tea.

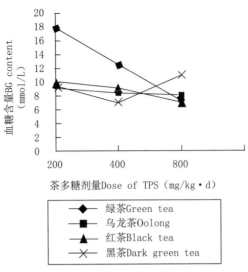

图3-7 不同茶类的茶多糖对糖尿病小鼠
血糖浓度的剂量效应关系

TPS 对正常小鼠及四氧嘧啶致糖尿病模型小鼠具有降血糖作用。在不禁食状态下，TPS 对糖尿病小鼠血糖有轻度的升高，禁食 2 h 血糖略有下降，禁食 5 h 血糖则明显下降，但剂量关系颠倒，具体原因是否和高剂量时毒性作用有关尚需进一步核实。对淀粉和葡萄糖耐量均有改善作用。

对 SD 大鼠饲喂茶多糖、茶多酚 3 周后，观察其对大鼠血糖、葡萄糖耐量、血胰岛素以及小肠糖降解酶（淀粉酶、蔗糖酶、麦芽糖酶）的变化情况。结果表明，茶多糖、茶多酚都有显著抑制糖尿病大鼠血糖升高的作用；与对照组比较，茶多糖组大鼠血胰岛素水平有显著提高，蔗糖酶和麦芽糖酶活性显著降低；茶多酚组的血胰岛素水平有升高趋势，小肠各降解酶活力也有下降趋势，但与对照组比较均未达到显著水平[39]。因此，茶多糖对高血糖大鼠有显著的抑制血糖升高的作用，茶多糖的作用机制可能是抑制小肠糖降解酶活性[40]。

2. 茶多酚与糖尿病的关系

茶多酚是茶叶主要的功能性成分，人们对它的研究也较成熟。其主要的作用就是抗氧化、清除自由基，因此对多种疾病具有预防和治疗的效果。目前研究茶多酚在糖尿病方面的功效也有见报道。

在利用绿茶粉和几种茶叶对糖尿病老鼠血糖的影响试验中，发现试验组的血糖和尿糖升高受到抑制，血清油脂也受到抑制，提示糖尿病综合征得到缓解，研究者把这种降血糖的作用归因于儿茶素清除自由基这一功能上，具体的机理还不清楚。类似的实验发现，正常老鼠给予 2 g/kg BW 的葡萄糖后，60 min 的血糖从 77.3±13.8 mg/dl 增加至 176.4±20.5 mg/dl，在 240 min 时恢复到正常。当同时给予 500 mg/kg 体重的茶多酚时，60 min 后血糖的升高受到显著抑制。给予四氧嘧啶诱导的糖尿病老鼠 100 mg/kg 体重的茶多酚，6 h 后的血糖浓度比糖尿病模型组显著降低了 17.3%。GSH 是脂质过氧化反应的抑制剂之一，它在糖尿病患者体内是减少的。而用茶多酚喂老鼠可以增加肝脏内的 GSH 含量，增加了 SOD 和 GSH 过氧化物酶的活性，因此 TP 减少了脂质过氧化，减少糖尿病患者体内脂肪代谢的异常，对糖尿病有一定的辅助治疗作用。最近的试验还发现，饲喂糖尿病大鼠不同剂量的 EGCG（25～100 mg/kg）50 天后，能有效地降低血糖，同时还改善了蛋白尿，降低了血液中的过氧化脂质含量（见表 3-11）。

表 3-11　饲喂 EGCG 50 天后的一些血液指标

Serum constituents at 50 days of administration
Data are means±S.E.M

Items	Normal	Control	EGCg 25 mg/kg body weight/day	EGCg 50 mg/kg body weight/day　100
e (mg/dl)	193±9	592±38***	497±22***##	487±22***##
orotein (g/dl)	4.75±0.11	4.21±0.08***	4.20±0.10***	4.37±0.07***##
in (g/dl)	2.88±0.04	2.38±0.08***	2.43±0.06***	2.56±0.06***##
cholesterol (mg/dl)	46.4±2.4	113.6±12.7***	102.3±6.0***	83.3±6.4***##
ceride (mg/dl)	63.7±6.3	143.1±31.4***	126.6±15.7*	120.9±27.3*
eactive substance (mg/dl)	1.56±0.08	3.70±0.93***	2.48±0.18**##	2.50±0.34**##

注：0.05, **$p<0.01$, ***$p<0.001$, versus normal values; #$p<0.05$, ##$p<0.001$, versus diabetic nephropathy control values.

茶多酚在大剂量下能降低空腹血糖和餐后血糖，但不能使之降为正常，空腹血糖的下降可能是由于餐后血糖下降，使葡萄糖毒性作用减轻，机体对胰岛素的敏感性增加引起的。茶多酚也可以降低糖尿病大鼠口服蔗糖和淀粉后血糖的升高，从而改善其糖耐量，稳定血糖，表现为糖化血红蛋白与正常大鼠的水平相似，但对口服葡萄糖后血糖变化无影响。其主要原因可能是茶多酚能抑制糖苷酶的活性，从而使蔗糖和淀粉的分解延缓，增加糖类的排泄量，降低口服蔗糖和淀粉后血糖的升高，后续的研究也得出相同结果。这些研究都认为茶多酚及其主要成分儿茶素有一定的降血糖作用。但是其确切的降糖机制还有待于进一步从药代动力学、分子生物学水平进行研究。

3. 茶色素与糖尿病的关系

茶色素是从红茶中提取的，包括茶黄素、茶红素和茶褐素等水溶性色素，主要成分为多元酚类物质。红茶可通过其有效成分的抗炎、抗变态反应来改变血液流变性，产生抗氧化、清除自由基等作用，使糖尿病患者的主要症状明显改善，降低空腹血糖值、β脂蛋白含量，降低尿蛋白、改善肾功能。目前，茶色素已经被开发成胶囊应用到糖尿病的辅助治疗当中，尤其是用于伴有微循环障碍的 2 型糖尿病患者的辅助治疗。

有研究表明，红茶提取物（茶色素）对链脲佐菌素诱导的老鼠糖尿病有预防和治疗效果。茶色素通过抑制糖尿病患者体内器官产生内皮素（ET），尤其是肾脏产生 ET，从而使尿液排泄内皮素和血浆内皮素减少，并且能显著降低血浆 GMP–140（血小板 α 颗粒膜蛋白），同时 24 h 尿白蛋白排泄率（UAER）也明显减少，且血浆 ET 减少与 24 h UAER 呈显著正相关，因此作者认为对糖尿病有较好的治疗作用，作用机制可能与降低血浆 ET 水平和抑制血小板活性有关。当然，茶色素对早期糖尿病患者 ET 的降低以及对肾脏的保护作用，目前仅观察到短期效果，至于长期效果尚需进一步观测予以明确。

茶色素胶囊对 2 型糖尿病患者的影响试验结果表明，茶色素能改善患者血糖控制状况，可以降低全血黏度、血浆黏度和纤维蛋白原，降低血小板黏附率和聚集率，可有效降低血糖、血脂，改善血液流变，缓解微循环障碍。这说明茶色素有多方面的治疗作用和双向调节作用，对中老年人心脑血管病、糖尿病有防病治病作用。但也有结果发现茶色素胶囊降糖、降脂、降粘的作用并不明显，这可能是与观察时间短、观察病例少，以及服药剂量少等因素有关。有研究指出茶色素能降低胆固醇，降低甘油三酯，提高高密度脂蛋白，因此对糖尿病并发症心脑血管疾病、动脉粥样硬化等有预防和治疗作用。临床研究表明，茶色素可以明显改善糖尿病患者血液流变性和微循环多项检测指标；可明显降低血糖、尿糖、糖化血红蛋白，减少胰岛素抵抗等，对糖尿病有较好疗效。

类似的实验研究结果还显示，茶色素不仅可降低血糖，增加体重，且有明显的抗氧化、清除自由基作用，清除对自由基链锁反应的各活性酶 SOD、GSH-PX、CAT、POD 均有明显的增强作用，对实验大鼠半乳糖性白内障有明显的预防和治疗作用，推测这种作用是通过抗氧化，清除自由基链锁反应而实现的。也有研究表明茶色素可以降低糖尿病患者的 β2- 微球体蛋白。β2- 微球体蛋白在血中含量的增高可以反映肾小球功能受损。因此，茶色素可能与茶多酚一样，对糖尿病肾病均有一定的防治作用。

4. 其他茶叶成分与糖尿病的关系

茶叶对糖尿病的预防和治疗作用是多种成分综合作用的结果。除了 TPS、茶多酚、茶色素有一定的降糖效果外，茶叶中的其他物质对治疗糖尿病也有积极的作用。例如，茶叶中的维生素 C，能保持微血管的正常坚韧性、通透性，因而使本来微血管脆弱的糖尿病患者，通过饮茶恢复其正常功能，对治疗糖尿病有利。茶汤中还含有防治糖代谢障碍的成分：茶叶芳香物质中的水杨酸甲酯能提高肝脏中肝糖原含量，减轻糖尿病；维生素 B_1 是辅羧酶的构成物质，是促进糖分代谢形成 α 酮酸并脱羧生 CO_2 的不可缺少的辅酶，而饮茶可以补充部分维生素 B_1，对防治糖代谢障碍有利；茶叶中的泛酸，在生物体内代谢上的功能形式为 CoA，它在糖类、蛋白质、脂肪代谢中起重要作用；此外，茶中所含的 6,8- 二硫辛酸也是辅羧酶的构成物质，与维生素 B_1 结合成辅羧酶，对防止糖代谢障碍有疗效。

总之，关于茶叶降血糖作用的研究还是比较全面的，已发现有一定降血糖效果的有茶叶提取物，也有茶叶中的活性成分如茶多糖、茶多酚、茶色素等。但值得注意的是，这只是试验研究，是通过动物试验得到的结果，大多尚未经过临床试验，只是为我们提供了茶叶中的一些有效成分有改善糖尿病病症的可能性，至于是否有治疗效果，有待于进一步临床检验。但可以肯定的是，茶叶中的一些有效成分至少有预防、改善糖尿病病症的功效。

5. 普洱茶的降血糖功能

由普洱市普洱茶研究院、吉林大学生命科学学院费舍尔细胞信号传导实验室、长春理工大学共同合作完成的一项课题，初步解释了普洱茶降血糖功能的机理。

研究发现，普洱茶具有显著抑制糖尿病相关生物酶的作用。速溶普洱茶粉对糖尿病相关生物酶抑制率达 90% 以上。糖尿病动物模型试验结果表明，随着普洱茶浓度增加，其降血糖效果越显著，而正常老鼠的血糖值却不发生变化。与不喝普洱茶水对照组动物相比，连续喝 42 天普洱茶水试验动物组血糖下降 42%，而口服降血糖药罗格列酮灌胃组仅下降 36%。连续 11 个月喝普洱茶（熟茶）水的糖尿病模型老鼠全部存活，并且无长疮、无感染，而饮用 11 个月的普通水组动物存活 2 只，死亡率为 80%。在动物实验中还发现，使用口服降血糖药组动物血糖虽然显著下降，但有 30% 的老鼠出现了糖尿病特有并发症。

动物实验中观察到，连续两个月喝普洱茶（熟茶）水组糖尿病老鼠体重下降 28.3%，而口服降血糖药组糖尿病老鼠体重增加，说明普洱茶具有显著减肥的作用。动物实验研究结果表明，普洱茶饮用方式对降血糖效果影响较大，在普洱茶定量饮用情况下，分次连续饮用比一次饮用效果更好。

　　在对 120 名糖尿病患者普洱茶试验中发现，对注射胰岛素和口服降血糖药严重抵抗的患者，在不停用药和不改变饮食习惯的情况下，饮用定量普洱茶水的体验者，70%糖尿病患者血糖下降至 7mM/L 以下，血糖值平均下降 35%。其中，40%饮用普洱茶的 2 型糖尿病患者（不停用药）血糖降至正常值，而参与体验的正常人血糖值无改变。所以，科学饮用普洱茶有助于预防或辅助治疗 2 型糖尿病，并减少 2 型糖尿病导致的并发症。

第四节　茶对胃肠炎疾病的防治作用

　　人要保持身体健康，就必须保持肠道功能正常，使体内的消化吸收能正常进行。改善胃肠道功能包括润肠通便、改善胃肠菌群、保护胃黏膜、促进消化吸收等方面。我国古代医书中有"诸药为各病之药，茶为万病之药"的记载，至于以茶治疗消化系统的各种疾病更在历代医书中屡见不鲜。

一、胃肠道功能概述

　　胃肠道是人体进行物质消化、吸收和排泄的主要部位，正常肠道屏障功能的维持依赖于肠黏膜上皮屏障、肠道免疫系统、肠道内正常菌群、肠道内分泌及蠕动，其中最关键的屏障是肠黏膜上皮屏障和肠道黏膜免疫屏障。

　　医学界在胃肠功能障碍的治疗方面投入了大量的研究，但由于胃肠道解剖结构及功能的复杂性，目前尚无特效的药物治疗。有些药物在动物实验阶段，有的药物可以在一定程度上改善胃肠功能、修复及保护胃肠黏膜，减少细菌移位的发生。因此，预防性保护胃肠功能在危重病领域起到重要作用，比如早期加强肠内营养，供给肠道本身需要的特殊营养物质，维护肠黏膜正常的结构与屏障功能，防止肠黏膜萎缩，促进肠蠕动及肠功能恢复。应用微生物（双歧杆菌、乳酸杆菌等）巩固肠道生物屏障，恢复肠道菌群生态平衡，用小剂量多巴胺和前列环素，改善胃肠黏膜低灌流状态，清除氧自由基。选择针对需氧菌窄谱抗生素，防止细菌移位。应用中药大黄增加肠蠕动和减少水分吸收，维护胃肠屏障功能，减少应激性溃疡的发生。预防肠缺血—再灌注损伤，防止肠源性细菌移位，降低内毒素对内皮细胞、血小板等靶细胞的刺激，使细胞因子及炎症介质造成的损伤易于控制，脏器功能逐步恢复。

　　肠黏膜屏障受损缺血缺氧、缺血再灌注、肥大细胞、低水平 NO、炎症介质、内毒素与营养障碍均可以引起肠黏膜细胞功能障碍，屏障功能损伤。

　　在肠道微生态环境正常情况下，肠道内大量厌氧菌能阻止病原微生物过度生长及限制它们黏附于黏膜。病理因素和治疗干扰可引起肠道菌群紊乱，促进细菌移位。

1. 胃肠道的菌群

健康人的胃肠道内寄居着种类繁多的微生物，这些微生物称为肠道菌群。肠道菌群按一定的比例组合，互相制约，互相依存，在质和量上形成一种生态平衡，对人体的健康起着重要作用。根据这些细菌对人体的作用，可将胃肠道的菌群分为三类：致病菌、兼性菌和有益菌。致病菌能产生毒素，是导致腹泻、便秘和肠道炎症的主要因素，如变形杆菌、葡萄球菌、梭状芽孢杆菌等；兼性菌既能产生毒素，又能抑制外来有害菌的生长，刺激免疫器官的产生，如肠球菌、链球菌和拟杆菌等；有益菌抑制外来有害菌的生长，调节免疫功能，促进消化、营养吸收和某些维生素的合成。人在正常代谢和生理条件下，肠道菌群有以下几方面的生理功能。

1）营养与消化作用

肠道菌群对宿主有益之处是能够提供维生素 B_1、B_2、B_6、B_{12}、泛酸、烟酸及维生素 K。双歧杆菌作为人和动物肠道中最重要的生理性细菌之一，被认为是微生态学研究的核心。有人认为，双歧杆菌只有黏附于肠上皮细胞，才能对宿主产生上述生态效应和生理作用。否则，只能是过路菌，不能在肠道内存在。双歧杆菌对黏膜或肠上皮细胞的黏附及定植是其发挥作用的前提条件。而且，对于双歧杆菌黏附的研究也可进一步揭示正常菌群的形成和作用机制。目前市场上已出现许多双歧杆菌生物制品，主要以奶制品为主。

2）生物拮抗作用

生物拮抗作用的研究是微生物种群间关系的一个侧面。微生物种群的生物拮抗作用是维持微生态平衡所必需的。研究表明，人体咽部确实存在抑制 A 群脑膜炎奈瑟氏菌生长的正常菌群，同时还表明人咽部正常菌群对致病菌拮抗作用的非特异性。

3）免疫作用

作为其生理功能之一，正常菌群能刺激机体建立完善的免疫系统，具有抗拒外源病原体的防御能力，是机体免疫系统中不可缺少的重要组成部分。它们的防御能力不仅是形成生物屏障以阻止外源细菌的入侵，还具有免疫增强功能。这些正常微生物群作为抗原物质，首先是非特异性地促进机体免疫器官发育成熟；并且，特异性地持续刺激机体免疫系统发生免疫应答，产生的免疫物质能对具有交叉抗原组分的病原菌有某种程度的印制或杀灭作用。另外，正常菌群能增强宿主的部膜免疫，促进机体免疫器官的发育成熟，提高机体的特异性和非特异性免疫功能，增强巨噬细胞活性及细胞因子介导素的分泌，增强红细胞的免疫功能；实验证明，正常菌群及其成分还具有免疫佐剂活性作用[41-44]。

4）其他生理作用

有研究表明，肠道正常菌群作为宿主的生物屏障防御病原体的侵犯，除以上几点生理功能外，还对亚硝胺等致癌物质有降解的功能而起抗癌作用。例如，对双歧杆菌的生物活性进行总结后，发现其对人体除了具有营养和增强机体的免疫功能作用外，还有抑癌、抗衰老等作用[45,46]。

正常菌群在一定条件下，它的成员之间在质与量上均能够保持着相对平衡。但当人体生理有变化时，或因药物的作用，而使正常菌群中某些成员受到打击，或被消灭，就会破坏正常菌群的均势，使菌群从正常组合转化为异常组合，称为"菌群失调"。这种失调在临床上表现出一系列症状，称为菌群失调征或菌群交替症。生态失调的病原体有细菌、病毒、真菌和原虫，这里主要介绍细菌性生态失调，故称菌群失调。临床上伴有菌群失调症的疾病很多，广义地说，一切体内的病理、生理过程都不可避免地会影响正常菌群，并互为因果引出疾病。

常见的菌群失调能引起以下几种炎症：

白色念珠菌性肠炎：这是肠道菌群失调症最常见的一种。多见于瘦弱的婴儿和消化不良、营养不良、糖尿病、恶性肿瘤、长期应用抗生素或激素的患者。

葡萄球菌性肠炎：多见于长期应用抗生素（四环素类、氨苄青霉素等）、肾上腺皮质激素和进行肠道手术的老年患者或慢性病患者。

产气荚膜杆菌性急性坏死性肠炎：产气荚膜杆菌所产生的 β 霉素可引起急性坏死性肿瘤、消耗性疾病，此外在使用抗生素和皮质激素等情况下最易发生感染。

绿脓杆菌肠道感染：绿脓杆菌为条件致病菌，常为继发感染，在婴幼儿、老人和患有某些恶性肿瘤、消耗性疾病的患者以及使用抗生素、皮质激素等情况下最易发生感染。

变形杆菌肠道感染：变形杆菌在一定条件下可为条件致病菌，如普通杆菌、奇异杆菌、摩根氏变形杆菌均可引起食物中毒，无恒变形杆菌可引起婴幼儿夏季腹泻。

肺炎杆菌肠道感染：当机体抵抗力降低或其他原因，正常寄生在肠道的肺炎杆菌可引起感染，特别是引致小儿的严重腹泻。

引起菌群失调的原因很多，主要包括宿主患病、医疗影响、水土不服、抗生素不合理使用等，特别是后者，抗生素的出现虽有利于传染病防治，但其弊病也日趋明显。其一是诱导耐药性，给进一步治疗造成巨大困难。其二是诱发菌群失调症，同样严重危害人体健康，引起多种疾病。特别是这一点，显示出的危害性越来越大。因此，抑制有害菌和保护有益菌以维持肠道菌群的平衡对人类的健康起着重要的作用，通过调节胃肠道菌群可以提高人体机体的健康。

2. 胃肠道功能障碍

1）胃肠炎（Gastroenteritis）的定义

胃肠炎是胃肠黏膜及其深层组织的出血性或坏死性炎症，其临床表现以严重的胃肠功能障碍和不同程度自体中毒为特征。这种疾病大多是由病毒感染引起的。如果食用了污染的食物或水，也会引起胃肠炎。另外，食用了某种含毒物质的食物（如某种不可食用的蘑菇），也可能造成食物中毒。而且，某些人对有些食物（番茄、浆果、鸡蛋、牛奶制品及贝类等）有过敏反应，如果食用过后也会引起胃肠炎。导致胃肠发炎的另一个可能的原因是消化道的细菌数量发生了显著的变化。

胃肠炎可分为慢性胃肠炎和急性胃肠炎两种。急性胃肠炎是由于食进含有病原菌及其毒素的食物，或饮食不当，如过量、有刺激性、不易消化的食物而引起的胃肠道黏膜的急性炎症性改变，是夏秋季的常见病、多发病。主要表现为上消化道病状及程度不等的腹泻和腹部不适，随后出现电解质和液体的丢失。

急性胃肠炎一般潜伏期为 12 ~ 36h。沙门氏菌属是引起急性胃肠炎的主要病原菌，其中以鼠伤寒沙门氏菌、肠炎沙门氏菌、猪霍乱沙门氏菌、鸡沙门氏菌、鸭沙门氏菌较为常见。

2）肠黏膜屏障损伤的主要机制

肠黏膜屏障损伤的主要机制是肠道细菌和内毒素易位。目前已获得大量肠屏障功能衰竭（Gutbarrierfailure，GBF）时发生肠细菌和内毒素易位的证据，研究发现肺炎模型大鼠肠壁通透性增加，细菌移位至肠系膜淋巴结；在主动脉瘤腹腔手术中患者出现门脉及外周血内毒素血症，肠系膜淋巴结内细菌的检出率与胃内菌群的多样性存在正相关等，说明这种手术患者的肠道细菌的上移与外移同时发生。在 136 例剖腹手术患者中，有 21% 可在肠系膜淋巴结检出肠源细菌，其中以大肠杆菌（48%）最为常见，其他还包括肠杆菌和粪杆菌、拟杆菌等。32% 的患者发生了术后败血症，包括泌尿系、呼吸系感染和伤口感染等，从感染灶分离的细菌有 65% 为肠道菌，也以大肠杆菌最为常见。

肠道细菌易位是指在一定条件下，定居在肠道的正常细菌能越过肠黏膜屏障，出现在肠系膜淋巴结和其他脏器，引起肠源性感染。在正常情况下，专性厌氧菌（主要为双歧杆菌等）通过与肠道上皮细胞紧密结合而占据其空间，形成菌膜屏障，进而限制肠道潜在致病的革兰阴性细菌（通常为兼性厌氧或需氧菌）黏附至肠上皮细胞。病理因素和治疗干扰可引起肠道菌群紊乱，促进细菌移居，致病菌过度生长。过度生长的肠道细菌可通过细菌蛋白酶等对肠上皮细胞微绒毛膜蛋白直接产生破坏作用，或改变肠道上皮细胞的生化反应，使微绒毛受损甚至消失。此外，过度生长的细菌还可产生各种毒素或其他代谢产物抑制肠上皮细胞的蛋白质合成，从而损伤肠细胞屏障。

内毒素是存在于革兰阴性菌细胞壁中的脂多糖（LPS），即含有亲水性的多糖部分和一个疏水的类脂 A。肠屏障功能下降，致使肠腔内大量内毒素向肠外组织迁移的过程称为内毒素易位。内毒素可致黏膜下水肿、肠绒毛顶部细胞坏死、肠通透性增加，从而破坏肠屏障功能。在某些情况下，细菌易位可能被控制，但内毒素仍可通过"漏"的肠黏膜，引起炎症的激活及细胞介质的释放。

二、改善胃肠道功能的功能性茶成分

1．茶叶中有效成分对肠道菌群的平衡作用

众多研究表明：茶叶中有效成分对肠道易失调菌群有直接和间接两种作用，从而保持了肠道内的微生态平衡。

1）直接作用

直接作用是指对各种易失调菌群的抑制作用。茶叶中的有效成分，特别是茶多酚和茶色素对多种易失调菌群均有明显抑制作用。茶叶对有害菌的抑制效果一般是绿茶、黄茶及白茶的效果好于红碎茶、乌龙茶与红砖茶，普洱茶最次。绿茶之所以能够治疗菌痢，据科学家分析：茶叶的成分主要含咖啡碱、茶碱、可可碱、黄嘌呤、鞣酸、叶绿素、维生素等，其中有抗菌作用的是叶绿素及鞣酸。日本山口氏曾指出，茶内所含多酚能与细菌蛋白质结合而致细菌死亡，所以能治痢疾。

（1）对金黄色葡萄球菌的抑制。金黄色葡萄球菌在肠道中的致病性表现为产生肠毒素从而导致食物中毒、休克以及葡萄球菌性肠炎。在体外研究中用滤纸圆片法和牛津杯法研究茶多酚对多种细菌、真菌的作用，发现茶多酚对金黄色葡萄球菌的抑制作用最强，在 0.08% 时即有抑制且抑制直径在两种方法中均为最大。在活体实验中，Hara[47] 等在对喂饲茶多酚的猪的粪便中的细菌进行检测，发现金黄色葡萄球菌的数量比未曾喂过茶多酚的猪粪便中减少了约 10%。而茶黄素（TF）和茶红素（TR）同样具有对金黄色葡萄球菌的抑制作用，且 TF 和 TR 的抑制效应有协同作用。

（2）对杆菌类的大肠埃希菌的抑制。肠道失调后能引起腹泻或霍乱样腹泻，使黏膜上皮结构受损，侵入黏膜上皮形成局部溃疡与炎症，引起血性便和顽固性腹泻及旅游者腹泻。用微热量法测定茶多酚、灵芝提取物对细菌作用时，发现茶多酚作用最明显。另外，1996 年在日本发生大肠埃希菌 O157 集体中毒事件，经岛村忠胜研究，O157 在 2.5%

和 5% 的绿茶茶汤中 5h 便完全杀灭，茶黄素也有同样的作用。

（3）对霍乱弧菌的抑制。霍乱弧菌能引起急性烈性肠道传染病，霍乱弧菌主要分泌霍乱肠毒素，与小肠黏膜上皮受体结合并进入细胞膜，作用于腺苷酸环化酶，使 ATP 转变为 cAMP，小肠上皮细胞分泌功能亢进，导致严重腹泻和呕吐。

据 Toda[48] 等人的研究，红茶提取物对霍乱弧菌 V569B 和 V86 在 1h 内均可杀灭。特别是 V569B 几乎在接触后立刻被杀灭。而且红茶提取物还可以在体外和体内实验中破坏霍乱毒素的作用，在体内实验中红茶提取物在 CT 处理后 5 ～ 30min 内均能抑制毒素作用，而在 30min 以后则无此效果。进一步研究表明，儿茶素类在生物模型中也具有以上的作用。

（4）对芽孢梭菌的抑制。芽孢梭菌也是一类人体肠道的正常菌群，该属细菌的失调会导致猝死、突变等，并能产生毒素引起食物中毒和急性坏死性肠炎。特别是难辨梭状芽孢杆菌（艰难梭菌）与抗生素相关性伪膜性肠炎及抗生素相关性腹泻。用各种儿茶素单体对艰难梭菌和产气荚膜梭菌（C. perfringens）的滤纸圆片法抑菌实验显示，在 0.5 mg/片和 1 mg/片时对两种菌均无抑制。在 5 mg/片时 ECG 和 EGCG 抑菌率最大，C、EC、GC 等均有抑菌活性，EGC 则无抑菌活性。在体内实验中，通过对 8 名志愿者进行口服茶多酚实验，检查粪便中菌落数的变化来检测抑菌效果，结果口服 0.4g×3/天的志愿者中产气荚膜梭菌的数目的对数值两周后由 5.81 下降到 5.06，四周后下降到 4.36，同时其他梭菌也由 8.89 下降到 8.27 再到 7.74，而全部梭菌总量占所有细菌总量由 2.0% 下降到 0.8% 再到 0.5%。

2）间接作用

间接作用是指茶多酚对肠道中有益菌群的保护和促生作用。

对猪喂食茶多酚后得出与对鸡喂食茶多酚后的结论相似，对猪和鸡的粪便检测中发现，粪便菌群中乳酸菌的水平有显著的提高，而短链脂肪酸、醋酸和乳酸的含量均有明显的增加并使粪便中的 pH 值降低。

Okubo[49] 等也发现茶多酚在大肠内可选择性抑制梭状杆菌，同时能促进双歧杆菌的生长。这种肠内细菌微生态的平衡对预防结肠癌十分有效。

2. 红茶菌对肠道菌群平衡的作用

关于红茶菌对肠道菌群平衡作用的最早报道是在 20 世纪初的俄罗斯，据称它可治疗头痛和胃病，尤其能调节军队中的生活习惯导致的肠功能紊乱。红茶菌是由酵母菌、醋酸菌和乳酸菌共生发酵茶和糖形成的。414 年，Kombu 医生将红茶菌从韩国带到日本，用来治疗国王的消化不良。因此，在英语里称为 Kombucha。在俄罗斯，红茶菌被称为 "Tea Kvass"，是由东方商人带入俄罗斯，然后进入东欧并在 20 世纪遍及欧洲。

在 1925 年到 1950 年间，一些药学研究证明了传统的关于红茶菌的主张并报道了许多有益的作用，例如抗生作用，调节胃、肠和腺体的活性，缓解关节风湿、痛风和痔疮。最近 Steinkraus[50] 的一项研究报道表明，红茶菌对幽门螺杆菌、大肠埃希菌、金黄色葡萄球菌和根瘤农杆菌的抗生活性主要来自于发酵过程中产生的乙酸。茶叶的提取物在相同的浓度时并未表现出该效应。但据 Greenwalt 等研究，红茶菌还对猪霍乱沙门氏杆菌蜡状芽孢杆菌等有抑制作用，而不发酵茶对大多数供试微生物无抗生活性。而且红茶菌在醋酸含量在 7 g/L 的情况下与对照液（含醋酸 10 g/L）间抗生活性相似，也说明了乙酸对该类微生物有独特的抑制效果。

在红茶菌的产生过程中，茶的成分和蔗糖在共生菌的作用下逐渐发生了改变。红茶菌主要代谢产物为乙酸、乳酸、葡萄糖酸、葡萄糖醛酸、乙醇和甘油。Reiss 在红茶菌中发现乳酸的存在，认为乳酸的产生是由乳酸菌作用于乙醇和乙酸的结果。代谢产物的组成及浓度由共生菌的来源、糖的浓度以及发酵过程的时间决定的。共生菌中的酵母和细菌对底物的利用途径是不同的却又是互补的。酵母细胞水解蔗糖成为葡萄糖和果糖，并优先使用果糖为底物产生乙醇。醋酸菌利用葡萄糖产生葡萄糖酸，利用乙醇产生乙酸。发酵过程中红茶菌的 pH 值随发酵过程中有机酸的增加而下降。但红茶菌中茶叶自身的组分对发酵的影响及它们的转化均还不清楚。

3. 黑茶对人体消化系统酶活性的作用

美国斯坦福大学的梅西教授研究发现，黑茶是最好的胃动力助动饮料。黑茶发酵过程中有大量黑曲霉、青霉、酵母等参与作用，而这些微生物广泛用于食品工业生产柠檬酸和其他有机酸，可产生糖苷酶、果胶酶、葡萄糖淀粉酶、纤维素酶、柚苷酶、乳酸酶、葡萄糖氧化酶及有机酸，如葡萄糖酸、柠檬酸、柠檬酸霉素。而且青霉素发酵中的菌丝废料中含有丰富的蛋白质、矿物质和 B 类维生素；产黄曲霉代谢产生的青霉素对杂菌、腐败菌具有良好的消除和抑制生长作用，对普洱茶醇和品质的形成也可能有辅助作用。酵母菌还能利用多种糖类代谢产生维生素 B_1、B_2 和维生素 C。在保健功能上，酵母可以健脑、健胃、美容、解酒、预防肝坏疽、改善肝脏功能和延缓衰老。在黑茶渥堆过程中控制数量得当，可以增加黑茶中的有效营养物质以及对人体有保健作用的物质。

屠幼英[51] 等研究发现，经过微生物发酵的紧压茶中有机酸的含量明显高于非发酵绿茶。大量的研究证实，在对用酵母菌发酵含有大量酚性化合物的葡萄酒和红茶菌中均含有多种有机酸，并且有益于提高人体胃肠道功能。用高效液相色谱已检测出茯砖茶中乳酸、乙酸、苹果酸、柠檬酸等10种有机酸的含量。陈文峰等研究了紧压茶水提取物、茶多酚及有机酸对 α-淀粉酶的促活效果，结果表明它们均能显著提高 α-淀粉酶的活力，即茶提取物（绿茶或紧压茶）、茶多酚、有机酸都能促进胰液中的 α-淀粉酶消化可溶性淀粉。从单因素的角度看，茶多酚对 α-淀粉酶的促活效果最好，因此认为茶多酚是茶叶中促进人体胃肠道消化功能的主要因素，有机酸虽然也能提高 α-淀粉酶活力，但其单独作用的效果不如茶水提取物和茶多酚明显。同时，还发现茶多酚、有机酸总量最高的云南紧压茶酶活性最高，其作用效果大于茶多酚、有机酸单独作用效果之和，其原因可能是茶多酚和有机酸在一起能起到协同增效的作用。

用云南紧压茶和绿茶的酵母发酵液及绿茶对乳酸杆菌和双歧杆菌进行促生实验表明，三种处理对上述两种菌都有不同程度的促生长效果。云南紧压茶和绿茶的酵母发酵液由于微生物发酵后产生了较丰富的有机酸，因此，对乳酸杆菌显示了比绿茶更高的激活作用。进而可以推测，饮用黑茶可以加速人体胰蛋白酶和胰淀粉酶对蛋白质及淀粉的水消化吸收，改善人体胃肠道功能。

此外，日本对绿茶成分在人体中吸收代谢的研究表明，口服的茶多酚有近 1/14 在人体内以游离态的形式被吸收，并且进入血液后有机酸与儿茶素的复合物也易透过细胞膜进入人体的各个部位。由于黑茶中含有较高浓度的有机酸，可能有助于儿茶素在人体中的吸收。

傅冬和等人报道了不同茯砖茶萃取成分对 α-淀粉酶的作用，结果再次显示富含茶多酚的乙酸乙酯层促活效果最佳，同时他们的结果也再次显示茶多酚与有机酸的协同效果。

从以上结果可以推测，饮用黑茶可以加速人体胰蛋白酶和胰淀粉酶对蛋白质及淀粉的消化吸收，并且通过肠道有益菌群的调节，进而改善人体胃肠道功能，并成为有效控制体重的一个重要方面。

4. 其他胃肠道疾病茶疗方

茶色素是从茶叶中提取的具有极强生理活性的有效成分，对消化系统疾病的医疗作用最为广泛、有效。

中国胃病专业委员会近年来组织全国消化界开展了对茶色素的临床应用研究，取得了十分喜人的成果：口服茶色素6周，溃疡病胃镜复查愈合；对于慢性胃炎（包括慢性萎缩性胃炎），茶色素治疗组食欲恢复正常，精神明显好转，上腹疼痛消失者达96%，腹胀消失者达90%，中度与重度肠化明显好转，证明茶色素是治疗胃癌前期病变的较好药物；茶色素治疗慢性腹泻（小肠吸收不良综合征、肠易激综合征、肠道菌群失调），总有效率为86%，这与茶色素促进小肠对糖类的吸收、消除肠道多种抗原、提高红细胞免疫活性的作用相关；茶色素应用于肝硬化的治疗，可抑制肝纤维化的形成，有一定降解肝纤维作用，加速腹水消退；茶色素治疗胃癌前期病变，总有效率达93.75%；血液流变学的检测结果显示，全血黏度、血浆黏度、血沉、红细胞变形能力有显著改善（$P < 0.01$）；治疗消化系统肿瘤（肝癌、消化管癌、胰腺癌），茶色素有缩小肿块、消退胸腹水和降黄疸的作用，能明显改善血流变和微循环（$P < 0.01$）。

2009年宋鲁彬等人[52]利用HCT-8及SGC-7901两种细胞株研究黑茶对消化道肿瘤细胞生长的抑制作用，结果发现，黑茶具有良好的抑制消化道肿瘤细胞生长的作用。黑茶中含有两种抑制活性物质，其中对SGC-7901细胞株具有抑制能力的物质的极性要比对HCT-8细胞株具有抑制能力的物质的极性低一些；对两种细胞株抑制的功能可能是多种物质成分共同作用的结果，而中低极性的物质抑制能力较强。

第五节　茶的抗过敏作用

一、引起人体过敏的过敏原和机理

1. 常见的过敏原种类

常见的过敏原可以分为以下五种；

（1）吸入式过敏原：如花粉、柳絮、粉尘、螨虫、动物皮屑、油烟、油漆、汽车尾气、煤气、香烟等。

（2）食入式过敏原：如牛奶、鸡蛋、鱼虾、牛羊肉、海鲜、动物脂肪、异体蛋白、酒精、毒品、抗生素、消炎药、香油、香精、葱、姜、大蒜以及一些蔬菜、水果等。

（3）接触式过敏原：如冷空气、热空气、紫外线、辐射、化妆品、洗发水、洗洁精、染发剂、肥皂、化纤用品、塑料、金属饰品（手表、项链、戒指、耳环）、细菌、霉菌、病毒、寄生虫等。

（4）注射式过敏原：如青霉素、链霉素、异种血清等。

（5）自身组织抗原：精神紧张、工作压力、受微生物感染、电离辐射、烧伤等生物、理化因素影响而使结构或组成发生改变的自身组织抗原，以及由于外伤或感染而释放的自身隐蔽抗原，也可成为过敏原。

2．引起"过敏体质"的生化机理

（1）免疫球蛋白 E（IgE）是介导过敏反应的抗体，正常人血清中 IgE 含量极微，而某些"过敏体质"者血清 IgE 比正常人高 1,000 ～ 10,000 倍。

（2）正常人辅助性 T 细胞 1（Th1）和辅助性 T 细胞 2（Th2）两类细胞有一定的比例，两者协调，使人体免疫保持平衡。某些"过敏体质"者往往 Th2 细胞占优势。Th2 细胞能分泌一种称为白细胞介素 -4（IL-4）物质，它能诱导 IgE 的合成，使血清 IgE 水平升高。

（3）正常人体胃肠道具有多种消化酶，使进入胃肠道的蛋白质性食物完全分解后再吸收入血，而某些"过敏体质"者缺乏消化酶，使蛋白质未充分分解即吸收入血，使异种蛋白进入体内引起胃肠道过敏反应。此类患者常同时缺乏分布于肠黏膜表面的保护性抗体——分泌性免疫球蛋白 A（sIgA），缺乏此类抗体可使肠道细菌在黏膜表面造成炎症，这样便加速了肠黏膜对异种蛋白吸收，诱发胃肠道过敏反应。

（4）正常人体含一定量的组胺酶，对过敏反应中某些细胞释放的组织胺（可使平滑肌收缩、毛细血管扩张、通透性增加等）具有破坏作用。因此，正常人即使对某些物质有过敏反应，症状也不明显，但某些"过敏体质"者却缺乏组胺酶，对引发过敏反应的组织胺不能破坏，表现为明显的过敏症状。

造成上述免疫学异常的根本原因常与遗传密切相关。

二、茶有效成分的抗过敏作用

1．茶多酚抑制皮肤的过敏反应

茶多酚对各种因素引起的皮肤过敏有抑制作用。首先，茶多酚抑制化学物质诱导的过敏反应。绿茶、乌龙茶、红茶、ECG、ECC、EGCG 可抑制被动性皮肤过敏（PCA），IC_{50} 分别为 149、185、153、162、80、87 mg/kg，其中 EGC、ECCG 的抑制作用比常用的抗过敏药 Tranilast（119 mg/kg）强。表明茶多酚对 I 型过敏有显著的防护作用。茶多酚对 PC-CD（由苦基氰导致的接触性皮炎 Iv 型）过敏反应有很好的抑制作用。ECCG 在 200mg/kg 的剂量下即对 PC-CD 的过敏反应有抑制。

用 EGCG 进行静脉注射比口服处理的效果强 10 倍。利用 EC、EGC、ECG、EGCG 对化合物 48/80 诱导大鼠肥大细胞组胺的释放，结果表明，0.1 ～ 0.15 μM 的 EGC 和 EGCG 能强烈抑制组胺的释放作用，抑制浓度 60％的 ECG、EGC、ECCG 比目前常用的抗过敏药 Tranilast 的抑制效果分别强 2 倍、8 倍和 10 倍。这说明茶多酚对组胺释放的抑制就可预防过敏的发生。

在过敏反应中，cAMP/cGMP 的比值对过敏性介质释放起着重要的调节作用，当

cAMP/cGMP 的比值增高时，可抑制肥大细胞嗜碱细胞和中性粒细胞的脱颗粒，从而抑制组胺、慢反应物质（SRS-A）的释放，茶多酚可升高 cAMP/cGMP 比值，这一作用可能是茶多酚抗过敏反应的作用基础。

目前国内外科学家研究发现了茶叶中儿茶素有抗过敏活性。茶叶对肥大细胞游离组胺抑制作用即抗过敏活性大小顺序为 EGCG ＞ ECG ＞ EGC，绿茶中儿茶素含量分别为16.75、13.98 g/100g，高于红茶中含量 6.89、6.01 g/100g，而红茶抗过敏作用高于绿茶。

对小鼠被动性皮肤过敏反应（PCA）实验、组织胺引起正常豚鼠离体回肠收缩试验和豚鼠 Schultz-Dale 回肠收缩反应以及测定过敏豚鼠肺脏 SRS-A 含量等方法，研究茶多酚抗过敏作用，发现茶多酚能明显抑制小鼠被动性皮肤过敏反应，组胺所引起的回肠平滑肌收缩而使组胺收缩曲线右移，茶多酚对组胺所引起的回肠平滑肌收缩具有不同程度的抑制作用；并能抑制豚鼠 Schultz-Dale 反应的回肠收缩以及致敏豚鼠肺组织中 SRSA 的释放，用茶多酚和地塞米松均能明显抑制小鼠 PCA 反应。

2．茶多酚抑制活性因子引起的过敏反应

用儿茶素对大鼠腹膜肥满细胞用抗蛋白 IgE 抗体进行被动性过敏处理，除 EC 外，其他儿茶素均有明显的抑制活性。肾上腺素对发炎因子组胺具有良好拮抗作用。儿茶素能促进肾上腺垂体的活动而有消炎作用。钙离子载体 A23187 可刺散白血病细胞释放组胺，ECCG 显著抑制该过程，且存剂效关系，它可能是通过提高细胞内 Ca^{2+} 浓度发生的代谢活性而起作用。

3．不同茶类抑制透明质酸酶活性

所有的茶叶提取物均明显抑制透明质酸酶活性，且可抑制由抗原或 48/80 化合物引起的大白鼠腹膜细胞释出的组胺。表没食子茶黄素对透明质酸酶有 99.1% 的抑制作用。医学界近年来将透明质酸酶作为抗 I 型过敏药物筛选的测试对象，因此茶多酚可用于抗过敏药物。

对几种云南大叶茶及同种茶叶加工的红茶和绿茶水提取液进行透明质酸酶体外抑制实验和肥大细胞组胺抑制实验，对肥大细胞释放组胺抑制过敏活性大小顺序为 EGCG ＞ ECG ＞ EGC。结果表明：不同加工方式的同种茶叶，抗过敏活性存在差异，红茶抗过敏作用较绿茶强。同时测定其茶叶多酚含量，初步试验表明，茶存在除儿茶素外的其他抗过敏有效成分。

1990 年，日本科学家对茶叶提取液研究发现，茶叶有强抗过敏作用，能够减轻花粉症等过敏病症[53]。

第六节　茶对口腔疾病的疗效

一、口腔疾病及其起因

口腔疾病包括口腔慢性感染疾病，如牙周炎、龋齿、牙髓炎、根尖周炎和口腔癌等。口腔疾病虽然限于口腔，但它对人体的整体健康有重要影响，它们也可引起细菌性心内膜炎、虹膜睫状体炎、胃病、中风、肺部疾病以及使初生婴儿的体重减轻等多种疾病。据联合国世界卫生组织（WHO）统计，患口腔疾病的人群要高于其他疾病的人群[54]。

1．牙周炎

牙周炎已被医学界定论为继癌症、心脑血管疾病之后，威胁人类身体健康的第三大杀手，也是口腔健康的"头号杀手"。牙周炎出现后第一阶段基础治疗非常重要，如清除或控制临床炎症和咬致病因素，包括口腔自洁，拔除预后差和不利修复的牙，龈上洁治，龈下刮治以清除菌斑、牙石，选用抗菌药控制炎症，咬颌调整等。

90%的口臭就诊患者是因为口腔问题引起的。牙龈炎、牙周炎、龋齿等都可能导致口臭的发生。不过，牙周炎是引起口臭的最常见病因。

2．口腔黏膜白斑

口腔黏膜白斑简称口腔白斑，是发生在口腔黏膜的白色斑块，属于癌前病变（即有癌变的可能）。白斑确切病因目前还不清楚，可能与维生素A缺乏、吸烟和慢性刺激（如残根、残冠、不合适假牙的长期刺激）、嗜酒、长期吃过烫食物等有关。

大多数人早期无不适感觉，如发生糜烂或溃疡，则可出现疼痛。医学上分为均质状、疣状、颗粒状及溃疡性四型白斑。白斑恶变的信号为：突然快速增大增厚、周围充血红肿、出血、疼痛、基底形成硬结或形成弹坑状（火山口状）溃疡等。所以要非常重视这种疾病的发生。

3．牙龈炎

牙龈炎病因明确，牙菌斑是发病的致病因素。牙菌斑是一种细菌性生物膜，唾液蛋白或糖蛋白互相黏附于牙面，牙间或修复体表面的软而未矿化的细菌性群体，不能被水冲去或漱掉。

牙龈炎患者可以引起许多疾病：首先是患心脏病概率要比普通人高出三倍，其原因是某些细菌可以通过牙龈中的裂口进入血液，进而影响肝脏，使其产生一种能够阻塞动脉的蛋白，造成动脉栓塞；二是中风，国外有关机构对近万名年龄在25岁到75岁之间的人进行了跟踪调查，结果发现那些有严重牙龈炎患者患中风的概率是其他人群的两倍；三是糖尿病，当糖尿病患者受到细菌侵袭时，胰岛素就不能有效地工作，就会提高血糖的含量；四是胃溃疡，据国外的一项研究资料表明，导致胃溃疡的细菌是寄居在牙斑上的；五是引发细菌性肺炎。

4. 口腔癌

口腔癌的发生与卫生习惯、饮食习惯和营养均有关。患者大多有长期吸烟、饮酒史，而不吸烟又不饮酒者不易患口腔癌。口腔卫生习惯差的人群也易得口腔癌，因为口腔内滋生、繁殖细菌或霉菌引起亚硝胺及其前体的形成；牙齿根或锐利的牙尖、不合适的假牙长期刺激口腔黏膜也会产生慢性溃疡乃至癌变。缺乏维生素 A，可引起口腔黏膜上皮增厚、角化过度而发生口腔癌。口腔黏膜白斑与增生性红斑常是一种癌前期病变。

二、茶对口腔疾病防治功能

大量研究已经表明，用茶水漱口能防治口腔和咽部的炎症。氨基酸及多酚类与口内唾液发生反应能调解味觉和嗅觉，增加唾液分泌，对口干综合征有防治作用。茶叶中色素主要有叶绿素、茶黄素、茶红素等，这种茶色素具有明显降低血浆纤维蛋白元含量作用，能加速口腔溃疡面愈合。茶叶中氟的含量较多，氟素是目前公认的防龋元素。正常健康人在咀嚼绿茶叶或含漱绿茶液后的一个小时内，唾液中茶多酚（TP）含量很高，饮茶后唾液中 TP 浓度是血浆 TP 浓度的 2 倍，而含漱茶溶液几分钟即可产生更高水平的唾液茶多酚浓度，且茶多酚可通过口腔黏膜吸收。TP 的这种代谢特性对于通过饮茶或用茶漱口来防治口腔疾病是非常有利的。

1. 抑制口腔细菌

茶多酚含有较多游离羟基，可与蛋白质和氨基酸结合，使蛋白质沉淀而导致细菌死亡，这是茶多酚杀菌抗病毒作用的基础；茶多酚同时也是一种植物性抗生素，能改变致病菌生理结构，干扰致病菌代谢，抑制细菌毒素活性，对细菌有广泛抑制和杀灭作用，可减少细菌及毒素对口腔黏膜的侵袭。在众多抗菌实验中，人们发现茶多酚对口腔普通变形杆菌、耐抗生素的葡萄球菌、变形链球菌、口腔咽喉主要致病菌（肺炎球菌、表皮葡萄菌、乙型念球菌）以及牙周病相关细菌（坏死梭杆菌、牙龈扑林菌）等均具有不同程度的抑制和杀伤作用。

研究表明，TP 对葡萄球菌、大肠杆菌的抑制率达 98.3%，且能抑制产酸菌的葡萄糖聚合活性和人唾液淀粉酶活性，阻止菌体在口腔黏膜的黏附；茶叶儿茶素类化合物有抑制牙龈组织中胶原成分变化的细菌性胶原酶活性的作用，以抑制由细菌引起的口腔疾病。

慢性咽喉炎也属于口腔细菌感染性疾病。正常情况下各种微生物保持动态平衡，异常情况下菌群失调，某些致病性较强的病菌过度繁衍引起疾病。TP可抑制病菌，防治慢性咽喉炎，还具有清咽功能。

甲硫醇是引起口臭的主要成分，茶多酚具有独特的去臭功效，且消臭率明显大于普通口腔消臭剂叶绿酸铜钠。首先其除臭机制主要是TP能抑制甲硫醇的产生，其次可能是儿茶素B环上的OH提供H与NH反应生成铵盐而使臭味减弱或消失，此外残留于齿缝中的蛋白质食物成为腐败细菌牙龈卟啉单胞菌、中间普氏菌以及具核梭杆菌增殖的基质，TP可杀死此类细菌。

龋齿是一种涉及膳食、营养、微生物侵染以及人体反应等多种因素的常见性疾病。据估计，现代欧洲和北美人的龋齿率高达90%以上。我国20世纪80年代的调查表明，城市居民恒牙龋齿率平均为40.5%，农村为29.7%。龋齿的病因是细菌，最重要的是变形链球菌（Streptococcus mutans）。龋齿的形成首先是变形链球菌必须黏附在牙齿的表面，在牙齿上形成牙斑（plaque），再通过变形链球菌分泌酸形成蛀牙。由于牙齿表面所带的电荷和变形链球菌本身的电荷都是正电荷，因此细菌通常无法黏附在牙齿表面。但变形链球菌会分泌一种葡糖基转移酶（GTF），这种酶可将人体口腔中的蔗糖水解为水不溶性的具粘性的葡聚糖聚合物，它具有和变形链球菌相反的电荷，这样细菌就很容易地黏附在牙齿表面，形成菌斑。菌斑上的细菌可以使口腔中的碳水化合物发酵形成酸，使得釉质表面去矿质化，进而形成蛀牙口[55]。

一份对1820名长期饮茶者的调查结果显示，这些人的龋齿率较不饮茶的人下降15%。观察300名学龄儿童饭后饮茶对龋齿率的影响，每位儿童每天饭后饮100 mL茶汤（茶水比为1∶100），连续1年，结果发现饭后饮茶的儿童患龋齿的比不饮茶的平均减少57.2%。北京口腔医院曾让400名学龄儿童每天饮用2次茶水，每次300 mL（所用茶的氟含量为400 mg/kg，茶水比为1∶1200），观察结果显示，连续饮茶水200天以上的儿童患龋齿的比不饮茶的降低10%。原浙江医科大学曾在浙江松阳县古市镇小学生中进行用茶水漱口对龋齿发生率影响的实验，结果用茶水漱口的儿童患龋齿的发生率要比不用茶水漱口的少80%。原浙江医科大学1984年将含氟量1000 mg/kg的茶叶煎汁加入牙膏中对988名小学生进行临床实验，用加单氟磷酸钠的牙膏作为对照，实验连续进行3年。结果单氟磷酸钠组的龋齿患者减少43.8%，茶叶煎汁组减少91.0%。我国安徽、湖南等省曾分别对2000余名小学生进行饮茶防龋的实验，每天饮茶1杯可使龋齿率下降40%～51%。斯里兰卡报道通过饮茶每天每人可摄入1.3～2.0 mg氟，在用茶水漱口后有34%左右的氟残留在口腔中。氟防龋的机理是，通过饮茶摄入的氟使得釉质中可溶性矿物质去矿质化和溶解度较低的结晶的重新矿质化，从而增强了釉质对酸的抵抗力。此外，氟可以置换牙齿中的羟磷灰石中的羟基，使其变为氟磷灰石，后者对酸的侵蚀有较强的抵抗力，能增强釉质的坚固度。此外，氟对变形链球菌也具有较强的杀菌活力。

2. 促进溃疡愈合

TP 为植物性抗氧化剂，能清除体内过量自由基，增强口腔黏膜的抵抗力和代谢作用，保护口腔黏膜的完整性，促进口腔黏膜溃疡愈合；同时 TP 可增强微血管的弹性、韧性，防止出血，改善血液循环，减轻疼痛，抑制口腔炎症发生；此外 TP 还可有效抑制溃疡面上细菌生长繁殖，增强黏膜的再生能力，加快溃疡面愈合速度。

采用 TP 含漱液进行化疗后口腔护理，口腔疼痛、出血、溃疡、颌下淋巴结肿大的临床缓解率显著高于对照组，同样用 TP 漱口液进行口腔颌面外科围手术期患者的口腔护理，结果观察组牙龈出血、伤口感染、口腔溃疡、口干口臭、咽痛发生率显著低于对照组。

3. 抗口腔辐射伤害

电离辐射 γ、X 射线等作用于核酸、蛋白质、酶等生物大分子，直接引起这些生物大分子的损伤；同时，电离辐射还在机体内产生自由基，间接破坏机体中的生命活性物质，对生命机体可产生严重危害。以 NIH 小鼠动物整体试验，发现酯多糖、半胱氨酸的衍生物谷胱甘肽、抗坏血酸等对 Co^{60}-γ 射线辐射损伤具有明显的防护效应和一定的治疗作用。研制 TP 口服液，专门治疗某些辐射损伤疾病以及供给从事辐射工作人们饮用，具有应用价值。

4. 抗口腔癌作用

TP 对口腔癌细胞基因表达的影响。有研究发现酶催化亚基（human telomerase reverse transcrip tase，hTERT）与口腔鳞癌密切相关，口腔癌变早期出现 hTERT 重新转录表达，是检测口腔癌发生、进展的分子生物学标记，TP 能够抑制人舌鳞状细胞癌 Tca8113 细胞株的增殖及端粒酶催化亚基的转录和表达。此外，表皮生长因子受体（EGFR）是原癌基因 C-erbB 的表达产物，可借助于信号传导促进细胞增殖或转化，在肿瘤发生发展过程中起重要作用。已有研究发现 TP 可显著降低病变组织细胞中微核发生率、细胞增殖抗原（PCNA）指数，抑制 EGFR 的表达，阻断癌细胞增生的作用。

另外，茶多酚对口腔白斑细胞和口腔鳞癌细胞的生长和细胞周期均有抑制作用，细胞可被阻滞于细胞周期 G_1 期；TP 对人类口腔磷状癌 SCC-25 细胞脱氧核糖核酸合成也有显著抑制作用，抑制作用与其剂量和作用时间成正比；TP 还可明显减少口腔黏膜细胞微核发生率，抑制口腔癌前期病变向口腔黏膜白斑转变，从而降低口腔白斑癌变的危险。

在二甲基苯并（7,12–dimethylbenzanthracene，DMBA）诱发的鼠口腔癌模型实验中，用0.6%绿茶饮料处理一段时间后肿瘤数量减少了35%，体积减小57%。对15位口腔白斑症患者进行为期1年的观察，饮茶者中38%的口腔白斑缩小，患者的白斑症状明显得到缓解，有的白斑甚至消失，不饮茶者83%没有变化。

第七节　茶的抗病毒作用

一、抗流行性感冒病毒

2009年3月底至4月中旬，墨西哥、美国等地接连暴发新型猪流感病毒疫情。自2009年4月23日起，截至4月27日，全球共4个国家报道了实验室确诊的人感染猪流感病毒病例，此次感染的亚型是新变异的H1N1亚型毒株。世界卫生组织4月29日晚在日内瓦宣布，将全球流感大流行警告级别从4级提高到5级。第5级意味着同一类型流感病毒已在同一地区至少两个国家人际间传播，并造成持续性疫情。截至2009年8月底世界卫生组织发布公告称，估计目前感染甲型H1N1流感病毒的人接近21万人，死亡人数超过2000人。世界卫生组织表示，甲型H1N1流感病毒的传播速度之快令人难以置信，而且在死亡病例中青壮年比例相对较高。该组织提醒各国继续加强对于"甲流"的监控，尤其是在高峰已经过去的北半球大部分地区应该警惕第二波疫情的到来。流感与我们的生活密切相关，影响重大，喝茶与流感又有怎么样的联系？在当前甲流肆虐之时，讨论这个问题非常具有意义。现阶段已有研究表明喝茶可以预防流感，无论是季节性流感还是世界大流行的流感。

1. 流感概述

1）流感的定义

流行性感冒简称流感，是由流感病毒引起的一种常见的急性呼吸道传染病，以冬春季多见，临床以高热、乏力、头痛、全身酸痛等全身中毒症状重而呼吸道其他症状较轻为特征，流感病毒容易发生变异，传染性强，常引起流感的流行。

表3-12　流行性感冒与一般感冒的病症比较

	流感（Influenza）	伤风（Cold，即普通感冒）
易发作期	每年10月至第二年3月中旬，通常每2至3年流行一次	无季节性
发作期	突然	渐进
全身症状	全身症状重而呼吸道症状轻	全身症状无而局部症状重

续表

	流感（Influenza）	伤风（Cold，即普通感冒）
发烧	常见，且温度超过38.3℃，维持3至4天	少见
咳嗽	有时会很严重	干咳
头痛	明显	少见
肌肉痛	严重（以背部和腿部最为明显）	轻微
疲劳感	表现强烈	微弱（可正常工作、学习和生活）
虚弱	维持2至3周	轻微
胸部不适感	常见	轻至中度
鼻塞	偶尔	常见
打喷嚏	偶尔	经常
喉咙痛	偶尔	常见
病程（不包括并发症）	1至2周或更长	4至10天
感染后的免疫力	强（可维持8至12个月）	弱

2）流感病原学

流感病毒属于正粘病毒科，球型，直径 80～120nm，基因组为 RNA 病毒。其特点是容易发生变异。

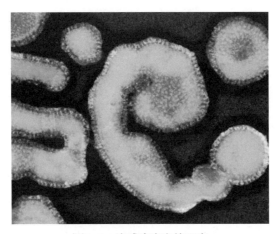

图3-8　流感病毒电镜观察

流感分为 A、B、C 三型（或甲、乙、丙三型）。

A 型为最常见的流感，可广泛流行及人畜共患，例如 1997 年在香港肆虐的禽流感，以致政府须屠宰 150 万只鸡。A 型病毒可再分为 A1、A2 型，并按结构再划分，例如 A 型 H5N1 毒株（香港禽流感病毒）、A 型 H3N2（1995 年在武汉发生）、A 型 H1N1（1995 年在德国发生）等。病毒因不定时的基因突变而衍生新品种。

B 型也会流行，症状较 A 型轻，无再分亚型。

C 型主要以散发病例出现，无再分亚型。

流感病毒有一层脂质囊膜，膜上有蛋白质，是由血凝素（H）和神经氨酸酶（N）组成，均具有抗原性。A型流感病毒变异是常见的自然现象，主要是H和N的变异。

一般感染人类的流感病毒的血凝素有H1、H2和H3三种。H4至H14则只会感染人类以外的其他动物，如鸡、猪及鸟类。N只有N1及N2两种。

流感病毒不耐热，100℃ 1min或56℃ 30min灭活，对常用消毒剂（1%甲醛、过氧乙酸、含氯消毒剂等）敏感，对紫外线敏感，耐低温和干燥，真空干燥或–20℃以下仍可存活。

3）流感的流行病学

流感患者及隐性感染者为主要传染源。发病后1～7天有传染性，病初2～3天传染性最强。猪、牛、马等动物均可能传播流感。

传播途径以空气飞沫传播为主，流感病毒在空气中大约存活0.5h。

人群普遍易感，病后有一定的免疫力。三型流感之间及甲型流感不同亚型之间无交叉免疫，可反复发病。

流感的流行特征有下列三点：

（1）流行特点：突然发生，迅速蔓延，2～3周达高峰，发病率高，流行期短，大约6～8周，常沿交通线传播。

（2）一般规律：先城市后农村，先集体单位，后分散居民。

甲型流感常引起爆发流行，甚至是世界大流行，约2～3年发生小流行1次，根据世界上已发生的4次大流行情况分析，一般10～15年发生一次大流行。乙型流感呈爆发或小流行，丙型以散发为主。

（3）流行季节：四季均可发生，以冬春季为主。南方在夏秋季也可见到流感流行。

2. 茶对流感防治机理和疗效

据2009年8月1日日本《朝日新闻》报道，日本研究人员利用一种绿茶提取物开发出一种新型抗流感药物，动物实验表明，这种药物抑制流感病毒感染的效果可媲美抗流感药物达菲。此前人们已知道EGCG具有抑制病毒的作用，但直接饮用绿茶，EGCG被体内利用量很微量。为此，研究人员让EGCG与一种脂肪酸相结合，使其在体内不被分解。研究人员把修饰后的EGCG混入季节性流感或禽流感病毒中，再注射入狗的肾脏细胞，研究病毒的感染能力。结果发现，修饰后的EGCG确实能防止病毒入侵细胞，即使病毒成功入侵，也能抑制它在细胞中的增殖。

早在1990年，Nakayama M.等用繁殖在11日龄鸡胚上的中国四川2/87流感病毒A、苏联 100/83 流感病毒 B 和 Madin–Dary 犬肾（MDCK）细胞作材料，研究红茶提取液（20g 红茶浸泡于 80ml 磷酸缓冲液中）对流感病毒 A 或 B 的抑制作用。11μl/ml 茶提取液和流感病毒混合 60min，即可抑制流感病毒 A 或 B 在 MDCK 细胞上吸附，其抑制率都在 80% 以上。病毒和红茶提取液短时间接触，也能降低病毒对 MDCK 细胞的侵染程度。用茶提取液 50μl/ml 浓度处理 MDCK 细胞，再用流感病毒感染，其感染抑制率为 85%，但当 MDCK 细胞感染病毒后，无抑制效果。这可看出，红茶提取物对流感病毒 A 或 B 只有预防效果，感染后无治疗作用。

研究茶多酚对流感病毒 A3 直接灭活作用实验表明，在 3.12～50μg/ml 浓度范围内，流感病毒 A3 在混有茶多酚的培养条件下培养，茶多酚具有显著降低病毒活性和抑制病毒增殖的作用；茶多酚对流感病毒 A3 的治疗作用实验表明，茶多酚在 6.25～50μg/ml 浓度范围内具有显著的抗流感病毒 A3 的作用，且其作用随药物浓度的增加而相应增强。这说明茶多酚有很好的体外抗流感病毒 A3 的作用[56]。

Song J. 等[57]（2005 年）研究表明，EGCG 和 ECG 在 MDCK 细胞培养中对流感病毒的复制有抑制活性，而且对包括 A/H1N1、A/H3N2 和 B 病毒在内的各种流感亚型病毒都有活性。对于甲型流感病毒，EGCG、ECG 和 EGC 的 IC50 分别为 22～28μM、22～40μM、309～318μM，同时 EGCG 和 ECG 都有凝集活性，它们对各种亚型病毒的凝集活性都不同，而且 EGCG 的凝集活性相对更高。定量 RT-PCR 分析表明，在高浓度条件下，EGCG 和 ECG 抑制 MDCK 细胞中病毒 RNA 的合成，而 EGC 没有此活性；与此类似，EGCG 和 ECG 比 EGC 表现有更高的神经胺酶抑制活性。这说明儿茶素类中 3- 没食子酰基在抗病毒中起到重要作用，而 2 位三羟基苯中的 5- 羟基起次要的作用；由凝集反应表明，儿茶素抗病毒活性不仅仅由凝集活性介导，而且还与改变病毒膜的物理性质有关。

对老年群体使用含茶儿茶素的漱口水预防流感的研究表明，使用了含茶儿茶素漱口水的群体感染流感的概率（1.3%）远远低于不使用含茶儿茶素漱口水的群体感染流感的概率（10%）[58]。日本昭和大学的研究人员发现，茶叶中的儿茶素具有抑制流感病毒活性的作用，坚持用茶水漱口可以有效地预防流感。流感主要是病毒附着在鼻子和嗓子中突起的黏膜细胞上不断增殖而致病的。经常用茶水漱口，儿茶素能够覆盖在突起的黏膜细胞上，防止流感病毒和黏膜结合，并杀死病毒。研究结果表明，乌龙茶、红茶和日本茶中都含有儿茶素，绿茶预防流感的效果最好。在一个小学进行的对比试验也表明，坚持用绿茶水漱口学生患流感的人数要比不用绿茶水漱口的人数少得多。

老年人对流行性感冒疫苗的免疫响应减弱，导致流行性感冒病毒感染发病率高。用感染流行性感冒病毒的小鼠实验表明，同时口服 $L-$ 胱氨酸和 $L-$ 茶氨酸，可以提高特异性抗原免疫球蛋白的产生。将疗养院的老年受试者分成两组，在免疫接种之前分别口服 $L-$ 胱氨酸和 $L-$ 茶氨酸（实验组，$n=32$）或安慰剂（对照组，$n=33$），口服 14 天后接种流行性感冒病毒疫苗，接种后 4 星期检测，3 种病毒（A/NewCaledonia[H1N1]，A/NewYork[H3N2] 和 B/Shanghai）都能造成血凝集抑制（HI）滴度提高，两组之间没有显著差异；但层状分析（stratifiedanalysis）显示，血清总蛋白和血红蛋白低的受试者中，实验组的血清转化率显著高于对照组。这表明疫苗接种前同时口服 $L-$ 胱氨酸和 $L-$ 茶氨酸有助于增强血清总蛋白和血红蛋白低的老年人对流行性感冒病毒疫苗的免疫响应[59]。

二、抗 SARS 病毒

严重急性呼吸综合征（Severe acute respiratory syndrome, SARS），即传染性非典型肺炎（Infectious atypical pneumonia, 非典）。本病是在 2002 年底至 2003 年初首先在广东地区出现的一种新的呼吸道传染病，在经历了两个多月的始发期后，扩散到我国内地 24 个省、自治区、直辖市，在全球共波及亚洲、美洲、欧洲等 33 个国家和地区。2003 年 4 月 16 日 WHO 宣布本病的病原体是一种新型的冠状病毒变异体，并命名为 SARS 冠状病毒。SARS 病毒呈球形，形似皇冠，直径 80 ～ 140 nm，外周围绕 20 ～ 40 nm 复合表面突起，未见 HE 糖蛋白突起。

3CL 蛋白酶被认为是 SARS-CoV 在宿主细胞内复制的关键。人们从天然产物信息库的 72 种组分中筛选出有抗 3CL 蛋白酶活性的组分，发现鞣酸和 TF2B 有活性，IC$_{50}$ 为 $7\mu M$，而这两种组分属于茶叶中的天然茶多酚。进一步对绿茶、乌龙茶、普洱茶及红茶提取物进行 3CL 蛋白酶抑制活性研究，发现来自普洱茶和红茶的提取物比绿茶和乌龙茶活性高。对一些茶内的已知成分进行抑制 3CL 蛋白酶抑制活性测定，发现咖啡因、EGCG、EC、C、ECG、EGC 这些成分都没有抑制活性，而只有 TF3 是 3CL 蛋白酶抑制剂，表明茶叶中的茶黄素 TF3 能够抑制 3CL 蛋白酶活性[60]。

2003 年《美国科学院学报》报道[61]，茶叶的茶氨酸可使人体抵御病毒的感染能力增强 5 倍。茶氨酸在人体肝脏内分解为乙胺，而乙胺又能调动名为"Vγ2Vδ2 T 细胞"的人体血液免疫细胞，再由 T 形细胞促进"IFN-γ 干扰素"的分泌，形成人体抵御感染的"化学防线"，做出抵御外界侵害的反应，抵抗病毒、细菌以及真菌。研究人员指出，每天喝 5 小杯茶，茶氨酸的摄入量就足以帮助人体明显加强对于特定细菌感染的抵御能力，连续两周饮用茶饮料能够增加对于细菌的抵抗力，但是两周饮用咖啡并没有相同的效果。

此外，茶叶中大量的茶多酚具有抗氧化作用，人体中如果含有一定量的抗氧化剂，就能增强免疫力。茶叶中还有维生素 C、维生素 E、微量元素锌和硒，而这些元素都是医学上用来提高人体免疫力的有效物质。当然，不是"非典"来了我们才开始喝茶，就能马上提高抵抗力，要经常喝茶才能提高抵抗力。

三、抗艾滋病病毒

人类免疫缺陷病毒（Human Immunodeficiency Virus，HIV），顾名思义它会造成人类免疫系统的缺陷。1981 年，在美国首次发现人类免疫缺陷病毒。它是一种感染人类免疫系统细胞的慢病毒（Lentivirus），属反转录病毒的一种。至今尚无有效疗法治疗这种致命性传染病。该病毒破坏人体的免疫能力，导致免疫系统失去抵抗力，导致各种疾病及癌症得以在人体内生存，发展到最后，导致艾滋病（获得性免疫缺陷综合征）。

有研究表明，儿茶素和绿茶提取物对 HIV 病毒逆转录酶具有强的抑制力。H.Nakane 和 K.Ono 等 [62] 的研究结果表明，ECG、EGCG 对 HIV-1 逆转录酶的 50% 抑制浓度分别是 0.017 和 0.012μg/ml，对 DNA 聚合酶类 50% 抑制浓度分别是 0.9～0.13μg/ml 和 0.6～0.12μg/ml。茶黄素及其没食子酸酯对 HIV-1 逆转录酶活性 50% 抑制浓度分别为 0.5μg/ml 和 0.1μg/ml。茶黄素、茶黄素单没食子酸酯 A、茶黄素单没食子酸酯 B 和茶黄素双没食子酸酯对 HIV-1 逆转录酶的抑制常数分别为 0.49、0.032、0.023、0.023μM 浓度。这表明没食子酸基团的存在可提高茶黄素的抑制效应。TaoP.Z 用 EGCG、ECG 和 EGC 抑制艾滋病病毒（HIV-I-RT），也得到了类似的结果。

CD4 细胞是人体免疫系统中的一种重要免疫细胞，CD4 主要表达于辅助 T（Th）细胞，是 Th 细胞 TCR 识别抗原的供受体，与 MHC Ⅱ类分子的非多肽区结合，参与 Th 细胞 TCR 识别抗原的信号转导，然而 CD4 也是艾滋病病毒（HIV）的受体，即是艾滋病病毒攻击的对象。HIV 外层囊膜系双层脂质蛋白膜，其中嵌有 gp120 和 gp41，分别组成刺突和跨膜蛋白。通过 HIV 囊膜蛋白 gp120 与细胞膜上 CD4 结合后由 gp41 介导使病毒穿入易感细胞内，造成免疫淋巴细胞破坏。绿茶提取物中的主成分 EGCG 能够与 CD4 结合，从而降低细胞表面 CD4 的表达，竞争性抑制了艾滋病病毒膜糖蛋白 gp120 与 CD4 的结合，因而保护了部分免疫淋巴细胞免受攻击。KawaiK 等 [63] 抽取正常志愿者的静脉血，通过淋巴细胞密度梯度离心来获取外周血 CD4+T 细胞，并且用流式细胞仪分析其细胞表面分子。他们用蛋白杂交技术确定 CD4 总量没有变，用酶联免疫吸附法检测到 EGCG 能与抗 CD4 抗体相竞争，异硫氰酸荧光素共轭结合 gp120 后用流式细胞仪分析得出 EGCG 能干扰 gp120 与 CD4 结合，由此看出 EGCG 能够降低细胞表面 CD4 的表达。

四、抗腺病毒和人类疱疹病毒

一些科学家还对绿茶提取物抗其他的病毒性疾病进行了研究报道，WeberJ 等 [64] 在 2003 年就研究报道绿茶儿茶素对腺病毒的抑制作用，他们认为抗病毒机理有多方面，包括细胞内和细胞外，而病毒蛋白酶是绿茶提取物的主成分 EGCG 的作用目标。Chang 等 [65] 也是在 2003 年报道了绿茶提取物的主要成分 EGCG 对人 EB 病毒的抑制作用，他们的研究表明 EGCG 能抑制 EB 病毒某些裂解蛋白质的表达，EGCG 作用于病毒裂解循环周期的前早期基因的表达，因此抑制病毒的裂解级联反应，从而阻止病毒增殖。绿茶提取物干扰病毒生长周期的少数程序，从而阻断了病毒核酸的复制，抑制病毒蛋白的表达，起到了抗病毒的作用。

第八节　茶对肝硬化疾病的防治

肝硬化（Liver cirrhosis）是一种常见的慢性肝病，可由一种或多种原因引起肝脏损害，肝脏呈进行性、弥漫性、纤维性病变。具体表现为肝细胞弥漫性变性坏死，继而出现纤维组织增生和肝细胞结节状再生，这三种改变反复交错进行，结果肝小叶结构和血液循环途径逐渐被改变，使肝变形、变硬而导致肝硬化。本病早期可无明显症状，后期则出现一系列不同程度的门静脉高压和肝功能障碍，直至出现上消化道出血、肝性脑病等并发症死亡。

一、肝硬化的发病机制

肝硬化的病因很多，以下几种因素均可引起肝硬化。

1. 病毒性肝炎

在我国，病毒性肝炎（尤其是乙型和丙型）是引起肝硬化的主要原因，其中大部分发展为门脉性肝硬化。肝硬化患者的肝细胞常显 HBsAg 阳性，其阳性率高达 76.7%。

2. 慢性酒精中毒

在欧美国家，因酒精性肝病引起的肝硬化可占总数的 60%～70%。

3. 营养缺乏

动物实验表明，饲喂缺乏胆碱或蛋氨酸食物的动物，可经过脂肪肝发展为肝硬化。

4. 毒物中毒

某些化学毒物如砷、四氯化碳、黄磷等对肝长期作用可引起肝硬化。

5. 药物性肝炎肝硬化

长期服用一些对肝脏有损害的药物可以引起肝硬化。

肝硬化是由于肝细胞大量或不断坏死以及相继出现的纤维组织异常增生形成的。在正常情况下，肝脏体积巨大、功能多样，主要由数以亿计的肝细胞组成。但肝细胞的排列非常有秩序，形成一个个整齐的肝小叶。在肝细胞之间或肝小叶之间还有少量纤维组织将肝细胞或肝小叶按一定顺序和排列连结在一起，组成了肝脏。当肝细胞发生生理性更新时，新生的肝细胞仍占据死去的肝细胞的位置，细胞排列不受任何影响。但如果在非正常情况下，如病毒在肝细胞内不断增生，不停地使得肝细胞发炎，每次发炎和修复都会留下对一部分肝细胞的不可逆的损伤，肝细胞增生变硬，形成了许多不正常的小"结节"，则不仅使肝细胞间失去了正常的排列关系，同时纤维组织还大量增生形成纤维化，最终导致弥漫性结节，形成了肝硬化。

同一病因可发展为不同病理类型的肝硬化。

按病理形态分类，可分为小结节性肝硬化、大结节性肝硬化、混合性肝硬化、不完全分隔性肝硬化。

按病因分类，可分为病毒性肝炎肝硬化、酒精性肝硬化、代谢性肝硬化、胆汁淤积性肝硬化、肝静脉回流受阻性肝硬化、自身免疫性肝硬化、毒物和药物性肝硬化、隐源性肝硬化、先天梅毒性肝硬化、营养不良性肝硬化等。

二、肝炎的定义及发病原因

肝炎（Hepatitis）是肝脏的炎症。肝炎的原因可能不同，最常见的是病毒造成的，此外还有自身免疫造成的，酗酒也可以导致肝炎。肝炎分急性和慢性肝炎。

1. 病毒性肝炎

由病毒造成的肝炎按照其病毒系列不同，分为甲至庚型共七型病毒性肝炎。病毒性肝炎能引起肝脏细胞肿胀，是世界上流传广泛、危害很大的传染病之一。直到 1908 年才发现病毒也是肝炎的致病因素之一。1947 年，将原来的传染性肝炎（infectious hepatitis）称为甲型肝炎（Hepatitis A, HA）；血清性肝炎（serum hepatitis）称为乙型肝炎（Hepatitis B, HB）。1965 年，人类首次检测到乙型肝炎的表面抗原。此外，病毒性肝炎还有丙型肝炎、丁型肝炎、戊型肝炎和庚型肝炎。过去被定为己型肝炎病毒的病毒现在被确定为乙型肝炎病毒的一个属型，因此己型肝炎不存在。A 型、B 型、D 型病毒肝炎的疫苗已研发成功；C 型、E 型、F 型病毒肝炎目前无疫苗。

2. 酒精性肝炎

酒精性肝炎早期可无明显症状，但肝脏已有病理改变，发病前往往有短期内大量饮酒史，有明显体重减轻，食欲不振，恶心，呕吐，全身倦怠乏力，发热，腹痛及腹泻，上消化道出血及精神症状。体征有黄疸，肝肿大和压痛，同时有脾肿大，面色发灰，腹水浮肿及蜘蛛痣，食管静脉曲张。从实验室检查看，有贫血和中性白细胞增多，红细胞容积测定（MCV）大于 95FL，血清胆红素增高，可达 17.1 μM/L 或以上，转氨酶中度升高，常大于 2.0，测定线粒体 AST（mAST）及其与总 AST（tAST）的比值，可升高达（12.5 ± 5.2）%，并有 γ-GT，谷氨酸脱氢酶和碱性磷酸酶活力增高，凝血酶原时间延长。此外，某些化学毒物如砷、四氯化碳等对肝长期作用也可引起肝炎，包括酒精性肝炎在内，这类肝炎也称为药物性肝炎。

3. 自身免疫性肝炎

自身免疫性肝炎比较少见，多与其他自身免疫性疾病相伴，是近年来新确定的疾病之一。该疾病在欧美国家有较高的发病率，如美国该病占慢性肝病的 10%～15%，我国目前对于该病的报道也日渐增多，有必要提高对本病的认识。自身免疫性肝炎是由于自身免疫所引起的一组慢性肝炎综合征，由于其表现与病毒性肝炎极为相似，常与病毒性肝炎混淆，但两者的治疗迥然不同。

三、肝硬化的治疗

目前，肝硬化的治疗以综合治疗为主。肝硬化早期以保养为主，防止病情进一步加重；失代偿期除了保肝、恢复肝功能外，还要积极防治并发症。一般来说，治疗原则如下：

（1）合理饮食及营养：肝硬化患者合理饮食及营养，有利于恢复肝细胞功能，稳定病情。优质高蛋白饮食可以减轻体内蛋白质分解，促进肝脏蛋白质的合成，维持蛋白质代谢平衡。如肝功能显著减退或有肝性脑病先兆时，应严格限制蛋白质食物。足够的糖类供应，既保护肝脏，又增强机体抵抗力，减少蛋白质分解。肝功能减退，脂肪代谢障碍，要求低脂肪饮食，否则易形成脂肪肝。高维生素及微量元素丰富的饮食，可以满足机体需要。

（2）改善肝功能：肝脏中的转氨酶及胆红素异常多揭示肝细胞损害，应按照肝炎的治疗原则给予中西药结合治疗。合理应用维生素 C、B 族维生素、肌苷、益肝灵、甘利欣、茵栀黄、黄芪、丹参、冬虫夏草、灵脂及猪苓多糖等药物。

（3）抗肝纤维化治疗：近年国内研究表明，应用黄芪、丹参、促肝细胞生长素等药物治疗肝纤维化和早期肝硬化，取得较好效果。青霉胺疗效不肯定，不良反应多，多不主张应用，秋水仙碱抗肝纤维化也有一定效果。

（4）积极防治并发症：肝硬化失代偿期并发症较多，可导致严重后果。对于食管胃底静脉曲张、腹水、肝性脑病、并发感染等并发症，根据患者的具体情况，选择行之有效的方法。

四、肝炎的治疗方法

肝炎的治疗不尽相同，有的比较简单，有的比较复杂，主要有以下几种方法：

（1）酒精中毒性肝炎和脂肪肝的治疗：首先须戒酒，用去脂药、抗纤维化治疗，降酶，一般效果都很好。

（2）自身免疫肝炎：糖皮质激素和其他免疫抑制剂部分有较好的效果，但彻底治愈者不多，本病预后差异很大。

（3）甲型肝炎和戊型肝炎的治疗：主要是早诊断、早隔离、早休息，给予一般的护肝药，恢复肝功能。但是对那些急重患者应防止进展为肝坏死，要做一些特殊治疗，甚至抢救。

（4）乙肝和丙肝的治疗：这两种肝炎的治疗比较难，而且治疗时间长，没有特效疗法，任何一种单一的方法治疗效果都是有限的，必须综合系统治疗。

此外，适当饮茶是治疗肝炎中营养与饮食疗法中所采取的方法之一。中医认为茶叶具有生津止渴，清热解毒，祛湿利尿，消食止泻，清心提神的功能。现代研究证明，茶叶中含多种化学物质，可以治疗放射性损伤，对保护造血机制、提高白细胞数量有一定功效。肝炎患者急性期，特别是黄疸性肝炎，多为湿热为主，因此可饮茶以达到清热利湿的治疗作用。肝炎患者饮茶应以绿茶为主，因经加工的红茶，其清热作用已经很弱。肝炎患者饮茶应适时适量，饭前尽量避免饮用，因饭前饮水量过多，可稀释胃液，影响其消化功能，同时肝炎患者忌饮浓茶。

五、茶对肝炎的防治机理

众多研究表明，茶叶或茶叶中的一些有效成分对酒精性脂肪肝、药物性肝炎等有一定的抑制作用。

1. 对酒精性脂肪肝的抑制作用

酒精性脂肪肝是由于长期大量地过度饮酒，造成肝脏无法及时代谢酒精，致使体内脂肪在肝脏中堆积所造成的。在强制饲喂 ICR 小鼠酒精（2 g/kg 体重）的试验中，如果小鼠在 1h 前预灌胃绿茶水提物（500 mg/kg 体重），其饲喂酒精 1h 及 3h 后的血液中的酒精及其代谢产物——乙醛的浓度均显著低于对照组，并且酒精代谢的后期产物——醋酸、丙酮的浓度明显高于对照组，说明茶叶有促进酒精代谢的作用（见图 3-9）。同样，让 SD 大鼠每天摄入含酒精 5% 的液态全营养食物一个月后，发现同时摄入 1.0% 绿茶水提物的试验组的血液及肝脏的甘油三酯浓度均显著低于对照组，说明绿茶也能有效地预防酒精性脂肪肝的形成。进一步研究结果表明，茶叶中的儿茶素和咖啡碱组分对预防酒精性脂肪肝的形成有较强的作用[66]。

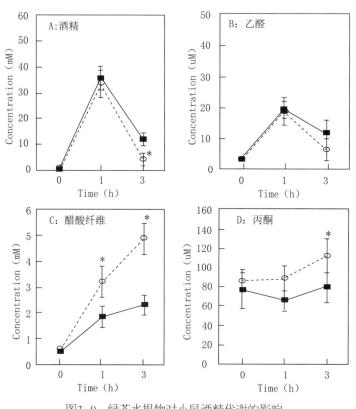

图3-9　绿茶水提物对小鼠酒精代谢的影响

2. 对药物性肝炎的抑制作用

许多药物可引起肝炎，如四氯化碳、硫代乙酰胺、脂多糖、半乳糖胺、毒蕈、鱼胆、砷、锑、汞、硒等。茶叶是否具有药物性肝炎的预防作用？不同类型的药物引起的肝炎模型，起预防作用的茶叶有效成分是否相同？这些是我们关注的焦点。

D- 半乳糖胺是一种肝细胞磷酸尿嘧啶核苷干扰剂，能竞争性捕捉 UTP 生成二磷酸尿苷半乳糖，使磷酸尿苷耗竭，导致物质代谢严重障碍，引起肝细胞变性、坏死；解毒机制障碍更加剧了半乳糖胺的毒性作用。因此，用半乳糖胺作为致毒物可制成特异性肝损伤模型。预先饲喂3%的绿茶水提物2周可有效地抑制因半乳糖胺引起的模型肝炎大鼠的血液谷丙转氨酶的升高，初步断定半乳糖胺引起的肝炎模型起预防作用的有效成分为黄酮醇糖苷、茶氨酸和水溶性多糖。

内毒素诱导 D- 半乳糖胺致敏的肝损伤是由炎症因子介导的。内毒素能引起制肿瘤坏死因子 α（TNF-α）等炎性介质的极早期的暴式表达，内毒素 / D- 半乳糖胺诱导后1h 内 TNF-α 即达高峰，此后迅速降低。饲喂绿茶水提物同样可有效地抑制这种模型的肝炎大鼠的血液谷丙转氨酶的升高（见图 3-10）。研究表明，起预防作用的有效成分为咖啡碱。初步查明咖啡碱有抑 TNF-α 分泌的作用，从而抑制了由此引起的肝细胞凋亡，减轻了肝功能损伤的程度（见图 3-11、图 3-12）。

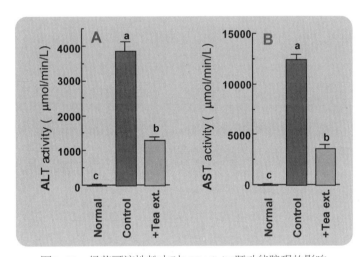

图3-10　绿茶可溶性粉末对LPS+GalN肝功能障碍的影响

正常（Normal）组注射生理食盐水，对照（Control）组和绿茶（+Tea ext.）组注射LPS+GalN。图上显示注射22h后血浆谷丙转氨酶（ALT）和谷草转氨酶（AST）活性的变化。

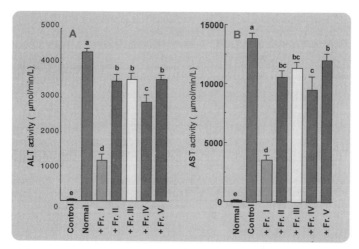

图3-11　绿茶可溶性粉末各组分对LPS+GalN肝功能障碍的影响

将绿茶水提物依次用氯仿、乙酸乙酯、正丁醇萃取，再经过乙醇醇析，分别得到以咖啡碱（组分Ⅰ，Fr.Ⅰ）、儿茶素（组分Ⅱ，Fr.Ⅱ）、黄酮类及皂角苷（组分Ⅲ，Fr.Ⅲ）、游离氨基酸及低分子糖（组分Ⅳ，Fr.Ⅳ）、可溶性多糖（组分Ⅴ，Fr.Ⅴ）为主的5个组分。用各组分按照它在绿茶可溶性粉末（5%）中的相应含量分别喂养大鼠2周后，用LPS+GalN造模。

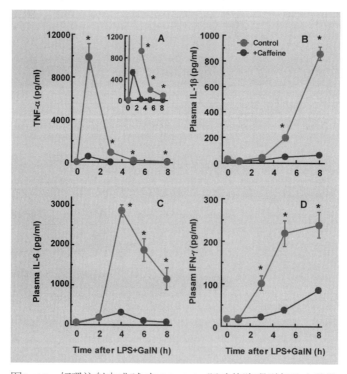

图3-12　饲喂注射咖啡碱对LPS+GalN肝功能障碍引起的血浆肿瘤坏死因子α、白介素-1β、IL-6以及干扰素γ的影响

伴刀豆球蛋白 A（Con A）属于一种有丝分裂原，可刺激静止的 T 淋巴细胞增殖活化，T 细胞活化后，可参与相关的细胞免疫过程。尾静脉注射 Con A 后约 10 ～ 12h 即可发生较明显的肝功能损伤。有研究者认为，这种肝功能损伤类似于自身免疫性肝炎。在静注 Con A 前 1.5h 灌胃 0.5 ～ 1.0 g/kg 体重的绿茶水提物可以有效地抑制小鼠的肝功能损伤。进一步的试验研究表明，抑制 Con A 诱导的肝功能损伤的茶叶有效成分为咖啡碱、EGCG 以及茶皂素等茶叶成分。

目前肝炎中的 70% 是由病毒引起的。遗憾的是大白鼠不感染 B 型或 C 型肝炎病毒。茶叶是否能抑制病毒性肝炎还不能得出明确的结论，但是病毒性肝炎与 TNF-α 有密切的关系，这些研究为此提供了有限的信息。

六、茶叶对肝癌高发区高危人群的影响

摄入茶叶水提物是否对肝癌高发区的高危人群有预防或延缓肝癌的发生产生影响？徐耀初等采用严格对照设计的实验流行病学的研究方法，研究结果显示，在 10 个月的观测期内，干预组（茶叶水提物 2.4 g/ 日，分早晚两次服用）的肝癌发病率与安慰剂组（对照组）无明显差异。摄入茶叶前后的各项生化指标（甲胎蛋白、血清谷丙转氨酶、碱性磷酸酶和谷氨酰转肽酶）以及乙肝病毒标志物（HBsAg、抗 –HBs、HBeAg 等）也无明显变化，这一研究结果表明在特定的肝癌高危人群中摄入茶叶提取物似乎无预防或延缓肝癌发生的作用 [67]。

第九节　饮茶与抗衰老

一、茶叶延缓衰老的相关研究

衰老现象在自然界中广泛存在，它是一种内源的、逐渐发生的，并会对发生个体产生持续性损害的过程。目前，全球约 9% 的人年龄在 65 岁及以上，预计到 2050 年，全球 65 岁及以上的人口将达到 15 亿，超过 15 ～ 24 岁的青少年却只有 13 亿。我国 2019 年 65 岁以上人群为 1.76 亿，占总人口的 12.6%。如果 65 岁以上人群达到 14%，那么就进入老年化社会。老龄化引发的养老、医疗等问题给社会带来沉重负担，已引起世界各国的高度重视。

1. 人体正常衰老的生理机制

1983 年，研究人员在秀丽线虫中首次分离出长寿菌株，开启了衰老研究的新纪元。

Erikson 及其同事将 511 名受过高等教育和自我报告健康且年龄 ≥ 80 岁的个体与近 686 名年轻对照组进行全基因组测序发现，健康衰老是一种复杂的多基因表型。认知功能的维持可能是健康衰老的关键因素[68]。人类正常衰老的特征可分为基因组不稳定、蛋白内稳态丧失、端粒缩短、表观遗传学改变、营养感应失调、线粒体功能异常、细胞衰老、干细胞耗竭和细胞间信号转导改变。如图 3-13 所示，人类随着年龄的增长，机体出现生理性衰退和器官功能障碍[69]，可能引发各种生理疾病，包括癌症、糖尿病、心血管疾病和神经退行性疾病，有些疾病甚至会加快衰老的进程。

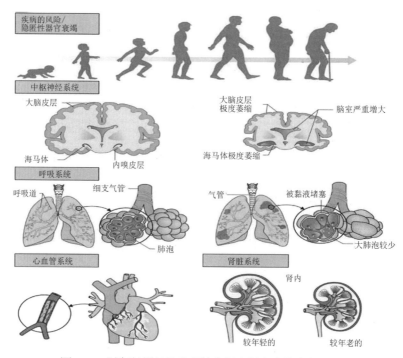

图3-13 随年龄增长的生理性衰退和器官功能障碍[2]

1）基因组不稳定衰老

衰老过程中人体内的 DNA 修复机制降低，DNA 的稳定性受到外源性或内源性威胁的挑战，包括人体内的遗传损伤（点突变、易位、染色体缺失和拷贝数变异等）、DNA 自发水解反应和氧化还原小分子。基因组不稳定可能影响必要的基因表达，导致机体功能的失调。在衰老过程中，应激诱导的胞浆和细胞器特异性伴侣蛋白的合成明显受损，影响蛋白质的正常折叠和稳定性，调控蛋白质水解的自噬—溶酶体系统和泛素—蛋白酶体系统在衰老过程中逐渐下降，蛋白质稳态发生失调。此外，人类正常衰老伴随着染色体末端端粒保护序列的渐进性和累积性减少，由于缺乏真正的组蛋白和有限的 DNA 修复机制，端粒 DNA 的损伤是持久且不可修复的，端粒功能异常会加速人体细胞的衰老凋亡。组蛋白的普遍丢失也是细胞衰老的表观遗传趋势，茎环结合蛋白 SLBP 和组蛋白的伴侣蛋白 ASF1 和 CAF1 水平降低，影响组蛋白的生物合成与染色质组装。组蛋白修饰如 H4K16 乙酰化、H4K20 或 H3K4 甲基化的增加，以及 H3K9 甲基化或 H3K27 三甲基化减少，通过影响基因组的稳定性或通过细胞核外转录水平上的变化影响代谢或者信号通路，从而影响衰老。DNA 甲基化修饰和染色质重塑也会在衰老过程中增强。衰老过程中营养感应失调，其调控通路有 IGF1/PI3K/AKT/mTOR/AMPK/Sirtuin，这些信号途径主要调节细胞内稳态、细胞周期、DNA 复制、自噬、应激反应和葡萄糖的稳态。能量限制（CR）被认为是调节衰老的有效措施，高糖水平诱导胰岛素释放，限制饮食导致体内的葡萄糖水平下降。这些相互关联的营养感应通路相互协调，调控衰老的进程。线粒体是细胞能量的主要来源，在自然衰老过程中会积累显著的损伤。线粒体自由基理论认为，在细胞衰老过程中线粒体发生功能异常产生更多的活性氧，对线粒体内的蛋白质、DNA 和脂肪等造成损伤，导致与年龄相关的细胞功能受损，进一步加速了人体衰老。但是活性氧水平与衰老之间的关系是非线性的，线粒体低毒兴奋效应理论认为，低水平的 ROS 是调节应激反应途径和延长寿命的重要信号分子，生物体可通过激活转录因子，诱导适应性应激反应，激活抗氧化防御系统来延长寿命。在成人或衰老细胞中，大多数线粒体 DNA 突变并不是氧化损伤引起的，而是线粒体 DNA 复制错误导致的突变和线粒体动力学的改变，引起线粒体功能障碍和衰老，如电子传递链酶活性降低和细胞呼吸功能受损。另外，抗氧化剂的使用与线粒体的衰老并没有太大的作用。

2）细胞衰老

细胞衰老是对不同应激反应的功能普遍性下降的不可逆过程，及时清除凋亡的细胞有利于延缓肾脏和心脏等几个器官的衰老。细胞衰老过程中细胞形态发生改变：细胞体积增大，形状不规则；细胞核受到损伤，染色质出现断裂；溶酶体和线粒体积累；质膜组成改变。细胞衰老的表型特征表现为：慢性 DNA 损伤的激活；多种细胞周期蛋白依赖性激酶抑制剂（CDKi）的相互作用；促进炎症因子和组织重塑因子的分泌；诱导抗凋亡基因，改变代谢速率；内质网发生应激反应。

人体衰老是一个极其复杂的过程，各个衰老的特征之间相互联系，相互协调。在细胞衰老过程中，细胞形态、染色质和功能发生整体变化，伴随着端粒的缩短和结构的改变，端粒染色质逐渐不稳定，表观遗传标记（H3K9、H3K56ac、H3K79me2 和 H4K20me2 的水平等）在细胞周期中发生改变，DNA 损伤反应机制被激活，核心组蛋白 H3 和 H4

的生物合成下调，以及改变了伴侣蛋白的表达和功能，组蛋白修饰在细胞周期中重新分布。端粒完整性的改变影响组蛋白合成和全基因组染色质机构，端粒酶在细胞衰老早期通过对表观基因组进行重新编程。DNA损伤的积累和端粒的损耗，也会导致干细胞的老化。可逆的遗传和转录改变是干细胞衰老与稳定的关键。干细胞的衰老影响自我更新和分化的改变，表现出自噬水平的受损，导致线粒体的积累的ROS水平增加，进而诱导代谢应激。干细胞老化与活性氧信号受损有关，低水平的活性氧产生可能防止干细胞衰退。干细胞耗竭即衰老过程中干细胞调节器官和组织动态平衡以及再生潜能的组织特异性功能的逐渐衰退，以维持其所在组织的动态平衡。随着年龄的增长，机体内的组织再生能力下降，干细胞逐渐损耗；细胞内的氧化剂和还原剂（如半胱氨酸和谷胱甘肽）的氧化方向发生变化，这是由线粒体产生的低能量需求引起的。低能量需求引起营养感应失调，启动了氧化信号分子、转录因子、膜受体和表观遗传转录调节因子的恶性循环。这导致无法对能量需求和压力做出反应，导致典型的衰老伴随，如细胞死亡和器官衰竭。

2. 饮茶延缓衰老的相关调控机制

机体的健康是由多种分子和信号转导途径调控的，这些途径确保了细胞和组织内的动态平衡。茶叶中的活性成分可以通过腺苷酸活化蛋白激酶AMPK、胰岛素/胰岛素样生长因子-1（IIS）和雷帕霉素的靶蛋白（mTOR）的信号通路，协调能量稳态和蛋白质稳态、调节细胞的生长和增殖等，促进机体的健康衰老。

1）饮茶延缓衰老的AMPK调控途径

哺乳动物腺苷酸活化蛋白激酶属于丝氨酸/苏氨酸激酶，通常被认为是高度保守的腺嘌呤核苷酸的感受器，位于多条遗传途径和已知的调节长寿动态平衡过程的上游关键因子。如图3-14所示，在低能量水平下AMP/ATP水平升高激活AMPK，并在这种情况下通过启动产生ATP的替代分解代谢途径，同时关闭合成代谢途径和其他消耗ATP的过程来恢复能量平衡[70]。在果蝇和秀丽线虫等动物模型中，AMPK直接影响寿命，在哺乳动物中，AMPK的活性会随着年龄的增加而逐渐下降。绿茶、红茶、乌龙茶及黑茶均能直接激活AMPK调节葡萄糖摄取和脂质代谢。EGCG可以通过增加生物体ROS来激活AMPK途径延长线虫寿命。茶叶中的有效成分通过激活AMPK途径，调节多条长寿途径以促进健康衰老。

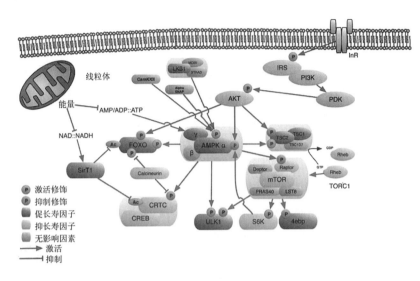

图3-14　AMPK信号转导与衰老途径[3]

2）饮茶延缓衰老的 IIS 调控途径

从简单的无脊椎动物到哺乳动物以及人类，IIS 信号通路调节许多生物的衰老。如图 3-15 所示[71]，IIS 信号通路在进化上保守，衰老相关基因 DAF-2 和 AGE-1 是 IIS 的两个关键上游成分，分别编码胰岛素 /IGF-1 受体和磷脂酰肌醇 -3- 羟基激酶（phosphatidylinositol-3-OH kinase，PI3K），调节包括衰老和成年寿命在内的各种生理方面。胰岛素样肽与 IIS 受体 DAF-2 结合，通过保守的 P13K/Akt 通路传递信号，最终激活下游转录因子 FOXO。DAF-16 是一种 FOXO 家族转录因子，能够上调细胞应激反应、寿命、抗菌代谢相关基因，影响 IIS 信号途径，调控衰老的速度。当受到外界能量限制时，IIS 信号的降低会激活下游元件，热休克转录因子 -1（heat shock transcription factor-1，HSF-1）和哺乳动物核因子 NF-E2 相关因子 2（NF-E2-relatedfactor，Nrf2）同源物 SKN-1 活性增加。SKN-1 可诱导Ⅱ型解毒酶和抗氧化蛋白的表达，如 SOD、GST、谷胱甘肽过氧化物酶和 NAD（P）H：醌氧化还原酶（NAD（P）H：quinone oxidoreductase，NQO-1）。HSF-1 和 SKN-1 调节机体的长寿基因表达水平，从而有助于延长寿命。EGCG 可以模拟能量限制，通过竞争性抑制 α- 淀粉酶的活性，以及通过阻止底物进入 α- 葡萄糖苷酶结合位点来非竞争性抑制活性，从而降低果蝇体内葡萄糖的含量。也可以抑制细胞膜上电压依赖性 Ca^{2+} 通道，并部分抑制 K^+ 通道，下调葡萄糖诱导的胰岛素分泌，进而影响 IIS 途径。在 L6 成肌细胞中，EGCG 促进 PI3K 磷酸化，诱导磷酸肌醇依赖性激酶 -1（phosphoinositide-dependent kinase-1，PDK1）磷酸化。EGCG 和槲皮素还能上调

FOXO 的核转移水平，增加 FOXO 下游靶基因的表达，调节机体寿命。槲皮素参与 CR 和 Sirtuin 依赖的信号通路，但其能够调控 IIS 信号途径中的 AGE-1 和 DAF-2，延长寿命。咖啡碱可通过抑制 IIS 信号转导途径来激活转录因子 FOXO/DAF-16，进而延缓生物体的衰老。在胁迫下，表儿茶素显著增加 SKN-1 和热休克蛋白 HSF 的表达。表儿茶素和绿原酸通过调节转录因子 DAF-16，提高线虫抗胁迫能力，延长线虫寿命。饮茶通过影响 IIS 信号途径信号分子，进而调节能量的摄入，维持机体内的能量稳态，延缓机体的衰老。

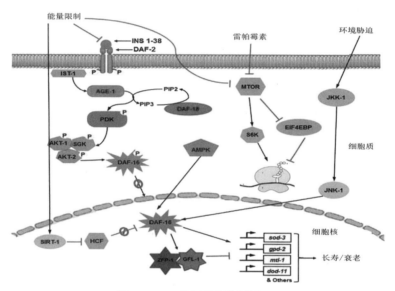

图3-15　IIS信号调控途径[71]

3）饮茶延缓衰老的 mTOR 调控途径

雷帕霉素的靶蛋白协调真核细胞的生长和新陈代谢与环境投入（包括营养和生长因子）。mTOR 是 PI3K 相关激酶家族中的一种丝氨酸 / 苏氨酸蛋白激酶，形成两个不同蛋白质复合物的催化亚单位：mTOR 复合物 1 和 mTOR 复合物 2。如图 3-16 所示[72]，生长因子、活性氧、氨基酸和能量等激活 mTORC1 信号通路，调节蛋白质、脂质和核苷酸的生物合成以及葡萄糖代谢，抑制自噬作用，最终调控细胞的生长。mTORC1 调控细胞的生长和代谢，而 mTORC2 则主要通过磷酸化 AGC（PKA/PKG/PKC）蛋白激酶家族来控制增殖和存活。TOR 信号途径在进化上十分保守，几乎在所有的真核生物中都存在。茶叶中咖啡碱作为 mTORC1 抑制剂，能够抑制 mTORC1 活性，延长酵母的寿命。茶叶 EGCG 通过降低 AKT 磷酸化，抑制 mTORC1 活性，还能通过上调 AMPK 活性竞争性抑制 mTOR

活性。AMPK 可以磷酸化下游信号分子或者直接磷酸化 mTORC1 的关键成分 Raptor，从而抑制 mTORC1 的活性。

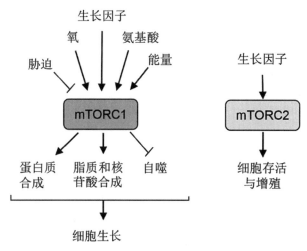

图3-16　mTORC1与mTORC2信号通路[72]

3. 茶叶主要活性成分延缓衰老的研究现状

茶作为日常生活中的饮品，已成为全世界仅次于水的第二大饮料。它包含了丰富的次生代谢物，如儿茶素、黄酮类化合物、咖啡碱、茶氨酸等。这些虽然不是人体必需的营养物质，但具备降低许多疾病风险和延缓衰老的潜力。虽然目前关于茶叶活性成分延缓衰老及如何调控衰老进程还未研究透彻，但许多高度保守的抗衰老路径已被逐一揭示，包括调控体内 ROS 平衡、调控 IIS 信号转导通路、激活 AMPK 和脱乙酰酶（sirtuins）、抑制 mTOR 等。许多研究表明，茶中多种次生代谢物可调控上述几种信号途径以延缓生物体的衰老。

1）儿茶素延缓衰老的研究现状

目前已有研究证明，大量的儿茶素被人体吸收后会参与体内的代谢，且在许多体外或临床研究中也已证实儿茶素有良好的保健和治疗功效。虽然儿茶素延缓衰老的功能尚未在人体中得到明确的证实，但已有大量研究对其延缓模式动物的衰老机制进行解析。

动物实验表明，EGCG 和以其为主要成分的绿茶儿茶素可显著延缓衰老。在衰老过程中，生物体会受到许多氧化应激损伤。由于儿茶素的 α-连（或邻）苯酚基结构，使其具有强氧化性，经常被用作抗氧化剂和自由基清除剂。有研究表明，EGCG 的抗氧化作用能延长氧化应激状态线虫的寿命。在高水平 ROS 的状态下，EGCG 可以通过激活长寿基因与调节多种抗氧化剂基因的转录因子（FOXO）来抑制氧化应激途径 NF-κB 的激活，从而延长大鼠的寿命。当生物体处于高水平的氧化应激状态时，额外添加的黄酮类物质可能会进一步增加氧化损伤。然而，在儿茶素实验中，发现添加较高浓度，如 $100 \sim 800 \, \mu mol/L$ 的儿茶素仍可以延长线虫寿命至同一水平[73]。因此，可以认为儿茶素不具有与其他黄酮类物质相似的作用效果，即低浓度促进而高浓度抑制的现象。但也有研究指出，摄入过量的 EGCG 可能导致人类和啮齿动物产生不良反应，主要表现在肝脏毒性。该现象说明复杂的生物体响应儿茶素的作用机制可能不同。儿茶素可以预防与氧化应激相关的雌性小鼠的脑衰老，Li 等[74]以质量体积分数为 0.05% 的儿茶素对 14 周龄的老年雌性 C57BL/6J 小鼠，进行为期 6 个月的饮水喂养，实验发现儿茶素能够有效防止血清中 SOD 和 GSH-Px 的活性降低，减少海马中硫代巴比妥酸反应底物和碳酰化蛋白含量；同时儿茶素能够降低海马 CA1 区椎体细胞中细胞核转录因子 κB（NF-κB）的激活及脂褐素的形成，这些均与氧化损伤密切相关。此外，儿茶素能够防止海马中与衰老相关的两个突触后蛋白 PSD-95 和 N- 甲基 -D- 天冬氨酸受体 1 的表达降低。

EGCG 可以诱导线粒体中 ROS 的形成，进而激活抗氧化剂系统和其他的细胞保护酶，这种"间接抗氧化剂"的作用暗示着 EGCG 可能具有诱导特殊形式兴奋剂的功能。EGCG 能够提高线虫对过氧化剂胡桃醌胁迫的耐受性，下调热激蛋白的表达，减少脂褐素的积累，且能够延长线虫寿命 10% $\sim$ 20%[75]。EGCG 可通过恢复线粒体功能来减少衰老过程引起的分子和细胞损伤，并促使线虫的各种细胞和生物学表型在衰老过程中得到全面改善，从而延长它们的寿命。然而，一些研究发现，在逐渐衰老的过程中，EGCG 诱导的氧化还原反应的能力和恢复线粒体功能的能力会逐渐丧失。这说明 EGCG 延长寿命的能力主要取决于生物体的反应能力，这意味着随着年龄的增长，生物体可能会失去对 EGCG 的反应能力，从而使得吸收的 EGCG 无法发挥正常的功能来延长寿命。EGCG 可通过激活 AMPK 途径延缓衰老。在低水平 ROS 的状态下，AMPK 可以改变 NAD+ 的代谢，从而激活 SIRT1 基因来延长线虫的寿命。此外，也有研究表明表儿茶素可以调控衰老过程的生长激素 / 胰岛素样生长因子 -1 轴，可能是通过影响 IGF-I 与其载体 IGF 蛋白（IGFBP）的结合或通过激活 AMPK 来降低 IGF-I 水平，从而抑制其合成，最终达到延缓小鼠衰老的效果。

除了抗氧化能力外，许多研究还发现儿茶素可模拟热量限制（CR）作用。目前，CR 被认为是延缓生物体衰老的最有效的干预手段之一，从酵母到哺乳动物甚至灵长类的各种物种中都已被证明能发挥作用。EGCG 可通过竞争性抑制 α- 淀粉酶的活性，以及通过阻止底物进入 α- 葡萄糖苷酶结合位点来非竞争性抑制 α- 葡萄糖苷酶活性，从而降低果蝇体内葡萄糖的含量。葡萄糖已被证明是促进衰老的重要因子，高含量的葡萄糖可导致秀丽隐杆线虫的寿命缩短。此外，在小鼠实验中也已证实具有 α－淀粉酶抑制剂活性的阿卡波糖可以延长寿命。也有研究提出 EGCG 可通过激活 AMPK 来介导果蝇的寿命，从而抑制糖异生。除此之外，自噬也是 CR 途径中的一个重要进程。随着年龄的增长，生物体的自噬活性逐渐降低，因此 CR 能力也会下降。EGCG 可稳定溶酶体酶来促进溶酶体的降解，从而诱导自噬。另外，柯克伍德的"一次性体细胞理论"提出有机体可获得的能量被分配到 3 个功能，即维持、生长和繁殖，如果有机体要延长生命，就需要减少其他功能的能量供应至维持功能。儿茶素可以通过减少线虫体形，从而调节维持功能的能量来延长寿命。

综上可知，如图 3-17 所示，EGCG 和绿茶儿茶素主要通过抗氧化和模拟能量限制来延缓生物体衰老。尽管儿茶素延缓衰老的能力已经在多种模式动物中得到确定，但不同的物种和基因型对于儿茶素的响应不同。例如，有较多研究表明 EGCG 可以促进雄果蝇的寿命延长，但对雌果蝇无显著影响。此外，生物体越复杂，其响应儿茶素的调控机理也越复杂。所以，仍需要开展人体研究才可以明确儿茶素是否对人体寿命延长有帮助。目前的研究只表明儿茶素对衰老过程中的一些特征有抵抗作用，如预防骨质疏松及皮肤松弛等。

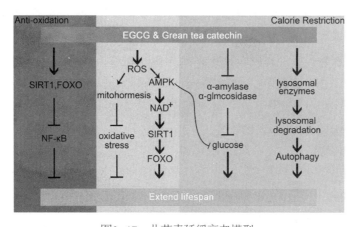

图3-17 儿茶素延缓衰老模型

2）黄酮类化合物延缓衰老的研究现状

黄酮类化合物是广泛存在于许多植物中的一大酚类次生代谢物，是许多药用植物的主要活性成分。它有两个芳香环（A 和 B）相互连接，一般具有 C6-C3-C6 的基本骨架特征。根据中央三碳链的氧化程度、成环与否及与 B 环的连接位置等特点，可以将黄酮类化合物分为九大类：①黄酮和黄酮醇类；②双黄酮类；③二氢黄酮和二氢黄酮醇类；④查尔酮和二氢查耳酮类；⑤异黄酮和二氢异黄酮类；⑥花色素类；⑦黄烷醇和黄烷类；⑧醇酮类；⑨黄酮类生物碱与黄酮类木质素。其中来自于茶叶的黄酮类活性成分主要包括黄酮醇类型的山奈酚、槲皮素、杨梅素和非瑟酮，花色素类的花青素，以及黄烷醇类的儿茶素与茶黄素。它们大多也广泛分布在其他物种中，部分成分也已被证实参与延缓衰老的过程。

槲皮素具有 5 个羟基，因此被认为是黄酮类家族化合物中最强的抗氧剂。目前，已有较多研究表明，槲皮素在生物体内具有较强的清除 ROS 和自由基的活性，以及抑制 DNA 损伤的功能。通过小鼠实验，可以发现长期服用槲皮素会增加脑中谷胱甘肽过氧化物酶的水平，从而提高其清除自由基的能力；也可以降低大脑中与衰老相关的一氧化氮合酶（NOS）活性，防止增加脑线粒体中的脂质过氧化物，从而延缓大脑衰老。同样，以槲皮素为主要成分的玫瑰多酚处理线虫，发现该提取物可使野生线虫中的总 SOD 水平增加，并减少 DNA 的损伤。该过程具有剂量依赖效果，即当玫瑰多酚超过一定浓度时，其抗衰老作用会减弱；但当达到一定浓度时，则不再发挥作用，不能继续延长线虫的寿命。在人体成纤维细胞的研究中也发现，添加槲皮素可以使与衰老相关的 β - 半乳糖苷酶活性降低以减少 ROS 的含量，达到延缓衰老的效果。除抗氧化途径外，槲皮素可以通过直接或间接抑制依赖于 DAF-2 和 AGE-1 介导的 IIS 信号传导途径来延长线虫的寿命，诱导该途径的主要转录因子 DAF-16/FOXO 进入细胞核来延缓衰老。槲皮素还可以通过抑制关键的自噬调节因子 mTOR 的活性，从而诱导细胞自噬的发生，自噬过程被激活也认为与延缓衰老相关。此外，槲皮素也可通过能量限制途径来延缓生物体的衰老，主要是通过激活能量代谢感受器 AMPK、激活下游转录因子 SIRT1、抑制 PI3K 和 NF-κB 来发挥相应的调节作用。与槲皮素化学结构非常相似的非瑟汀也具有很强的抗氧化能力，可延缓线虫、酵母、小鼠的衰老。非瑟汀通过诱导 DAF-16/FOXO 进入细胞核，阻断 PI3K/AKT/mTOR 途径和抑制 NF-κB 来延长生物体寿命。

杨梅素由于 B 环（3',4',5'- 位）上有 3 个羟基而具有较强的抗氧化能力，能够抑制 H_2O_2 诱导的 GSH 氧化，延长酵母的寿命。此外，杨梅素可通过诱导 DAF-16/FOXO 进入细胞核而延长线虫寿命，且能够促进 SIRT1 介导的脱乙酰基作用诱导 PGC-1α 活性来延长小鼠寿命，还可以通过参与抑制 PI3K 信号传导途径调节寿命。具有强氧化性的山奈酚也可通过降低线虫体内 ROS 水平来诱导 DAF-16/FOXO 进入细胞核，进而延缓衰老。在红茶或乌龙茶加工过程中，由儿茶素氧化形成的茶黄素具有比 EGCG 更高的抗氧化活性，茶黄素通过上调 SOD 和 CAT 基因表达，提高 CAT 活性，延长果蝇寿命。花青素作为强抗氧化剂，广泛分布于各种植物中，其在动物体内也可发挥抗氧化作用且被证明有延缓衰老的能力。但是，目前关于其延缓衰老的分子机制研究还相对较少。有研究表明，花青素可通过抑制 NF-κB 活化来防止氧化应激诱导的人体成纤维细胞的衰老。同样，也有研究表明紫色小麦中提取的花青素可通过抑制 IIS 信号传导中的蛋白质来激活 DAF-16 转录因子，诱导其进入细胞核从而刺激抗逆性和长寿相关基因的表达。

　　虽然茶中较多的黄酮类物质都具有强抗氧化性，同时也广泛分布于各种植物中，研究也发现较多的黄酮类物质通过调控相同的抗衰老途径发挥相同的功能，如图 3-18 所示，但它们在体内是否能发挥协调作用仍然未知，需要进一步研究探讨。

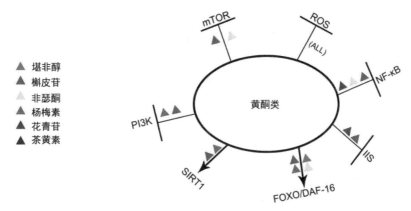

图3-18　茶中黄酮类活性物质延缓衰老模型

3）咖啡碱延缓衰老的研究现状

　　咖啡碱是茶叶中的主要嘌呤碱之一，大量存在于茶叶、咖啡、巧克力等食品中，它是世界上使用最广泛的兴奋性物质之一。在人和动物模型中都有报道表明，咖啡碱的摄入可延长寿命。但作为一种神经兴奋剂，摄入高剂量（400 ～ 500 mg/d）的咖啡碱可能会引起各种副作用，如焦虑增加、血压升高、头痛和神志不清等。因此，在开展咖啡碱延缓衰老功效研究前，对其安全剂量范围的研究也非常有必要。

　　许多研究表明，酵母中的 mTORC1 是咖啡碱的主要靶标，可以通过 mTOR 途径来延长其寿命，如图 3-19 所示。咖啡碱可充当 mTORC1 的抑制剂，抑制其磷酸化激活蛋白激酶 Sch9 的功能，解除 Sch9 对蛋白激酶 Rim15 磷酸化抑制作用，从而延长酵母的寿命。此外，咖啡碱还会激活与 mTOR 途径拮抗的应激活化蛋白激酶途径（Stress-activated protein kinase，SAPK），从而增强其对 mTORC1 的抑制作用。除此之外，有研究表明作为抗氧化剂的咖啡碱可通过抗氧化作用延长线虫和蜜蜂的寿命。

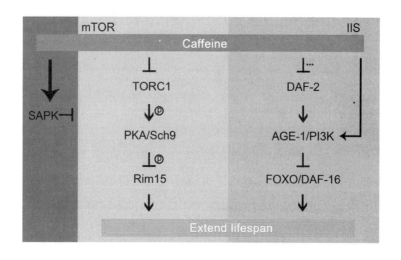

注：*：低剂量咖啡碱；***：高剂量咖啡碱；Ⓟ：磷酸化。

图3-19　咖啡碱延缓衰老模型

高剂量咖啡碱还可通过受体 DAF-2 与转录因子 FOXO/DAF-16结合调节 IIS 信号传导途径延长线虫的寿命。较高浓度的咖啡碱可增加线粒体酶 SOD 的表达，从而平衡线虫体内的 ROS 水平，该作用方式类似于兴奋作用。但是，当咖啡碱浓度较低时，其可直接靶向 AGE-1/PI3K 以抑制 AKT 途径，并随后调节下游基因的表达。咖啡碱也可以作为腺苷受体的拮抗剂和 cAMP 磷酸二酯酶的抑制剂，抑制它们在哺乳动物中的活性。该结果表明腺苷信号在咖啡碱诱导的寿命延长中也可能起重要作用。但是，也有研究发现高浓度咖啡碱可能会降低线虫的寿命，且在人体中摄入高剂量的咖啡碱也会产生不良反应，因此高浓度咖啡碱的使用是否有益还需要更深入的研究。

4）茶氨酸延缓衰老的研究现状

茶氨酸是一种茶叶特有的非蛋白质氨基酸，L- 茶氨酸是其中的一种活性形式。L- 茶氨酸被认为是"安全"和"无毒"的化合物，在日本和美国可以作为膳食补充剂，2014 年我国也批准作为新食品原料。经测定，每日口服＞ 2000mg/kg L- 茶氨酸无不良反应[76]。

关于 L- 茶氨酸在延缓生物体衰老方面的调控机制也有相关报道。L- 茶氨酸在一定的浓度范围内（100 nmol/L~10 μ mol/L）均可延长线虫的寿命[77]。动物实验发现，L- 茶氨酸可在病理生理条件下改善肝脏中抗氧化酶的活性，从而保护肝脏免受损害。同时，它可通过诱导 FOXO1 的 mRNA 表达，抑制 NF-κB mRNA 的表达及诱导该蛋白的磷酸化，进而保持小鼠体内的氧化还原平衡来延长其寿命。有趣的是，许多实验结果表明，

L- 茶氨酸不能改善正常培养状态下的动物衰老情况，而是通过增强其对环境压力的抵抗能力来延缓衰老。如 L- 茶氨酸可通过诱导胁迫抗性相关的基因（hsp 16.2）来延长线虫的寿命。此外，在小鼠中也发现摄入 L- 茶氨酸可缓解由于心理压力导致的寿命缩短现象。在人体中，也有研究发现 L- 茶氨酸的摄入能缓解人的压力，使人体放松。该结果表明 L- 茶氨酸也有可能通过该途径来延缓人体的衰老，但具体的作用机制还有待进一步研究。

综上所述，首先，众多的细胞和动物实验以及部分人体实验表明，茶叶中的多种次生代谢物均可通过调控不同的途径来延缓许多模式动物的衰老进程。但是，具体的抗衰老机理还存在不明晰的地方，需要更多的研究。所以，关于日常饮茶获取的这些次生代谢物是否足以发挥干预人体衰老的功效仍有待于深入研究。其次，各代谢物之间是否存在相互作用，从而影响作用效果也尚不清楚。有部分次生代谢物调控着相同的途径，可能在体内能发挥协同作用，但也有可能会相互干扰而导致其无法发挥与体外实验相同的作用。比如，咖啡碱能影响 EGCG 在人体内的吸收和代谢。最后，衰老是个复杂的过程，不同的生物体有着不同的调控机制。目前的研究大多集中于模式动物中，如线虫、果蝇和小鼠等。虽然有些调控途径是保守的，但在人体中是否发挥相同的调控模式仍然未知。因此，日常饮茶摄入的各种次生代谢物是否能延缓人体衰老，正如第一章中提到的，茶的药代动力学研究仅刚开始，仍需要大量深入研究。

二、茶叶预防神经退行性疾病

神经退行性疾病（Neurodegenerative disease，NDD）是一种在神经系统中产生，导致神经元及其附属树突、轴突和突触，以及广泛分布在神经系统的胶质细胞产生损伤或功能失常的疾病。NDD 是老年人群体中的一种常见疾病。中国是世界上老年人口最多的国家，其中老年人失智人口有 4000 多万，并呈逐年上升的趋势。随着我国人口老龄化的加重，老年痴呆患病率会进一步上升。神经退行性疾病的发病率逐年上升，已经给国家、家庭及个人带来了巨大的精神负担，同时也对社会造成了沉重的经济负担。

NDD 的发生是源于神经元及其髓鞘不可逆的过度损伤，从而对神经元运动控制和信息处理功能造成影响，且会随时间的推移而恶化，最终导致中枢神经系统的功能障碍。神经退行性疾病具有病因复杂、病程长、难治愈等特点。神经退行性疾病可以分为急性神经退行性疾病和慢性神经退行性疾病，急性主要包括中风、脑损伤和癫痫；慢性主要有阿尔茨海默病（Alzheimer's disease，AD）、帕金森病（Parkinson's disease，PD）、亨廷顿舞蹈病（Huntington's disease，HD）、肌萎缩侧索硬化（Amyotrophic lateral sclerosis，

ALS)、不同类型脊髓小脑共济失调（Spinocerebellar Ataxias，SCA）和 Pick 病等。即使这类疾病病因复杂各不相同，但是神经元细胞的过度损伤病变是它们的共同之处。目前，最常见的两种神经退行性疾病是认知型神经退行性疾病–AD 和运动型神经性疾病–PD。目前研究发现两者脑组织中均会发生一些特征性病变，主要包括年龄依赖性聚合和错误折叠的蛋白质（如 β 样淀粉蛋白、tau、α–突触核蛋白、神经元纤维等）聚集现象的发生，大脑皮质萎缩及脑沟增宽，金属离子过量堆积，以及由于神经细胞异常凋亡、神经元大量丢失致使神经系统的紊乱和退化等。21 世纪以来，NDD 的相关研究方向越来越多，层次也逐步加深。研究分外部和内部因素两个方面，前者主要集中于社会因素和环境因素；而后者根据现行流行病学研究显示，NDD 与家族遗传以及基因的异常表达存在紧密联系。目前对于神经退行性疾病的研究有限，发病机制尚未明确，限制了 NDD 的前后期诊断治疗。由于神经元的不可再生性，目前 NDD 不可治愈，而且正在以惊人的速度向世界范围扩展。

神经退行性疾病的主要病因有：①氧化应激。氧化应激是由于体内自由基产生过多不能得到及时消除，使体内抗氧化功能失去作用，并使细胞和组织受到损伤。近年来在神经退行性疾病中都有发现氧化应激的发生。②免疫炎症。已有许多证据表明，炎症在神经退行性疾病中占重要作用。固有免疫系统是种系发育以及进化过程中形成的防御功能，既独立而又与适应性免疫相互联系，共同对抗外来异物的侵犯，维护机体的生理平衡。这一方面发挥着对机体的保护作用，也不可避免地会发生免疫损伤。与神经组织损伤相关的有害物质，若不能及时清除，则可启动固有免疫系统，引起大脑的免疫损伤。尽管此类疾病各有特点，但也有一些相同的症状和神经病理改变。③线粒体功能障碍。线粒体 mtDNA 缺陷和氧化磷酸化异常，PCR 检测发现 DNA 断裂、碱基缺失和错义突变；电镜观察发现线粒体数目增多、结构上出现层状体和晶状包涵体。这与神经线粒体功能失效之后导致 ROS 大量释放而诱发的氧化应激损伤、钙调节失衡最终引发神经元凋亡等相关。④兴奋剂毒素。细胞间隙的谷氨酸过高时会对神经元产生毒性，导致其退化、衰老直至死亡。谷氨酸属兴奋性氨基酸，其发挥的兴奋性毒性与多种神经退行性疾病的发生过程息息相关。

目前对神经退行性疾病的认知检查主要是认知能力测验，是指从认知的角度对部分能力进行测验。对于 NDD 的治疗也是鉴于发病原因的多样性和复杂性，针对一个或者两个因素不能起到明显抑制神经元全面的功能障碍和损失。随着对神经退行性疾病研究的不断深入，利用多途径、多靶点的优势治疗，对改善 NDD 患者的症状，调节脑功能，起到很好的治疗作用。另一方面，NDD 发病所伴随的病理变化是不可逆的，在患者出现认知障碍时，病程往往已到中晚期，此时治疗只能减缓疾病的发展，不能从根本上逆转神经网络的损伤。因此，对于神经退行性疾病应该尽量做到早诊断、早治疗，防止疾病进一步发展。

1. 阿尔茨海默病

1）阿尔茨海默病简介

阿尔茨海默病（Alzheimer's disease，AD）又称老年痴呆症，是由一名德国医生 Alois Alzheimer 最初于 1907 年定义并描述而得名。AD 是一种占比最大且严重的中枢神经系统退行性疾病。随着人口老龄化的快速发展，老龄化相关的疾病发生率持续增加，2017 年 WHO 的统计表明，全球每 3s 就有一例老年痴呆症发生，每 20 年老年痴呆症总人数将增加 1 倍，发病趋势越来越恶化。在所有的痴呆患者中，有高达 50% ～ 60% 为 AD，是典型的增龄性疾病。有数据表明，在 65 岁以上老年人群体中，5% 的人确诊阿尔茨海默病，但是更为严重的是随着年龄的增长，发病率呈倍数递增，在发达国家，在 85 岁以上的老年人群体中，发病率可以达到 24% ～ 33%。再从发展中国家代表性数据来看，这些国家老年痴呆症患者在全世界患者中占比更多，还不包括不发达国家中很多因为医疗条件不发达而无法确诊的，阿尔茨海默病非常普遍，这是一个重要的公共健康问题。根据最新发布的数据表明，目前全世界范围内 AD 患者已高达 4700 万人。截至 2018 年，美国大约有 570 万患者患有不同程度的老年性痴呆，预计到 2025 年，美国 65 岁及以上 AD 患者将多达 710 万；到 2050 年，这一数字将攀升至 1380 万，全球 AD 患者人数将增至 15.2 亿，数量是现在的 3 倍以上（见图 3-20），其中患者主要存在于中国和西太平洋发展中国家。

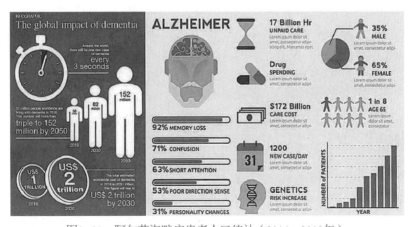

图3-20　阿尔茨海默症患者人口统计（2016—2018年）

AD 是一种发生在老年期的慢性、进行性痴呆，早期不易发现且进程缓慢，但随着时间的推进逐渐恶化。阿尔茨海默病最常见的早期症状是短期记忆丧失，随着疾病发展开始出现语言障碍。很多患者即使病情发展情况不尽相同，一旦确诊后的平均存活时间为 3～9 年，并且阿尔茨海默病常散发，其临床女性发病率为男性的 1.5～3.0 倍。AD 主要的临床表现为逐渐丧失记忆，认知和语言功能出现障碍，智力下降，思维迟钝迟缓及性格变化，这不仅对患者的生活造成影响，同时也会带来巨大的社会压力。

2）阿尔茨海默病发病机制和治疗进展

（1）阿尔茨海默病发病机制。AD 最直接发病原因是年龄的增加和身体机能的老化。在这之外，流行病学研究也表明，还有其他可能因素对其产生影响。然而 AD 发病机制复杂，与脑容量、教育程度、职场生活满意度、自身心理承受能力，以及确诊之后自身身体和心理接受度相关。大脑的储存容量是由神经元数量及其突触和树突末梢生长来控制的，也和人们生活方式相关的认知策略有密切关系。大脑存储能力偏低与此病的一些早期病理性变化密切相关。流行病学研究表明，头部损伤是可能导致此病发生的高危因素之一。但是脑外部受到损伤引发一系列的病原性级联过程，从而造成老年斑与纤维缠结的发生，还是它仅只普通地减少了大脑容量，至今还未有结论，需进一步研究考证。

目前有临床研究表明，全部患者中因为基因突变而致病的有 1%～5% 的阿尔茨海默病与遗传因素有关，剩余的尚无法确定其发病病因。截至目前，有关于 AD 致病机制的假说有很多，包括 β 淀粉样蛋白级联学说（Amyloid hypothesis）、线粒体级联学说、Tau 蛋白假说、基因突变学说、炎症假说、兴奋性谷氨酸毒性学说、胆碱能假说、氧化应激假说与金属假说等。AD 的特点是大脑皮层和某些皮层下神经元与突触的丢失，其特征是 β 样淀粉样蛋白（β-amyloind protein，Aβ）沉积及变性细胞碎片为核心所形成的细胞外老年斑（Senile plaques，SP）；神经元内被 tau 蛋白的过度磷酸化致使细胞内的神经纤维缠结（Neurofibrillar tangles，NFTs）[12]；中枢神经系统（Central nervous system，CNS）神经元以及突触的减少甚至于消失并伴随神经胶质细胞的增生，最直接导致脑萎缩。大脑区域受影响的主要是大脑皮质、海马区、杏仁核、基底前脑胆碱能神经系统以及脑干单胺类神经核团。图 3-21[13] 显示细胞外部淀粉样蛋白斑块的沉淀和细胞内部神经元纤维缠结的累积大脑萎缩变化情况。

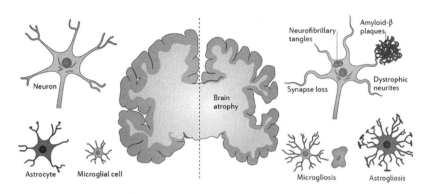

注：Neuron-神经元，Astrocyte-星形胶质细胞，Microglial cell-小胶质细胞，Brain atrophy-脑萎缩，Neurofibrillary tangles-神经元纤维缠结，Amyloid-β plaques-β淀粉样蛋白斑块，Synapse loss-突触损失，Dystrophic neurites-受损神经突，Microgliosis-小胶质细胞增生，Astrogliosis-星质胶质细胞增生。

图3-21 AD的两个核心病理特征细胞外部淀粉样蛋白斑块和细胞内部神经元纤维缠结

①遗传学说。AD的遗传规律是在对家庭和双胞胎的研究基础上发现其变化，患者亲属的患病概率高达49%～79%。遗传性阿尔茨海默病患者大都在65岁之前发病，其中只有1%的人是家族性常染色体显性遗传，这种在医学上称之为早发性家族性阿尔茨海默病。剩余大部分家族遗传性患者究其根本都来自3种基因突变：早老素1基因、早老素2基因，以及淀粉样前体蛋白基因（APP）。

②胆碱能假说。胆碱能假说由20世纪70年代提出，一直是AD研究的热点之一。在大脑组织中乙酰胆碱（Acetylcholine，Ach）是一种重要的神经递质，其在脑组织里传导信号与学习记忆和认知相关，因不明因素导致中枢胆碱能神经元细胞和大脑皮层海马受到损伤就会导致阿尔茨海默病一系列的症状发生，中枢胆碱能通路是组成学习记忆的重要通路，Ach信息传递在其中起重要作用，传递过程极其复杂，并与多种蛋白质相关，这些都有可能使大脑受到影响。在胆碱能假说中，患者脑内特异神经元损伤丢失是构成AD的主要致病因素，调节哺乳动物神经元兴奋、皮质可塑性，能调控学习记忆能力等都有中枢胆碱能系统的参与。正常的胆碱能神经元能在胆碱乙酰转移酶（Choline acetyltransferase，ChAT）催化下生成乙酰胆碱，然后Ach分泌到脑内神经突触间隙中，在突触后神经末梢起到神经信号作用，将其中化学信号转化为电信号，再传送到大脑皮层及海马体内；在乙酰胆碱酯酶（Acetyl cholinesterase，AchE）的作用下，Ach可分解为胆碱和乙酰–CoA；而AD患者基底前脑胆碱能损伤后会导致中枢胆碱能系统功能降低，胆碱能神经元损伤减少，直接导致突触间隙神经信号乙酰胆碱的合成、储存和释放减少，从而影响神经系统信号传递、记忆损伤和认知能力降低（见图3-22）[79]。因此，中枢胆

碱能系统被认为是影响 AD 患者学习认知功能障碍的关键。

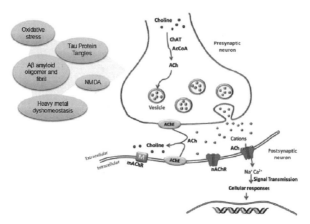

图3-22　阿尔茨海默病致病机制——胆碱能假说

③ β 淀粉样蛋白假说。β 淀粉样蛋白异常沉积并形成以 Aβ 为主成分的老年斑是 AD 最主要的神经病理学特征，Aβ 生理作用尚未明确，但一直以来是 AD 发病机制研究的主流方向。Aβ 是由 β 淀粉样蛋白前体蛋白（APP）经剪辑加工而成的小肽片段，APP 是一种广泛存在于人体全身组织细胞具有膜蛋白受体样结构的细胞跨膜蛋白，其结构包括分泌酶剪切的 Aβ 构成。APP 底物经过两条剪切途径，形成淀粉样及非淀粉样代谢过程，如图 3-23 所示[80]。

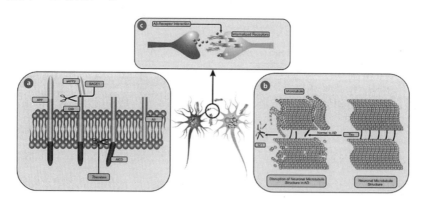

注：a-APP的裂解，以及Aβ斑块的形成和沉积；b-形成神经纤维缠结；c-Aβ积累及其与受体相互作用引起的突触功能障碍。

图3-23　阿尔茨海默病在神经元中的3个主要特征

在非淀粉样酶剪切中，APP 的 Aβ 首先经过以 ADAM 金属蛋白酶为主要成分的 α- 分泌酶（α-secretase）剪切，形成可溶性 sAPPα 外功能区和 C 端 CTFα 片段。然后 CTFα 片段经过 γ- 分泌酶（γ-secretase）剪切形成可溶性细胞外 p3 肽段及细胞内 AICD 片段（APP intracellular domain，AICD）。APP 被 β- 分泌酶（β-secretase，BACE1）剪切，释放可溶性 sAPPβ 及 CTFβ 外功能区。CTFβ 经过 γ-secretase 分泌酶剪切形成不同长度的 Aβ 和 AICD 片段。Aβ 片段的病理作用按其长度不同而有所差异，长片段 Aβ1-41、Aβ1-42 和 Aβ1-40 毒性大，可以作为预测 AD 严重性的一个指标[81]。研究表明，产生氧自由基和促进 Aβ 向 β 折叠发生构变、聚集和纤维形成是由于金属离子参与 APP 代谢过程，可加快氧化作用导致 Aβ 蛋白聚集，聚集形成的淀粉样斑块具有神经毒性作用。另外，还有研究证实 AD 的认知损害程度与脑内 Aβ 寡聚体的量相关。随着研究的深入，人们对于 Aβ 生成的机制有所了解，但是对于 Aβ 如何聚集、该过程中可以形成多少种寡聚体到形成纤维的途径是否一致，这一过程还知之甚少。再者 Aβ 的聚集受如 pH 值和温度等多种条件的影响，致使大家很难用结晶的方法来获得 Aβ 聚集物晶体，去了解不同形态寡聚体的结构特征。目前根据寡聚体特异性抗体和电子透射电镜对 Aβ 的聚集物做出了分类，在单体聚集的过程中会形成两种结构不同的寡聚体，包括前纤维寡聚体（PFO）和纤维寡聚体（FO），它们分别能够被各自特异性的多克隆抗体 A11、OC 所识别。A11、OC 具有广谱性，能够分别识别其他淀粉样蛋白的 PFO 和 FO 以及纤维结构。因此，这些年来根据淀粉样蛋白假说进行了许多药物研发，重点是以 Aβ 为靶点，结果得到了许多实验数据的支持，同时也常常失败而受到了很大争议，到目前该假说仍然占据最主要地位。

④ Tau 蛋白假说。Tau 假说认为阿尔茨海默病的主要致病因素是 Tau 神经元纤维缠结（Neurofibrillary tangles，NTFs）的异常沉积，这是 AD 等神经退行性疾病常见的病理现象，而神经元纤维缠结的主要成分为成对螺旋丝，Tau 蛋白是组成对螺旋丝和神经元纤维缠结的唯一必需成分。神经元纤维缠结与 AD 的认知障碍密切相关，这些病理变化都与 Tau 蛋白相关，这表明 Tau 蛋白在神经变性中起到至关重要的作用。

Tau 蛋白广泛分布于中枢神经系统的神经元中，是一种与微管相关的蛋白质，它可调节微管蛋白的稳定性。在微管蛋白 C 末端结合位点附近发生重复的疾病，导致了微管结合的能力减弱，并削弱了微管结合微管的能力，即微管调节损伤。局部错误定位的 Tau 也会引起微管调整的损伤。这些 Tau 蛋白如上描述的超磷酸化，并形成了沉积和纤维种子，Tau 蛋白的过度磷酸化是 AD 的一种特征性病变，其开始发展并与其他的 Tau 蛋白进行配对最终转化为 NTFs，造成树突和突触里微管消失及解体，细胞骨架的结构被破坏，最终突触丢失神经元细胞损伤而导致神经退行性病变，如图 3-24 所示[82]，AD 患者在发病初期便可发生 Tau 蛋白的病理性变化，其中 NFT$_s$ 的数量与 AD 的严重度有直接的联系，AD 在临床上 Tau 蛋白聚积程度与严重程度呈正相关。

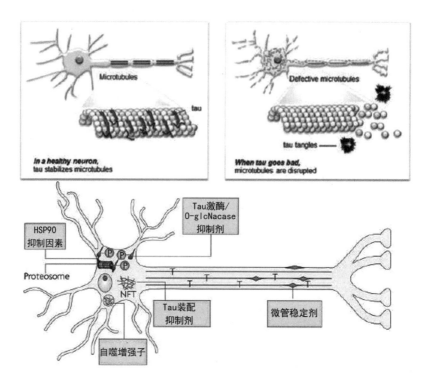

图3-24 阿尔茨海默病致病机制——Tau蛋白异常磷酸化假说

⑤氧化应激假说。氧化应激是指体内活性氧过多的产生，它与身体衰老紧密相关。人体自身的氧化和抗氧化是与生俱来的生理平衡状态，相互制约没有危害，但是在受到外来条件的入侵后，这一平衡就会被打破，此时氧化水平过高引起 ROS 产生，会对人体各个器官产生损伤，从而导致疾病的发生。氧化应激引起 AD 发病机制可能主要与活性氧类物质以及铁的氧化还原作用有所关联。另外，氧化应激现象与各种神经退行性疾病存在联系，例如帕金森、多发性硬化以及迟缓性运动障碍等，但是在阿尔茨海默病的发病过程中起到的作用更为突出。截至目前，氧化损害相关发病机制的解释尚未有确切依据，但是据有关研究表明，阿尔茨海默病的致病基因蛋白如 APP 或 PS 等，在对神经元细胞凋亡进行调节或是对转运金属进行结合的方面会与氧化应激的作用有关系。

另外，老年斑的产生过程中也产生了大量的自由基，产生 NO 后导致脂质过氧化，机体氧化损伤，神经元受到破坏，加剧 Tau 病理进程，导致认知、学习、记忆功能的衰退，最终促成 AD 的发生。另一方面，自由基增多，会促进 APP 裂解，生成 Aβ，导致 Aβ 的沉积，从而影响神经细胞的突触功能，导致细胞凋亡，促使 AD 的发生。

⑥炎症假说。AD 发病机制中炎症占重要部分，多种途径可以促进其产生。机体衰老的过程就会产生慢性炎症，研究表明，Aβ 的过量沉积可以引发炎症反应，并且激活星

形胶质细胞和小胶质细胞释放促炎细胞因子和活性氧等，这就增加了老年人患 AD 的风险，与 AD 相关的有：IL-1β、TNF-α、NO 等。相反，这些细胞因子水平和活性氧反过来也会导致炎症的产生，进而加重 Aβ 的沉积，促使神经细胞的凋亡。

IL-1β 是一种致炎细胞因子，在 AD 病程中起关键作用。AD 患者脑中，Aβ 的沉积可刺激小胶质细胞释放大量 IL-1β，IL-1β 也会诱导星形胶质细胞，调节 APP 的表达，从而促进 Aβ 的沉积和 IL-6、TNF-α、NO 等的产生。若 IL-1β 过度表达不仅会损害神经元，而且在 Aβ 斑块早期形成中起决定作用。研究表明，IL-1β 与记忆、认知功能紧密相关，在 AD 模型大鼠的血清和脑脊液中，IL-1β 的水平均有明显升高。可见，IL-1β 升高与 AD 密切相关。

TNF-α 是重要的促炎细胞因子，在 AD 的炎症反应中起核心作用。Aβ 过量沉积可激活小胶质细胞产生 TNF-α，又可以进一步激活星形胶质细胞，释放更多致炎因子，加重炎症的发生，再促进 Aβ 的沉积，恶性循环，加重 AD 的病程。研究表明，TNF-α 的水平与神经元功能缺失、认知功能和记忆能力有关。研究显示，正常人血清中的 TNF-α 呈低水平表达，AD 患者血清中 TNF-α 水平显著升高。实验发现，敲除 AD 模型大鼠的 TNF-α 基因后，其认知功能显著下降，说明 TNF-α 与 AD 患者的认知功能有关。TNF-α 对 AD 的发病和病程的发展有着重要的意义，并且与认知功能相关。

随着机制研究的深入，炎症也参与到 AD 神经病理生理的发展进程中，主要有小胶质细胞、星形胶质细胞、Aβ 淀粉样蛋白和 Tau 蛋白与炎症的反应。Aβ 淀粉样蛋白可以与神经胶质受体细胞结合，对脑组织中部分小胶质细胞和星形胶质细胞进行激活，激活后的胶质细胞围绕在 AD 患者脑部生成淀粉斑和纤维缠结的部位，不断促使炎性细胞因子合成、释放过多，最终导致神经细胞损伤甚至死亡和诱发中枢神经炎性反应。

⑦神经递质假说。神经元之间信息传递主要由神经突触囊泡释放的神经递质介导，大脑神经递质系统对信息的获得、储存、保持及再现等学习记忆过程的基本神经活动起至关重要作用。这几年来，有人研究如去甲肾上腺素、5-羟色胺、γ-氨基丁酸与乙酰胆碱等神经递质变化对阿尔茨海默病发生作用影响发现，AD 患者脑部特别是海马体和颞叶皮质部分，乙酰胆碱明显缺乏，乙酰胆碱酯酶和胆碱乙酰转移酶活性降低，加剧了 AD 的病理变化。还有研究发现谷氨酸兴奋毒性会妨碍神经元的信号传导，造成淀粉样蛋白沉积和 Tau 蛋白表达异常，最终形成阿尔茨海默病病理变化。AD 患者脑部伴随着去甲肾上腺素和多巴胺含量降低，5-羟色胺和 5-羟吲哚乙酸浓度下降。

⑧金属离子假说。在人体正常生理条件下，钙、锌、铁、铜等金属元素都是人体必

不可少的金属离子。此假说的提出是认为 Aβ 在特定脑区内的沉积并发挥毒性与其皮层和海马区金属离子的紊乱代谢有关，特别是铜、锌和铁离子。更多研究显示，AD 患者大脑组织中各微量金属元素含量升高至失衡状态，同时在 APs 和 NETs 区域及其周围存在金属离子的沉积；同时有研究表明，患者大脑金属离子失衡与 Aβ 沉积、Tau 蛋白过度磷酸化、APP 代谢失调有一定相关性。有研究证明，铁、铜金属离子也可以促进氧自由基产生，致使氧化应激途径促进 AD 的发生。目前针对阿尔茨海默病的发病机制进行了很多研究，但至今尚未完全解释发病原因。

（2）阿尔茨海默病的治疗进展。目前 AD 的治疗策略主要分两大方向，药物疗法和非药物辅助疗法。针对靶点的药物治疗如基因治疗、干扰 Aβ 的药物、影响自由基代谢的药物、抗炎症的药物等都能有效治疗 AD。目前由美国神经病学会发布的 AD 指南一致推荐多奈哌齐、利斯的明、加兰他敏和美金刚为 AD 治疗的最有效药物。多奈哌齐由日本卫材公司研制，于 1996 年获得批准面世，是第二代中枢性乙酰胆碱酯酶抑制剂，其主要作用是控制患者脑组织乙酰胆碱的水平抑制活性，达到改善认知和海马体萎缩进程，患者应用良好，副作用低，是唯一可用于 AD 初、中、晚期治疗的药物。利斯的明是一种可逆性非竞争性乙酰胆碱酯酶抑制剂，由瑞华公司研发，于 2000 年获得批准上市。利斯的明主要作用于大脑皮质和海马区，更多应用于 AD 早中期，对于胆碱酯酶活性抑制效果较好。加兰他敏属于第二代乙酰胆碱酯酶抑制剂，在 2001 年获得许可治疗 AD，由希雷公司和强生公司合作研发，可以有效抑制乙酰胆碱酯酶活性，调节脑内烟碱样受体增加乙酰胆碱释放，主要用于改善轻中度患者认知障碍。美金刚可以保护神经细胞，阻断谷氨酸递质系统异常激活的神经毒性作用，是一种低中度亲和力、非竞争性、强电压依赖性的谷氨酸受体阻断剂。

值得一提的是，医学界基于 Aβ 蛋白这一靶点开发的抗 AD 药物都以失败告终。近年来我国中医学界大量研究和临床证明，中药在针对 AD 的调节神经递质及脑内蛋白质含量、抗神经炎症和氧化应激反应、改善脑能量代谢、减少神经元丢失、抑制细胞凋亡等神经生物机制方面有一定的促进作用。

非药物治疗包括精神行为治疗、社会心理治疗、认知训练和运动疗法。精神治疗历史悠久，作用是让患者建立强大的精神支撑来抵抗身体变化，提高自身意志力，适用于初期患者更好，给予患者适当心理辅导以转移注意力。必要时服用一定的抗精神病的药物、抗抑郁和抗焦虑药物来减轻患者痛苦。在社会治理方面，有研究表示老年患者收院护理治疗带来的是医疗保健成本过高，护理难度大，老年人抵抗力差易受到外界不利环境或者病菌的入侵，从而感染其他疾病，如果对早期患者进行心理辅导，建立信心，患者乐观积极向上，能在一定程度上改善病情。

3）茶及茶提取物对阿尔茨海默病的防治作用

国内外大量研究表明，在生活中饮用茶对各类认知功能障碍性疾病能够起到有效的防治作用，茶叶中经分离、鉴定的已知化合物有1400多种，其中包括初级代谢产物蛋白质、糖类、脂肪及茶树中的次生代谢产物——多酚类、色素、茶氨酸、生物碱、芳香物质、皂素等。多数研究表明，茶叶中许多成分如茶多酚、茶氨酸、咖啡碱等均对认知功能有较好的保护与提高功能。

（1）茶多酚对阿尔茨海默病的防护作用。EGCG是茶多酚的最主要活性成分，占茶多酚含量的50% ～ 60%，是最主要的药理成分，还可作为生物系统中的抗氧化剂，含有很强的抗氧化能力，同时具有防癌、抗炎、保护心脑血管等功效，对神经系统能起到一定的保护作用，且可通过多个环节防止神经损伤。EGCG神经保护方面的功效已有许多研究证明。有人研究发现，EGCG可以抑制一氧化氮（NO）诱导的大鼠PC12细胞形态的改变，减少活性氧的生成和细胞色素C的释放，抑制caspase-9、caspase-8和caspase-3的激活。此外还有研究证实，EGCG通过减少海马神经细胞脂质过氧化和ROS的水平，阻止Aβ1-40引起的大鼠认知功能障碍。另外在APP对AD发病影响的实验中，发现EGCG处理后的细胞中蛋白激酶C（PKC）活性增强，可溶性淀粉酶前体蛋白α（sAPPα）的生成增加，抑制了由Aβ引起的神经毒性作用。若PKC的活性受到抑制，则sAPPα的生成作用也受到明显的抑制。

试验发现，在脂多糖诱导AD小鼠模型实验中，通过口服EGCG（1.5 mg/kg、3.0 mg/kg），3周可以减少β和γ分泌酶的活性，炎症蛋白、诱导型一氧化氮合成酶（Induced nitric oxidesynthase，iNOS）和环氧合酶（cyclo oxygenase，COX）表达量减少。其次，EGCG可以附着于淀粉样纤维的表面。有研究证明，在硫黄素淀粉显色试验中，EGCG可与硫黄素竞争结合淀粉样纤维可结合的位点，减少硫黄素与纤维的结合，并推断EGCG可能通过与纤维表面的氨基酸作用，形成非晶体蛋白质，减少对细胞的毒性。对Aβ诱导的海马神经元损伤的试验发现，经Aβ处理的神经元细胞内MDA水平升高，caspase活性增强；而EGCG处理模型细胞内，细胞存活率有一定提高，MDA水平降低，caspase-3表达受到抑制，由此也可证明EGCG具有神经保护作用，可以避免Aβ诱导后神经元细胞的凋亡，其作用机理与清除自由基相关[83]。口服EGCG对APPsw基因突变小鼠的记忆、认知能力有改善作用，免疫组织化学结果显示扣带回皮质区、海马部、内嗅皮质区 Aβ 水平显著降低。旋臂水迷宫测试显示模型组与对照组相比，APPsw 基因突变小鼠连续服用 EGCG 6 个月的工作记忆能力显著提高。

多酚类物质作用于 Aβ 的机理大致为茶多酚可以和 Aβ 多肽结合，使之形成无毒的球形寡聚物，抑制其生长，减少其神经毒性作用，减缓淀粉样病变的程度。核磁共振探测到 EGCG 可直接与 Aβ 多肽单体结合，造成有稳定 Aβ 多肽作用的芳香疏水核心受到干扰。EGCG 诱导天然未折叠的多肽形成稳定的低聚体结构，可能阻止纤维生成产生的毒性并且直接阻止纤维的生成。

多组动物试验发现，EGCG 可以抑制 Aβ 多肽的形成在 APP 基因过度表达情况的 AD 小鼠中，通过静脉注射 EGCG（20 mg/kg）可以提高 α 分泌酶的活性，抑制 Aβ 多肽的形成。其中在早老素 2 基因突变的 AD 小鼠模型中，通过口服 EGCG 水溶液可有效改善记忆功能，其原理是提高 α 分泌酶活性，同时降低 β 分泌酶和 γ 分泌酶活性，进而达到降低 Aβ 水平。APP 的分解代谢途径决定了它是否可以转化。研究还发现，EGCG 参与调节 APP 的代谢过程，通过激活蛋白激酶 C，促进可溶性淀粉样前体蛋白 sAPPα 的分泌。在 AD 大鼠动物模型实验中发现，EGCG 在调节 APP 的剪切及加工过程中，增加 APP α - 氨基及羧基末端产物 sAPPα、α -CTF 的表达，来降低脑内 Aβ 的沉积，达到减轻大脑淀粉样病变的程度。还有在经 EGCG（20 μmol/L）处理的 AD 转基因鼠取得的原代神经细胞里发现生成的 Aβ1-40、Aβ1-42 显著减少，有效降低了 Aβ 的沉积[84]。在 APP 突变基因转染的 N2a 细胞中，EGCG 是显著提高去整合素金属蛋白酶 10（ADAM10）蛋白的活性和促进 APP 非淀粉样肽的代谢途径，同样可减少 Aβ 的形成。

此外，茶多酚在处理之后还可以防止 Tau 蛋白磷酸化和调节神经递质水平、炎症和抑制淀粉样蛋白积累等。Aβ 多肽是淀粉样前体蛋白（APP）分裂的产物，Aβ 多肽聚集和进一步沉积形成淀粉样蛋白斑块的老年斑是公认的造成神经元死亡及 AD 的关键原因。APP 有两种加工方式：在正常情况下，通过 α 分泌酶将 APP 水解成可溶性 APP（sAPPα），具有神经保护作用；在非正常情况下，APP 在 β 分泌酶的作用下，释放可溶性的 sAPPβ，剩下包含 99 个氨基酸的淀粉样肽再在 γ 分泌酶的作用下，形成含有 40 或 42 个氨基酸的难溶性淀粉样肽，即为 Aβ40 和 Aβ42。Aβ 多肽的毒性取决于其构象及长度，Aβ42 比 Aβ40 毒性要大，Aβ42 聚集形成的低聚体毒性更大。茶多酚可以通过调节 α、β、γ 分泌酶的活性，从而抑制 Aβ 低聚体的形成，且 EGCG 单体清除 Aβ 的能力要强于茶多酚复合物。

茶多酚对提高 Aβ 诱导损伤的神经细胞的存活率方面也起到了很大的作用，它通过降低活性氧 ROS 水平，减少 MDA 的含量以及抑制脂质过氧化等，从而发挥神经保护作用。另外，茶多酚的活性成分 EGCG 还能通过增强表达抗凋亡基因 Bcl-2，下调促凋亡基因 Bax 的表达，从而减轻由 Aβ 引起的神经细胞的凋亡作用[85]。

多年来在茶多酚对神经保护研究中发现其可能的分子机制包括：抗氧化作用、调控 APP 水解、调节细胞信号转导和基因表达及金属整合作用等。茶多酚处理之后可调节细胞信号通路及细胞凋亡因子的表达，如儿茶素可以有效提高暴露于 100 μmol/L Pb^{2+} 的 PC12 细胞的细胞活性，降低胞内 Ca^{2+} 水平以及减少 ROS 的生成，并且带有没食子酰基的儿茶素比不带没食子酰基的儿茶素效果更好。儿茶素可抑制多聚不饱和脂肪酸氧化产物 4- 羟基壬烯醛（4-Hydroxynonenal，4-HNE）诱导的 PC12 细胞中 ROS 的生成，影响谷胱甘肽代谢，减少脂质过氧化和蛋白质氧化，但同时也发现较高浓度的 EGCG（100 μmol/L）和红茶茶多酚（5 μg/mL、10 μg/mL）会损害 DNA，释放细胞色素 C，激活 caspase-3 蛋白酶。

茶多酚还通过调节细胞的信号转导通路，改变受体分子的磷酸化状态和调节基因表达，达到影响细胞保护神经的作用。茶多酚可调节的信号通路大致主要有：MARK 通路、NF-κB 通路等。其中 MAPK 家族主要包括 3 个亚家族，分别为胞外信号调节激酶 ERK、c-Jun 氨基微端激酶（JNK）、p38-MAPK，可以通过激活 MAPK 的磷酸化级联反应，引起细胞应答，调节胞内若干重要级联的过程，从而改变细胞的功能。EGCG 通过抑制 JNK、P38 信号通路中的磷酸化过程以及 ERK 信号通路，从而发挥神经保护作用。EGCG 对 6-OHDA 引起的 SH-SY5Y 神经母细胞瘤细胞的凋亡具有抑制作用，通过激活 MAPK 通路，抑制了促凋亡基因 Bax、Bad，细胞周期抑制因子 Gadd45、Fas 配体的表达。

PKC 属丝／苏氨酸蛋白激酶，在对神经细胞的增殖和存活调节中占据核心地位，它的活性降低直接对大脑产生损伤。茶多酚还能选择性地调节 PKC 信号通路，通过该通路相关蛋白磷酸化，从而增强 PKC 活性，抑制神经细胞的损伤。在 PC12 细胞凋亡模型中，低浓度（1 ～ 10 μmol/L）EGCG 通过激活 P13K/Akt 信号通路或抑制 caspase-3 的活性，促使细胞存活。

核转录因子 NF-κB 主要表达于神经干细胞、神经元和胶质细胞中，参与调控机体的防御反应、损伤应激反应、细胞的分化和凋亡等活动。有研究表明，经 6-OHDA 作用后的 SH-SY5Y 细胞中，NF-κB 因子转录活性增强，细胞存活率下降，而绿茶提取物预处理后，NF-κB 活性受到抑制，神经细胞的损伤作用亦受到抑制。另外在与 Aβ 共培养 24 h 的 PC12 细胞中发现，细胞内 NF-κB 表达增加，出现大量的凋亡细胞，再经过茶多酚处理之后，NF-κB 活性降低，避免了 Aβ 对细胞的神经毒性作用，其可能的分子机制为清除氧自由基，调控与 Caspase-3、Bcl-2 家族相关的信号分子表达。还有研究显示，儿茶素通过抑制转录因子 NF-κB 的活性，阻断与 iNOS 基因启动因子的结合，减少 iNOS mRNA 的表达，降低神经细胞 nNOS 和诱导性 iNOS 蛋白表达水平。此外，茶多酚还能通过影响细胞周期，调节细胞凋亡基因表达，从而发挥神经保护作用。

在茶多酚改善认知方面也有些研究报道，给 SAMP8 6 月龄小鼠连续饮用乌龙茶、绿茶 16 周之后处死，实验发现所有处理均能抑制认知损伤，减少脑组织海绵状变性及脂褐质沉积。还有实验发现，12 月龄老年雄性 Wistar 大鼠连续饮用 0.5% 绿茶提取物水溶液 8 周也可显著提高学习和记忆能力，并显著降低乙酰胆碱酯酶活性。研究发现 4 月龄雄性 SAMP8 小鼠连续饮用 6 个月 0.05% 和 0.10% 的绿茶儿茶素溶液，可有效预防空间学习能力和记忆力的衰退，海马部异常蛋白表达下降，脑萎缩和 DNA 氧化损伤均有所改善。另外通过 Morris 水迷宫测试饮用儿茶素（CA）的 C57BL/6J 小鼠，发现 0.5% 和 0.1% 的 CA 能阻止由老龄引起的空间学习和记忆能力的下降。另有研究显示，表儿茶素能显著降低 Aβ 25-35 引起的海马神经元脂质过氧化物和 ROS 的水平，并能改善记忆损伤状况。以上研究表明茶多酚对改善认知有一定的功效作用。

多项研究表明，氧化应激通常出现在 AD 病理进程中的早期，也是非常关键的症状，茶多酚还能有效防止氧化应激；茶多酚能提高 AD 相关动物及细胞的抗氧化能力以达到减少 ROS，改善 AD 动物模型学习记忆能力。茶多酚发挥抗氧化作用的可能机制为：①提供活泼氢，捕获或直接清除自由基；②抑制脂质过氧化反应，减少由氢自由基、超氧自由基等诱导的脂质过氧化物的生成量；③提高细胞内抗氧化酶系统的活性（如 SOD、CAT、GSH 和一些低分子化合物等），及时清除体内过多的氧自由基，维持细胞正常的氧化代谢水平；④螯合金属离子，拮抗金属离子催化产生的氧自由基；⑤抑制氧化物活性。

（2）茶黄素对阿尔茨海默病的防护作用。茶黄素化合物的许多生物活性主要来源于它们含有的较多酚羟基结构的抗氧化活性。现已发现，茶黄素具有调节血脂、抗氧化、抗肿瘤及调节机体免疫、抗菌、抗细胞凋亡、抗神经炎症、神经保护等多方面的药理作用。众多研究已证实，茶黄素因具有较多抗氧化特性的没食子酸酯结构，因此具有清除超氧阴离子、抑制脂质过氧化损伤功能。

通过体外实验发现，茶黄素 TF3 能有效减少细胞内低密度脂蛋白（LDL）的氧化，抑制 LDL 活性的强弱顺序为 TF3 > TF1 ≥ EGCG > EGC > GA，且茶黄素的浓度和作用时间和作用效果呈正相关。含有 TF3 处理组的细胞中过氧化物的产生也明显降低。通过体外实验调查茶黄素对大鼠膜蛋白羰基、巯基和红细胞溶血的保护作用，结果显示，氧化应激条件下，TFs 表现出明显的抗氧化作用，保护红细胞免受损伤。此结果表明红茶茶黄素对 Aβ 引起的氧化损伤导致的阿尔茨海默病可能具有适当调控作用，预示茶黄素对于预防和调控阿尔茨海默病有良好前景，值得进一步在体内和临床研究中证实茶黄素对于阿尔茨海默病的疗效。

茶黄素与儿茶素具有相类似结构及功能，两者均能抑制 APP 裂解成 Aβ，从而缓解 Aβ 聚集，下调由 Aβ 诱导 SH-SY5Y 神经细胞 β 位淀粉样前体蛋白裂解酶 1BACE1（Beta-site APP cleaving enzyme，BACE1）基因蛋白表达，从而表明儿茶素及茶黄素对 AD 具有一定的缓解作用。另外有研究发现，红茶茶黄素类对毒性淀粉样蛋白形成的抑制作用与 EGCG 一样，均是通过刺激 Aβ 组装成球状的淀粉样蛋白聚集物，从而无法生成吸引其他蛋白单体聚集的模板，并且将 Aβ 纤维改造成无毒的聚集形式。但是在相同氧化条件下，茶黄素相比 EGCG 结构更稳定，更不易被氧化，其利用率可能高于 EGCG，而更适合被开发成治疗药物。这些发现表明，红茶茶黄素可以有效去除有毒的淀粉样蛋白沉积，抑制其对大脑产生的毒害。另外有研究发现，AD 患者体内糖基化终末产物（Advanced glycation end products，AGEs）水平与同龄正常人相比升高了 3 倍，且 AGEs 积累可加速 Aβ 聚集，从而加剧 AD 病症。给快速衰老模型小鼠 SAMP8 动物模型连续灌胃 10 mg/（kg·d）EGCG 和茶黄素混合物 10 周后，药物干预组小鼠血清中 Aβ 42 及 AGEs 水平均有所降低。因 Aβ 聚集为 AD 发病机制中较为典型的病理特征，且 Aβ 与 AGEs 在 AD 患者机体内具有协同作用，由此推断 EGCG 和茶黄素可能通过调控 Aβ 42 和 AGEs 处于正常水平，从而缓解 AD 的发生与发展。

Chastain 等[84] 最近对绿茶和茶黄素提取物抑制 Aβ 聚集的能力进行了测试。研究通过 4 个实验模拟了 Aβ 从单体到寡聚物，再到可溶性聚合物，最后可溶性聚合物后期延长的一系列过程。结果表明儿茶素和茶黄素显示出不同的抑制 Aβ 聚集途径能力，茶黄素则对聚合的各阶段都有抑制作用，而儿茶素只对聚合的后期产生影响。

（3）茶氨酸对阿尔茨海默病的保护作用。茶氨酸作为茶叶的主要呈味物质具有特殊的鲜爽味，能有效缓解茶叶的苦涩味。茶氨酸是兴奋性递质谷氨酸的衍生物，可抑制谷氨酸的兴奋毒性而达到神经保护作用。

近来，有人研究了 L- 茶氨酸对 Aβ 1-42 诱致的小鼠认知功能损伤的影响，通过 Morris 水迷宫测试和消极躲避行为测验方法，证实口服 L- 茶氨酸 5 周的小鼠，能有效地抑制学习和记忆损伤情况。2004 年采用跳台法及复杂水迷宫法研究茶氨酸对小鼠学习记忆能力的影响发现，一定剂量的茶氨酸可缩短正常小鼠在复杂水迷宫内抵达终点的时间，并有效减少错误次数，延长记忆获得障碍小鼠在跳台中首次错误的出现时间。也有研究发现，饮用含茶氨酸水溶液后老鼠的学习能力和记忆力得到明显改变。

Nozawa[85] 将体外培养的鼠中枢神经细胞暴露于 100 μmol/L 谷氨酸中，出现 50% 神经细胞死亡，但是若同时给予 8 μmol/L 茶氨酸，则神经细胞死亡明显被抑制。这表明在体外，茶氨酸可以直接拮抗谷氨酸对神经细胞的兴奋性毒性。之后，Kakuda[86] 等研究了缺血再灌注损伤后茶氨酸对沙鼠海马部神经细胞迟发性死亡的保护作用。也有学者以腹腔注射的方式给予小鼠茶氨酸，进一步研究系统给药的情况下茶氨酸对脑梗死的神经保护作用，结果发现，茶氨酸可以明显减少缺血再灌注之后脑梗死面积。利用鼠青光眼模型也发现，用茶氨酸处理或早期大剂量服用茶氨酸，视网膜神经节细胞能得到明显的保护。有研究还发现，灌胃茶氨酸（2 mg/kg 或 4 mg/kg）能够减轻 Aβ 1-42 诱导的小鼠 AD 模型神经毒性，并能抑制 ERK/p38 和 NF-kappaB 信号通路，减轻氧化损伤，提出茶氨酸的神经保护作用与氧化应急有关。

对谷氨酸触发稳定转染人 β- 淀粉样前体蛋白（amyloid precursor protein, APP），突变基因（APPsw）的 SH-SY5Y 细胞的兴奋性神经毒性作为 AD 的体外模型，研究表明，作为谷氨酸的类似物，茶氨酸能够通过抑制 N- 甲基 -D- 天冬氨酸受体的过量激活及其相关途径达到神经保护作用。另有研究表明，茶氨酸能够减轻 Aβ 1-42 诱导的小鼠 AD 模型神经毒性，并能抑制 ERK/p38 和 NF-kappaB 信号通路，减轻氧化损伤，提出茶氨酸的神经保护作用与氧化应急有关。

（4）咖啡碱对阿尔茨海默病的预防和治疗。咖啡碱是一类黄嘌呤生物碱化合物，是中枢神经兴奋剂，能够暂时驱走睡意并恢复精力，临床上用于治疗神经衰弱和昏迷复苏。其作用在中枢神经系统能影响大脑的睡眠、认知、学习和记忆，并且对多种大脑神经性功能障碍或疾病进行修正，包括 AD、PD、亨廷顿病、癫痫、疼痛、偏头痛、抑郁症与精神分裂症等。

咖啡碱预防和治疗 AD 的机制包括降低脑内 Aβ 的产生和累积，与抑制 β- 分泌酶和 γ- 分泌酶的表达有关。研究表明，咖啡碱长期应用能减少大脑中 Aβ 的沉积，短期应用能迅速减少 Aβ 的产生，咖啡碱通过两种机制减少 Aβ 的产生和增加 Aβ 的分解。一是高剂量咖啡碱能降低 β- 分泌酶的浓度，由于 β- 分泌酶能催化 APP 分裂产生 Aβ，因此，高剂量咖啡碱能减少 Aβ 的产生；二是低剂量咖啡碱能增加胰岛素降解酶（IDE）的浓度，由于 IED 能调节 Aβ 的降解和清除，故低剂量咖啡碱能增加 Aβ 的分解。结论是无论低剂量还是高剂量的咖啡碱，都能防止 Aβ 的产生和累积。此外，最近的研究表明，长期摄入咖啡碱还可能通过增加脑脊液的产量，调节脑脊液循环，减少 Aβ 的累积。成年大鼠长期摄入咖啡碱可以提高体内 Na^+-K^+-ATP 酶的表达，增加大鼠大脑的血流量，进而增加脑脊液的量，增强脑脊液循环。脑脊液循环的增强可能伴随 Aβ 清除的增加，因此 Aβ 的累积可能会减少。

Dall'lgna 等[87] 的研究首次提供了咖啡碱与 AD 关系的体外实验证据，研究表明，咖啡碱对腺苷 A2A 受体有阻断作用，从而阻止 Aβ 对体外培养神经元的毒性作用。之后又补充了体内实验数据，证明咖啡碱能预防 Aβ 引起的记忆缺失，这种保护作用也与腺苷 A2A 受体相关。Arendash 利用转基因 AD 小鼠模型研究摄入咖啡碱是否具有长期的保护效应，结果证明，每天适当摄入咖啡碱可能延迟 AD 的发生或降低患 AD 的风险。最近一项研究证实，以饲养胆固醇的家兔作为散发型 AD 的动物模型，口服咖啡碱对于胆固醇介导的散发型 AD 也有积极的预防和治疗作用。

咖啡碱能阻止脑内 Tau 蛋白的过度磷酸化，其调节 Tau 蛋白磷酸化具有浓度依赖性。咖啡碱阻止脑内 Tau 蛋白的过度磷酸化可能与 GSK-3β 相关。高剂量咖啡碱同时抑制 GSK-3β 的表达和 Tau 蛋白的磷酸化，提示咖啡碱调节 Tau 蛋白的磷酸化可能与其对 pGSK-3β 酶的抑制作用有关。除了 GSK-3β 之外，咖啡碱可能还通过作用于其他靶点调节 Tau 蛋白磷酸化，因为低剂量的咖啡碱抑制 GSK-3β 的活性，却不能降低 Tau 蛋白的磷酸化。在影响 Tau 蛋白磷酸化的多种激酶中，糖原合成酶激酶 -3β（GSK-3β）具有重要作用。Tau 蛋白上有多个 GSK3 的磷酸化位点，GSK3 可作为抑制 Tau 蛋白过度磷酸化的靶点。以上研究结果表明，咖啡碱对 Tau 蛋白的过度磷酸化有重要的抑制作用。

规律性摄入咖啡碱能降低患 AD 的风险，但未将咖啡碱进行量化与比较；另外，还有一些利用不同的方法和人群来评估咖啡碱与认知减退关系的流行病学研究，大多数结果也支持咖啡碱与 AD 呈负相关。近年来研究发现，高水平摄入咖啡碱（300 mg/d）的女性记忆力减退缓于低摄入或不摄入咖啡碱的女性。咖啡碱能减缓女性的认知减退并降低认知损伤，但对于男性此现象不明显。因此，他们认为咖啡碱与女性 AD 的发生呈负相关。另外研究发现，中年时摄入适当的咖啡碱（300~500 mg/d）可使晚年 AD 的风险降低 65%。一系列的流行病学证据证实，长期适当摄入咖啡碱能预防和治疗 AD。

（5）茶叶及提取物对阿尔茨海默病的预防和治疗。2008 年，新加坡报道了老龄化人群中 1438 名年龄在 55 岁以上、认知能力完整的中国成年人饮茶与认知能力修复之间关系的队列研究。实验结果显示，相比不喝茶或者几乎不喝茶的实验组，喝茶组（包括低、中、高水平），特别是饮用红茶者的认知能力相对较好。该流行病学研究表明，红茶对认知能力降低具有一定的预防和修复效果。2009 年，在挪威进行了饮茶对认知能力影响的试验，研究对象为 2031 位年龄在 70～74 岁之间的老年人，其中女性比例为 55%。结果显示，喝茶（红茶）者相比不喝茶者，认知能力的测定得分显著较高。

有研究者通过体外通透性实验来测试红茶提取物、15 种天然多酚类物质和 8 种 N–亚苄基苯甲酰肼衍生物保护磷脂膜免受 Aβ 聚集物损伤的能力，结果显示，红茶提取物对 Aβ42 寡聚物造成的膜损伤有特别有效的保护作用。其中，植物多酚和红茶提取物均能降低 Aβ42 聚合物引起的囊泡透化作用，相比 EGCG（50 μmol/L）处理组通透性为 67%，红茶提取物（5 μg/mL）处理组的通透性仅为 4%，抑制膜损伤的效果最为明显。因此，红茶提取物对于脂质膜具有很强的保护作用，可能通过该途径对大脑神经细胞起保护作用。有人对红茶提取物保护海马细胞免受 Aβ 诱导毒性毒害的能力进行了研究。结果显示，绿茶提取物（25 μg/mL）和红茶提取物（含 80% 茶黄素，5 μg/mL）都可以降低 Aβ42 诱导的细胞 MTT 还原，而后者的效果最为显著。综合以上的研究，红茶能够减弱 Aβ 蛋白的毒性，从而减缓 AD 的发生。

21 世纪以来，人们的生活条件逐渐改善，人的寿命延长，AD 等退行性疾病发生率越来越高，严重影响了人们的生活，带来了很大的负担，受到广泛的关注。找出 AD 的发病机制，成为国内外研究 AD 的焦点。茶叶作为最普及、最易得的饮料之一，在日常生活中不可或缺，因其含有大量多酚类化合物而具有较多的药理功效；且茶多酚类化合物不仅具备抑制蛋白质聚集或寡聚体解聚等功能，还具有与 AD 发病机制相关联的如抗氧化、清除自由基、神经保护等功能，因此，茶叶作为 AD 的防治药物开发具有很广阔的前景，并有可能成为下一个老年痴呆症研究热点。

2. 茶叶预防帕金森病研究

1）帕金森病概述

帕金森病（Parkinson's disease，PD）以前又称为"震颤麻痹"，是一种常见于中老年人缓慢进展的神经系统变性疾病，其主要病理特征为黑质致密部（substantia nigra pars compacta，SNpc）中多巴胺能神经元的选择性缺失和路易小体形成，多巴胺（dopamine，DA）的缺乏会导致基底神经核—丘脑神经环路的神经元活动异常和同步性增强，这可能与 PD 运动症状有关。主要引起静止性震颤、肌僵直、运动迟缓和姿势步态异常等运动障碍和和嗅觉减退、睡眠紊乱等非运动症状，帕金森病是继阿尔茨海默病之后的第二大神经退行性疾病。

　　帕金森病的发病率随着年龄增长而增高，病情呈进行性发展，给全世界老年人及其家庭带来了严重的威胁和护理负担。据一项流行病学调查表明，我国 PD 主要发生在 65 岁以上的老年人群体中，男性发病率约为 1.7%，女性为 1.6%，且患病率随着年龄增长而升高，80 岁以上的老年人患病率已经上升至 2.65%，与世界发达国家相近。目前我国帕金森病患者人数近 300 万，约占全球患病人数的 30%（见图 3-25）。作为一种高病残率的中枢神经系统变性疾病，PD 严重威胁着中老年人群的身心健康。至今，临床药物仅能缓解部分症状并不能阻止和逆转 PD 的发病进程，且副作用严重，毫无疑问 PD 的治疗一直都是研究的一大热点。

图3-25　帕金森病现状与常见症状

　　PD 临床表现极为复杂，姿势运动障碍多发生于晚期，经常出现在确诊 5 年后。大概有 60%～70% 的人出现静止性震颤，动作为手部"搓丸状"，静止情况下较明显，紧张时会加重表现，伴随着病情变化，会蔓延到整个肢体。临床上检查潜在震颤的有效方法是单侧肢体的如握拳、松拳运动导致另一侧肢体震颤出现或加重；PD 的另一个主要特征是自发动作缓慢即行动迟缓，具体表现为早期出现书写、系鞋带和扣纽扣等细节动作行动困难，特殊表现为声音单调低沉、行走时摆臂动作消失或减少，在检查时出现轮替动作障碍。齿轮样强直同样也是该病早期最常见的临床症状。患者在主动运动状态下侧肢体因为紧张导致肌强直增强。在疾病早期，通常肌强直呈现出不对称性，出现在面部或四肢的肌肉，随着病情的进展，可影响整个身体。到了中晚期常可出现动作平衡障碍，平衡能力和翻正反射消退或消失，常常导致患者步态姿势不对，容易摔跤，这也是判断病情的一个重要标志。病情发生早期主要症状为走路时下肢不便造成拖累，伴随着病情的发展加重，走路步伐变小且速度减慢，出现不能走动转弯问题，偶尔伴随全身僵直，主要表现为在行走过程中突然不能迈步或者全身行动不便、走不动，也被称为"冻僵"。

　　PD 患者非运动症状的发生与发展过程中存在自主神经症状例如性功能减退和便秘、出汗异常等，另外很可能同时发生嗅觉功能的减退和精神障碍、认知障碍等。PD 早期临床症状中嗅觉功能障碍常比运动症状更早出现，生物学标记的一种是嗅觉检测，这对识别 PD 高危人群是一种有效的方法。据研究表明，有 45% ~ 90% 患者嗅觉功能障碍出现之后发生运动症状，甚至于最后嗅觉丧失。在这两个症状以外还同时存在中枢神经变性和肠神经变性等。PD 最常见的精神症状有焦虑、抑郁、淡漠，大概占一半左右，有一小部分患者在病情后期伴随痴呆症状，视觉空间功能和短期记忆消退，给患者日常生活带来很多不便。PD 除了受到年龄老化的影响，还受到环境、遗传等很多因素的影响。有研究表明，长时间接触农药和杀虫剂的人群 PD 患病率较高，这说明农药杀虫剂是 PD 的致病危险因素，天然有机杀虫剂鱼藤酮在我国农业生产中应用广泛，其不依赖多巴胺转运体且具有很强的亲脂性，可以聚集在如线粒体等细胞器中，抑制活性，从而引起细胞凋亡。

2）帕金森发病机制和治疗进展

（1）帕金森发病机制。神经元是神经系统的重要组成，并且神经元的再生能力有限，一旦受损伤就无法自我修复而产生神经退行性的可能。黑质是大脑主要活动的控制中心之一，工作机制是释放神经递质多巴胺（DA），改善整个身体运动功能，大脑 DA 不够会导致细胞失去控制运动的能力，大脑黑质区域多巴胺能神经细胞死亡或缺失会引起 PD 症状（见图 3-26）。PD 由黑质起源逐渐扩散到其他部位区域，特征性病理特征是黑质表达酪氨酸羟化酶（TH）的多巴胺能神经元以及它们投射到纹状体尾壳核神经纤维的变性缺失，同时伴有胞浆内形成的路易小体（lewy body，LB）——以 α - 突触核蛋白（α -Synuclein，α -Syn）为主要成分的嗜酸性包涵体。PD 症状往往会随着时间变化，大多数 PD 患者的病理呈进行性加重，导致多种并发症出现，患者生活质量严重下降。

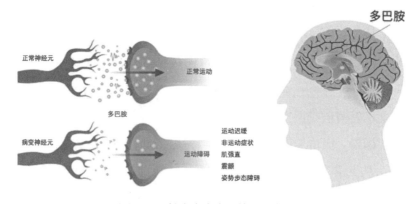

图3-26　帕金森病病理特征示意图

目前，在 PD 的病因、病理机制的各种假说中，任何一种发病机制都不能完全解释 PD 的原因。但认为，这可能与帕金森病自身的病理基础或患者生活环境和运动状况、自身氧化应激等均有关系。黑质多巴胺能神经元大量变性、丢失是目前公认的帕金森病的发病原因，但是尚不完全清楚是何种原因导致多巴胺能神经元变性死亡的原因，但目前已知与年龄、基因突变、神经炎症、氧化应激、突触核蛋白、线粒体功能相互作用、微量元素和胶质细胞等因素相关。

（2）帕金森病临床药物治疗现状。因帕金森病主要是由黑质多巴胺能神经元变性丢失引起的，针对这一症状，以左旋多巴最为有效，其功能作用于 DA 能系统保护神经元细胞损伤和死亡，可以有效改善患者症状，目前临床应用治疗帕金森病的药物主要有抗胆碱能药物、金刚烷胺、多巴胺替代治疗药、多巴胺受体激动剂、单胺氧化酶 –B 抑制剂、COMT 抑制剂六大类，这些药物通过不同的药理机制实现对帕金森病的治疗。常规使用的是抗胆碱能药物，它通过抑制脑内乙酰胆碱的活性来增加多巴胺效应，副作用为口干，容易引起记忆损伤。抗病毒药物金刚烷胺对抗帕金森病也有效，功效比左旋多巴差，但是比胆碱受体阻断剂有效，长期服用后副作用是出现肢体似网状斑块和踝部肿胀。目前治疗帕金森病的基础药物有多巴胺替代疗法药物，国内常用复方左旋多巴标准片，单用能有效改善运动障碍，但对震颤疗效较差，对于帕金森病仅能减轻症状，对疾病的发展不能控制；剂量较大以后容易出现恶心、呕吐、心动过速、心律失常、低血压、不安精神症状；两次服药中间出现症状波动现象，服药 2 ～ 3 h 后头面部不自主运动、躯干扭转、四肢呈舞蹈样或手足徐动。

在有认知功能障碍的患者治疗策略上可早期干预，并且及早开始认知训练，会有效延缓认知功能的下降。中国传统锻炼项目太极拳，有独特的节律和动作，可调节身心状态。有研究证实 PD 患者的自主神经功能紊乱、睡眠质量及心理状况都可以通过适当太极拳锻炼来改善。如果患者失眠与 PD 相关症状有联系，就应把治疗重点放在抗帕金森药物上，通过缓解夜间运动症状来改善睡眠。若患者失眠与焦虑抑郁情绪相关，心理疏导无效时可使用抗抑郁或抗焦虑药。针对失眠，目前有效且安全性较好的催眠药物是苯二氮䓬受体激动剂和褪黑素受体激动剂。

3）茶及茶提取物对帕金森病的防治作用

近些年来对茶叶中许多成分研究表明，茶及其提取物如茶多酚、咖啡碱、氨基酸等对帕金森病有一定的改善治疗效果，能改善各类认知功能障碍性疾病，见表 3–13。

表 3-13　茶叶提取物防治 PD 机制比较

有效成分	信号通路	mRNA表达	蛋白表达	其他
茶多酚	SIRT1/PGC-1α 通路、ROS-NO通路、P13K信号通路、PKC通路	PGC-1α、SOD1和GPX1mRNA表达上调；阻止caspase-9表达；增加Bcl-xL、Bcl-2、Bcl-w表达；抑制Bax、Bad和Mdm2表达	PGC-1α和SIRT1蛋白表达增加；抑制COMT活性；增强PKC和ERK1/2活性；抑制nNOS和iNOS表达	减少ROS产生；防止线粒体膜电位的降低；抑制细胞内游离Ca²⁺累积；抑制NO产生；清楚纹状体铁聚集；降低蛋白质结合的3-NT水平；抑制多巴胺转运体摄取3H-多巴胺（3H-DA）和MPP⁺
茶氨酸	抑制JNK信号通路	抑制JNK和caspase-3表达	促进ERK1/2磷酸化；抑制HO-1表达上调	与谷氨酸受体NMDA结合；抑制短时暴露于谷氨酸引起的大脑皮层神经细胞迟发性神经元死亡；降低细胞内Ca²⁺浓度
茶黄素		减少caspase-3,8,9表达	提高DAT、VMAT2在纹状体和黑质中的表达；TH表达增加	阻止线粒体膜电位降低、降低细胞内ROS和NO水平；降低氧化应激
咖啡碱	激活P13K/Akt信号通路	降低caspase-3活性；促进CYP1A1表达；抑制CYP2E1、GST-ya、GST-yc、GSTA4-4表达	促进Akt磷酸化；促进VMAT-2表达	保护黑质致密部神经元

（1）茶多酚对 PD 的防治作用。近些年大量研究报道了茶多酚在多种细胞和 PD 动物模型上改善认知和抵抗大脑损伤的保护作用。在细胞模型方面，利用 6- 羟基多巴胺（6-OHDA）建立半 PD 大鼠模型，探讨茶多酚对其保护作用机制，在 6-OHDA 诱导 PD 病理细胞模型中评价了茶多酚的神经保护作用。结果表明，茶多酚预处理可明显改变凋亡细胞核变化，减少 6-OHDA 诱导的早期凋亡率，防止线粒体膜电位下降，降低细胞内活性氧和钙离子累积。此外，茶多酚还可以抑制 6-OHDA 诱导 NO 含量升高和 nNOS 与 iNOS 过量表达，有效降低细胞内蛋白结合硝基酪氨酸水平。此外，茶多酚有对 6-OHDA 自氧化有浓度—时间依赖性抑制作用；另外还发现 6-OHDA 诱导动物旋转行为是时间依赖性的，茶多酚可利用浓度和时间依赖性减轻 6-OHDA 诱导产生的旋转行为，降低中脑和纹状体中 ROS 和 NO 含量、脂质过氧化程度、硝酸盐 / 亚硝酸盐含量、蛋白质结合硝基酪氨酸浓度，同时降低 nNOS 和 iNOS 表达水平。茶多酚预处理可增加黑质致密部存活神经元、抗氧化水平和减少凋亡细胞。口服茶多酚可以有效保护脑组织免于 6-OHDA 损伤引起的神经细胞死亡，其保护作用可能通过 ROS 和 NO 途径而实现。

应用 6-OHDA 诱导的 SH-SY5Y 细胞作为 PD 病理细胞模型发现，对于 SH-SY5Y 细胞作用方面，茶多酚具有量效和时效双效抑制 6-OHDA 自动氧化和清除氧自由基的能力。其结果表明，茶多酚对 SH-SY5Y 细胞的保护作用大致是通过控制 ROS-NO 通路来调节的。在 6-OHDA 细胞上可以减缓凝聚核和凋亡小体的变化，减弱 6-OHDA 诱导的早期凋亡，抑制活性氧（ROS）和细胞内游离 Ca^{2+} 的积累。茶多酚可抵消 6-OHDA 诱导的 NO 水平增加，以及神经型 NO 合酶和诱导型 NO 合酶的表达，降低蛋白质结合的 3-硝基酪氨酸的水平。

在 PD 动物模型方面，PD 患者纹状体多巴胺显著减少，抑制作用降低，从而出现 PD 的症状。研究表明，从绿茶中提取的多酚可以抑制多巴胺转运体摄取 3H-多巴胺（3H-DA）和 MPP^+，从某种程度上保护胚胎大鼠中脑多巴胺能神经元免受 MPP^+ 的诱导损伤。有研究证实，绿茶多酚提取物可以减少纹状体多巴胺的消耗和黑质多巴胺能神经元的凋亡；并且在 6-OHDA 诱导的大鼠 PD 模型中绿茶多酚也能发挥神经保护作用。茶多酚以时间依赖和立体选择性的方式跨过血脑屏障。大量的动物模型研究说明，茶多酚可以通过血脑屏障，这表明茶多酚是潜在的生物活性物质，具有神经保护和神经调节作用。绿茶可以防止 GSH-Px 降低，表明绿茶在与年龄相关的氧化损伤中具有保护作用。

中国帕金森病研究组对茶多酚的临床研究发现，与 410 例未接受任何治疗的 PD 早期患者进行对比，尽管茶多酚轻微增加了失眠，但有效缓解了 PD 早期患者的症状。但目前临床实验还没有最终确定茶多酚可以用于治疗 PD。

有在果蝇 PD 模型中多酚类物质（EC、EGC 和 EGCG）可以抑制帕金森病神经毒素百草枯诱导的运动能力损伤的例子。另外 MPTP 模型中茶多酚 EGCG 对猴子的运动能力和多巴胺能神经元损伤以及脑中 α-突触核蛋白的聚集能达到减缓效果。EGCG 和抗震颤麻痹药雷沙吉兰联合给药几乎完全抑制了帕金森病神经毒素 MPTP 诱导的黑质纹状体系统中多巴胺能神经元退化。研究结果表明，EGCG 可抑制 COMT 催化的内源性和外源性化合物甲基化，因此，EGCG 可通过抑制 COMT 的活性增加突触中多巴胺的水平。

采用细胞模型对 PD 机制研究报道较多，用 MPP^+ 处理高度分化的 PC12 细胞作为体外细胞模型，研究显示，SIRT1/PGC-1α 通路是 EGCG 抑制 MPP^+ 诱导的 PC12 细胞损伤的机制之一，EGCG 通过 SIRT1/PGC-1α 通路能增加抗氧化酶的表达，去除自由基，抑制 MPP^+ 引起的细胞变性和死亡。将神经细胞 N18D3 用 EGCG 预处理 2 h 后，暴露在 30 mmol/L 的喹啉酸中 24 h，分别用 MTT 比色法和 DAPI 染色法检测细胞活力和细胞凋亡，结果表明，EGCG 能明显提高细胞活力和阻止细胞凋亡。EGCG 还可以阻断细胞内 Ca^{2+} 增加，并抑制 NO 的产生，减少喹啉酸诱导的兴奋性细胞死亡。

在动物模型方面，研究表明，EGCG 具有抗 Aβ 诱导的神经毒性的保护作用和通过 PKC 通路调节非淀粉样 APP 的分泌。有研究显示两种不同剂量的 EGCG（10 mg/kg、50 mg/kg）处理 1- 甲基 -4- 苯基 -1,2,3,6- 四氢吡啶（MPTP）诱导的 PD 小鼠模型，结果表明 EGCG 可以抑制 iNOS 的活性，从而阻止 NO 的过量释放。另外 EGCG 可以通过清除小鼠纹状体铁聚集，抑制 PD 患者铁调节蛋白 2（IRP2）量的降低，从而起到神经保护作用。

酚羟基是 EGCG 抗氧化的结构基础，可提供活跃的氢以清除 ROS，另外 EGCG 还能促进抗氧化酶的表达，以及参与肿瘤转移和迁移相关通路。另有体内实验证实，EGCG 能够激活 Nrf2/ARE、MAPK、JAK/STAT、PI3K/AKT、Wnt 和 Notch 等信号通路，参与细胞调控。EGCG 作为 Nrf2/ARE 信号通路激活剂的研究主要有 EGCG 通过激活 Nrf2/ARE 信号通路，参与调节体内抗氧化还原水平，从而改善与氧化应激相关的疾病损伤。研究表明，EGCG 可以恢复 6-OHDA 引起的蛋白激酶 C（PKC）和细胞外信号调节激酶（ERK1/2）活性的降低。另有研究表明，儿茶素尤其是 EGCG 能抑制 Ca^{2+} 进入细胞，也通过实验证实儿茶素可有效降低脑细胞内的 Ca^{2+} 浓度。EGCG 可通过血脑屏障发挥其生物学效应，如强抗氧化、清除自由基及抗凋亡等作用。

（2）茶氨酸对 PD 的防治作用。茶氨酸具有保护神经的作用，在临床上也可用于预防和治疗 PD 综合征。有实验证明培养 PD 模型 SH-SY5Y 细胞，茶氨酸可与谷氨酸受体 NMDA 结合，显著降低由谷氨酸诱导的细胞凋亡，防止神经损伤。通过大脑皮层神经细胞实验表明，茶氨酸能抑制短时暴露于谷氨酸引起的大脑皮层神经细胞迟发性神经元死亡，起到神经保护作用。

利用与 PD 相关的神经毒素鱼藤酮和狄氏剂对多巴胺激导的神经细胞系 SH-SY5Y 培养实验表明，500 μmol/L 的茶氨酸通过抑制上述两种神经毒素引起的血红素氧合酶（HO-1）表达上调，并促进 ERK1/2 磷酸化，起到减轻 PD 多巴胺诱导的神经细胞损伤的作用。在 PD 病理状态下，亲离子型谷氨酸受体中的 N- 甲基 -D- 天冬氨酸（N-methyl-D-aspartic acid，NMDA）型受体受谷氨酸激活后，导致大量的细胞外 Ca^{2+} 内流，胞内 Ca^{2+} 大量增加，激活 Ca^{2+} 依赖性蛋白酶，导致神经元坏死或凋亡。Nozawa 等通过实验证明，将培养的鼠中枢神经细胞暴露于 800 μmol/L 的茶氨酸中，能缓解因培养引起的细胞内 Ca^{2+} 浓度升高。有研究表明茶氨酸在鼠体内的代谢动力学变化情况，发现茶氨酸经处理后，鼠的血清、肝中茶氨酸的浓度会增加至最高值并逐渐降低，在这一过程中脑中的茶氨酸浓度保持增长趋势，24 h 后，在血清、脑、肝等组织中未能检测到茶氨酸。

（3）茶黄素对 PD 的防治作用。茶黄素是第一次从茶叶中找到具有确切药理作用的化合物，被誉为茶叶中的"软黄金"。近年来，茶黄素对 PD 的防治作用也日益受到关注。研究发现茶黄素能抑制 MPTP/p 诱导的细胞凋亡和神经退行性病变，如黑质酪氨酸羟化酶（TH）和 DAT 表达增加，细胞凋亡标记如 caspase-3,8,9 减少，伴有正常行为表征。这些数据表明茶黄素可能为 PD 提供新的治疗策略。实验表明，茶黄素在 $0.5 \sim 25.0$ μg/mL 以剂量依赖的方式抑制 6-OHDA 的氧化。SH-SY5Y 细胞经 0.5 μg/mL 茶黄素预处理能防止 6-OHDA 诱导的细胞失活、凝聚，减弱 6-OHDA 诱导的细胞凋亡的毒性，阻止线粒体膜电位降低和细胞内 NO 水平的增加。结果表明，茶黄素在低浓度下对 6-OHDA 诱导的细胞凋亡的保护作用可能是通过抑制 ROS 和 NO 的产生实现的。研究表明，茶黄素对 MPTP 诱导的神经退行性病变如氧化应激、单胺转运和行为异常等有神经保护作用。施用 MPTP（30 mg/kg）导致小鼠氧化应激增加，行为模式减少，纹状体多巴胺转运体（DAT）和囊泡单胺转运体 2（VMAT2）表达降低。茶黄素预处理可以降低氧化应激，提高运动行为和 DAT、VMAT2 在纹状体和黑质中的表达。有研究表明帕金森病也与脑部线粒体的三磷腺苷（ATP）合酶损伤有关，该酶的 β 亚基低表达，而细胞质中的 α 亚基却出现积累，这些与神经组织的退化相关，其中红茶中分离出来的茶黄素，在大肠杆菌（Escherichia coli）模型系统中氧化磷酸化和超氧化物进行试验，茶黄素都很有效地抑制 ATP 合酶，抑制至少 90% 的活性，IC_{50} 值在 $10 \sim 20$ μmol/L 范围内[87]。

（4）咖啡碱对 PD 的防治作用。咖啡碱是茶叶中含量最多的生物碱，是一种黄嘌呤衍生物，在茶叶中的含量一般为 2% ~ 4%。合理摄入咖啡碱对人体健康具有一定的积极作用。以日常饮用一杯茶中咖啡碱最高含量为 140 mg，实际摄入量更远远低于这个数值，不会对人体造成危害。

咖啡碱最常见的生理效应有兴奋中枢神经，增加快速而清晰的思考，并且可以提神。有关咖啡碱的神经保护作用是这几年来研究的热点。咖啡碱与 PD 之间的关系在一次流行病学调查中发现。加拿大和美国研究者均发现摄入咖啡碱能够降低患 PD 的风险，并且摄入中等剂量（每天 1 ~ 3 杯）咖啡碱的受试者 PD 发病率最低。咖啡碱摄入量与患 PD 风险成反比。另有研究表明摄入咖啡碱可降低 PD 的发病率，并能减轻女性激素替代疗法的影响。在 6-OHDA、鱼藤酮等处理的 SH-SY5Y 细胞建立 PD 模型研究中，用中国模型发现咖啡碱可以降低 caspase-3 活性，同时减少凋亡凝聚或核碎片的数量。咖啡碱经处理后出现 Akt 磷酸化；PI3K 抑制剂能消除咖啡碱的细胞保护作用；而丝裂原活化蛋白激酶（MAPKs）如 Erk1/2、p38 或 JNK 等并未被咖啡碱活化。这些研究结果均表明咖

啡碱的神经细胞保护作用是通过激活 PI3K/Akt 信号通路实现的。用 6-OHDA 诱导的单侧
纹状体损伤 PD 大鼠模型，咖啡碱处理 1 个月能减轻大鼠的旋转行为，保护黑质致密部
（SNC）神经元。另有研究表明咖啡碱对 PD 的保护作用可能与遗传因素有关，且咖啡碱
对 PD 的保护意义主要体现在 PD 发病前期的预防。

现在一般认为咖啡碱作为甲基黄嘌呤类生物碱，是一种非选择性腺苷酸受体拮抗剂。
咖啡碱能够通过阻断 A2A 亚型的腺苷酸受体，提高多巴胺的神经传递，促进多巴胺释
放，从而起到预防和缓解 PD 的效果。Kalda A 等人采用 A2A 受体敲除的小鼠制备 PD 动
物模型，研究结果进一步显示咖啡碱通过拮抗 A2A 亚型腺苷酸受体对多巴胺能神经元起
到一定的保护作用。咖啡碱与自噬也有相关，在酵母中曾发现咖啡碱可能通过增加自噬
延长了酵母寿命。也有报道称 A2A 亚型腺苷酸受体拮抗剂具有诱导自噬的效果，而咖啡
碱作为 A2A 亚型腺苷酸受体拮抗剂也可以诱导自噬。还有研究发现咖啡碱能够通过诱导
自噬保护神经细胞免受朊蛋白损伤。体外细胞实验还表明，咖啡碱能够通过对 PI3K/Akt/
mTOR/p70S6K 信号通路的抑制作用，提高细胞自噬水平，并诱导凋亡的发生。对咖啡碱
的分子药理机制进行深入研究，旨在为 PD 的治疗提供新的参考依据和治疗方向。

从茶叶对 PD 治疗应用前景来看，大量研究证实绿茶提取物（主要为茶多酚和茶氨
酸）可以改善记忆和认知能力，由此可以看出目前急需开展茶多酚和氨基酸协同治疗 PD
的作用和分子机制研究，此外还可考虑茶叶与其他天然产物协同作用，为 PD 天然药品
开发提供理论依据，进而筛选出有效的治疗药物。

第十节　饮茶与骨骼健康

骨主要由骨质、骨髓和骨膜三部分构成，里面有丰富的血管和神经组织。长骨的两端
是呈窝状的骨松质，中部的是致密坚硬的骨密质，骨中央是骨髓腔，骨髓腔及骨松质的缝
隙里容着的是骨髓。儿童的骨髓腔内的骨髓是红色的，有造血功能，随着年龄的增长，逐
渐失去造血功能，但长骨两端和扁骨的骨松质内，终生保持着具有造血功能的红骨髓。骨
膜是覆盖在骨表面的结缔组织膜，里面有丰富的血管和神经，起营养骨质的作用，同时，
骨膜内还有成骨细胞，能增生骨层，具有能使受损的骨组织愈合和再生的作用。

世界卫生组织报告：人类常见的 135 种疾病中，有 106 种疾病与骨营养缺乏有关，
达到一定程度时，即会导致脊椎侧弯、关节变形、胸椎弯曲、脊椎变形；严重者会影响
到心肺功能、肠道功能，并对心脑血管及高血压等多种病症产生影响。长期以来，人们

在预防和治疗骨骼老化、骨质疏松、退化性疾病病变时进入了一些"误区",其中之一就是单纯补钙。现代营养学指出:人体的骨骼主要由特殊蛋白质和多种矿物质构成,各种营养物质按特殊的比例组合才能有效地促进骨骼健康。

据估计,美国50岁以上的人口中有半数受骨质疏松症或骨质流失所影响。世界卫生组织(WHO)预测,髋部骨折的案例将从1990年的1700万上升到2050年的6300万。因为与骨质疏松症和低骨质密度有关的骨折是一个全球性的问题,而且预期会随着全球老年人口的增加而恶化。

一、饮茶与骨密度的关系

台湾成功大学医学院家庭医学部访问了1037名30岁以上的男女,并根据参与者的喝茶习惯将他们分成四组。研究人员询问了参与者有关运动,吸烟习惯,是否使用钙补充剂,以及咖啡、牛奶及酒精的摄取量,并考察了其他影响骨质密度的因素,包括性别、年龄、身体质量指数(BMI)及生活方式等。研究人员透过双能量X光吸收测定仪测量参与者全身及三个部位(腰椎、股骨颈和Ward三角)的骨骼矿物质密度(BMD)。研究结果显示,与不喝茶的人相较之下,长期喝茶者,亦即每周至少喝一次茶的人,三个部位的骨质密度都比较高。研究发现,喝红茶、乌龙茶或绿茶十年以上的人,髋部的骨质密度最高,他们的髋部骨质密度比没有喝茶习惯的人高出了6.2%,而喝茶六到十年者则高出了2.3%。喝茶一到五年,对于骨质密度似乎没有明显的帮助。

剑桥大学医学院的凯特克霍博士及其同事对1200名65～76岁的妇女的饮茶习惯和骨密度进行调查,结果表明,饮茶妇女的腰椎、髋骨密度比不饮茶的人要高,但饮茶对股骨颈和股骨上端的密度影响不大。王建等调查影响重庆市绝经后妇女骨质疏松症发生的危险因素,为骨质疏松的防治提供依据。方法采取病例—对照的研究方法,对重庆地区绝经后妇女开展标准化问卷调查,通过非条件Logistic回归模型进行绝经后妇女骨质疏松症的危险因素分析。髋部骨折家族史、低身体质量指数和多产次是影响重庆市绝经后妇女骨质疏松症发生的重要危险因素,而经常运动、饮茶以及保持适当的雌激素水平有助于预防绝经后骨质疏松的发生。

但是,上述研究中喝茶者的其他特性也可能影响骨质密度。

二、饮茶与骨的代谢关系

茶多酚类物质对护骨作用的可能机制有以下五个方面:①通过抗氧化应激作用减缓骨丢失;②通过抗炎症反应来减缓骨丢失;③通过增强成骨作用;④通过抑制破骨作用;⑤通

过骨免疫系统作用。

1. 通过抗氧化应激减缓骨丢失

茶多酚被最广泛接受的功能是它们的抗氧化活性，因为它能捕获并且去除 ROS 的毒性。近期有研究证明补充绿茶提取物能提高细胞的过氧化物酶活性和减缓氧化应激损伤，并进一步证明补充绿茶提取物能通过过氧化物酶体保护系统对骨量和骨微结构有好的保护作用。在另一个研究中，15 月龄假手术和去势手术大鼠按 400mg/kg b.w 给予绿茶提取物后，肝脏谷胱甘肽过氧化物酶活性都有提高，这也是第一个证明 GTP 能通过抗氧化能力减少骨量丢失保护骨质的实验。在由慢性炎症诱导的骨丢失模型中，GTP 因其抗氧化的活性能减缓骨密度的下降。在另一个研究中因为 GTP 中的 EGCG 有很好的抗氧化作用，结果能减缓氧化应激诱导的钙石沉积。红茶提取物同样也具有很好的减缓氧化应激的作用。有研究证明红茶提取物能有效地降低由于雌激素缺乏引起的单核细胞氧化应激状态，能减缓氧化应激状态引起的高骨转换，减缓骨量丢失。

2. 通过抗炎作用减缓骨丢失

茶多酚有很好的抗炎活性，能阻止和治疗许多炎症性疾病。动脉粥样硬化患者体内低水平的慢性炎症能导致骨丢失，在动脉粥样硬化发病进程中正常骨重建被打乱，一些前炎症因子如 TNF-α、IL-1β、IFN-γ、PG E2 等能导致骨量丢失。这些因子通过直接或间接增加破骨细胞生成，阻止破骨细胞凋亡，抑制成骨细胞活性等使骨丢失加快。有证据表明骨骼疾病和心血管疾病之间可能有某些联系。因为骨丢失和动脉粥样硬化有相似的病理机制。有研究表明内毒素不仅能导致大鼠低骨量，而且能导致幼年鼠心脏血管高度的纤维化。在动物饮水中加入绿茶提取物 GTP（400mg/kg b.w），则能减缓骨丢失和减少幼鼠冠状动脉的纤维化，GTP 的这种保护作用部分可能是通过降低炎症来实现的。进一步的证据表明，EGCG 是通过抑制 COX-2、LOX 及 iNOS 的功能来缓解骨质疏松的。尽管具体的调控没有完全阐明，但推测其起作用主要是在转录水平或翻译之后阶段。EGCG 能在细胞和分子水平上调控许多信号通路。EGCG 能通过降低脂质过氧化和氧化应激，以及通过抑制 iNOS 表达进而抑制 NO 分子的生成等途径对机体起保护作用。

TNF-α 和 IL-6 都能够通过细胞凋亡途径来调节成骨细胞的存活期来调节骨代谢，尤其在某些病理条件下，如风湿性关节炎骨质疏松症患者体内表现很明显。在细胞实验中 TNF-α 或 IL-6 能诱导鼠成骨细胞的凋亡。儿茶素能促进 MC3T3-E1 细胞的生存和 ALP 活性，通过减少 TNF-α 和 IL-6 表达抑制成骨细胞凋亡。另外，茶活性成分可能通过 Runx-2 调节机制来加强骨矿化进而影响骨强度。Runx-2 能调节多能干细胞向成骨细胞分化，Runx-2 能在早期阶段加强成骨细胞分化，但在后期通过与成骨相关基因相互作用抑制成骨细胞的成熟。研究表明，用 EGCG 刺激鼠科动物骨髓间充质干细胞 48 h后，Runx-2、osterix、骨钙素和 ALP 的 m RNA 表达量上升了。如果 EGCG 的刺激作用延长到 4 周，发现细胞矿化作用增强了。他们还报道了经过 14 天的 EGCG 刺激，3T3-E1 细胞中 ALP 的活性增强了。以上实验还证明 EGCG 对转录之后阶段继续有影响作用。EGCG 能加强成骨细胞向成熟化水平发展，因此导致骨基质的矿化作用加强和骨形成加强。此外，通过 Wnt 信号通路增加成骨细胞活性，茶活性成分可能会通过激活 Wnt 信号通路增强成骨细胞的成骨活性。现已知 Wnt 信号通路在骨骼生长和骨量获得中起重要作用。Wnt 信号通路能促进骨—软骨祖细胞向成骨细胞的分化。当 Wnt 的配基结合到其受体（卷曲蛋白）及合受体（LRP5/6）上，就启动了 Wnt 信号通路。另外，EGCG 较少影响 TGF-β 诱导的 Smad2 磷酸化作用，表明 EGCG 并不是作用于 Smad2 调节系统的上游位点。 PGD2 也是成骨细胞功能的重要调节者。有研究证明 EGCG 通过抑制 p44/p42MAP 激酶途径，而不是通过 p38MAP 激酶或者 SAPK/JNK 途径来抑制 HSP27 的产生。尽管在生理学上 HSP27 对成骨细胞的重要意义还没有被阐明，但是很有可能 EGCG 是对 SAPK/JNK 或者 p44/p42MAP 激酶级联反应的抑制作用进而下调 HSP27 表达，有助于成骨细胞的骨形成功能。

3. 通过激活血管内皮生长 VEGF 调节机制来加强骨形成

VEGF 是一种亲肝素的血管内皮生长因子，对血管内皮细胞有高度的特异性。VEGF 与小鼠松质骨形成和骺生长板软骨细胞过度膨胀区域的膨胀有关。因此，VEGF 的失活将导致血管浸润伴随物的完全抑制和松质骨形成受损及小鼠胫骨骨骺生长板软骨细胞过度膨胀区域的膨胀受损。 除了 VEGF、PGF2α 作为一种重要的骨再吸收参与者，它刺激了成骨细胞的增殖并且抑制它们的分化。有研究证明，EGCG 能通过放大成骨细胞中 SAPK/JNK 信号上调 VEGF 表达量。

4. 抑制破骨细胞生成和破骨细胞活性

茶生物活性成分可能有降低活体内破骨细胞的活性的作用。细胞培养实验中可观察到破骨细胞生成受到了抑制。茶对破骨细胞的作用包括抑制破骨细胞性骨吸收，增加破骨细胞凋亡和抑制破骨细胞的形成。

1）通过稳定胶原来抑制骨吸收

胶原是细胞外基质中最主要的有机成分。骨基质纤维网络的最基本构件是 I 型胶原。通过组织胶原酶和胱氨酸蛋白酶降解胶原是骨吸收的必要步骤。因此，骨胶原对胶原酶降解作用的抵抗加强则能阻止胶原的降解，这将会减少骨吸收。有研究表明，（+）儿茶素可通过作用于骨胶原来抑制骨吸收和阻止破骨细胞的激活。在这个实验中，（+）儿茶素的抑制效果可能是因为它的一种氧化产物能结合在未矿化的胶原薄层上，从而使静息的成骨细胞和矿化基质分开，避免骨基质被破骨细胞分泌的胶原酶降解。这种通过抑制破骨细胞的活性的方式足够抑制骨吸收的整个过程。

2）通过激活细胞凋亡蛋白酶来增强破骨细胞的凋亡

有机体内破骨细胞的数目决定于破骨细胞生成速率和凋亡速率。破骨细胞的凋亡表达，最终导致单核细胞向破骨细胞分化受阻，减少骨吸收。另外，EGCG 还抑制了 TRAP、CTR、碳酸酐酶 II、组织蛋白酶 K 等 m RNA 的表达。有人最近报道 EGCG 能通过 RANKL 抑制破骨细胞的分化和骨吸收陷窝的形成。

3）通过调节免疫细胞产生的细胞因子

EGCG 对免疫细胞产生的细胞因子有调节作用。绝经后妇女骨吸收加强与单核细胞表达的免疫因子（IL-1、IL-6、IL-12 和 TNF-α 等）的增加有关。除了单核细胞表达的细胞因子量的变化，T 细胞异常与骨质疏松也有关联。有研究发现，骨髓基质细胞、B 细胞、T 细胞中 RANKL 的表达在绝经中期妇女体内要比绝经前期妇女和雌激素干预的妇女体内高很多。这些发现表明下调骨髓中基质细胞和淋巴细胞 RANKL 的表达能缓解因雌激素缺乏导致的骨吸收。有研究发现 EGCG 能下调 IL-10 表达和刺激巨噬细胞产生 IFN-γ。IL-10 是一种与 Th2 辅助细胞有关的白介素，在体液免疫中有重要的作用[81]。除了 T 细胞，EGCG 对 DC 细胞（树突状细胞）和抗原提呈细胞也有影响。在一个鼠骨髓源 DC 细胞实验中，EGCG 能抑制 DC 细胞表达 TNF-α 和 IL-12。有研究表明，EGCG 能抑制内毒素诱导鼠源性 DC 细胞的表型和功能成熟过程，其作用途径是通过抑制 MAPK 的表达和抑制 NF-κB 的活化来实现的。EGCG 对促炎性细胞因子的表达调节作用有细胞特异性。例如，EGCG 能呈剂量依赖性地降低内毒素诱导鼠科巨噬细胞系——RAW264.7 表达 TNF-α 的量和 BALB/c 小鼠腹膜巨噬细胞表达 TNF-α 的量，所有这些结果均是由于 EGCG 抑制 NF-κB 活化来发挥作用的。越来越多的证据表明茶叶中的许多生物活性成分对骨质疏松有保护作用。这些结果得到动物体内外实验和人类流行病学结果支持。茶生物活性成分所起的有益作用在很大程度上是通过抗氧化和抗炎症及相关信号途径起作用的。这表明了茶活性成分是作为一种有效的食物补充剂来阻止低骨量患者 BMD 的下降。同时值得指出的是，即使茶和它的代谢物对骨丢失有保护作用，但是在动物实验结果应用到人还有一些知识缺陷。所有动物实验证据仅显示 BMD 的增加，而并没有测骨强度变化及抗骨折能力变化。这些动物实验数据主要集中在长骨，而关于骨质疏松患者的数据多是脊柱和臀部。另外，在纵向研究方面，茶提高 BMD 和抗骨折作用只有较少数据支持。在将来人体实验中，茶和它的活性成分应该长期地给药，应该通过生物标记物来检测生物利用度。还要通过先进的影像工程学方法评价骨微结构来验证它们对骨质疏松症患者有益。

　　孙权在 2014 年以骨质疏松症大鼠为研究对象，研究了普洱茶、红茶、绿茶对骨质疏松症大鼠骨密度、骨微结构、体内 Ca、P 代谢等的影响及影响程度（如图 3-27 所示）。处理设假手术组（SHAM 组）、模型组（Model 组）、普洱茶低剂量组（PL 组）、普洱茶中剂量组（PM 组）、普洱茶高剂量组（PH 组）、红茶低剂量组（BL 组）、红茶中剂量组（BM 组）、红茶高剂量组（BH 组）、绿茶低剂量组（GL 组）、绿茶中剂量组（GM 组）、绿茶高剂量组（GH 组）。SHAM 组除外，其余各组大鼠均摘除双侧卵巢行去势手术；SHAM 组大鼠则保留双侧卵巢而只切除卵巢旁少量脂肪。所有大鼠手术完成后第 8 天，SHAM 组和 Model 组除外，其余各组大鼠每天灌胃给予不同剂量的茶；SHAM 组和 Model 组则每天灌胃去离子水。连续给药 90 天后各组取材进行检测。与 SHAM 组比较，所有摘除卵巢大鼠在术后体重迅速增加，术后 3 周已有很显著的差异（$P < 0.001$）；各种剂量普洱茶、红茶、绿茶均能在一定程度上抑制摘除卵巢造成的大鼠体重快速增长。至给药结束时，Model 组大鼠有最高的平均体重，SHAM 组大鼠有最低的平均体重。普洱茶中剂量组、普洱茶高剂量组、红茶高剂量组、绿茶中剂量组、绿茶高剂量组大鼠平均体重与 Model 组相比差异有统计学意义（$P < 0.05$）；给药结束时所有摘除卵巢大鼠均有萎缩的子宫，子宫鲜重与 SHAM 组比较均有显著性差异（$P < 0.001$）；与 Model 组相比较，普洱茶中剂量组、普洱茶高剂量组、红茶中剂量组、红茶高剂量组及绿茶高剂量组子宫鲜重增加，差异有统计学意义（$P < 0.05$）；至给药结束时，与 SHAM 组相比较，Model 组大鼠有更高的腹部脂肪量（$P < 0.01$）；普洱茶中剂量组、普洱茶高剂量组、红茶中剂量组、红茶高剂量组、绿茶中剂量组、绿茶高剂量组大鼠腹部脂肪量与 Model 组相比均有下降，有显著性差异（$P < 0.05$）；至给药结束时，与 SHAM 组相比较，Model 组大鼠的骨密度值明显降低（$P < 0.05$），与 Model 组相比，PM、BM 组大鼠的骨密度值明显增加，差异有统计学意义；至给药结束时，各组大鼠右侧股骨远心端骨微结构结果显示：SHAM 组骨小梁分布均匀，致密，形态结构完整，连接成网状，未见有断裂现象；Model 组可见骨髓腔扩大，骨小梁分布稀疏，骨小梁变细，且粗细不一，断裂现象严重（见表 3-14）。各给茶组骨小

梁分布较 Model 组稍致密，骨小梁相对较粗，但仍表现结构不完整，有较严重断裂现象。骨微结构分析结果显示：与 SHAM 组相比较，Model 大鼠 BV/TV、Tb.Th 和 Tb.N 均显著降低（$P < 0.01$）；BS/BV、Tb.Sp 和 TPF 均显著升高（$P < 0.01$）。与 Model 组相比，PL 组、PM 组、BL 组、BM 组 BV/TV、Tb.Th 显著提高（$P < 0.05$），PL 组、PM 组 Tb.N 显著升高（$P < 0.05$），PL 组、PM 组、BM 组 BS/BV、Tb.Sp 和 TPF 均显著降低（$P < 0.05$）；与 SHAM 组相比较，Model 组大鼠有更高的 24h 尿钙、尿磷和尿肌酐排出量；普洱茶、红茶组大鼠与 Model 组相比 24h 尿钙、尿磷、尿肌酐均有下降；与 SHAM 组相比较，Model 组大鼠有更高的血清碱性磷酸酶（ALP）活性；普洱茶、红茶组大鼠与 Model 组相比 ALP 有下降，结果有显著差异（$P < 0.05$）（见表 3-15）。研究结果表明，双侧卵巢摘除的处理组即骨质疏松症大鼠股骨骨密度值显著下降，骨小梁明显变薄变细，且数目减少，甚至断裂。而茶的使用在一定程度上增加了去势大鼠骨密度，抑制了由雌激素缺乏导致的骨小梁的吸收，增加骨小梁的平均厚度和相对面积，改善骨的微观结构；红茶比普洱茶和绿茶对骨微结构改善的效果更加稳定。

表 3-14 大鼠股骨远端骨小梁平均骨密度测定结果（$\bar{x} \pm s$）

Table 2 Measurements of Tb. mean（$\bar{x} \pm s$）

组别	n（只）	Tb. mean（HU）
SHAM	6	124.58±51.02
Model	6	-192.28±57.91***
PL	6	-161.78±40.34
PM	6	-100.25±62.12#
BL	6	-153.33±39.30
BM	6	-100.90±69.10#

注：SHAM：假手术组；Model：模型组；PL、PM：普洱茶低、中剂量组；BL、BM：红茶低、中剂量组；与SHAM组比较，***$p<0.001$；与Model组比较，#$p<0.05$。
注：SHAM：假手术组；Model：模型组；PL、PM:普洱茶低、中剂量组；BL、BM：红茶低、中剂量组。骨组织学观察：SHAM组骨小梁分布均匀，致密，形态结构完整，连接成网状，未见有断裂现象。Model组则可见扩大的骨髓腔及严重断裂的骨小梁结构，骨小梁分布稀疏，且粗细不一。PL、PM、BL、BM 组骨小梁分布较 Model 组稍致密，骨小梁相对较粗，但仍表现结构不完整，有较严重断裂现象。

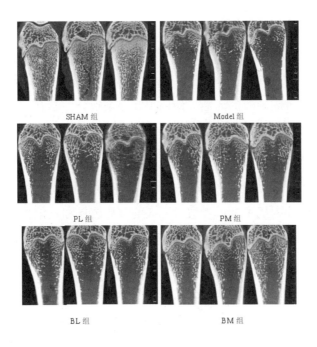

SHAM 组   Model 组

PL 组   PM 组

BL 组   BM 组

图3-27 不同茶类处理对大鼠骨质疏松症影响

表 3-15 24h 尿钙、尿磷、尿肌酐排出量测定结果（$n=10$, $\bar{x} \pm s$）

组别	尿 Ca（μmol/24h）	尿 P（μmol/24h）	尿 Cr（μmol/24h）	尿 Ca：尿 Cr
SHAM	8.81±2.98	65.80±34.77	52.40±13.18	0.18±0.07
Model	50.70±13.45**	187.16±96.78*	94.54±13.18**	0.54±0.13**
PL	24.82±13.92#	172.01±94.59	85.87±24.97	0.30±0.14#
PM	23.67±17.01#	209.94±86.54	85.86±18.49	0.27±0.17#
BL	28.58±4.72#	167.66±7.25	91.59±8.23	0.31±0.05#
BM	23.96±11.67#	199.56±105.92	80.24±24.94	0.32±0.16#
GL	14.92±15.07##	308.47±319.27	132.38±131.79	0.11±0.03#
GM	15.17±11.14##	225.92±58.91	96.76±23.70	0.15±0.07#

注：SHAM：假手术组；Model：模型组；PL、PM：普洱茶低、中剂量组；BL、BM：红茶低、中剂量组；GL、GM：绿茶低、中剂量组；与SHAM组比较，*$p<0.05$，***$p<0.01$；与Model组比较，#$p<0.05$，##$p<0.01$，###$p<0.001$。

三、茶成分对骨细胞生长影响

研究发现，茶黄素可明显抑制兔骨髓基质干细胞向脂肪细胞方向的分化，可减轻激素所致的脂肪代谢紊乱，从而起到预防治疗激素诱导性股骨头缺血坏死的作用。

激素性股骨头坏死的患病率占非创伤性股骨头坏死首位，受到广泛关注。对人体和细胞研究提示茶可能也有利于骨健康，但很少有科学研究发掘出茶中有这种可能效果的确切化合物。用绿茶中的三个主要组分——表没食子儿茶素、没食子儿茶酸和没食子儿茶酸没食子酸盐，连续几天给药于一组培养的骨形成细胞（成骨细胞），发现其中的 EGC 增强了细胞骨矿化水平，从而增加了骨强度。科学家还指出，高浓度 ECG 抑制了一种分解破坏骨头细胞（破骨细胞）的活性。他们提及绿茶组分并没有对骨细胞引起任何毒性作用。

茶对骨骼新陈代谢的促进作用，在公共卫生上具有重要意义。这项发现对公共卫生可能具有重大的意义。他们发现绿茶含有可以刺激骨形成和减缓骨分解的一组化学物质。这种饮品有预防和治疗困扰了全世界数百万人的骨质疏松和其他骨疾病的潜力。男性骨质比女性来得密实，男女皆随着年龄老化，骨质也逐渐流失，只是女性比男性快。因此，台湾成功大学医学院张智仁教授表示，喝茶的时间应该越早越好，如果等到已经罹患骨质疏松症，或者已经成为高危险群体才喝茶，则为时已晚。

砖茶中的氟含量较高，流行病学调查发现饮用砖茶的地区存在砖茶型氟中毒的现象。观察发现，儿童早期氟骨症患病率随年龄增长而显著下降，部分年龄较大的儿童（10～13岁）骨生长障碍减少，骨小梁变得细密，儿童氟骨症具有自愈倾向。儿童在食入钙、维生素1或2周后，可在一定程度上减轻氟化物的毒性作用，儿童期临床前期氟骨症程度的降低，应该能够使他们在成年之后的氟骨症的程度有所下降。一般情况下，氟骨症的发生与饮水中氟化物浓度超过 4 mg/L 密切相关，天然食物中所含氟化物不足以引发疾病。

参考文献

[1] Jee Y. Chung, Chuanshu Huang. et al. Inhibition of activator protein 1 activity and cell growth by purified green tea and black tea polyphenols in H-ras transformed cells:strucure-activity relationship and mechanisms involved[J]. Cancer Research. 1999,（59）:4610-4617.

[2] 李伟，屠幼英.茶叶提取物对抗肺癌细胞（A549）体外试验研究 [J]. 茶叶，2006，32（1）: 28-30.

[3] Tu, Y.Y., Tang, A.B., et al. The theaflavin monomers inhibit the cancer cells growth in Vitro[J]. Acta Bichimica et Biophysica Sinica. 2004,36（7）:508-512.

[4] Yang, G. Y., Liao, J., et al. Inhibition of growth and induction of apoptosis in human cancer cell lines by tea polyphenols[J]. Carinogenesis. 1998,（19）:611-616.

[5] Muto, S., Yoko, T., et al. Inhibition of benzo[α]pyrene-induced mutagenesis by
(‐)-epigallocatechin gallate in the lung of rpsL transgenic mice[J]. Carcinogenesis, 1999, 20
(3):421−424.

[6] 李宁, 韩驰, 陈君石. 茶对二甲基苯并蒽诱发金黄色地鼠口腔癌预防作用的研
究[J]. 卫生研究, 1998, 28 (5):289−292.

[7] Katiyar, S., K., Agarwal, R., et al. Protection against malignant conversion of
chemically induced benign skin papillomas to squamous cell carcinomas in SENCAR mice by a
polyphenolic fraction Isolated from Green Tea[J]. Cancer Research. 1993, (53):5409−5412.

[8] Agarwal, R., Katiyar, S., K., et al. Inhibition of skin tumor promoter-caused induction
of epidermal ornithine decarboxylase in SENCAR mice by polyphenolic fraction isolated from
green tea and its individual epicatechin derivatives[J]. Cancer Research, 1992, (52):3582−3588.

[9] Yamane, T., Takahashi, T., et al. Inhibition of N-Methyl-N'-nitro-N- nitrosoguanidine-
induced carcinogenesis by (—)-epigallocatechin gallate in the rat glandular stomach[J].
Cancer Research. 1995, (55):2081−2084.

[10] Dong, Z., Ma, W., et al. Inhibition of skin tumor promoter-induced activator protein
1 activation and cell transformation by tea polyphenols (‐)-epigallocatechin gallate, and
theaflavins[J]. Cancer Research. 1997, (57):4414−4419.

[11] Weisburger, J.H., Hara, Y., et al. Tea polyphenols as inhibitors of mutagenicity of
major classes of carcinogens[J]. Mutation Research. 1996, 371 (1):57−63.

[12] Chen, H., Yen, G. Possible mechanisms of antimutagens by various teas as judged
by their effects on mutagenesisby 2-amino-3-methylimidazo[4,5-f] quinoline and benzo[α]
pyrene[J]. Mutation Research. 1997, 393 (1):115−122.

[13] Shi, S.T., Wang, Z., et al. Effects of green tea and black tea on 4-
(methylnitrosamino)-1-(3-pyridyl)-1- butanone bioactivation, DNA methylation, and lung
tumorigenesis in A/J mice[J]. Cancer Research. 1994, (54):4641−4647.

[14] Zhao, J., Jin, X. Photoprotection effect of black tea extracts against UVB-induced
phototoxicity in skin[J]. Photochemistry and Photobiology. 2008, 70 (4):637−644.

[15] Wang, Z.Y., Huang, M.T., et al. Inhibitory effects of black tea, green tea, decaffeinated black tea, and decaffeinated green tea on ultraviolet B light-induced skin carrcinogenesis in 7,12-Dimethylbenz[a]anthracene- initiated SKH-1 mice[J]. Cancer Research. 1994, (54):3428–3435.

[16] 宫芸芸, 韩驰, 陈君石 . 茶多酚、茶色素对大鼠肝癌癌前病变抑制作用的研究 [J]. 卫生研究, 1999, 28 (5):294–296.

[17] Khan, S.G., Katiyar, S.K., et al. Enhancement of antioxidant and phase II enzymes by oral feeding of green tea polyphenols in drinking water to SKH-1 hairless mice: possible role in cancer chemooprevention[J]. Cancer Research, 1992, (52) :4050–4052.

[18] Mukhtar, H., Wang, Z.Y. et al. Tea. component: antimutagenic and anticarcinogenic effects[J]. Preventive Medicine. 1992, 21 (3) :351–360.

[19] 莫宝庆, 李忠, 赵岩 . 乌龙茶与绿茶减肥效果的比较研究 [J]. 江苏预防医学, 2005,16 (1): 7–10.

[20] Ashida, H., Furuyashiki, T., et al. Anti-obesity actions of green tea: Possible involvements in modulation of the glucose uptake system and suppression of the adipogenesis-related transcription factors[J]. Biofactors, 2004, 22 (1-4) :135–140.

[21] Han, L.K., Takaku,T., et al. Anti-obesity action of oolong tea[J]. International Journal of Obesity. 1999, 23 (1) :98-105.

[22] 杨军, 刘信顺, 林鲤之助 . 大方茶降脂减肥作用的实验研究 [J]. 中国临床药理学与治疗学杂志, 1998, 3 (2): 115–119.

[23] 陈文岳, 林炳辉, 陈岭, 等 . 福建乌龙茶治疗单纯性肥胖症的临床研究 [J]. 中国茶叶, 1998, (1): 20–21.

[24] 松井阳吉, 栗原博, 木村穰介 . 乌龙茶减肥、防衰老和美容作用的临床实验 [J]. 福建茶叶, 1999, (2): 43–46.

[25] 陈玲, 朱贡峰, 贺肇东, 等 . 福建乌龙茶抗氧化作用 [J]. 福建中医学院学报, 2008, 18 (6) :21–22.

[26] Nakahera, K., Kawabata, S., et al. Inhibitory effect of oolong tea polyphenols on glycosyltransferases of mutans Streptococci[J]. Applied Environment Microbiology, 1993, 59 (4) : 968–973.

[27] Juhel, C., Armand, M., et al. Green tea extract（AR25）inhibits lipolysis of triglycerides in gastric and duodenal medium in vitro[J]. Journal of Nutrition Biochemistry. 2000, 11（1）:45-51.

[28] 王彩华 . 茶色素治疗高血压病高黏血症的临床观察 [J]. 实用中医药杂志，1998, 14（1）: 44-45.

[29] 牟用洲，任广来，高广生，等 . 茶色素、卡托普利治疗原发性高血压病 80 例 [J]. 临床荟萃, 1998, 13（2）: 78-79.

[30] Yokogoshi, H., Kobayashi, M., et al. Hypotensive effect of gamma- glutamethylamide in spontaneously hypertensive rates[J]. Life Science. 1998, 62（12）:1065-1068.

[31] 龙怡道，刘德卿 . 茶色素对正常人的影响 [J]. 现代诊断与治疗, 1999, 6：35-36.

[32] 罗雄 . 茶色素对人高血脂症的疗效 [J]. 现代诊断与治疗, 1999, 6：40-41.

[33] 许宏伟 . 脑血管意外与血脂水平的研究 [J]. 中华预防医学杂志, 1998,32（6）: 366-368.

[34] 刘勤晋，司辉清 . 黑茶营养保健作用的研究 [J]. 中国茶叶, 1994, 16（6）: 36-37.

[35] 沈新南，陆瑞芳，吴岷 . 茶多酚对老龄大鼠血脂及体内抗氧化能力的影响 [J]. 中华预防医学杂志, 1998, 32（1）: 34.

[36] 清水芩夫 . 刘维华译 . 探讨茶叶的降血糖作用以从茶叶中制取抗糖尿病的药物 [J]. 国外农学—茶叶, 1987,（3）: 38-44.

[37] 陈建国，王茵 . 茶多糖降血糖、改善糖尿病症状作用的研究 [J]. 营养学报, 2003, 25（3）: 253-255.

[38] 倪德江，谢笔钧，宋春和 . 不同茶类多糖对实验型糖尿病小鼠治疗作用的比较研究 [J]. 茶叶科学, 2002, 22（2）:160-163.

[39] 丁仁凤，何普明，揭国良 . 茶多糖和茶多酚的降血糖作用研究 [J]. 茶叶科学, 2005, 25（3）: 219 -224.

[40] 张冬英，施兆鹏，刘仲华，等 . 茶叶降血糖作用研究进展 [J]. 中国茶叶, 2005,（2）:8-10.

[41] 袁嘉丽，李庆生 . 微生态学与医学的关系简析 [J]. 中国微生态学杂志, 2001, 13（6）:365—367.

[42] 王平利，李玉谷．非特异性免疫研究进展 [J].黑龙江畜牧兽医，2002,（11）:50-52.

[43] 张供领，柴家前.正常菌群对免疫系统功能影响的研究进展 [J]. 黑龙江畜牧兽医，2001,（2）:24-25.

[44] 刘思纯．肠道正常菌群及菌群失调 [J]. 新医学，1999, 30（11）:626-627.

[45] 余之贺.试谈人体正常菌群问题的辩证法 [J].中国微生态学杂志，2001, 13（1）:3-4.

[46] 吕秀荣，李丽华.常见菌群失调诱因和分类及防治 [J].中国误诊学杂志，2004, 4（3）:458-459.

[47] Hara, H., Orita, N., et al. Effect of tea polyphenols on fecal flora and fecal metabolic products of pigs[J]. Journal of Veterinary Medical Science. 1995，57（1）:45-49.

[48] Toda, M., Okubo, S., et al. The protective activity of tea against infection by Vibrio cholerae O1[J]. Journal of Applied Bacteriology. 1991, 70（2）: 109-112.

[49] Okubo, T., Ishihara, N., et al. In vivo effects of tea polyphenol intake on human intestinal microflora and metabolism[J]. Bioscience Biotechnology and Biochemistry. 1992, 56（4）: 588-591.

[50] Steinkraus, K. H., Shapiro, K. B., et al. Investigations into the antibiotic activity of tea fungus/kombucha beverage[J]. Acta Biotechnologica. 1996, 16（2）: 199-205.

[51] 屠幼英，须海荣，梁慧玲，等.紧压茶对胰酶活性和肠道有益菌的作用 [J].食品科学，2002, 23（10）: 113-116.

[52] 宋鲁彬，黄建安，刘仲华，等．中国黑茶对 FXR 及 LXR 核受体的作用 [J].茶叶科学，2009, 29（2）:131-135.

[53] Nakayama, M., Toda, M., et al Inhibition of influenza virus infection by tea[J]. Letters in Appl Microbin ,1990, 11（1）:38-40.

[54] 陈宗懋．饮茶与健康 [J]. 中国茶叶，2009,（6）: 6-7.

[55] 王春风，刘建国．茶多酚治疗口腔疾病的研究现状 [J]. 口腔医学研究，2008, 24（5）: 591-593.

[56] 彭慧琴，蔡卫民，项啃．茶多酚体外抗流感病毒 A3 的作用 [J]. 茶叶科学，2003, 23（1）:79-81.

[57] Song, J.M., Lee, K.H., et al. Antiviral effect of catechins in green tea influenza virus[J]. Antiviral Research. 2005, 68（2）:66-74.

[58] Yamada, H., Takuma, N., et al. Gargling with tea catechin extracts for the prevention of influenza infection in elderly nursing home residents: a prospective clinical study[J]. The Journal of Alternative and Complementary Medicine. 2006, 12（7）: 669-672.

[59] Desai, M.J., Armstrong, D.W. Analysis of derivatized and underivatized theanine enantiomers by high-performance liquid chromatography/atmospheric pressure ionization-mass spectrometry[J]. Rapid Communications in Mass Spectrometry. 2004, 18: 251-256.

[60] Chen, C.N., Lin, C.P.C., et al. Inhibition of SARS－CoV 3C-like protease activity by theaflavin-3, 3′-digallate（TF3）[J]. Evidence-Based Complementary and Alternative Medicine. 2005, 2: 15-209.

[61] Arati, B., Wang, K.L., et al. Antigens in tea-beverage prime human Vγ2Vδ2 T cells in vitro and in vivo for memory and nonmemory nntibacterial cytokine responses[J]. Proceedings of the National Academy of Sciences of the United States of America. 2003, 100（10）: 6009-6014.

[62] Nakane, H., Ono, K. Differential Inhibitory effects of some catechin derivatives on the activities of human immunodeficiency virus reverse transcriptase and cellular deoyriboncleic and ribonucleic acid polymerases[J]. Biochemistry. 1990, 29: 2841-2845.

[63] Kawai, K., Nelson, H.T., et al. Epigallocatechin gallate,the main component of tea polyphenol, binds to CD4 and interferes with gp120 binding[J]. Allergy Clin Immunol . 2003, 112:951-957.

[64] Weber, J.M., Angelique, R. U., et al. Inhibition of adenovirus infection and adenain by green tea catechins[J]. Antiviral Research. 2003, 58:167-173.

[65] Chang, L.K., Wei, T.T., et al. Inhibition of epsteinbarr virus lytic cycle by（-）-epigallocatechin gallate[J]. Biochemical and Biophysical Research Communications. 2003, 301: 1062-1068.

[66] 王岳飞，郭辉华，丁悦敏，等 . 茶多酚解酒作用的实验研究 [J]. 茶叶，2003, 2（3）:145-147.

[67] 徐耀初，沈洪兵，钮菊英，等 . 肝癌高发区高危人群的茶叶干预研究 [J]. 肿瘤防治研究，1998, 25（3）:223-225.

[68] Erikson G. A., Bodian D. L., Rueda M., et al. Whole-genome sequencing of a healthy aging cohort[J]. Cell, 2016, 165(4): 1002−1011.

[69] Aunan J. R., Watson M. M., Hagland H. R., et al. Molecular and biological hallmarks of ageing[J]. British Journal of Surgery, 2016, 103(2): E29−E46.

[70] Burkewitz K., Y. Zhang, W. B. Mair. AMPK at the nexus of energetics and aging[J]. Cell Metabolism, 2014, 20(1): 10−25.

[71] Mathew R., M. P. Bhadra, U. Bhadra. Insulin/insulin-like growth factor-1 signalling (IIS) based regulation of lifespan across species[J]. Biogerontology, 2017, 18(1): 35−53.

[72] Weichhart T.. mTOR as regulator of lifespan, aging, and cellular senescence: A mini-review[J]. Gerontology, 2018, 64(2): 127−134.

[73] Surco-Laos F., Duenas M., Gonzalez-Manzano S., et al. Influence of catechins and their methylated metabolites on lifespan and resistance to oxidative and thermal stress of Caenorhabditis elegans and epicatechin uptake[J]. Food Research International, 2012, 46(2): 514−521.

[74] Li Q. O, Zhao H. F., Zhao M., et al. Chronic green tea catechins administration prevents oxidative stress-related brain aging in C57BL/6J mice[J]. Brain Research, 2010, 1353: 28−35.

[75] Wink M., S. Abbas. Epigallocatechin gallate (EGCG) from green tea (Camellia sinensis) and other natural products mediate stress resistance and slows down aing processes in caenorhabditis elegans[J]. Elsevier Inc, 2013: 1105−1115.

[76] Borzelleca J. F., D. Peters, W. Hall. A 13-week dietary toxicity and toxicokinetic study with L-theanine in rats[J]. Food and Chemical Toxicology, 2006, 44(7): 1158−1166.

[77] Zarse K., S. Jabin, M. Ristow. Theanine extends lifespan of adult Caenorhabditis elegans[J]. European Journal of Nutrition, 2012, 51(6): 765−768.

[78] Morroni F, Sita G, Graziosi A, et al. Neuroprotective effect of caffeic acid phenethyl ester in a mouse model of alzheimer's disease involves Nrf2/HO-1 pathway[J]. Aging and Disease, 2018, 9(4): 605−622.

[79] Yu L F, Zhang H K, Caldarone B J, et al. Recent developments in novel antidepressants targeting α4β2-Nicotinic acetylcholine receptors[J]. Journal of Medicinal Chemistry, 2014, 57(20): 8204−8223.

[80] Sadigh-Eteghad S, Sabermarouf B, Majdi A, et al. Amyloid-beta: acrucialfactor in Alzheimer's disease[J]. Medical Edical Principles and Practice, 2015, 24(1): 1−10.

[81] Lim S, Haque M M, Kim D, et al. Cell based models to investigate tau aggregation[J]. Comput Somput Struct Biotechnol J, 2014, 12(20/21): 7−13.

[82] Choi Y. T, Jung C. H, Lee S. R, et al, The green tea polyphenol(-)-epigallo-catechingallate attenuates beta-amyloid-induced neurotoxicity in cultured hippocampal neurons[J]. Life Sciences, 2001, 70(5): 603−614.

[83] Rezai-Zadeh K, Shytle D, Sun N, et al. Green tea epigallocatechin-3-gallate (EGCG) modulates amyloid precursor protein cleavage and reduces cerebral amyloidosis in Alzheimer transgenic mice[J]. The Journal of Neuroscience, 2005, 25(38): 8807−8814.

[84] Chastain S E, Moss M. Green and black tea polyphenols mechanistically inhibitthe aggregation of amyloid-β in Alzheimer's disease[J]. Biophysical Journal, 2015, 108(2): 357a.

[85] Nozawa A, Umezawa K, Kobayashi K. Theanine, a major flavorous amino acid in green tea leaves, inhibits glutamate-induced neurotoxicity on cultured rat cerebral cortical neuron[J]. Society for Neuroscience Abstracts, 1998, 24(1/2): 978.

[86] Li B, Vik S B, Tu Y Y. Theaflavins inhibit the ATP synthase and the respiratory chain without increasing superoxide production[J]. The Journal of Nutritional Biochemistry, 2012, 23: 953−960.

[87] Kalda A, Yu L, Oztas E, et al. Novel neuroprotection by caffeine and adenosine A(2A) receptor antagonists in animal models of Parkinson's disease[J]. Journal of The Neurological Sciencesal Sciences, 2006, 248(1/2): 9−15.

第四章　茶与精神卫生

第一节　精神卫生

一、什么是精神卫生

精神卫生又称心理卫生或心理健康、精神健康。精神卫生的定义和内容可以分为狭义精神卫生和广义精神卫生。狭义精神卫生是指研究精神疾病的预防、医疗和康复，即预防精神疾病的早期发现、早期治疗，促使慢性精神病者的康复，重归社会。广义精神卫生是指研究健康者增进和提高精神健康、精神医学的咨询。精神卫生涉及的领域及对象十分广泛，包括不同年龄阶段，如儿童、青少年、成人和老年人的精神卫生保健，也包含不同群体的精神卫生，如家庭、学校、不同职业人员、残疾人等的精神卫生，甚至包括犯罪者的精神卫生。

二、心理健康与心理疾病

心理健康和心理疾病两者是相辅相成的，从良好的心理健康状态到严重的心理疾病之间是渐进的、连续的，异常心理与正常心理、变态心理与常态心理之间没有绝对的界限，只是程度的差异，在某个时空是可以相互转化的。

1. 心理健康

就个体的心理状态而言，心理健康是指个体在一般适应能力、自我满足能力、人际间各种角色的扮演、智慧能力、对他人的积极态度、创造性、自主性、成熟性、对自己有利的态度、情绪与动机的自我控制等方面达到正常或良好水平。用心理学家麦灵格尔的话说："心理健康是指人们对于环境以及人们相互之间具有最高效率及快乐的适应情况。不只是要有效率，也不只是要能有满足感，或是能愉快地接受生活的规范，而是需要三者兼备。心理健康的人应能保持平静的情绪，有敏锐的智能，适合于社会环境的行为和愉快的气质。"

WHO明确定义：健康是身体上、精神上、心理上和社会适应上的完好状态，而不仅仅是没有疾病和虚弱，它包括身体健康、心理健康、良好的社会适应能力和道德健康。心理健康则指生活在一定的社会环境中的个体，在高级神经功能正常的情况下，智力正常、情绪稳定、行为适度，具有协调关系和适应环境的能力及性格。

2. 心理疾病

随着社会经济的发展，人们在物质生活得到极大满足的同时，精神生活却反而日渐匮乏，与之俱来的不良行为、生活习惯、心理压力和社会适应不良等问题已成为影响国民身心健康甚至是导致疾病的重要原因。科学研究发现，人生能否成功，能否幸福，心理健康因素占80%，智力因素仅占20%。在现实生活中，心理健康问题就像一团永远难以抹去的阴影在困扰着很多人。现在很多人对心理问题不能正确看待和认识，感觉有心理问题却羞于启齿，结果延误了矫正和治疗的时机，从而使心理问题发展成为心理疾病，影响人们的健康生活。

那么，究竟什么是心理疾病呢？在日常生活中我们能采取什么样的方法来预防和消除呢？所谓的心理疾病就是指心理健康出现了问题，心理处于非正常状态。心理疾病可能具备以下四个特征：

（1）异常：行为失常、与众不同、极端、怪异。

（2）痛苦：患者非常苦恼、不悦。

（3）功能失常：干扰患者个人日常活动等诸方面的能力。

（4）危险：由于行为及功能的失常并走向极端，往往导致对患者本人以致他人的伤害，如自杀或杀人。

总的来说，心理疾病是指人们心理上出现的问题，如情绪消沉、心情不好、焦虑、恐惧、人格障碍、变态心理等消极与不良的心理（严格来说，心理疾病无褒贬之意，既包括积极的，也包括消极的）。心理疾病包含3个不同阶段：心理不适、心理障碍、心理疾病。一般说来，心理不适可以通过自我调节、亲友开导来解决；较严重的心理障碍和心理疾病则需要通过医生进行心理治疗。常见心理疾病包括：神经症、人格障碍、精神障碍等。

三、心理疾病产生的原因

我国实行改革开放以来，生产力水平得到了迅猛的发展，人们的生活水平也不断提高，社会发生了深刻的变化，这些既给人们带来了机遇，也带来了挑战，同时也带来了竞争和压力。然而，人的适应性和应对能力是有限的。面对复杂的情况和难以解决的问题，人很难自始至终保持良好的心态和正常健康的心理。有关部门调查统计表明，目前我国有将近 2000 万精神疾病患者，其中重型病患者约占一半，精神分裂者也超过 800 万。据美国心理学家估计，每一百个成人中，十九人有明显的焦虑症，十人有严重的忧郁症，五人有人格障碍，一人有精神分裂症，一人患有老人失智症或脑部衰退，十一人酗酒或滥用其他药物。心理疾病在全世界已是相当普遍的现象，成为全球性非防、非治不可的疾病。根据心理学家的调查和推测，一般心理疾病的产生主要是由于遗传、生理、认知等内在因素和工作环境、人际关系等外在因素引起的，具体如下：

1. 内在因素

1）遗传因素

有的心理疾病具有遗传性。

2）生理和身体健康因素

身体是心理的载体。身体的长期疾病往往导致烦躁不安等，身体有缺陷也往往引起心理疾病。

3）其他

认知（对待事物、问题的态度）、情绪、人格等方面的因素。

2. 外在因素

外在因素往往是产生心理疾病的主要原因：

1）工作和学习环境的压力

众所周知，经济发展导致生活节奏的加快，很多城市从业者被高强度的工作环境所困，他们中的很多人长期处于高度紧张的状态，且常常得不到及时的调适，加上复杂和难处理的人际关系，久而久之便会产生焦虑不安、精神抑郁等症状，重则诱发心理障碍或精神疾病。从生理角度讲，一个人的精神如果总是高度紧张的话，会造成内分泌功能失调及免疫力下降，易产生各种身心疾病，甚至会导致"过劳死"。另一比较明显的问题是学习环境，我国的大中小学生为了顺利通过各种各样的考试，天天面对着读不完的书和看不完的复习资料，面对着父母和老师的殷切期盼，深感不堪重负。这些无形的压力导致学生产生反应迟钝、过激、焦躁不安、学习恐惧、抑郁及厌学等心理症状。目前无论是小学生、中学生还是大学生，患有各种不同程度心理疾病者不在少数。

2）无法适应瞬息万变的社会环境

现代社会飞速发展、瞬息万变，有些人却因种种原因而难以适应。这种不适应包括很多方面：对社会的不公平现象看不惯，又因自己无力改变现状而郁闷、烦躁；对单位里的分配不均看不惯，为自己的报酬偏低而愤愤不平；因信仰的苍白而产生失落感、无归属感；因个人技能与现代化的差距而焦急、无奈等。上述这些都可能导致人们产生"心病"。

3）突发事件或长期应激的影响

目前，因为感情受挫和婚姻变故所引发的心理问题越来越多。失恋无疑是很痛苦的情感体验，失恋的一方会因对感情的难以割舍而痛苦不已，失落感会加重心理失衡的程度，有些人因此产生心理障碍甚至不理性的过激行为，给对方和自己造成难以弥补的伤害。此外，家庭中钩心斗角，吵嘴打架，或者父母突然离异都会在孩子的心灵中留下不可磨灭的创伤，产生心理疾病。据调查，在患有精神分裂症的人中，诱因是家庭问题不顺心的达52%。在成人中分居、离婚、寡妇、鳏夫造成的心理发病率较高。而对学生来说，缺少父母关爱、家庭关系紧张引致的心理发病率也较高。

当然，心理疾病产生的原因还有很多，比如家庭生活的贫困、工作中的急功近利、青少年过分依赖网络、父母过分溺爱孩子、老年人得不到应有的照顾等，都会导致心理疾病的产生。

第二节　茶功能成分对精神卫生的作用

茶叶是历史悠久的世界性传统饮料，其本身是作为药用被人类所发现的。李时珍在《本草纲目》中曾写到"茶苦味寒，最能降火，火为百病，火降则上清矣……"[1]，所提到的火用现代语解释是一种包括身心疲劳在内的心火。饮茶降心火，抗疲劳，壮精神，不仅可以说是出自"病从气来"的中医理论，也可以看作是基于中国传统的生命观和茶文化。在现代社会中，茶叶在抗疲劳、预防和治疗心理疾病中也发挥着非常重要的作用，其功能的发挥主要体现在两个方面：一是茶叶自身所具有的化学成分对心理疾病有预防和治疗的作用；二是茶所营造的舒适环境对心理疾病有缓解作用。

一、茶氨酸对精神的调节作用

从对自由基代谢作用来研究茶氨酸对脑缺血损伤的保护作用机制，取得了较好的结果。选用30只SD雄性大鼠，线栓阻塞大鼠大脑中动脉制备局灶性脑缺血模型，观察脑缺血损伤大鼠神经症状改变。测定脑组织含水量、脑组织病理及钙离子含量；观察其血清和脑组织超氧化物歧化酶活性、丙二醛含量变化以及茶氨酸对上述变化的影响。脑缺血组大鼠的神经症状评分、脑组织含水量及钙离子含量均显著增高；病理损伤明显，正常神经元细胞数目减少；茶氨酸可显著降低神经症状评分、脑组织含水量及钙离子含量，增加正常神经元细胞数目。脑缺血组大鼠的血清、脑组织 SOD 活性显著降低，茶氨酸组大鼠血清、脑组织 SOD 活性较脑缺血组显著增高；脑缺血组大鼠的血清、脑组织 MDA 含量显著增高，茶氨酸组脑组织 MDA 含量较脑缺血组下降明显。

观察茶氨酸对脑缺血后 IL-8、NSE 和脑超微结构的影响。将 30 只健康家兔随机分为假手术组、脑缺血组和茶氨酸组，假手术组只手术不结扎动脉不使用药物、脑缺血组结扎动脉不使用药物，茶氨酸组结扎动脉并在再灌注时应用茶氨酸。全部动物于缺血前（I）、再灌注时（RO）、再灌注 1 h（R1）、4h（R2）、12 h（R3）、24 h（R4）静脉采血进行白介素 -8（IL-8）和神经特异性烯醇化酶（NSE）测定，全部采血完毕后每组取一只动物开颅取 3 ~ 5 块约 1 mm^3 大脑皮层组织进行超微结构观察。茶氨酸组脑超微结构改变以及血清 IL-8 和 NSE 含量变化均明显轻于脑缺血组，表明茶氨酸对大鼠脑缺血损伤具有显著的保护作用。

1．茶氨酸对脑内神经物质的影响

现在很多的心理疾病大都是对自身所处的学习、工作、生活环境不适引起的，主要原因是在快节奏的社会中，学习、工作压力大，脾气暴躁，缺乏自我调节能力，同时加上饮食结构不合理，又得不到合适的释放空间，累积起来导致心理变得不正常，产生心理疾病。茶叶中大量的茶多酚、咖啡碱等物质具有提神醒脑、养肝护胃等功效[2,3]，而茶叶中含量丰富的茶氨酸更是被称为 21 世纪"新天然镇静剂"，具有松弛神经紧张、保护大脑神经、抗疲劳等生理作用，对缓解现代人工作、生活等心理压力有着重要的作用[4-8]。

日本学者横越[9]等人研究了 L- 茶氨酸对大白鼠脑内神经系统的影响。研究结果表明：L- 茶氨酸被大白鼠肠道吸收并通过血液传递到肝脏和大脑。由于大脑的特定调节机构，L- 茶氨酸是通过 L 系的输送系统被大脑吸收。大脑吸收的 L- 茶氨酸，通过脑腺体可以显著地增加脑内神经递质——多巴胺（见图 4-1）。多巴胺是一种通过肾上腺素和去甲肾上腺素的前驱体，它对控制大脑神经细胞兴奋传达起着重要的作用[10]。

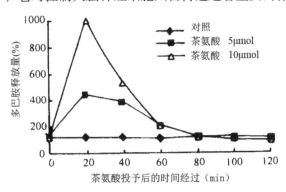

图4-1 茶氨酸对脑腺体多巴胺释放量的影响

2. 茶氨酸对精神放松的效用

人的精神状况可以通过脑电波的动态表现出来。脑电波的测定是确定作为生命体内"精神放松"这种生理、心理的一种手段。由于人体头部产生的电流频率的差异，脑电波被分类为 α 波、β 波、δ 波、θ 波，这四种脑电波分别在人处于不同的精神状态中表现出来（见图4-2）。其中，α 波（8～13Hz）出现在安静状态，β 波（14Hz 以上）出现在兴奋状态，δ 波（0.5～3Hz）出现在熟睡状态，θ 波（4～7Hz）出现在假寐（浅睡）状态。脑 α 波的产生是人身体产生舒畅、愉悦感觉的标志（见图4-3）。

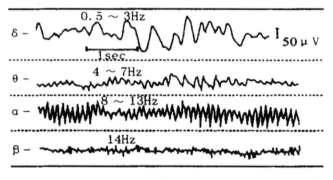

图4-2　脑电波的四种类型

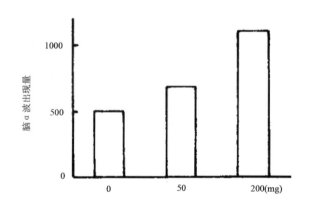

图4-3　食用L-茶氨酸后脑α波的出现量

茶氨酸对人体的精神放松作用可以通过测定人脑电波中的 α 波的变化来解释。让志愿者处于封闭环境室内（室温 25℃、照度 40Lux），饮用 100 ml 水或饮用不同浓度的 L-茶氨酸水溶液（50 mg/100ml、200 mg/100ml），记录 60min 内脑电波的变化。试验结果表明：与饮用水者相比，饮用 L-茶氨酸水溶液者的脑电波中 α 波出现量增加[11]（见图4-3）。

以 50 名女学生作为试验对象，选择其中的高度焦虑状态者和低度焦虑状态者各 4 名，进行脑电波测定，研究 L-茶氨酸对不同程度精神焦虑状态的影响。试验结果表明，

若以饮用水时的脑 α 波出现量为 1，4 名低度焦虑状态者服用 50 mg L- 茶氨酸后，脑 α 波的出现量为 1，服用 200 mg L- 茶氨酸后，脑 α 波的出现量为 1.03；4 名高度焦虑状态者服用 50 mg 或 200 mg L- 茶氨酸后，脑 α 波的出现量均达到 1.2 以上（见图 4-4）。这证明 L- 茶氨酸能促进人体精神的放松，对缓解现代人沉重的心理压力是有效的[12]。

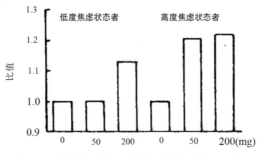

图4-4　不同焦虑状态者脑 α 波出现量的比值

3．提高注意力的效果

June L R（1999）等在观察茶氨酸对 15 名 18 ～ 22 岁青年女性的脑电波影响时发现，口服茶氨酸 40min 后 α 波有明显增大趋势，但在同一实验条件下他们没有发现茶氨酸对睡眠状态的 θ 波的影响，从而认为服用茶氨酸能引起心旷神怡的效果，不仅不会使人趋于睡眠，而且具有提高注意力的作用。所以，日本早就把茶氨酸作为一种有效成分用于镇静剂中[13]。

二、茶多酚、咖啡碱与脑健康

茶多酚是茶叶的主要化学成分，是一种天然抗氧化剂，一直以来都受到广大学者和科研人员关注，其抗衰老、抗肿瘤、抗辐射、预防心血管疾病及免疫功能都得到了证实。但茶多酚对脑健康的作用研究还不是很多，如茶多酚能预防自然衰老小鼠学习记忆力减退、对血管内皮细胞有保护作用、缓解人的紧张情绪、能改善移居高原人群的视听觉认识功能等。

咖啡碱是茶叶中的主要生物碱，其对大脑健康的主要作用体现在咖啡碱对中枢神经系统的兴奋作用，对抗抑郁。早在唐代，诗人白居易在诗中就有"破睡见茶功"，形象比喻喝茶有提神驱眠的效果。目前的许多研究也表明，咖啡碱对大脑皮层和筋肉有较强的刺激作用，能提高中枢神经的敏感性，兴奋中枢神经，使神经振奋，缩短神经疲劳，睡意消失，疲乏减轻，有利思维，使工作效率和精确度提高，而且对治疗高血压、头痛和神经衰弱，也有一定的镇静作用。

第三节　茶道养生与精神卫生

一、茶文化的定义

目前对茶文化的定义较难定论，但是基本可以将其分为广义的茶文化和狭义的茶文化。广义的茶文化指整个茶叶发展历程中有关物质和精神财富的总和[14]。狭义的茶文化专指其精神财富部分。所以，根据广义的茶文化定义，可以将其划分为四个层次：①物态文化或者称茶叶科学，简称茶学：即有关茶叶的栽培、制造、加工、保存、化学成分及疗效研究等。②制度文化，即人们在从事茶叶生产和消费过程中形成的社会行为规范。如随着茶叶生产的发展，历代统治者不断加强其管理措施，称之为茶政，包括纳贡、税收、专卖、内销、外贸等。③行为文化，即人们在茶叶生产和消费过程中约定俗成的行为模式，通常以茶礼、茶俗以及茶艺等形式表现出来。④心态文化，即人们在应用茶叶的过程中所孕育出来的价值观念、审美情趣、思维方式等主观因素。如反映茶叶生产、茶区生活、饮茶情趣的文艺作品；将饮茶与人生处世哲学相结合，上升至哲理高度，形成茶德、茶道等。这是茶文化的最高层次，也是茶文化的核心部分。狭义的茶文化主要是指行为文化和心态文化。本节将主要阐述狭义的茶文化对人身心健康的作用。

二、茶道与养生

1. 茶道的定义

茶道是狭义的茶文化的核心内容。茶道精神是茶文化的核心，是茶文化的灵魂，是指导茶文化活动的最高原则。中国茶道精神是和中国的民族精神、中国民族性格的养成、中国民族的文化特征相一致的。

唐代刘贞亮在《茶十德》中曾将饮茶的功德归纳为十项："以茶散闷气，以茶驱腥气，以茶养生气，以茶除疠气，以茶利礼仁，以茶表敬意，以茶尝滋味，以茶养身体，以茶可雅志，以茶可行道。"其中"利礼仁""表敬意""可雅志""可行道"等就是属于茶道范围[15]。

当代茶圣吴觉农先生认为：茶道是"把茶视为珍贵、高尚的饮料，饮茶是一种精神上的享受，是一种艺术，或是一种修身养性的手段"。

庄晚芳先生认为中国茶道的基本精神为："廉、美、和、敬。"廉即廉俭育德，美即美真廉乐，和即和诚处世，敬即敬爱为人。

陈香白先生的茶道理论可简称为："七艺一心。"中国茶道包含茶艺、茶德、茶礼、茶理、茶情、茶学说、茶道引导七种义理，而核心是和。中国茶道就是通过饮茶这个过程，引导个体在美的享受过程中走向完成品格修养以实现全人类和谐安乐之道[16]。

周作人先生则说得比较随意，他对茶道的理解为："茶道的意思，用平凡的话来说，可以称作为忙里偷闲，苦中作乐，在不完全现实中享受一点美与和谐，在刹那间体会永久。"

日本人本茶汤文化研究会仓泽行洋先生则主张：茶道是以深远的哲理为思想背景，综合生活文化，是东方文化之精华。他还认为，"道是通向彻悟人生之路，茶道是至心之路，又是心至茶之路"。

中国茶文化美学强调的是天人合一，从小茶壶中探求宇宙玄机，从淡淡茶汤中品悟人生百味。因此，茶是一种精神健康的食物。

2. 什么是养生

养生，即是保养生命之意。早在两千多年前，中国医学典籍中就已具体地论述了养生保健的问题，积累了系统的理论和丰富的经验，古时称为养生，又称为摄生、道生，与现在所说的"卫生"是同义词。古代把人的精神和人的肉体看作一个整体，认为人是精、气、神三者的统一体。一个人的生命力的旺盛，免疫功能的增强，主要靠人体的精神平衡、内分泌平衡、营养平衡、阴阳平衡、气血平衡等来保障。

科学的养生观认为，一个人要想达到健康长寿的目的，必须进行全面的养生保健。第一，道德与涵养是养生的根本；第二，良好的精神状态是养生的关键；第三，思想意识对人体生命起主导作用；第四，科学的饮食及节欲是养生的保证；第五，运动是养生保健的有力措施。只有全面地科学地对身心进行自我保健，才能达到防病、祛病、健康长寿的目的。

三、茶道养生对精神健康的作用

中国茶道精神提倡和诚处世、以礼待人、奉献爱心，以利于建立和睦相处、相互尊重、互相关心的新型人际关系，以利于社会风气的净化。在当今的现实生活中，由于商潮汹涌，物欲剧增，生活节奏加快，竞争激烈，所以人心浮躁，心理易于失衡，导致人际关系紧张。而茶道、茶文化是一种雅静、健康的文化，它能使人们绷紧的心灵之弦得以松弛、倾斜的心理得以平衡。

1. 茶道的精神特点

李时珍在《本草纲目》中载："茶苦而寒，阴中之阴，最能降火，火为百病，火降则上清矣"，茶苦后回甘，苦中有甘的特性，可以感悟到人生的滋味，所以中国茶道的精神特点也可以总结成以下三个方面：

一为中和之道："中和"为中庸之道的主要内涵。儒家认为能"致中和"，则天地万物均能各得其所，达到和谐境界。

二为自然之性："自然"一词最早见于《老子》："人法地，地法天，天法道，道法自然。"这里的自然具有两方面的意义：其一是天地万物，其二是自然而然的人性。就第一个意义说，它是人类生存的整个宇宙空间，它是天地日月、风雨雷电、春夏秋冬、花鸟虫鱼等诸种现象。就第二个意义说，它又使人们在大自然中获得思想和艺术启示，是人在自然境界里的升华。

三为清雅之美：此处不用"静"，因为"清"本身是和"静"有联系的，而且"清"可指物质的环境，也可以指人格的清高。

2. 历代茶人对茶与精神健康的论述

自从茶树被发现以来，人类就一直在研究茶的各种功能，从最早作为药用开始，古人在日常的生活中逐渐认识了茶的生理功能、心理功能和社会功能。其中的心理功能强调的就是修身养性，即今天所说的脑健康和精神卫生范畴。历代很多茶人都在诗歌等文学典籍中对茶叶与精神健康做了详细的论述。

唐代诗人卢仝在《走笔谢孟谏议寄新茶》诗中写道："一碗喉吻润，二碗破孤闷。三碗搜枯肠，惟有文字五千卷。四碗发轻汗，平生不平事，尽向毛孔散。五碗肌骨轻，六碗通神灵。七碗吃不得也，惟觉两腋习习清风生……"文中"二碗破孤闷"生动描述了茶叶对人的心理精神健康的作用，喝茶能够消除人心中的孤独和苦闷，给人以愉悦的感受。

唐代刘贞亮爱好饮茶，并提倡饮茶修身养性，他在《饮茶十德》中将饮茶的功德归纳为十项："以茶散郁气，以茶驱睡气，以茶养生气，以茶除病气，以茶利礼仁，以茶表敬意，以茶尝滋味，以茶养身体，以茶可雅志，以茶可行道。"其中"散郁气""养生气"表达出饮茶能消散集结在人心中的忧郁之气，增加人的生气，即茶对人的精神状态有调节作用；"利礼仁""表敬意""可雅志""可行道"即如今的中国茶道精神，他不仅把饮茶作为养生之术，而且作为一种修身得道的方式了[15]。

唐皎然在《饮茶歌诮崔石使君》诗中写道："一饮涤昏寐，情思爽朗满天地。再饮清我神，忽如飞雨洒轻尘。三饮便得道，何须苦心破烦恼……"在他的另一首诗《饮茶歌送郑容》中也写道："丹丘羽人轻玉食，采茶饮之生羽翼。……常说此茶祛我疾，使人胸中荡忧栗。日上香炉情未毕，乱踏虎溪云，高歌送君出。"两首诗中都描述了皎然推崇饮茶，强调饮茶功效不仅可以除病祛疾，涤荡胸中忧虑，振奋人的精神，而且会踏云而去，羽化飞升而得道。

明代文学家、江南四大才子之一的徐祯卿在《秋夜试茶》诗中说道："静院凉生冷烛花，风吹翠竹月光华。闷来无伴倾云液，铜叶闲尝紫笋茶。"当"闷来无伴"时，借品尝茶叶来消除寂寞，摆脱孤寂。

3．现代茶道养生与精神健康

随着社会的进步和茶文化的兴起，现代人越来越追求精神文化方面的享受。各地的茶艺馆、茶道馆也雨后春笋般发展起来，茶艺馆、茶道馆不仅可以给忙碌的都市人提供一处品清茶、平静心情的好去处，同时又能让人们在闲暇之余品茗赏艺。清新的绿茶如春天的春光扫去心中烦恼；热情的红茶如寒冬中的太阳给你温暖；凝重的黑茶如星光璀璨的夜空让你变得安定；典雅的乌龙茶如一湾清泉忘却人生的纷争。无论你从事什么职业，从政府官员到普通老百姓，从教授学者到中小学生，均可以在其中找到自己最需要、最爱的茶，找到心灵的慰藉。庄晚芳先生的中华茶德"廉、美、和、敬"：廉俭育德、美真康乐、和诚处世、敬爱为人，十分精确地提出了现代生活的茶道精神，值得我们学习与铭记。

参考文献

[1] 李时珍．本草纲目．明代．

[2] 吕毅，郭雯飞，倪捷儿，等．茶氨酸的生理作用及合成 [J].茶叶科学，2003, 23（1）:1-5.

[3] 袁海波，童华荣，高爱红．茶氨酸的保健功能及合成 [J].广州食品工业科技，2002, 18（2）:39-40.

[4] 齐桂年．茶氨酸的研究进展 [J].贵州茶叶，2001,（2）:15-16.

[5] 赵丹，王朝旭．茶氨酸的国内外研究现状 [J].食品科学，2002, 23(5):145-147.

[6] 王小雪，邱隽，宋宇，等．茶氨酸的抗疲劳作用研究 [J].中国公共卫生，2002,18（3）:315-317.

[7] Kakuda, T., Nozawa, A., et al. Inhibiting effects of theanine on caffeine stimulation evaluated by EEG in the rat[J]. Bioscience, Biotechnology, and Biochemistry. 2000, 64(2):287-293.

[8] 汤燚．茶氨酸的合成、药理及其在食品中的应用 [J].茶业通报，2002, 24（4）:19-21.

[9] 横越英彦．化学と生物．1997,35:541-542.

[10] Yokogoshi, H., Kobayashi, M., et al. Effect of theanine,γ- glutamylethylamide,on brain monoamines and striatal dopamine release in conscious rats[J].Neurochemical Research. 1998,23（5）:667-673.

[11] Kobayashshi, K., Nagato, Y., et al. Effects of L-theanine on the release of alpha-brain waves in human volunteers[J]. Nippon Nogeikagaku Kaishi. 1998, 72（2）:153-157.

[12] 康维民 , 贾文沦 .L- 茶氨酸的功能及在食品加工中的应用 [J]. 中国食品添加 剂，2000,（1）:59-63.

[13] June, L.R., Chu, D.C., et al. L-theanine-a unique amino acid of green tea and its relaxation effect in humans[J]. Trends in Food Science & Technology. 1999, 10（6）:199-204.

[14] 劳动和社会保障部中国就业培训技术指导中心 . 茶艺师 : 基础知识 . 北京 : 中国劳动 社会保障出版社，2003，16-22.

[15] 刘贞亮 . 饮茶十德 . 唐代 .

[16] 陈香白 . 中国茶文化 [M]. 太原 : 山西人民出版社，1998，90-91.

第五章

六大茶类的保健功能

第一节　六大茶类的形成

六大茶类的划分是基于对茶鲜叶的不同加工工艺。茶叶中的茶多酚等化学物质在多种多样的加工工艺中发生不同程度的氧化聚合、转化等生化反应，导致汤色、滋味、香气、叶底等感官特征的变化，从而形成成品茶明显差异的六个大类。而不同品种的茶叶又具有加工成不同茶类的适制性，如幼嫩多毫的茶叶适于做白茶，多酚含量高的大叶种适于做红茶等等。图5-1为六大茶类形成的示意图。

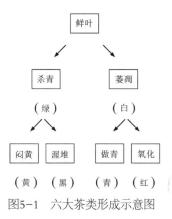

图5-1　六大茶类形成示意图

绿茶加工的第一道工序杀青工艺是用高温使酶失去活性，阻止化学成分的酶促氧化，从而保持绿色。

黄茶是在绿茶杀青基础上增加闷黄工艺，将杀青后的余热闷在茶堆中，使物质发生化学变化。

黑茶是将绿茶毛茶进行渥堆，利用微生物的酶促反应和湿热作用促使物质变化。

白茶是稍经萎凋后使酶失去活性。萎凋时叶中的化学物质发生一定的变化。安吉白茶按加工工艺来分应属于绿茶。

青茶（乌龙茶）具有做青的特殊工艺，可以使叶片发生局部氧化，然后再杀青，所以青茶具有绿叶红镶边的半氧化特征。

红茶从萎凋到完全氧化（俗称"发酵"），都是利用多酚氧化酶和过氧化物酶等的酶促反应，没有微生物参与其中。多酚氧化成为茶黄素和茶红素等物质，并和其他大分子发生美拉德反应，形成红茶的特征。

第二节　六大茶类的主要化学成分

不同的加工工艺使六大茶类中所含的化学物质种类和数量也不尽相同，如青茶（乌龙茶）和红茶中的芳香物质就明显多于绿茶。赵和涛[1]（1991）分别以屯溪绿茶、白毫银针、蒙顶黄芽、武夷岩茶、普洱茶和祁门红茶作为绿茶、白茶、黄茶、青茶、黑茶和红茶的代表，测定了六大茶类中主要化合物的含量（见图5-2）。

茶叶中的水浸出物含量越高，冲泡率越强，品质越优。在六大茶类中，绿茶和红茶的水浸出物最多，而黑茶最低。这是因为黑茶制作的原料较粗老，可溶性物质本身就少，而且在渥堆过程中进一步消耗了水可溶性化合物。

茶多酚含量是区分六大茶类的主要指标，一般情况下绿茶为20%左右，黄茶、白茶、青茶为15%～20%，红茶为10%～15%，黑茶为5%～10%。

咖啡碱含量与茶树品种和生态环境有关，在加工过程中的变化幅度并不大。

绿茶和黑茶中的可溶性糖含量较高，而红茶最低，可能在红茶加工过程中，单糖和双糖与氨基酸作用转化形成芳香物质。

氨基酸含量与鲜叶原料和加工方法有关。白毫银针茶的芽叶采摘标准和嫩度都较高，基本以一芽一叶为主，而茶树中的游离氨基酸正是集中在幼嫩的芽叶上，所以白茶原料中氨基酸基础含量就高；而"萎凋"过程又使鲜叶中蛋白质发生水解作用，使氨基酸含量增多。黑茶的采摘较粗放，芽叶粗大，且在"渥堆"工序中氨基酸的损失较多。

茶黄素和茶红素是多酚的氧化产物。由于绿茶、黄茶、黑茶加工要经过"杀青"工序，高温作用抑制了酶的催化作用，所以这些茶类中茶黄素和茶红素的含量较低。而白茶、青茶、红茶在加工过程中，由于要经过"萎凋"过程，加速了酶促氧化作用，因此这些茶类中的茶黄素和茶红素含量就相对较高。

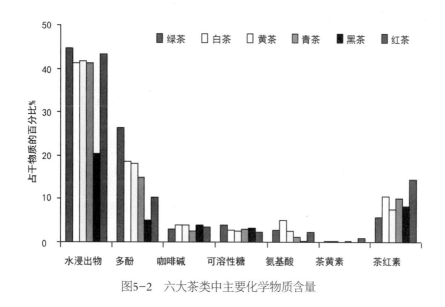

图5-2 六大茶类中主要化学物质含量

第三节 不同茶类的保健功效

六大茶类化学成分的差异使它们的保健功效也有所不同。

一、绿茶的保健功能

1. 良好的抗菌作用

绿茶对大肠杆菌和蜡状芽孢杆菌抑制效果好于青茶，抑制霍乱弧菌效果优于红茶和普洱茶。喝绿茶能将关键抗生素抗击超级细菌的效率提高3倍以上，降低包括"超级病菌"在内的各种病菌的耐药性。

2. 良好的抗病毒活性

绿茶多酚能有效抑制MDCK细胞中流感病毒的复制，有效降低病毒mRNA的表达，抑制病毒生活周期的各阶段[2]。绿茶是联合国世界卫生组织（WHO）提出的可预防非典的十种食物之一。德国科学家发现绿茶多酚不仅能阻止帮助艾滋病病毒传播的精液淀粉样纤维的形成，而且能在几小时内使这种小纤维分解，从而明显降低I型艾滋病病毒感染人体正常细胞的风险。不过只有当EGCG浓度高并与精液接触才能产生抑制艾滋病病毒传播的效果。CD4细胞是人体最重要的免疫细胞，也是艾滋病病毒攻击的首要目标。艾滋病病毒外壳糖蛋白会附着在CD4受体分子上，进而感染人体正常细胞。绿茶提取物中的主成分EGCG能够与CD4结合，从而降低细胞表面CD4的表达，竞争性抑制了艾滋病病毒膜糖蛋白 gp120 与 CD4 的结合，因而保护了部分免疫淋巴细胞免受攻击。绿茶提取物能干扰乙肝病毒 mRNA 的转录，对葡萄糖苷酶有抑制作用，而葡萄糖苷酶是病毒加工合成糖蛋白和糖脂时必不可少的。绿茶对腺病毒的抑制作用机理有多方面，包括细胞内和细胞外，而病毒蛋白酶是绿茶提取物的作用目标。绿茶能作用于 EB 病毒（人类疱疹病毒）裂解循环周期的前早期基因的表达，抑制 EB 病毒某些裂解蛋白质的表达，因此抑制病毒的裂解级联反应，阻止病毒增殖。

3. 良好的消炎作用

绿茶是有效的清除氧化剂，能缓和炎症性肠炎模型小鼠的炎症，还能抑制某些与炎症效应相关的转录因子。绿茶多酚可以显著抑制氧化 LDL 引起的致炎细胞因子 TNF-α 的表达。

4. 较强的抗癌作用

在老鼠和人类的癌细胞研究中均发现，绿茶多酚可以停止癌细胞中芳烃受体的运作。绿茶能够比红茶更有效地减少吸烟者患肺癌的危险，降低吸烟者体内 8-羟基脱氧鸟苷的含量，该物质在人体吸烟之后生成，会损害人体 DNA，从而导致癌症。通过干扰血癌细胞生存所需的信号传递帮助消灭血癌细胞。流行病学、老鼠实验和细胞实验结果显示，绿茶能防止实性肿瘤（乳腺癌、肺癌和胃肠癌等）的发生。绿茶中的化学物质能放慢前列腺癌的发展速度。茶里含有能防止非黑素瘤皮肤肿瘤形成的化学成分，预防皮肤癌。绿茶能够提高患卵巢癌妇女的生存率，并且有可能减少 60% 患子宫癌的机会。绿茶提取物可以抑制结肠癌细胞中表皮生长因子受体的生长和激活，同时抑制表皮生长因子受体 2 的信号传导通路，最终抑制肿瘤细胞的生长。绿茶提取物对化学致癌物影响的肾脏上皮细胞的细胞间缝隙连接信号通路有保护作用，从而抑制肾癌的发生发展。应用绿茶提取物治疗肺癌患者，其病情恶化明显缓解。绿茶还能预防淋巴癌和肝癌。

5. 防治心血管疾病

饮用绿茶越多，患者冠状动脉显著性狭窄（左主干狭窄大于 50% 或者其他主要血管狭窄大于 75%）的发生率越低。但也有调查发现，喝茶不仅和缺血性心脏病发病率之间没有关系，而且和缺血性心脏病的病死率呈正相关。绿茶能降低胆固醇和高血压。高脂血症是冠心病的一个主要危险因素，绿茶可以使总胆固醇和低密度脂蛋白（LDL）水平出现显著降低，能够提高血清抗氧化活性并且可以有效抑制 LDL 的氧化修饰来预防动脉粥样硬化。绿茶多酚可能通过抗血小板聚集的作用发挥其抗血栓的保护作用。

6．预防阿尔茨海默病（AD，老年痴呆症）

胆碱酯酶抑制剂是治疗 AD 的主要治疗药物。丁酰胆碱酯酶发现存在于早期老年性痴呆症患者大脑的病变神经斑块中。绿茶能抑制丁酰胆碱酯酶的活性，从而抑制 β‑分泌酶的活动，改变 β 类淀粉的积淀，有助于早期老年性痴呆症患者大脑中蛋白质沉淀物的产生。

7．防治口腔疾病

饮绿茶后 1 h，在口腔中可残留毫克级的儿茶素类化合物，可预防口腔疾病（包括龋齿、牙周疾病和口腔癌）和清除口臭。在用茶水漱口后有 34% 左右的氟素残留在口腔中，增强釉质对酸的抵抗力。此外，氟可以置换牙齿中的羟磷灰石中的羟基，使其变为氟磷灰石，后者对酸的侵蚀有较强的抵抗力，能增强釉质的坚固度。此外，氟素对变形链球菌也具有较强的杀菌活力。茶叶中皂甙的表面活性作用，可增强氟素和茶多酚类化合物的杀菌作用[12]。

8．不宜饮绿茶的病症

慢性胃炎患者需要服用胃蛋白酶、胰酶、多酶片等药物，而茶中含有大量多酚，与这些药物结合使酶失去活性，会导致治疗作用丧失。肝病患者在肝功能损害严重的情况下不能喝茶，因茶中咖啡因等物质要经过肝脏分解、吸收、解毒等，增加肝的工作量和负担，不利于肝病的恢复。缺铁性贫血患者不宜饮茶，茶中的多酚，可以与治疗贫血的"硫酸亚铁"结合成不被人体吸收的沉淀物，从而失去治疗作用。患甲状腺功能亢进症的患者不宜饮茶，茶中含有的咖啡因能使人兴奋性增强，甚至血压升高，不利于治疗。泌尿系统结石（肾、输尿管、膀胱结石）不宜饮茶，此结石的成分是草酸钙、尿酸盐等，一般草酸钙结石最常见，因为茶中含有较多的草酸盐，喝茶导致结石增生，不利于治疗。消化道溃疡患者不宜饮茶，此病因老年人大脑皮层功能紊乱，加上胃液酸度降低，胃黏膜血流减少，胃壁张力减退而致，茶中咖啡因是溃疡病的致病因素，因此更不宜喝茶。服用抗生素时不宜饮茶，茶中的多酚与口服抗生素（四环素、土霉素、红霉素等）相结合，减少对它们的吸收，会影响其抗菌能力。喝茶必须适量，以清淡为宜，切忌贪多贪浓[2]。

另外，绿茶有美白及防紫外线、降血脂和抗衰老等多种作用。

二、黄茶的保健功能

黄茶中富含茶多酚、氨基酸、可溶糖、维生素等物质，对防治食道癌有明显功效。此外，黄茶鲜叶中天然物质保留有 85% 以上，而这些物质对防癌、抗癌、杀菌、消炎均有特殊效果，为其他茶叶所不及，黄茶其性清寒。

黄茶的抗癌作用。用绿茶和黄茶进行 HT-29 结肠癌细胞体外抗癌效果评价。通过 MTT 试验、DAPI 荧光染色分析和 RT-PCR 分析验证其抗癌效果。400 μg/ml 质量浓度下黄茶（80%）表现出对 HT-29 结肠癌细胞最强的生长抑制效果。RT-PCR 检查 Bax，Bc1-2 基因表达情况及 DAPI 染色分析都显示黄茶对 HT-29 结肠癌细胞有较强的诱导其凋亡的能力。黄茶对 AGS 胃癌细胞和 HT-29 结肠癌细胞的抗癌预防效果比绿茶更好[3]。

黄茶有抗菌作用。黄茶对有害菌的抑制效果大于红碎茶、乌龙茶、砖茶和普洱茶，可以提神助消化、化痰止咳、清热解毒。

三、黑茶的保健功能

黑茶以其强消食去腻功效为边疆少数民族所喜爱，是边疆蒙、藏、维吾尔族等兄弟民族不可缺少的生活必需品。目前已报道的黑茶的功能有：助消化、降脂、减肥、软化人体血管、预防心血管疾病、降血压、降血糖、改善糖类代谢和防治糖尿病等。

对黑茶安全性毒理学评价研究认为，普洱熟茶、生茶急性 LD_{50} 分别为 9.6 g/kg 和 8.7 g/kg 体重，属于实际无毒的范围。用 1 年、5 年和 10 年普洱茶产品进行遗传毒性安全性评价研究和小鼠骨髓微核试验、畸形精子检测实验和 Ames 实验结果均为阴性，从遗传毒性证明了黑茶具有较高的食用安全性。

1．抗氧化及抗癌作用

黑茶的抗氧化作用的研究近年来主要体现在对普洱茶的研究上。离体实验及动物实验的结果表明，普洱茶提取物具有明显的抗氧化活性，清除自由基，降低 LDL 不饱和脂肪酸的数量及增加 HDL 的含量，以降低 LDL 的氧化敏感度。

揭国良等用不同的有机溶剂，分步萃取普洱茶的水提物，得到氯仿萃取物、乙酸乙酯萃取物、正丁醇萃取物和萃取后剩余物。采用鲁米诺的化学发光法和有机自由基 DPPH 的分光光度法，比较各提取物的清除自由基的能力。结果提示普洱茶水提取物中的乙酸乙酯萃取层组分和正丁醇萃取层组分对 DPPH 和羟自由基均有较强的清除能力[4]。东方等通过液质联用分析，从普洱茶乙酸乙酯层中鉴定出 4 类化合物：①酚酸类（3 个）：4- 羟基苯甲酸、二羟基苯甲酸、没食子酸；②儿茶素类（7 个）：儿茶素、表儿茶素、没食子儿茶素、表没食子儿茶素、表儿茶素没食子酸酯、表没食子儿茶素没食子酸酯、表阿福豆素 -3-O- 没食子酸酯；③儿茶素衍生物（9 个）：原花青色素二聚物及特征性的金鸡纳素型氧化黄烷醇类内酯化合物，包括普洱茶素 A 与 B 等；④黄酮醇及其糖苷类（6 个）：槲皮素、槲皮素 -3-O-b-D 葡萄糖甙、槲皮素 - 鼠李糖等[5]。

云南昆明天然药物研究所用细胞培养及电子显微镜方法，对普洱茶的抗癌作用进行了十多年的研究，提出了饮普洱茶能防癌，他们认为普洱茶具有多种丰富的抗癌微量成分，如 B- 胡萝卜素，维生素 B_1、B_2、C 和维生素 E 等。

2009 年黄建安等人利用 HCT-8 及 SGC-7901 两种细胞株研究黑茶对消化道肿瘤细胞生长的抑制作用，结果发现，黑茶具有良好的抑制消化道肿瘤细胞生长的作用。黑茶中含有两种抑制活性物质，其中对 SGC-7901 细胞株具有抑制能力的物质的极性要比对 HCT-8 细胞株具有抑制能力的物质极性低一些；对两种细胞株抑制的功能可能是多种物质成分共同作用的结果，而中低极性的物质抑制能力较强 [6,7]。

2. 对人体消化系统的促进作用

黑茶是最好的胃动力助动饮料。黑茶发酵过程中有大量黑曲霉、青霉、酵母等参与作用，而这些微生物广泛用于食品工业生产柠檬酸和其他有机酸，可产生糖苷酶、果胶酶、葡萄糖淀粉酶、纤维素酶、柚苷酶、乳酸酶、葡萄糖氧化酶及有机酸，如葡萄糖酸、柠檬酸和柠檬酸霉素。且青霉素发酵中的菌丝废料含有丰富的蛋白质、矿物质和 B 类维生素；产黄青霉代谢产生的青霉素对杂菌、腐败菌具有良好的消除和抑制生长作用，对普洱茶醇和品质的形成也可能有辅助作用。酵母菌还能利用多种糖类代谢产生维生素 B_1、B_2 和维生素 C，在保健功能上，酵母可以健脑，健胃，美容，解酒，预防肝坏疽，改善肝脏功能和延缓衰老。在黑茶渥堆过程中控制数量得当，可以增加黑茶中的有效营养物质以及对人体有保健作用的物质。

屠幼英等 [8,9] 研究发现经过微生物发酵的紧压茶中有机酸的含量明显高于非发酵绿茶。用酵母菌发酵含有大量酚性化合物的葡萄酒和红茶菌中均含有多种有机酸，并且有益于提高人体肠胃道功能。用高效液相色谱已检测出茯砖茶中乳酸、乙酸、苹果酸、柠檬酸等 10 种有机酸的含量。陈文峰等 [10] 研究了紧压茶水提物、茶多酚及有机酸对 α- 淀粉酶的促活效果，结果表明它们均能显著提高 α- 淀粉酶的活力，即茶提取物（绿茶或紧压茶）、茶多酚、有机酸都能促进胰液中的 α- 淀粉酶消化可溶性淀粉。从单因素的角度看，茶多酚对 α- 淀粉酶的促活效果最好，因此认为茶多酚是茶叶中促进人体肠胃道消化功能的主要因素，有机酸虽然也能提高 α- 淀粉酶活力，但其单独作用的效果不如茶水提物和茶多酚明显。同时，还发现茶多酚、有机酸总量最高的云南紧压茶酶活性最高，其作用效果大于茶多酚、有机酸单独作用效果之和，其原因可能是茶多酚和有机酸在一起能起到协同增效的作用。

茯砖茶高、中剂量组有较好的抗番泻叶及蓖麻油所致小鼠腹泻的作用，与小檗碱阳性对照组效果相当，而低剂量组效果不明显。另外茯砖茶高、低剂量组同小檗碱阳性对照组的抗硫酸镁所致小鼠腹泻效果相当。茯砖茶高、低剂量组可促进正常小鼠小肠的推进运动，其中茯砖茶高剂量组（5 g/kg）的效果更为显著。茯砖茶对硫酸阿托品导致的小肠推进抑制具有拮抗作用，且高剂量组效果更显著。高剂量茯砖茶对甲硫酸新斯的明引起的小肠推进亢进有明显的抑制作用，而低剂量组作用不明显。萧力争等的研究也得到了同样的结论，茯砖茶能恢复肠道节律性运动，起到调节胃肠运动的功效。茯砖茶浸提物对志贺氏菌、沙门氏菌、大肠杆菌等多种致泻微生物均有不同程度的抑制作用。高、中剂量（210、105 mg/mL）茯砖茶能促进肠道有益微生物（双歧杆菌、乳杆菌）的生长，抑制有害微生物（大肠杆菌、肠球菌）增殖。对番泻叶所致的肠道微生物紊乱有改善作用，其中对乳杆菌增殖的影响最为显著。吴香兰等研究也发现茯砖茶使氨苄青霉素所致肠道菌群紊乱失调小鼠肠道中双歧杆菌和乳杆菌量明显上升，且高剂量组基本恢复到与正常组相当。同时发现肠道菌群紊乱小鼠的小肠黏液中分泌型免疫球蛋白（sIgA）的量和血清中白细胞介素 -2（IL-2）、总蛋白和白蛋白的量均降低，而茯砖茶水提物能改善上述现象，表明茯砖茶可通过调节 IL-2 影响小肠黏膜 sIgA 的分泌。

为了揭示陈年茯砖茶多酚类对老年人肠道菌群多样性及结构的影响，从陈放 1 年及 7 年的茯砖茶中提取、纯化茶多酚，将等量茶多酚的提取物分别加入含有 65 岁老年人的肠道菌群混合培养基中进行体外静态厌氧培养，在 0 h、4 h、8 h、12 h 及 24 h 时对 7 年陈茶多酚组（O 组）、1 年陈茶多酚组（N 组）及空白组（B 组）进行茶多酚和短链脂肪酸（SCFAs）的含量测定，并进行肠道菌群的高通量测序，对测序结果进行生物信息学分析。结果显示，7 年陈茯砖茶的茶多酚类在与老年人肠道菌群的体外互作下，SCFAs 的含量较对照组显著提高，老年人肠道菌群的丰度及多样性水平也有所提升。在 4 h 及 12 h 时，能明显降低埃希氏菌属及 γ- 变形菌纲_B38 的相对丰度，同时提高拟杆菌属、双歧杆菌属及普拉梭菌属的相对丰度。研究表明，7 年陈茯砖茶的茶多酚类比 1 年陈茯砖茶的茶多酚类更有益于改善老年人的肠道菌群结构，在老年人的营养保健方面更具潜在的价值。

此外，日本对绿茶成分在人体中吸收代谢的研究表明，口服的茶多酚有近 1/14 在人体内以游离态的形式被吸收，并且进入血液后有机酸与儿茶素的复合物也易透过细胞膜进入人体的各个部位。由于黑茶中含较高浓度的有机酸可能有助于儿茶素在人体中的吸收。傅冬和等人报道了不同茯砖茶萃取成分对 α- 淀粉酶的作用，结果再次显示富含茶多酚的乙酸乙酯层促活效果最佳，同时他们的结果也再次显示茶多酚与有机酸的协同效果。

从以上结果可以推测，饮用黑茶可以加速人体胰蛋白酶和胰淀粉酶对蛋白质及淀粉的消化吸收，并且通过肠道有益菌群的调节进而改善人体肠胃道功能。由此可见，饮用黑茶可以有效控制体重。

3．降脂和对心血管疾病的作用

用黑茶浸提液对高脂血症患者进行临床研究。实验选用的解放军某干休所50位离退休军队干部都系高脂血症患者，男性，年龄60～70岁，实验前进行血液生化检查，饮茶前做高密度脂蛋白（HDL）、胆固醇（TC）、甘油三酯（TG）和脂质过氧化物（LPO）检查，在不改变饮食结构的前提下，每日服黑茶3次，每次4g（3袋），沸水冲泡服用1个月后，50位患者的以上血液生化指标均有不同程度下降（$P < 0.01$），表明黑茶有明显的降血脂作用。另外用食饵性高胆固醇血症家兔进行造模研究，观察康砖茶浸提液对高胆固醇血症的影响，并以玉米花粉的效果进行比较，结果表明，当用砖茶和花粉作为降血脂药物时，花粉组血脂水平无降低趋势，而砖茶组有降低趋势。

采用高脂饲料饲喂法建立高脂血症大鼠模型，通过普洱生茶、熟茶、乌龙茶、药组分别灌胃，实验35天后，检测大鼠血液丙氨酸氨基转移酶（ALT）、天冬氨酸氨基转移酶（AST）、TC、TG、HDL-C、LDL-C、GSH-PX、MDA、SOD的含量，以及观察大鼠的一般情况和肝、肾组织的病理变化，来观察普洱茶对实验性高脂血症大鼠血脂水平调节和血管内皮细胞的保护作用。结果表明，药、乌龙茶和普洱茶均能明显降低模型大鼠血液TC，TG，LDL-C和SOD含量，提高HDL-C，AST，MDA和GSH-PX的含量（$P < 0.05$，$P < 0.01$），其中，普洱茶作用显著优于药、乌龙茶。研究结论，药、乌龙茶和普洱茶均能显著调节机体的血脂水平，有效预防高脂血症和抗氧化等功能。日本朝日啤酒和朝日饮料两公司为了寻找抑制减肥反弹的方法，利用小鼠对具有抑制脂肪吸收效果的普洱茶、茉莉花茶、乌龙茶、混合茶进行研究。结果发现，喂食普洱茶粉末的小鼠，体重下降非常顺利。

普洱茶除可以降低血浆总胆固醇、三酸甘油酯及游离脂肪酸，亦可减轻胆固醇性脂肪肝现象及增加粪便中胆固醇的排出，可轻微地抑制肝中胆固醇的合成，增加动物禁食期间对胰岛素的敏感性。

普洱茶特征成分茶褐素、茶多糖与蛋白质等的复合体对昆明种小白鼠的抗疲劳、降胆固醇以及毒理学效应显示，普洱茶特征成分提取物能显著提高小白鼠的抗疲劳作用和降低小鼠血液中胆固醇含量，且优于普洱茶水提物。

用普洱茶对人血压心率及脑血流图的影响表明，饮普洱茶后能引起人的血管舒张、血压暂时下降、心率减慢和脑部血流量减少等生理效应,故对老人和高血压与脑动脉硬化患者,均有良好作用。因此,饮用黑茶可降脂,改善胰岛素抗拒及预防心血管疾病。

对其机理研究发现,黑茶具有良好的激活 PPAR 及 PPARδ 核受体作用。降糖、降血脂、减肥等代谢系统疾病的生理功效的高通量药物筛选主要有针对核受体 PPAR 家族和其他与脂代谢相关的核受体。宋鲁彬和黄建安等选用茯砖茶、花砖茶、青砖茶、黑砖茶、六堡茶和普洱茶等六种黑茶,并以沱茶、米砖茶为对比材料。结果显示,黑茶具有良好的 FXR 核受体活性和激活 PPAR 及 PPARδ 核受体作用,且黑茶中的 PPAR 核受体激活作用组分用热水即可浸出。因此,黑茶在减肥、治疗高脂血症、调节糖代谢、治疗动脉粥样硬化等方面具有一定的作用。在所有的黑茶中,对 PPAR 核受体具有激活作用最强的茶是茯砖茶,而青砖茶的激活能力则相对弱一些。[6,7]

洛伐他汀是一类组织选择性羟甲基戊二酰辅酶 A(HMG2COA)还原酶抑制剂,能竞争性地抑制胆固醇的生物合成,致细胞内胆固醇减少,反馈调节细胞表面低密度脂蛋白(LDL)受体的活力,促进血浆胆固醇水平下降。Wang L 等首先在普洱茶中发现有天然洛伐他汀存在,随后其他科学家研究指出洛伐他汀是在普洱茶中发现的唯一的他汀类化合物,竞争性地抑制胆固醇的生物合成,致细胞内胆固醇减少,反馈调节细胞表面低密度脂蛋白受体的活力,促进血浆中 LDL-C 水平降低[8-11]。北京利康绿色医药生物技术研究所于 2003 年从普洱熟茶中检测出他汀类物质,含量为 61.8mg/kg,不同存放时间普洱熟茶浸出液他汀含量为 120.2 ～ 260.1 mg/kg。

4. 安化黑茶对动脉粥样硬化的作用

总结安化黑茶延缓动脉粥样硬化(AS)的发生可能与以下因素有关:①安化黑茶通过抑制脂类物质在肝脏和动脉管壁的沉积来延缓 AS 的发展;②安化黑茶可以通过抑制 IL-1β、TNF-α、hs-CRP 等重要的促炎因子从而达到抑制炎症反应的作用;③安化黑茶可以通过抑制 MCP-1 和 OX-LDL 等重要的单核细胞趋化因子来防止过多的泡沫细胞在内皮细胞表面的沉积;④安化黑茶具有抗氧化作用,可以减少 LDL 的氧化修饰,从而有效的抑制泡沫细胞的形成和减缓内皮细胞的损伤(见表 5-1、表 5-2、表 5-3、表 5-4)[12]。

表 5-1　小鼠血清中 MCP-1 质量浓度的比较（$x \pm SD$, $n=10$）

组别	鼠数/只	剂量	MCP-1质量浓度（pg/mL）
空白组	10	20 mL/（kg·d）	84.8±1.03△●
模型组	10	20 mL/（kg·d）	91.8±3.28*●
他汀组	10	10 mg/（kg·d）	63.8±3.79*△
高剂量	10	2.16 g/（kg·d）	79.2±4.33*●△

组别	鼠数/只	剂量	MCP-1质量浓度（pg/mL）
中剂量	10	1.44 g/（kg·d）	74.6±4.97*△●
低剂量	10	0.72 g/（kg·d）	78.4±3.26*△●

表5-2 小鼠血清中TNF-α质量浓度的比较（x±SD，n=10）

组别	鼠数/只	剂量	TNF-α质量浓度（pg/mL）
空白组	10	20 mL/（kg·d）	16±5.27△●
模型组	10	20 mL/（kg·d）	134±6.84*●
他汀组	10	10 mg/（kg·d）	96.3±6.20*△
高剂量	10	2.16 g/（kg·d）	107±6.41*△●
中剂量	10	1.44 g/（kg·d）	105±6.42*△●
低剂量	10	0.72 g/（kg·d）	107±4.9*△●

表5-3 小鼠血清中hs-CRP质量浓度的比较（x±SD，n=10）

组别	鼠数/只	剂量	hs-CRP质量浓度（pg/mL）
空白组	10	20 mL/（kg·d）	553±12.4△●
模型组	10	20 mL/（kg·d）	624±28.7*●
他汀组	10	10 mg/（kg·d）	587±16.8*△
高剂量	10	2.16 g/（kg·d）	509±33.2*●△
中剂量	10	1.44 g/（kg·d）	535±25.4△●
低剂量	10	0.72 g/（kg·d）	587±16.2*△

表5-4 小鼠血清中IL-1β质量浓度的比较（x±SD，n=10）

组别	鼠数/只	剂量	IL-1β质量浓度（pg/mL）
空白组	10	20 mL/（kg·d）	19.2±0.53△
模型组	10	20 mL/（kg·d）	22.2±1.54●
他汀组	10	10 mg/（kg·d）	18.5±0.7△
高剂量	10	2.16 g/（kg·d）	18.4±1.2△
中剂量	10	1.44 g/（kg·d）	18.5±0.84△
低剂量	10	0.72 g/（kg·d）	19.0±0.68△

5．抑菌护齿作用

在健齿防龋、消除口臭和抑菌方面，湖南医科大学口腔系对普洱健齿茶抑制变形球菌附着能力进行体外实验研究，发现普洱健齿茶具有抗菌斑形成作用，其有效浓度在0.125%～1%，以1%浓度效果最佳，普洱茶对 Mycoplasma pneumoniae 和 Mycoplasma orale（Chosa H，1992）、Bordetella pertussis（Horiuchi Y，1992）、Streptococcus mutans（Yoshino K，1996）等都有很好的抑制效果。普洱健齿茶的抗菌斑形成作用，主要通过抑制葡糖转移酶活性，抑制了胞外葡聚糖的产生。普洱茶氟化物及茶多酚含量防龋作用动态观察，结果得出普洱茶的水溶性氟为 180.72 ～ 229.83 mg/kg，茶多酚含量为 87.42 ～ 99.16 mg/kg；饮用 4 g 普洱茶，冲泡浓度为 5% 的茶汤 50 min 后，摄入氟量就达到安全有效的防龋剂量，各种茶叶除口臭的能力与儿茶素和酚类化合物总量呈负相关，除口臭作用的强弱为：红茶＞乌龙茶＞包种茶＞绿茶。

6. 普洱茶降血糖作用

普洱茶降血糖研究请见第三章和第三节中详细介绍。由普洱市普洱茶研究院、吉林大学生命科学学院、长春理工大学共同合作完成的一项课题，初步解释了普洱茶降血糖功能的机理。研究发现，普洱茶具有显著抑制糖尿病相关生物酶的作用，对糖尿病相关生物酶抑制率达 90% 以上。糖尿病动物模型试验结果表明，随着普洱茶浓度增加，其降血糖效果越发显著，而正常老鼠血糖值却不发生变化。

四、白茶的保健功能

白茶在古代不仅是常见的居民日常饮品，更具有极高的保健药用价值。相传从太姥娘娘用绿雪芽（当今的白毫银针）治愈小孩麻疹的传说，到毛义梦获"鲫鱼配新茶"救母仙方的传说；从民间采用白茶降火清热，到国外采用白茶美白抗皱。白茶因其独特的健康功效而越来越受到国内外消费者的青睐。至今以白毫银针和白牡丹等为研究材料，对福鼎白茶品质与功能成分已经进行较全面分析，构建一系列的动物模型和细胞模型，从化学物质组学、细胞生物学和分子生物学水平上探讨了福鼎白茶的功能。研究发现，白茶具有抗炎清火、降脂减肥、调降血糖、调控尿酸、保护肝脏、抵御病毒等保健养生功效。

1. 白茶具有显著的美容与抗衰老作用

（1）21 种植物提取物的抗胶原酶、抗弹性蛋白酶和抗氧化活性。

2009 年，英国科学家 Tamsyn SA Thring 等人，研究了 21 种植物提取物的抗胶原酶、抗弹性蛋白酶和抗氧化活性，结果发表在 BMC Complementary and Alternative Medicine 期刊。研究表明，有 12 种具有较高或满意的抗胶原酶活性或抗弹性蛋白酶活性，9 种植物对这两种酶均有抑制活性。其中白茶酚类含量很高，且其 Trolox 等价抗氧化能力和 SOD 活性均为最高（见表 5-5）。

5-5 21种实验植物名称

植物	学名	科	使用部分
苜蓿	Medicago sativa L.	豆科	叶和茎
当归	Angelica archangelica L.	伞形科	根
茴香	Illicium verum Hook. F.	八角科	果实
墨角藻	Fucus vesiculosus L.	墨角藻科	叶状体
琉璃苣	Borago officinalis L.	紫草科	叶、花、茎
南非香叶木	Agathosma betulina (Berg) Pill.	芸香科	叶
牛蒡子	Arctium lappa L.	菊科	根
芹菜	Apium graveolensL.	伞形科	果实
甘菊	Matricaria recutita L.	菊科	叶、花和茎
繁缕	Stellaria media (L.) Vill.	石竹科	叶和茎
猪殃殃	Galium aparine L.	茜草科	叶和茎
紫草	Symphytum spp	紫草科	叶和茎
积雪草	Centella asiatica (L.) Urb.	伞形科	叶和茎
薰衣草	Lavandula angustifolia L.	唇形科	叶和花
十大功劳	Mahonia aquifolium Nutt.	小檗科	果实酊
奶蓟草	Silybum marianum (L.) Gaertn.	菊科	果实
橙子	Citrus aurantium subsp. amara	芸香科	花
石榴	Punica granatum L.	千屈菜科	甘油果实制剂
玫瑰	Rosa centifolia L.	蔷薇科	花（水和酊剂）
茶	Camellia sinensis Kuntze	山茶科	叶提取物：绿茶(甘油)和白茶(冻干粉)
北美金缕梅	Hamamelis virginiana L.	金缕梅科	叶

从其中 19 种植物提取物观察到具有抗弹性蛋白酶活性抑制作用的为：白茶、猪殃殃、牛蒡、墨角藻、茴香和当归。16 种植物均表现出抗胶原酶活性，其中白茶、绿茶、玫瑰酊和薰衣草的活性最高。9 种植物提取物对弹性蛋白酶（E）和胶原酶（C）均有抑制作用，其顺序依次为：白茶（E:89%,C:87%）＞墨角藻（E:50%,C:25%）＞猪殃殃（E:58%,C:7%）＞玫瑰酊（E:22%,C：41%）＞绿茶（E：10%：C：47%）＞玫瑰水（E：24%，C：26%）＞当归（E:32%,C:17%）＞茴香（E:32%,C:6%）＞石榴（E:15%,C:11%）。除白茶总酚含量为 0.77 mg GAE/mL 外，其余提取物的总酚含量均在 0.05～0.26 mg 没食子酸当量（GAE/ml）之间。已有文献报道，绿茶儿茶素单体如 EGCG 是有效的蛋白酶抑制，在 250μg 具有很好的抗弹性蛋白酶活性。在 25μg 非常低的浓度下，白茶全提取物有与 EGCG 一样具有很高的抗弹性蛋白酶活性和胶原酶抑制作用，这表明该茶提取物中的儿茶素之间存在增效或协同性，尤其是对于抑制胶原酶。此外，由于胶原酶是一种含

锌的金属蛋白酶，茶叶提取物中的儿茶素是金属螯合剂，可以与酶内的锌离子结合，从而阻止酶与底物结合。

另有研究报道，用150种甲醇植物提取物对猪和人的弹性蛋白酶进行试验，只有6种提取物显示出65%或更高的抑制率。这些提取物在 IC_{50} 值超过208μg/mL时才表现出活性。该研究中白茶和猪殃殃水提取物在25μg终浓度和相同浓度的底物以及单位/ml酶的条件下显示出良好的活性。对茴香的甲醇提取物进行了抗弹性蛋白酶活性的测定，结果表明浓度为100μg/mL和1000μg/mL时，抗弹性蛋白酶活性为27%和63%。

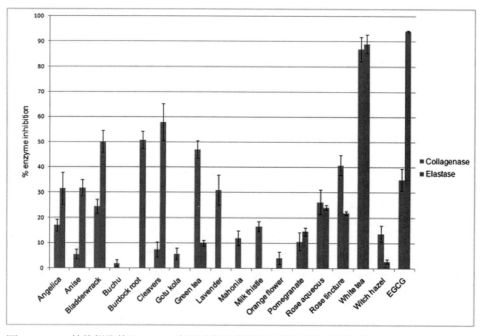

图5-3 5μg植物提取物和EGCG对胶原酶和弹性蛋白酶的平均抑制作用（±SEM，$n=6$）

在抗氧化能力评估方面，Trolox等价抗氧化能力（TEAC）检测显示所有提取物都具有活性。白茶的活性最高，6.25μg抗氧化能力相当于21μM Trolox。此外，7种提取物在低浓度下均表现出较高的活性，大于等于10μM Trolox，金缕梅（6.25μg=13μM Trolox）和玫瑰水（6.25μg=10μM Trolox）。在超氧化物歧化酶测定中还发现了白茶具有高活性，其对硝基蓝四唑还原具有88%的抑制作用。绿茶（86.41%）、玫瑰酊（82.77%）、金缕梅（82.05%）和玫瑰水（73.86%）也具有较高活性。

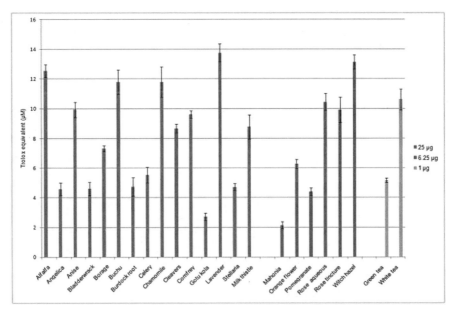

图5-4　相同浓度提取物（μg）的Trolox平均当量（±SEM，*n*=6）

在25μg水平下测定的提取物活性顺序为：薰衣草（13.77μM Trolox）、苜蓿（12.57μM Trolox）、甘菊（11.8μM Trolox）、南非香叶木（11.8μM Trolox）、茴香（9.94μM Trolox）、紫草（9.61μM Trolox）、奶蓟草（8.77μM Trolox）、猪殃殃（8.66μM Trolox）、琉璃苣（7.31μM Trolox）、芹菜（5.53μM Trolox）、牛蒡（4.73μM Trolox）、繁缕（4.70μM Trolox）、墨角藻（4.59μMμlox）、当归（4.57μM trolox）、积雪草（2.7μM trolox）。相关性分析显示，总酚含量与TEAC值呈显著性相关（$p = 0.001$），但这分析去除了白茶，因为白茶具有相当高TEAC活性和很高的没食子酸当量。

在SOD模拟活性试验中，23种植物提取物中有17种提取物表现出了活性（见图5-5）。另外6种提取物苜蓿、茴香、墨角藻、牛蒡、石榴和繁缕几乎没有活性（<5%）。5种提取物显示出良好的活性（> 70%），其中白茶（87.92%）、绿茶（86.41%）、玫瑰酊（82.77%）、金缕梅（82.05%）和玫瑰水（73.86%），它们同样也是在胶原酶和TEAC试验中活性最好的提取物。茶提取物的抑制作用略高于SOD阳性对照组，后者抑制率为85.02%。甘菊（51.94%）、琉璃苣（51.56%）、紫草（48.98%）和薰衣草（46.31%）的活性在40%～60%。橙子（29.89%）、奶蓟草（28.40%）、当归（24.48%）、积雪草（22.34%）和南非香木叶（20.49%）5种提取物的活性在20%～30%。芹菜（15.26%）、猪殃殃（13.44%）和十大功劳（12.24%）的活性可忽略不计。SOD是一种天然存在的酶，它通过将 O_2^- 分解成 O_2 和 H_2O_2，从而保护细胞免受 O_2^- 的反应和破坏。这表明天然产物可在体外少量抑制这些酶，可能具有预防自由基相关疾病和皮肤老化的作用。因此，研究结果表明这些提取物的作用方式与超氧化物歧化酶相似，通过直接抑制甲䐶的产生起作用。SOD 活性与总酚含量呈显著正相关。

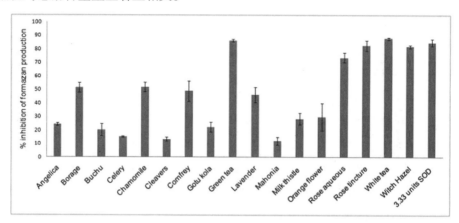

图5-5　3μg/ml植物与超氧化物歧化酶对照的平均SOD活性（±SEM，n=3）

　　本研究表明，在这 23 种植物提取物中，其中 10 种显示出较高或令人满意的抗弹性蛋白酶的活性，可达 90% 的抑制水平。12 种提取物具有较高或令人满意的抗胶原酶活性，抑制率可达 75%。6 种提取物对两种酶均有抑制活性，其中白茶和玫瑰酊的酚类含量很高，具有良好的 TEAC 清除活性和清除超氧自由基作用。没食子酸测定结果表明有些植物的酚含量很高，如南非香叶木，但在其他试验中活性较低甚至没有活性。

　　（2）羰基应激与老年色素斑的生成

　　超氧化物阴离子自由基、羟自由基等活性中间体是典型的氧自由基。这些活性氧基团有很高的化学势能，能导致脂膜不饱和脂肪酸形成脂过氧化物和环化过氧化物的产生，而这些物质将分解为饱和与不饱和羰基化合物。不饱和醛类化合物非常活跃，最终往往造成细胞毒害和基团毒害，同时也是形成荧光色素产物的主要前体。由自由基氧化脂类物质或美拉德反应所产生的毒性羰基化合物，具有很强的生物反应活性，它们能进一步攻击生物大分子而导致羰基应激，如攻击蛋白质氨基酸残基（主要是赖氨酸、精氨酸和半胱氨酸残基）导致羰—氨交联反应。羰—氨交联反应将使蛋白质进一步重排，形成难解溶的蛋白质类老年色素荧光物质。老年色素即老年斑，也称脂褐素，是毒性羰基化合物与蛋白质羰—氨交联反应所形成的产物，是细胞衰老过程中出现的特征性物质，也是机体衰老的主要标志之一。同时它也泛指细胞内外所有与老年相关的荧光物质及其复合成分，包括细胞间质中黄色荧光的老化胶原组织和眼睛晶体白内障等，也包括发黄的舌苔、发黄的尿液，以及血液中的蜡样色素等。由于这些反应产物具有稳定的化学刚性结构，不易消除，在疾病和炎症过程中机体堆积了大量的这类生物垃圾。随着年龄的增大及外界环境（高糖、急性应激等）的影响，这些生物垃圾在体内积累会逐渐增多，进一步促发细胞内氧化应激，加速细胞衰老，参与并介导一系列与衰老有关疾病生理过程，如糖尿病、老年痴呆、动脉粥样硬化等。因此，它们也成为研究衰老的一项重要指标。

很多文献已报道具有抑制羰—氨交联反应和消除羰—氨交联反应物的天然产物对预防和治疗神经衰退以及心血管羰基应激疾病有重要作用。

羰基化合物丙二醛能与人血清白蛋白（Human serum albumin,HSA）通过羰氨交联反应生成老年色素荧光团（APFs）。随着白毫银针使用浓度120、240、360μg/ml的提高，对APFs生成的抑制作用逐渐增强，尤其是高剂量条件下抑制作用非常明显。由此可以看出，白毫银针对老年色素具有很好的抑制作用。

白毫银针能有效修复羰—氨交联引起的蛋白质结构变性。蛋白质是一类与生命相关的生物大分子，在正常情况下以紧密折叠结构存在，受到外界条件影响后，使其生物活性丧失，蛋白质变性。

内在和外在因素都能引起蛋白质结构发生变化，羰—氨交联反应也会造成蛋白质的结构变性，从而使其生物活性降低甚至丧失。对MDA/HAS反应体系的蛋白质产物进行红外光谱分析，叶变换红外光谱（FTIR）分析测试。发现在蛋白质变性过程中，酰胺I带的吸收（吸收谱1600至1700cm−1区域NH–CO）的吸收谱主要来源于这个谱带中酰胺C=O键的伸缩振动（大约80%）。酰胺C=O上的氢键越强，其电子密度将越小，相应地酰胺I带的吸收谱也越小。

在MDA/HAS反应体系中，羰–氨交联反应导致了蛋白酰胺I带吸收峰值的降低，加入白毫银针提取液孵育后，能够很好地逆转这种变化趋势（见图5-6）。由此可见，在MDA/HAS反应体系中，白毫银针能够有效地阻抑蛋白质发生羰–氨交联反应。

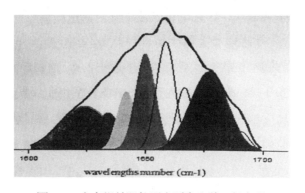

图5-6 白毫银针阻抑蛋白质发生羰—氨交联

蛋白质二级结构的定量分析显示，MDA 修饰 HAS 后，蛋白质 α-螺旋的含量有22.47% 消失，β-折叠由 35.66% 降到 24.31%，α-螺旋和 β-折叠的相对百分含量逐渐减少，β-转角和无规卷曲的相对百分含量则增加，这意味着蛋白质发生羰-氨交联反应后，结构倾向于从有序状态到无序态，而白毫银针能有效逆转这个过程，表现出显著的抗衰老活性。

（3）白毫银针能有效拮抗 β-淀粉样蛋白对神经细胞的损伤而延缓衰老

目前世界人口向老龄化方向迅速发展，人口老化速度为总人口增长速度的 2 倍；特别是与脑老化相关的神经系统退行性疾病（Degenerative diseases of the central Nervous System），如老年痴呆 / 帕金森病的频繁发生，严重影响着人们的健康生活，加重了社会的经济负担。

β-淀粉样蛋白在细胞内的沉积是 AD 病理学特征主要表现之一，是淀粉样老年斑块的主要成分，具有很强的神经毒性，在 AD 致病过程中起到关键性作用。其在神经细胞的积聚增多可通过诱导细胞凋亡，激活胶质细胞炎症反应以及触发氧化应激等对神经细胞表现出很强神经毒性，从而诱导神经细胞凋亡，使机体的认知学习功能下降，久而久之诱发神经系统退行性疾病，加剧大脑的衰老。

①白毫银针能有效拮抗 Aβ 对 SH-SY5Y 细胞增殖的抑制作用。MTT 实验结果表明，25μM Aβ 孵育 24h 能显著抑制 SH-SY5Y 细胞的增殖，抑制率达到 26%；而用不同浓度的白毫银针预培养 24h，能有效地拮抗 Aβ 对 SH-SY5Y 细胞增殖的抑制作用，其中10μg/ml 和 40μg/ml 白毫银针预处理组拮抗效果非常明显，细胞活力接近正常对照组。可见，白毫银针能很好地抵抗 Aβ 的神经毒性，保护神经细胞，从而延缓大脑内因神经细胞不断凋亡而造成的认知功能的下降，表现出显著的延缓大脑老化的作用。

②白毫银针能有效修复 Aβ 引起的 SH-SY5Y 细胞线粒体损伤。线粒体是细胞有氧呼吸的场所、机体的能量工厂，其结构与功能的紊乱势必会严重影响机体的正常生命活动，加速机体的老化。罗丹明 123（Rhodamine 123）是一种可透过细胞膜的阳离子荧光染料，是一种线粒体跨膜电位的指示剂。从表 5-6 中的数据可以看出，Aβ 孵育组罗丹明染色荧光值比正常组下降，说明 Aβ 能引起 SH-SY5Y 细胞线粒体跨膜电位（Δψm）的崩溃，破坏线粒体膜完整性；白毫银针预处理组的荧光值高于 Aβ 组，证明白毫银针能很好地修复 Aβ 引起的 SH-SY5Y 细胞线粒体损伤，起到延缓细胞衰老的功效。

表 5-6　酶标仪测定罗丹明染色荧光值

处理	荧光值
正常对照组	30.62 ± 0.33
Aβ 孵育组	22.06 ± 0.39
白毫银针预处理组（10μg/ml）	25.87 ± 0.96

③白毫银针能减少细胞内毒性羰基的水平。羰基应激导致的羰–氨交联反应是机体衰老分子病变的中心环节，也是形成脂褐素、蜡样色素、羰基化合物（AGEs）和老年色素荧光物质等老年色素的共同中间过程。羰–氨交联结构具有很高的反应活性，能不断"绞杀"积聚周遭的蛋白质、脂肪、核算等生物大分子，从而改变体内能量、代谢和信号途径。因此，毒性羰基的增加不但会加速机体内老年色素的形成，还能破坏机体内的生命活性物质，从而加速机体的衰老。

羰基检测结果显示，SH-SY5Y 细胞用 25μM Aβ 孵育 24h 之后，细胞内的毒性羰基与正常组相比较显著增加，其含量是正常组的 3 倍多；而通过 10 和 20μg/ml 白毫银针预处理能明显减少细胞内毒性羰基的含量。显然，白毫银针可通过减少体内毒性羰基化合物的形成，抑制羰–氨交联反应活性，减少体内"废物"的形成，从而达到延缓机体衰老的功效。

④白毫银针可有效清除细胞内过量铁离子而起到延缓衰老的作用。铁是人体必需的元素，有很多生理和生化作用，然而过量铁对人体所有的细胞均有毒害作用。铁的毒性作用主要是在启动和催化氧自由基中起到重要作用，最明显的机制为 Fenton 反应生成大量活跃的 OH 自由基，从而损伤线粒体，导致细胞的损伤。具体机制是铁含量过多，细胞内的溶酶体变得比较容易破损，从而加速老年色素物质的形成和积累。放血治疗之后，这些溶酶体的韧性会得到恢复。此外，铁剂通过诱导脂肪的氧化变性，从而活化肝脏的星状细胞，导致肝脏纤维化的发生发展。已有大量的研究表明，体内的老年色素物质总含有相当大比例的铁离子。同时，老年色素中的铁离子又能促进大量自由基的形成。在机体衰老过程中，神经细胞、心肌细胞、肝细胞等终末端细胞内，积累了大量坏的线粒体，这些坏的线粒体被溶酶体吞噬消化后，线粒体中的铁离子被暴露在溶酶体中，成为具有氧化还原活性的铁离子，介导着一系列产生自由基的促氧化还原反应，从而导致老年色素样物质的形成；另一方面，铁离子还与神经系统退行性疾病（AD）有一定的相关性，研究表明 AD 的大脑海马区的铁会明显增多，铁过载之后发生促氧化反应又会促进 Aβ 的聚集和 AD 病症的发展。由此可见，平衡机体内铁离子含量及状态对延缓衰老、保持健康具有深远意义。

白毫银针可有效抑制细胞对过量铁的吸收。如图5-7所示，铁染色发现，加入 $50\mu M\ Fe^{3+}$ 培养 12h 后，SH-SY5Y 细胞内的 Fe^{3+} 与正常对照组相比明显增多，细胞内铁离子过载；而事先用白毫银针（$20\mu g/ml$）预处理 24h 后再加入 Fe^{3+} 培养，细胞内的铁离子与 Fe^{3+} 组相比又明显减少，接近对照组。由此可见，白毫银针能有效地螯合 SH-SY5Y 细胞内过量的铁离子，抑制过量铁离子在细胞内的沉积，从而减少铁离子过载对细胞的损伤。

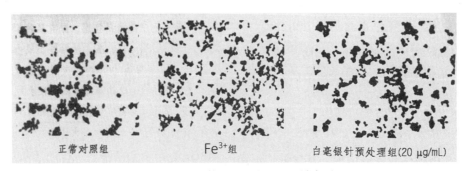

正常对照组　　　　　　　Fe^{3+} 组　　　　　　白毫银针预处理组（20 μg/mL）

图5-7　白毫银针螯合细胞内过量的铁离子

白毫银针对细胞内活性氧（ROS）的清除作用。ROS 水平是通过 DCFH-DA 活性氧探针来检测。DCFH-DA 本身没有荧光，可以自由穿过细胞膜，进入细胞内后，可以被细胞内的酯酶水解生成 DCFH。而 DCFH 不能通透细胞膜，从而使探针很容易被装载到细胞内。细胞内的 ROS 可以氧化无荧光的 DCFH 生成有荧光的 DCF，从而可以通过荧光显微镜及酶标仪检测到细胞内的 ROS，如图 5-8 所示。

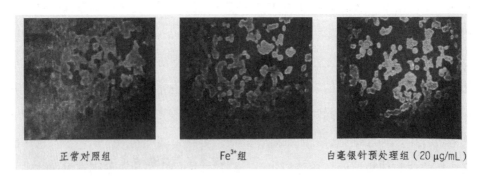

正常对照组　　　　　　　Fe^{3+} 组　　　　　　白毫银针预处理组（20 μg/mL）

图5-8　SH-SY5Y细胞ROS染色的荧光显微观察（200×）

上述的 ROS 染色及检测结果表明，加入 $50\mu M\ Fe^{3+}$ 培养 12h 后，SH-SY5Y 细胞内的 ROS 与正常对照组相比显著增多；而用白毫银针预处理 24h 后再加入 Fe^{3+} 的培养组，细胞内的 ROS 与加铁组相比又明显减少，接近正常组水平。显然，白毫银针能很好地清除铁离子引起的 SH-SY5Y 细胞内增加的 ROS，从而降低 ROS 对细胞的损伤，具有明显的延缓细胞衰老的作用。

⑤白毫银针在环境氧化应激条件下可有效延长线虫的寿命。氧化应激是指体内氧化与抗氧化作用失衡，倾向于氧化，导致中性粒细胞炎性浸润，蛋白酶分泌增加，产生大量氧化中间产物。氧化应激是由自由基在体内产生的一种负面作用，并被认为是导致衰老及相关疾病的一个重要因素。多年来，氧化应激与衰老的密切关系已经为多数学者接受并在秀丽线虫、果蝇以及哺乳动物等多种模型动物中得到了证实。氧化应激及机体对氧化应激做出正确反应的能力在衰老过程中起着重要作用，能够提高抗氧化应激能力的因素则具有抗衰老并延长寿命的作用。秀丽线虫作为模式动物进行研究，通过人为造成环境应激，如氧化应激，从而对线虫造成伤害，由此研究白毫银针茶对线虫在环境氧化应激条件下的保护作用，并通过延长线虫的存活时间表现出来。

采用野生型秀丽线虫 N2 作为模式动物，使用 $500\mu M$ 胡桃醌（juglone）48 h，对照组不用茶汤处理。然后把个实验组的线虫转移到含有 $500\mu M$ 胡桃醌的培养皿中，每小时计数死亡虫子的数目并作详细记录。结果所示，白毫银针茶汤预处理的各实验组的线虫存活时间都得到了有限延长，对照组 100mg/l 白毫银针茶汤组、200mg/l 白毫银针茶汤组的平均存活时间分别为 5.1 h、5.6 h、6.0 h。100mg/l 白毫银针茶汤组、200mg/l 白毫银针茶汤组较对照组的平均存活时间分别延长了 10% 和 18%。由此可见，白毫银针可以有效延长在氧化应激条件下秀丽线虫的寿命。

2. 福鼎白茶可预防皮肤细胞的光老化

（1）皮肤光老化的概念

近 30 年来，工业的迅速发展造成环境污染不断加剧，大气中的臭氧层被严重破坏，到达地球表面紫外线增加，更加加速了皮肤光老化的发生。皮肤光老化是由于长期紫外线辐射导致皮肤加速衰老的现象。大量的流行病学调查及研究证实，临床许多皮肤并光线性弹力纤维病、日光性角化病、慢性光线性唇炎、日光性雀斑样痣、基底细胞癌、鳞状细胞癌、黑素细胞瘤等的发生发展与皮肤光老化有直接或间接的关系。光老化皮肤有着明显的组织学特征和临床特征。组织学特征表现为：表皮肥厚，表皮突消失，在曝光部位表皮可增厚，表皮细胞可产生异质性，光照部位黑素细胞可增加，真皮成熟胶原减少，胶原纤维束散开，弹性纤维嗜碱性变，增多变粗，卷曲扭结，常在真皮浅层聚集成丝。临床特征主要为：暴露部位皱纹加深，皮肤松弛，外观呈皮革样，色素斑增多，毛细血管扩张。

皮肤光老化是指由于长期的日光照射导致皮肤加速衰老的现象，严重影响人们的外貌美观，并可能引起各种良性或恶性肿瘤。尤其是过多的紫外线接触是导致皮肤光老化、皮肤癌变、免疫抑制等一系列疾病的主要原因。紫外线辐射（UVA）也称紫外线，属于地磁辐射（非电离辐射），波长范围在 100～400nm 之间，按波长不同可分为长波紫外线（UVA315～400nm），中波紫外线（UVB280～315nm）和短波紫外线（UVC100～280nm），到达地球表面时大部分 UVB 和几乎全部 UVC 均被大气臭氧层吸收，对人体产生作用的主要是 UVB（占到达地表 UVR 总量的 5%）和 UVA（占到达地表 UVR 总量的 95%），相同剂量 UVB 的生物效应是 UVA 的 800～1000 倍。UVB 可以通过直接损伤 DNA 或诱发氧化反应产生自由基等机制作用于机体细胞，甚至引起突变频率增加，细胞周期阻滞，诱导细胞凋亡的发生，促进细胞增殖甚至引起皮肤癌。

（2）白毫银针对紫外辐射条件下皮肤成纤维细胞 L929 的保护作用

MTT 结果所示，L929 细胞经中度紫外线（UVB）辐射后，细胞极显著减少，但适量加入白毫银针茶水提取物孵育后，对细胞均具有一定的保护作用，加入 10～20μg/ml 白毫银针茶水提取物孵育后，对经 UVB 辐射的细胞达到极显著保护作用。

（3）白毫银针对辐射处理细胞 L929 的保护作用的倒置显微镜观察

小鼠成纤维细胞 L929 是普遍存在于结缔组织中的一种中胚层来源的细胞，细胞较大，轮廓清楚，多为突起的纺锤形或星形的扁平状结构，其细胞核呈规则的卵圆形，核仁大而明显，如正常对照组。而经中波紫外线（UVB）辐射后，细胞量极显著减少，细胞变圆，凋亡核固缩比较明显，仅存几个细胞形态正常，如紫外辐射模型组。加入 20μg/ml 白毫银针茶水提取物孵育后，再经 UVB 辐射的细胞数目明显比辐射组多，并且细胞形态也大多正常。说明白毫银针茶水提物具有一定的防紫外线辐射能力。

（4）白毫银针对辐射处理细胞 L929 保护作用的流式细胞仪观察

小鼠成纤维细胞 L929 受辐射处理后经流式凋亡检测发现，正常组的正常细胞占 90.40%，辐射模型组占 61.29%，白毫银针茶水提物预处理的辐射组占 84.62%。由此可见，紫外辐射对 L929 细胞的损伤较重，而经过 20μg/ml 白毫银针茶水提物预处理后的细胞则可以有效地抵抗紫外辐射损伤。

（5）白毫银针对 UVB 辐射引起细胞氧化损伤的保护作用

SOD 和 GSH-Px 是细胞抗氧化力的典型指标。与正常对照组相比，UVB 辐射组的细胞 SOD 和 GSH-Px 活力明显下降，MDA 含量增加（$P < 0.01$）。当加白毫银针茶预处理后再接受 UVB 辐射，试验组的 SOD 和 GSH-Px 活力与 UVB 单独辐射组相比明显升高，

MDA 含量显著减少，高剂量试验组具有极显著效果，差异具有统计学意义（$P < 0.01$）。

3. 福鼎白茶具有显著的降血脂作用

（1）白毫银针对体外诱导培养的非酒精性脂肪肝细胞的影响

人肝癌细胞株（HepG2）较好地保留了肝细胞的多种生物学特征，具有和人类肝脏相似的代谢能力，是体外研究糖脂代谢的典型细胞。将 HepG2 细胞培养于 5%CO_2、37℃环境中，培养基为含 10% 胎牛血清的低糖（1g/L）DMEM。当 70% ~ 80% 融合度时，经0.25% 胰酶消化后分散成 5×10^8/L 细胞悬液，接种于细胞培养板。HepG2 细胞以含 50% 胎牛血清的高糖（4.5g/L）DMEM 继续培养 48h 造模。造模成功后，再更换新培养基，分别加入含 100 和 500ug/ml 白毫银针茶水提物的高糖 DMEM，继续培养 48h。即为低、高剂量白茶试验组。阳性药物组加入含 100ug/ml 血脂康的胎牛血清培养 48h。正常组、造模组分别给予无药物的低糖、高糖培养基继续培养 48h。将一部分细胞进行油红 O 染色，另一部分细胞消化进行 TG 和 TC 含量测定。

将各组细胞通过油红 O 染色后，于 400 倍显微镜下观察。与正常组相比，模型组细胞内部红色脂肪滴颗粒明显，并且有少数细胞破裂，脂肪滴逸散，伴随着有一些细胞形态学变化，白毫银针组（100ug/ml）与模型组相比有明显的改善作用，虽然与辛伐他汀的降低脂肪的效果相比还有差距，但是其 HepG2 细胞内的红色脂肪滴有明显减少现象，说明白茶具有改善脂肪变性和减低脂肪积聚的效果。

与正常对照组比较，模型对照组 48h 处理后，HepG2 细胞的 TG 含量极显著地升高（$P < 0.01$）。而 HepG2 细胞接受白毫银针低、高剂量干预 48h 后，TG 含量极显著降低（$P < 0.01$），并且处理效果优于阳性对照组。这从细胞水平上说明白毫银针茶水提物具有一定的降血脂功效。此外，研究低剂量白毫银针对细胞内胆固醇含量的影响。模型组与正常空白组相比 TC 水平极显著地增加（$P < 0.01$）。这说明细胞内有较多的胆固醇积累现象，而后经过 48h 的 100ug/ml 白毫银针水提物处理后，处理组细胞内 TC 含量极显著降低（$P < 0.01$）。这说明白毫银针水提物有显著减少细胞内胆固醇聚集的功效。

（2）白毫银针对小鼠高脂血症具有明显的拮抗作用

雄性小鼠 SPF 级，三周龄，40 ~ 45g，适应喂养 5 天后，随机分为正常对照组、模型组、白毫银针茶水提物低、高剂量（20,80mg/ml）组、和血脂康阳性对照组（100mg/kg）。正常对照组每天喂养基础饲料；白毫银针茶水提物试验组和阳性药组分别灌胃给予相应剂量的白毫银针茶水提物和血脂康，正常对照组给予等体积蒸馏水，连续 4 周后，断头取血分离血清测定 TC、TG、HDL-C 和 LDL-C。取适量肝组织制成 10% 匀浆，测定

SOD 和 GSH-Px 的含量；取肝量大叶片冰冻切片，HE 染色，观察脂肪蓄积情况。肝组织解剖时发现，正常对照组小鼠肝脏色泽正常，表面光泽。模型对照组小鼠肝脏外观弥漫性肿大，边缘稍钝，颜色泛白，触之如面团，有油腻感，压迫时可出现凹陷。白毫银针试验组与模型对照组相比，肝脏颜色红润，表面光滑，改善效果与阳性对照组相当。

长期饲喂高脂饲料构建小鼠高脂血症，该高脂血症模型小鼠的体重、肝重以及肝体重比明显高于正常组小鼠。然而，经过 4 周饲喂低、高剂量白毫银针茶水提物试验组的小鼠，其体重、肝重及肝体重比值与模型组相比，均呈下降，说明白毫银针茶水提物具有一定降脂减肥效果，且具有明显的量效关系，随喂饲料剂量的增加，降脂减肥效果愈加明显。白毫银针可显著改善高脂血症小鼠血清生化指标，表现出明显降血脂效果。高脂血症小鼠随着症状的加重，TC、TG 含量以及 LDL 呈上升趋势，HDL 呈下降趋势。与正常组相比，高脂血症模型小鼠的 TC、TG、LDL 的含量极显著增加（$p < 0.01$）。然而，饲喂白毫银针茶水提物 4 周小鼠的 TC、TG、LDL 的含量水平普遍低于高脂血症模型组小鼠（$p < 0.05$），与阳性药的治疗水平相当。阳性药组和试验组的 HDL 的含量也均高于模型组，差异均达显著水平（$p < 0.05$）。白毫银针可显著改善高脂血症小鼠肝匀浆抗氧化指标。抗氧化指标测定表明，模型组与正常对照组比较，其脂质过氧化产物丙二醛含量极显著升高（$p < 0.01$），而 SOD 和 GSH-Px 的活性极显著降低（$p < 0.01$），说明其机体肝组织正常的抗氧化能力明显下降。而与模型组相比，饲喂不同剂量白毫银针茶水提物的试验组其 SOD 和 GSH-Px 活力均极显著升高（$p < 0.01$），而 MDA 含量呈现下降趋势，且高剂量试验组达到极显著水平（$p < 0.01$）。

白毫银针可明显修复高脂血症小鼠的肝组织损伤。光镜下观察，正常组肝脏组织结构完整，肝小叶轮廓清晰，肝细胞条数围绕中央静脉呈放射状排列。而饲喂 4 周高脂饲料的模型组，肝小叶结构紊乱，肝小叶周围肝细胞爆浆出现圆形空泡，造成脂肪变性。饲喂白毫银针茶水提物低、高剂量组的肝组织切片观察显示，低剂量组肝组织有严重水样变，但均未形成脂肪空泡，高剂量组肝组织基本恢复正常，与阳性药效果相当。说明白毫银针茶水提物对高脂血症小鼠脂肪变性具有较强的修复作用，有效地减轻了小鼠的脂肪性肝损伤。

4. 福鼎白茶具有明显的降血糖作用

（1）高血糖及相关疾病

糖尿病是由于胰岛素不足和血糖过多而引起的糖脂肪和蛋白质等的代谢紊乱，主要特点是血糖过高、糖尿、多尿、多饮、多食、消瘦、疲乏。糖尿病一旦控制不好会引发并发症，导致肾、眼、足等部位的衰竭病变，且无法治愈。近年来，随着生活质量的提高，人们饮食结构发生改变，糖尿病的发病率日趋增高，而且其血管并发症，如动脉粥样硬化、血管栓塞等，更是糖尿病致死、致残的主要原因。糖尿病成为继心血管病和肿瘤之后的第三大非传染病。

已有研究表明，白茶中的多酚类和酯类，有促进胰岛素合成的作用；茶多糖类物质，有去除血液中过多糖分的作用。茶多酚对人体的糖代谢障碍具有调节作用，能降低血糖水平，从而有效地预防和治疗糖尿病。

（2）白毫银针可以明显改善高血糖小鼠的临床病理症状

试验以白毫银针作为研究对象，采用四氧嘧啶制作小鼠高血糖模型，探讨白毫银针的降血糖效果。在高血糖动物模型中，健康小鼠和高血糖模型小鼠相比，高血糖小鼠模型组表现为进食量增大，而体重增加缓慢；观察还发现模型组小鼠多尿，符合糖尿病多尿、多饮、多食、消瘦"三高一低"的典型症状。而高血糖模型小鼠在灌胃白毫银针茶水提物后，体重增加缓慢的情况得到了有效的改善。小鼠血清中血糖的检测结果表明，与正常对照组相比，高血糖模型组的血糖浓度显著增加，白毫银针各组和阳性药盐酸二甲双胍组的血糖浓度均比模型组显著降低，其中以白毫银针高剂量组的效果最为明显，达到极显著水平（$p < 0.01$），与阳性药盐酸二甲双胍的效果相当。可见，适当高剂量饮用白毫银针可以有效地降低血糖，改善糖尿病的症状。从各组小鼠血清中胰岛素的浓度水平可以看出，与正常组相比，高血糖模型小鼠的胰岛素浓度显著降低，而白毫银针各组和阳性药盐酸二甲双胍组的胰岛素浓度普遍比模型组显著升高，尤其是白毫银针高剂量组和阳性药组，接近正常组的胰岛素浓度水平。由此可见，白毫银针能有效地调控高血糖小鼠的胰岛素代谢，起到降血糖的功效。

5. 福鼎白茶可有效修复过度饮酒引起的酒精性肝损伤

酒精性肝病是由于长期大量地饮酒，导致肝脏清除氧自由基的能力下降，脂质氧化代谢紊乱，造成肝脏内脂肪沉积；同时，酒精在肝脏内转化为乙醛，乙醛的毒副作用对肝脏的损伤也很大。酒精性肝损伤可分为酒精性脂肪肝、酒精性肝炎、肝纤维化和酒精性肝硬化四大类，四种肝病的进展是一个循序渐进的过程，可单独存在，也可以两种或三种同时存在。研究茶叶及其活性成分如何及时清除体内氧自由基，调节脂质代谢，从而降低过量酒精对人体肝脏的损伤，具有十分重要的意义。

为了研究白毫银针对酒精引起的肝损伤的保护作用，将健康雄性小鼠SPF级，三周龄，35～40g，适应喂养7d后随机分为正常对照组、模型组、阳性药物组、低剂量组、高剂量组（根据人体推荐量的 5 倍、20 倍分别作为白毫银针的低、高剂量组），每组 8 只。以上小鼠均给予基础饲料喂养，白茶各剂量组每天按照相应的量灌胃（0.01mL/g），正常对照组和模型组给予等体积的蒸馏水，凯西莱药物组则给予凯西莱药（90mg/kg），共给药 21 天，自第 11 天开始建模，除正常对照组外其余小鼠用酒精灌胃，由于小鼠对酒精耐受性较差，食用酒精从 40% 逐渐加到 56%，正常对照组给予等量的蒸馏水，并继续给予基础饲料，其余小鼠则给予高脂饲料，共 10 天。10 天后禁食 12 h，眼眶取血分离血清测定 TC、TG、ALT、AST。取适量肝组织制成 10% 匀浆，测定 MDA、SOD、总巯基的含量；取肝最大叶片冰冻切片，HE 染色，观察脂肪蓄积情况。

白毫银针可明显减轻酒精性肝损伤小鼠的肝组织病变。在试验过程中，正常小鼠毛发光泽、体态活泼，食量及大便正常，无嗜睡现象。模型组小鼠灌胃乙醇后，绝大部分行动迟缓，步态不稳，重者醉倒嗜睡，对外界刺激的反应明显较弱，进食量及饮水量明显少于对照组，严重脱毛，皮毛欠光泽。肝组织解剖时发现，对照组小鼠肝脏大小正常，边缘锐利，质地光滑柔软，颜色暗红，切面鲜红。模型组小鼠肝脏外观弥漫性肿大，边缘稍钝，触之如面团，有油腻感，压迫时可凹陷。白毫银针保护组和阳性药对照组较模型组减轻，小鼠肝脏颜色明显变红，表面光泽度增高，白毫银针高剂量组外观形态与正常组较接近。

光镜下观察，正常组小鼠肝小叶结构清晰，肝细胞索以中央静脉为中心呈放射状排列，肝窦结构规整。模型组肝细胞肿胀，肝小叶界限模糊，肝细胞索排列紊乱，有严重的水肿现象。与模型组相比，白毫银针各剂量组与凯西莱阳性药组的肝细胞水肿明显减轻，白毫银针高剂量组肝小叶结构清晰，肝窦基本正常，肝细胞基本未出现水肿现象，可看出高剂量组展现了明显的改善效果。

白毫银针可明显减轻酒精性肝损伤小鼠的临床病理变化。肝体比为肝湿重与体重的比值，其在一定程度上反映了肝脏脂质蓄积的程度，肝脏受损伤时，肝脏明显肿大，质量增加，肝指数增大。结果显示，模型组小鼠较正常组小鼠肝指数明显升高（$p < 0.01$），白毫银针组能显著地降低小鼠的肝体系数，表明其能在一定程度上缓解脂质蓄积，起到保护肝脏的作用。

试验结果显示，与正常组相比，模型组的 ALT 和 AST 水平明显升高，TC 和 TG 的含量明显增加，其中 ALT、AST 达到极显著升高（$p < 0.01$）；与模型组相比，白毫银针各组的 AST 水平显著降低（$p < 0.01$），ALT、TC、TG 的水平也明显下降，差异具有统计学意义（$p < 0.05$）。与正常组比较，模型组小鼠肝匀浆中 MDA 的含量显著上升（p

< 0.01），而 SOD 活性和总巯基的含量明显降低（$p < 0.05$）；白毫银针高剂量组能显著降低模型组小鼠肝匀浆中 MDA 的含量（$p < 0.01$）；白毫银针高低剂量组能明显升高模型组小鼠肝匀浆中 SOD 的活性及总巯基的含量，差异具有统计学意义（$p < 0.05$）。

6. 福鼎白茶具有显著的抗炎作用

白茶在其主产区福鼎市、政和县、建阳区等地的民间普遍被认为有较强的抗炎清火作用。采用二甲苯所致的小鼠耳廓肿胀模型，研究白茶对小鼠耳廓肿胀程度的影响，从而进一步探讨白毫银针的抗炎作用。致炎后各组小鼠右耳立即出现高度红肿现象，各处理组二甲苯所致的小鼠耳肿程度均受到一定的抑制。白茶低、高剂量组的小鼠耳廓肿胀率分别为 0.033 ± 0.007mg 和 0.018 ± 0.004mg，其中高剂量组与模型对照组（0.036 ± 0.003mg）相比，具有显著性差异（$p < 0.05$）。相应地，经过白茶低、高剂量处理的小鼠耳廓肿胀率分别为 78.32 ± 16.3mg 和 45.01 ± 10.27mg，与模型对照组 0.886 ± 0.064 相比，具有显著性差异（$p < 0.01$）。同时，经白茶高剂量处理的小鼠耳廓肿胀率均优于王老吉对照组（分别为 0.603 ± 0.083mg 和 60.26 ± 8.32mg）。

炎症是机体对于刺激的一种防御反应，表现为红、肿、热、痛和功能障碍。炎症也是具有血管系统的机体对损伤因子所发生的复杂的防御反应，一般来说，变质是损伤性过程，而渗出和增生是抗损伤和修复过程。非特异性炎症反应具有三个明显的时相：变现时间短暂，以局部血管扩张和毛细血管通透性增加为特征的畸形时相；以白细胞和巨噬细胞的浸润为特征的亚急性时相；以组织变性和纤维化为特征的慢性增殖时相。研究结果显示，在以血管通透性增加为主要改变的急性炎症模型实验中，福鼎白茶能显著抑制二甲苯引起的小鼠耳廓肿胀炎症反应，对肿胀程度具有良好的抑制作用。

采用 HPLC 分析检测了不同年份的白毫银针茶中儿茶素的六个组分以及咖啡碱、可可碱、茶碱的含量。结果表明，福鼎白茶由于品种独特、原料采摘细嫩，具有以下生化特征：①尽管儿茶素总量不高，但是，EGCG、ECG、GCG 等酯型儿茶素的比例高，表现为酯型儿茶素 / 儿茶素总量的比值 > 0.9；②长时间的鲜叶萎凋失水导致 EGCG 大量异构化形成 GCG，因此，GCG 的绝对含量和相对比例均较高；③具有比其他茶类更高的嘌呤碱，尤其是咖啡碱和可可碱含量高；④陈年白茶在贮藏过程中，儿茶素总量、酯型儿茶素含量及比例均会大幅降低，由此造就了陈年白茶更加醇和回甘的口感；⑤福鼎白茶由于独特的萎凋工艺，使得酯型儿茶素水解，积累了比红绿茶更高的没食子酸，且随着白茶贮藏年份的延长，没食子酸的积累量增多。福鼎白茶这些生化特征是其特征性品质风味及多种保健养生功能的重要物质基础。

五、乌龙茶的保健功能

乌龙茶为半发酵茶，各种内含物含量适中，滋味醇厚爽口，天然花果香浓郁持久，饮后回甘留香，汤色橙黄明亮。乌龙茶性温不寒，具有良好的消食提神、下气健胃作用。乌龙茶的天然花果香可令人精神振奋，心旷神怡；香气能使血压下降，引起深呼吸现象，以达到心理镇静的效果，适合饮用人群较广。现代医学研究表明，乌龙茶具有抗氧化、预防肥胖、预防心血管疾病、防癌抗癌、防龋齿、抗过敏、解烟毒、抑制有害菌、保护神经、美容护肤、延缓衰老等功效，具有明显的降低胆固醇和减肥功效，抗动脉粥样硬化效果优于红茶和绿茶。

1. 乌龙茶的减肥作用

超重和肥胖是心血管病、糖尿病等疾病发病的主要原因。前面已经介绍了茶叶中的咖啡碱具有燃烧脂肪的作用，而茶多酚具有抑制脂肪吸收的作用，因此饮茶具有较好的控制体重的效果。而乌龙茶的主要成分是儿茶素二聚物 Oolong-omobisflavans A 和 B 以及乌龙茶氨酸没食子酸酯（oolongtheanine3'-0-gallate），三者对胰脂酶有显著的抑制作用，其 IC_{50} 值分别为 0.048，0.108 和 0.068μM，抑制活性优于 EGCG（IC_{50} 值为 0.349μM）。

流行病学研究发现，饮用乌龙茶可以增加能量消耗，促进脂肪氧化。美国一项男性人群研究表明，与饮用水相比，乌龙茶每天多增加了 331 kJ 的能量消耗，脂肪氧化量增加了 12%。日本在对 11 位 20 岁左右的年轻女性研究表明，与饮用水相比，饮用乌龙茶后能量消耗增加了 10%，而饮用绿茶只增加了 4% 能量消耗，乌龙茶饮用效果优于绿茶。

乌龙茶不仅增加脂肪氧化，而且还可降低脂肪和胆固醇的吸收。日本的一项人群干预实验表明，饮用乌龙茶后，粪便中脂肪的排放量增加了 105%，胆固醇的排泄量增加了 50%。我国福建学者研究结果显示，乌龙茶对单纯性肥胖者有一定的减肥效果，60 名单纯性肥胖者在长期饮用乌龙茶后，其体重、体重指数 BMI、腰围、臀围、体内脂肪率均减少，同时血液中的总胆固醇、血糖值、胰岛素及同型半胱氨酸等均显著减少，从而有助于减肥。沈阳药科大学的人群干预实验表明，在 102 位饮食导致超重或肥胖的人群中，每天饮用 8g 乌龙茶并持续 6 周。在极度肥胖人群中，饮茶后有 70% 的人体重下降 1kg，20% 的人体重下降超过了 3kg，而在一般肥胖人群和超重人群中，体重均有下降，比例分别为 64% 和 66%，并且对女性的减肥效果要优于男性。在减肥的同时，还降低了血脂和胆固醇。在有高脂血症的肥胖者或超重者中，饮用乌龙茶后血浆中甘油三酯和总胆固醇的水平显著降低。

饮用乌龙茶还可以显著提高体内脂蛋白酶、激素敏感型脂肪酶的活性，促进脂肪分解；乌龙茶还可抑制葡萄糖苷酶和蔗糖酶的活性；减少或延缓葡萄糖内肠吸收，发挥减肥作用；此外，乌龙茶中的茶皂素可有效抑制胰脏释放的脂酶活性，降低脂肪在肠胃中的分解，抑制脂肪吸收。大鼠实验表明，乌龙茶的减肥效果与曲美（一种减肥药物）效果相当；其降胆固醇的效果显著优于曲美、苦丁茶，但弱于 L－阿拉伯糖；乌龙茶降甘油三酯的效果显著，与曲美、L－阿拉伯糖相当，优于苦丁茶；乌龙茶不能降低 HDL-C，但对降低 HDL-L 作用明显，效果优于苦丁茶，因此乌龙茶对肥胖和高血脂有很好的防治作用。

将 56 只雄性 SD 大鼠随机分为 4 组，其中 3 组以高能量、高脂肪饲料喂饲大鼠，同时分别予以蒸馏水或乌龙茶、绿茶 1.2g/kg.bw。另 1 组喂以基础饲料，连续喂养 30 天后，测定结果发现，与高脂对照组比较，乌龙茶与绿茶组的大鼠体重、增重、附睾周与肾周脂肪组织重量、肾周脂肪重 / 体重、血清甘油三酯含量明显较低，绿茶组大鼠体围也较低，而两组间无明显差异。即乌龙茶与绿茶均有减肥效果，且在相同剂量下两者减肥效果相似。

乌龙茶对蛋白质及脂肪有较好的分解作用，能防止肝脏脂肪堆积，有一定的减脂功效。福建乌龙茶（二级水仙，袋泡茶型）由福建茶叶进出口公司提供。每日 8 g，上、下午各 4g，开水 300 mL 冲泡。按传统饮茶方法饮服。观察期间一般停止与茶叶有相似作用的中药物，调脂降压喝茶 1 个月，减肥 1.5 个月，抗衰 3 个月。对确诊为单纯性肥胖的 102 例经乌龙茶治疗后，其减肥总有效率为 64.71%，其中显效率为 13.72%，并能明显减轻体重，缩小腹围和减少腹部皮下脂肪堆积以及甘油三酯、总胆醇的含量，明显改善由肥胖引起的肺泡低换气综合征[12]。

2. 乌龙茶的抗氧化作用

乌龙茶作为半发酵茶，含有部分未氧化的儿茶素，以及加工中形成的儿茶素低聚体，所以乌龙茶仍具有优良的抗氧化能力。此外，由于乌龙茶加工原料多为成熟叶，其茶多糖含量高于绿茶和黄茶等，而多糖亦具有一定的抗氧化能力。

体外实验表明，乌龙茶对超氧阴离子和羟自由基的清除能力接近于绿茶和红茶。在束缚应激小鼠抗氧化能力检测实验中，乌龙茶提取物具有很好的抗氧化能力，提高了血浆中抗氧化能力值和维生素 C 的水平。研究表明，乌龙茶对羟基自由基和超氧阴离子的清除能力接近于红茶、绿茶，但对 DPPH 自由基的清除能力弱于红茶和绿茶。另外，研究也表明，乌龙茶多糖具有清除 DPPH 自由基、羟基自由基和抑制脂类过氧化的能力，但清除或抑制能力弱于绿茶多糖和红茶多糖。由乌龙茶、鼠尾草和瓜拉纳三种提取物组成的一种膳食补充剂，显著提高了大鼠肝脏、肾脏和心脏的抗氧化能力，显著增加了总谷胱甘肽含量，提升了 GSH-PX 和 SOD 的活性，它们的抗氧化物质之间存在协同效益。

利用链脲佐菌素（STZ）复制糖尿病大鼠模型，发现乌龙茶水仙多糖对糖尿病大鼠肝肾抗氧化功能增强和组织形态得到保护。对糖尿病大鼠灌胃乌龙茶多糖 4 周后，肝肾 SOD 和 GSH-PX 活性明显提高，MDA 含量显著下降，抗氧化能力增强，这说明茶多糖有利于大鼠抗氧化能力的提高，对肝肾功能的恢复起到重要作用，肝肾组织形态学结果显示证明了这种保护作用。

3. 乌龙茶的降血脂、降血糖、降血压作用

流行病学调查表明乌龙茶具有明显的降脂、降压、降糖效果。在对 2 型糖尿病患者的饮食干预实验中表明，饮用乌龙茶 30 周后，患者血浆中葡萄糖含量从起初的 229 mg/dl 降至 162.2 mg/dl，果糖胺含量从 409.9 mg/dl 降至 323.3 mg/dl，因而饮用乌龙茶可以用于 2 型糖尿病患者的辅助治疗，降低血糖含量。

乌龙茶具有降血脂和胆固醇的功效。1983 年，福建省中医药研究所对一组血液胆固醇较高的患者，在停用各种降脂药物的情况下，每日上、下午两次饮用乌龙茶，连续 24 周后，患者血中胆固醇含量有不同程度下降。进一步的动物试验表明，乌龙茶有防止和减轻血中脂质在主动脉的粥样硬化作用。饮用乌龙茶还可以降低血液黏稠度，防止红细胞集聚，改善血液高凝状态，增加血液流动性，改善微循环。另外动物实验也表明，乌龙茶与绿茶、红茶一样，均可使高糖引诱的大鼠高甘油三酯血症、高胆固醇症恢复至正常水平，但乌龙茶效果低于绿茶的效果。然而，乌龙茶显著降低了大鼠的体重，与正常对照组相比，体重下降了 33.8%；与绿茶组相比，乌龙茶组体重下降了 29.6%。

比较乌龙茶、普洱茶、红茶和绿茶 4 类茶叶中，乌龙茶和普洱茶在降甘油三酯上显著优于绿茶和红茶，但在降总胆固醇上，普洱茶和绿茶比乌龙茶和红茶更有效。其中有趣的是，普洱茶可以升高对人体有益的 HDL-C，降低 LDL-C，乌龙茶提取物和乌龙茶聚合多酚可以有效抑制大鼠和小鼠的餐后高甘油三酯血症的产生，并且推测聚合多酚是乌龙茶中降高甘油三酯血症的主要成分。

乌龙茶还具有降低血压的功效。在麻醉大鼠实验中，将脱咖啡碱的乌龙茶或乌龙茶进行十二指肠注射后，大鼠肾交感神经兴奋性下降，血压降低。此外，自发性高血压大鼠饮用乌龙茶 14 周后，可减少血压的升高。乌龙茶可通过传入性神经机制改变自主神经信号的传递，发挥其降压作用。

4. 乌龙茶的防癌抗癌、抗突变作用

由安溪县抗癌协会与福建医科大学进行的"安溪铁观音预防食管癌流行病学研究"的流行病学、环境因素、基因蛋白产物、遗传学等研究发现，铁观音具有降低食管癌患病危险；降低 P53 基因蛋白表达，减少有食管癌家庭史一级亲属患食管癌风险等特殊功效。该项目研究结果表明乌龙茶是一个独立的保护因素，患食管癌的危险随着饮茶频率的增加、月茶叶消耗量、一生中总茶叶消耗量的增加而下降。

1998 年中国预防医学科学院营养与食品卫生研究所给大白鼠饲喂安溪铁观音等五种茶和致癌物甲基卡基亚硝胶。三个月后，饮茶大白鼠食道癌发生率为 42% ~ 67%，患癌鼠平均瘤数为 2.2 ~ 3 个。而未饮茶的大白鼠食道癌发病率为 90%，患癌鼠平均瘤数为 5.2 个，五种茶叶抑癌效果是安溪铁观音最佳。与此同时，他们还进行用亚硝酸钠和甲基卡基亚硝胶做致癌前体物研究，结果发现，饮茶组的大白鼠无一发生食道癌，未饮组发生率为 100%。这一结果证明，茶叶可全部阻断亚硝胺的致癌作用。

在体外培养的人胃癌细胞 MGC-803 实验中，乌龙茶能有效抑制胃癌细胞的核分裂，阻断细胞分化。同时，乌龙茶具有明显的清除自由基，阻断亚硝基吗啉合成的作用，从而对肿瘤有一定的化学预防作用。在体外培养的肝肿瘤细胞中，乌龙茶提取物和绿茶、红茶提取物类似，均可以抑制细胞的增殖和侵染。此外，乌龙茶多酚还具有促进人胃癌细胞和人巨噬细胞淋巴瘤 U937 细胞凋亡的功能。对 Apc 基因突变的 Min 小鼠和偶氮甲烷诱导的结肠肿瘤大鼠研究表明，乌龙茶中的一种黄酮类衍生物 chafuroside 连续饲喂 14 周后，可抑制该小鼠的小肠肿瘤和大鼠结肠肿瘤的生成。

乌龙茶对一些广谱的化学致癌物和黄曲霉素 B 及亚硝基化合物均有明显的抑制突变作用，对一些未明确的化合物如香烟浓缩物和烤鱼等所生成的致突变物也有抑制作用。1986 年开始，中国预防医学科学院吴永宁等，以乌龙茶在内 17 种茶，对阻断 N- 亚硝基化合物合成作用进行研究，1988 年又用乌龙茶等 145 种茶叶进行阻断 N- 亚硝基码啉（NMOR）体外形成研究。结果认为：乌龙茶等有阻断 N- 亚硝基化合物合成的作用，平均阻断率为 65%。对 N- 亚硝基码啉（NMOR）体外形成，平均阻断率为 55% ~ 89%。福建省中医药研究所，自 1983 年起连续多年，采用多种模型观察乌龙茶防癌作用，证明乌龙茶对 N- 甲基 -N' - 硝基 - 亚硝基胍（锰 NG）诱发的恶性肿瘤有明显抑制作用，对 N- 亚硝基二乙胺（DE-NA）诱发小鼠肺癌有明显的抑制作用。阮景绰等研究乌龙茶对锰 NG 诱发大鼠龋道恶性肿瘤的抑制作用，发现喂乌龙茶饲料的总诱癌率比锰 NG 阳性对照组低得多，瘤块体积显著减小，肿瘤抑制率达 84.76%，没有发生肿瘤转移；白细胞总数

和淋巴细胞百分率与对照组接近。1996 年，Stavric B 等以乌龙茶在内 5 种茶叶提取液，对肉类加热过程产生的杂环芳香胺类化合物（HAA）诱致的突变性进行研究，结果表明，乌龙茶提取物对大多数 HAA 具有强的抗突变作用。以乌龙茶等浓缩汁阻断 NMBzA 在大鼠体内合成与防止大鼠食道肿瘤发生的研究也表明，对照组癌前病变及肿瘤发生率达 95%，饮茶组仅为 5% ～ 19%，未见有癌前病变及肿瘤。

另有研究表明，乌龙茶可以明显地抑制黄曲霉素诱致的大鼠肝癌和由锰 NG 诱致的大鼠肠胃癌，以及抑制由苯并芘、亚硝酸钠和甲基苯甲胺诱致的大鼠食道癌。0.5 ～ 1.0 mg/ml 浓度的乌龙茶均能明显抑制癌细胞的增殖。

5. 乌龙茶的抗过敏作用

组胺在变态反应性疾病中起重要作用，绿茶、乌龙茶和红茶均具有抑制 1 型和 4 型过敏反应的作用。从台湾乌龙茶中分离得到了两种具有抗过敏作用的儿茶素衍生物——表没食子儿茶素 3-0- 甲基没食子酸酯和表没食子儿茶素 4-0- 甲基没食子酸酯，它们在乌龙茶中的含量分别为 0.34% 和 0.20%。在小鼠实验中，口服这两种衍生物可显著抑制 1 型过敏反应，效果优于 EGCG。

118 位顽固性 AD 患者的流行病顽固性异位性皮炎实验表明，每餐后饮用一杯乌龙茶 1 个月后，63% 患者的瘙痒症状减缓，表明乌龙茶具有缓解过敏性皮炎瘙痒的作用。

6. 乌龙茶的美容护肤功效

饮用乌龙茶可以降低皮肤中性脂肪。选择 21 ～ 55 岁的健康女性，让每人每天饮用 4 g 乌龙茶，上、下午各一次，每次 2 g，连续饮用 8 周。然后观察皮脂量变化和保水能力变化。结果显示面部皮脂的中性脂肪量由实验前平均值的 $33.7\,\mu g/cm^2$，明显减少到实验后的 $27.4\,\mu g/cm^2$。面部皮肤保水率实验前后分别为 120% 和 137%，皮肤保水有增高的趋势。其中低水平均值的一组保水率为 94%，实验后提高到 129%，表明乌龙茶使皮肤角质层的保水能力明显提高。

细胞实验表明，乌龙茶水提取物可以抑制小鼠黑素瘤细胞中与黑色素合成有关的酪氨酸酶的活性，降低该酶的蛋白和 mRNA 水平，从而对细胞的黑色素合成起到抑制作用。动物实验结果表明，棕黄色豚鼠经紫外线 B 照射后，3,4- 二羟基苯丙氨酸敏感型黑色素细胞增加。而饲喂乌龙茶水提物可以抑制黑色素细胞的增加，从而起到美白的作用。

六、红茶的保健功能

流行病学研究和基础实验结果均表明红茶及其有效成分对冠心病（Coronary heart

disease, CHD）、癌症、龋齿、骨骼健康、帕金森症等多方面均有很好的防治作用。

1. 预防心血管疾病

荷兰对 3454 名 55 岁以上老年人的跟踪调查发现，饮茶量和动脉粥样硬化之间呈显著负相关，研究者发现每天喝 1～2 杯红茶，可使患动脉粥样硬化的危险性降低 46%，每天喝 4 杯以上红茶则危险性降低 69%。这表明茶叶类黄酮可以明显地预防缺血性心脏病，它的防治作用可能与其有降血脂、促纤溶、抗血小板聚集、防治动脉粥样硬化、保护心肌等作用有关。对 340 名心脏病患者调查发现，每天饮茶 1 杯（200～250ml）以上的患者心脏病发作的危险性比不饮茶的患者减少 44%[12]。

65 例冠心病患者随机分为茶色素组、维生素 E 组和安慰剂组，4 周后，口服茶色素（375 mg/d）组和维生素 E（100 mg/d）组血浆血管性血友病因子（vWF）和 ox-LDL 水平下降，8 周后 ox-LDL 水平进一步下降，而 vWF 水平只有茶色素组进一步下降，维生素 E 组患者未见进一步下降，与服药 4 周时相当。这表明茶色素和维生素 E 具有改善内皮功能不全、抑制动脉血栓形成和抑制 LDL 氧化的作用，而茶色素的效果要优于维生素 E。每天饮用 500ml 红茶达 1 周和 1 个月以上，可显著降低大多数血小板聚集参数和 ADP 诱导的血小板聚集因子，但只在女性个体中达到显著性水平。因此，从某种程度上说，红茶对女性的效应更为显著。

英国伦敦皇家学院一个研究小组根据类脂体脂质过氧化的抑制能力，比较了红茶、绿茶水提取物的抗氧化特性，在类脂体试验体系中，两种提取物均有相似的效果。在高剂量条件下，绿茶、包种茶、乌龙茶和红茶提取物中，红茶提取物的抗氧化作用大于其他 3 种茶。用二磷酸腺嘌呤核苷酸或骨胶原在体外引起血小板凝聚，观察了不同茶提取物的抗凝作用，结果发现，肯尼亚红茶提取物抗血小板凝聚的能力很强，具有 50% 以上的血小板凝集抑制率，相当于阿司匹林活性的 2/5。

楼福庆发现茶色素具有显著的抗凝、促进纤溶、防止血小板黏附附聚、抑制动脉平滑肌细胞增生的作用，能有效地预防动脉粥样硬化症。茶色素能显著降低高脂动物血清中甘油三酯、低密度脂蛋白，提高血清中高密度脂蛋白。原征彦等发现茶中茶黄素（包括）对 ACE 酶（血管紧张素 I 转换酶）具有显著抑制效应，具有降压的效果。Hara Y. 等也发现茶黄素对 ACE 具有抑制作用，但对 CPA（羧肽酶）的抑制作用弱；近阶段研究已表明，茶色素具有降液黏滞度的功效，可以预防和治疗心血管疾病和高脂血症、脂代谢紊乱、脑梗死等疾病，改善微循环及血流变性等功效。

茶叶治疗心血管疾病的作用请参见第三章第一节内容。每天喝 3 杯及以上红茶人群的冠心病的发病率可显著低于不喝茶的人群。饮用红茶一小时后，心脏血管的血流速度改善，可防心肌梗死。其含有的钾有增强心脏血液循环的作用，并能减少钙在体内的消耗。每天饮用 1 ～ 6 杯红茶可改善人体的抗氧化状态[13]。

2. 降脂作用

饮用红茶对轻度高胆固醇血症患者的血脂和血浆脂蛋白浓度有调节效果。给试验对象每天 5 杯的红茶和不含咖啡因的安慰剂饮料，在试验的第 3 阶段，向安慰剂中加入与红茶中含量相当的咖啡因。结果显示，与添加了咖啡因的安慰剂组相比较，每天饮用 5 杯红茶能使血浆胆固醇水平下降 6.5%，LDL-C 下降 11.1%，载脂蛋白 B 下降 5%，载脂蛋白 A 下降 16.4 %。与未添加咖啡因的安慰剂组相比较，血浆胆固醇水平下降了 3.8%，LDL-C 下降了 7.5%，而血浆载脂蛋白 A/B、LDL-C 和甘油三酯浓度没有改变。结果也可以推测饮用咖啡因不利于降脂，1764 名阿拉伯妇女摄入红茶后血脂水平的横断面资料研究表明，每天饮红茶超过 6 杯者其血浆胆固醇、甘油三酯、低密度脂蛋白和极低密度脂蛋白升高的风险性要低于不饮茶者。英国剑桥大学 Dunn 临床营养中心的一项研究发现载脂蛋白 E（ApoE）的基因型能够调节红茶对血脂水平的影响。饮茶阶段 E3/E3 纯合子个体的 HDL-C 水平明显降低，E2/E3 个体的甘油三酯浓度显著降低。红茶的摄入可能只对特定的基因型个体特别有效。

饮用红茶可使个体血浆抗氧化水平增加 50% ～ 76%，而血浆中抗氧化水平是否增加关系到内皮功能的改变。Duffy 等对饮茶逆转内皮功能失调的作用进行了评价，50 位确诊为冠心病的患者，不论短期（饮红茶 450 ml 2h 后）还是长期（饮红茶 900ml 为期 4 周）饮茶，均可改善肱动脉血流介导的扩张即改善血管运动功能。短期及长期饮茶导致的血流介导的扩张数值均与健康人的数值相当，提示饮茶可逆转冠心病患者的内皮源性血管运动功能障碍，其内皮功能的改善与血浆中儿茶素的浓度升高显著相关。

3. 有利于骨骼健康

2002 年 5 月 13 日，美国医师协会发表了一份调查报告，对 497 名男性、540 名女性进行了 10 年以上的跟踪，报告指出，饮用红茶的人骨骼强壮，红茶中的多酚类（绿茶中也有）有抑制破坏骨细胞物质的活力，如果在红茶中加上柠檬，那么强壮骨骼的效果更强，此外，在红茶中也可加上各种水果，并且都能起协同作用。英国对 1256 名 65 ～ 78 岁妇女调查发现，有持续喝茶习惯的人与不喝茶的人相比有更高的骨质密度，且持续喝茶有利于维持骨质密度。地中海地区人口骨质疏松症研究表明红茶可降低当地居民髋部骨折概率，而且红茶无论加奶或者不加奶都有利于骨骼健康，没有显著性差异。这大概因为奶茶使人体对 Ca 的摄入量提高了 3%。

4. 预防帕金森病

新加坡国立大学杨潞龄医学院和新加坡国立脑神经医学院的研究人员调查了 6.3 万名 45 ～ 74 岁的新加坡居民，发现每个月至少喝 23 杯红茶的受调查者患帕金森病的概率比普通人低 71%[14]。研究人员希望今后能从红茶中提取出有效成分制成预防帕金森病的药物。每天喝 5 杯红茶的人，其发生脑卒中的危险性比不喝红茶的人降低了 69%。红茶能抑制丁酰胆三酯酶的活动，这种酶存在于早老性痴呆症患者大脑中的蛋白质沉淀物中。

5. 预防癌症

红茶预防癌症方面的流行病学研究，受限于调查者在饮食习惯、生活模式、遗传基因、性别和生活环境等因素的干扰，很难得出红茶对抗癌具有显著性影响的结论，并且也很难总结出红茶与某一种特定的癌症防治作用具有统计学上的显著性意义。在乌干达调查发现，饮用红茶同样可以预防肺癌的发生，每天饮用 2 杯以上红茶可降低危险系数，这种作用对小细胞肺癌和鳞癌型肺癌更为明显。每天饮用大于 1.5 杯红茶可以降低患结肠癌的概率。

屠幼英[15]等采用高速逆流色谱技术分离了茶黄素单体，为获得较大量的茶黄素单体提供了方便，并且对人胃癌细胞株（MKN-28）、人肝癌细胞株（BEL-7402）和人急性早幼粒白血病细胞株（HL-60）的生长抑制进行了生物活性研究。试验结果表明，3 种茶黄素都表现出一定程度的抑制人肝癌细胞和人胃癌细胞存活作用，而且呈明显的剂量依赖关系。茶黄素双没食子酸酯（TFDG）具有良好的抑制 H1299 细胞生长的活性，IC50 为 25 μM/L；有调节细胞周期的活性，可增加 HCT-ll6 细胞 G1 期细胞的比例；有促进 HCT-ll6 细胞凋亡的作用，浓度为 50 μM/L 时效果显著，48 h 凋亡率达到 40% 以上；Western 杂交技术分析结果表明，它可降低 HCT-ll6 细胞中促癌蛋白质因子 Bcl-xL 的表达量，可增加抑癌蛋白质因子 Bax 的表达量。对 EGCG、TFDG、茶黄素 TF、葡萄籽提取物、松树皮提取物、咖啡因、槲寄生和茶氨酸的体外抗癌活性研究，通过人肺癌细胞（A549）进行体外试验，除咖啡因、槲寄生、茶氨酸的作用较小以外，其他几种均有很强的诱导人肺癌细胞（A549）凋亡的作用。

美国研究人员使用脱咖啡因的绿茶、红茶提取物观察，观察其对亚硝酸胺类致癌物诱发小鼠癌变的抑制作用，结果表明，喂食绿茶或红茶提取物的小鼠，其肿瘤繁殖量分别减少 65%，0.6% 的红茶提取物约减少 63% 的肿瘤发生量。另一份来自美国印第安纳州立大学的实验报道称，脱咖啡因的绿茶和红茶提取物对经致癌处理的小鼠进行了肝癌和肺癌的化学预防研究，结果表明，饮用绿茶和红茶提取物对小鼠肺和肝肿瘤有化学预防作用，并存在剂量—效应关系。还有研究发现，红茶提取物在浓度 0.1 ～ 0.2 mg/ml 时，能够强烈抑制纯合子型鼠肝癌细胞和 DS19 小白鼠白血病细胞中的 DNA 合成。红茶提取物对急性早幼粒白血病细胞有较强的细胞毒性作用。

茶色素还是一种安全有效的免疫调节剂，可调整血液透析患者血清 IL-8 接近正常水平。而且茶色素对恶性肿瘤患者放化疗后白细胞下降有显著的保护作用。对 80 例恶性肿瘤患者进行茶色素加放化疗和单纯放化疗的对比研究，结果显示，单纯放化疗后，细胞免疫指标 T3、T4、T4/T8 比值和免疫球蛋白 IgG 明显下降，表明放化疗能抑制患者免疫功能；而茶色素加放化疗组上述各项指标较治疗前改变不明显，即茶色素对放化疗中恶性肿瘤患者免疫功能有保护作用。茶色素与重组人肿瘤坏死因子合用，能明显增强对原发性肝癌细胞 H7402 的细胞毒性作用，最大抑制率达 47.2%。

茶黄素类的抗癌作用机理是茶黄素对肿瘤细胞起始阶段有抑制作用，研究表明，茶黄素类可能通过抑制细胞色素 P450 酶的作用，而将肿瘤遏制在起始阶段，可以促进各种细胞的凋亡，抑制癌细胞的增殖和扩散。

6. 防治糖尿病

红茶可通过其有效成分的抗炎、抗变态反应来改变血液流变性，有抗氧化、清除自由基等作用，使糖尿病患者的主要症状明显改善，降低空腹血糖值、β 脂蛋白含量，降低尿蛋白，改善肾功能。目前，茶色素已经被开发成胶囊应用到糖尿病的辅助治疗中，尤其是伴有微循环障碍的 II 型糖尿病患者的辅助治疗。

茶色素可抑制由链脲霉素（STZ）诱致的大白鼠糖尿病，降低血糖值。这可能与茶色素具有保护 β - 细胞免受 STX 毒性的作用有关[16]。用茶色素治疗糖尿病肾病的临床研究证实，茶色素能使糖尿病肾病患者的重要症状明显改善，尿蛋白、空腹血糖值和糖基化血红蛋白的含量均有所降低（$p < 0.05$），可明显改善血液流变性和自由基代谢指标，且疗效优于口服降糖药或胰岛素治疗的常规组（$p < 0.05, 0.01$）。茶色素能明显改善高血压患者的胰岛素敏感性，并使其空腹血糖水平有一定程度的降低，因此茶色素可作为抗高血压的联合治疗，从而消除高血压患者代谢紊乱的发生基础。茶色素通过抑制糖尿病患者体内器官产生内皮素（ET），尤其是肾脏产生 ET，从而使尿液排泄内皮素和血浆内皮素减少，并且能显著降低血浆 GMP-140（血小板 α 颗粒膜蛋白），同时 24 h 尿白蛋白排泄率（UAER）也明显减少，且血浆 ET 减少与 24 h UAER 呈显著正相关，因此茶色素对糖尿病有较好的治疗作用，作用机制可能与降低血浆 ET 水平和抑制血小板活性有关。

　　在日本的一份公开专利中介绍了一种含茶黄素及茶黄素单体的高血糖治疗药，实验证明，这种药能有效治疗高血糖症。

　　7．预防肠胃疾病

　　红茶甘温，可养人体阳气。红茶中含有丰富的蛋白质和糖，可生热暖腹，增强人体的抗寒能力，还可助消化、去油腻。红茶经发酵烘制而成后，茶多酚在氧化酶的作用下发生酶促氧化反应，含量减少，对胃部的刺激性就随之减小；另外，这些茶多酚的氧化产物还能够促进人体消化，因此红茶不仅不会伤胃，反而能够养胃。经常饮用加糖的红茶或加牛奶的红茶，能消炎，保护胃黏膜，对治疗溃疡也有一定效果。

　　中国胃病专业委员会近年来组织全国消化界开展了茶色素的临床应用研究，取得了十分喜人的成果。口服茶色素6周，溃疡病胃镜复查愈合；慢性胃炎（包括慢性萎缩性胃炎），茶色素治疗组食欲恢复正常，精神明显好转，上腹疼痛消失者达96%，腹胀消失者达90%，中度与重度肠化明显好转，证明茶色素是治疗胃癌前期病变的较好药物；茶色素治疗慢性腹泻（小肠吸收不良综合征、肠易激综合征、肠道菌群失调）总有效率为86%，这与茶色素促进小肠对糖类的吸收，消除肠道多种抗原，提高红细胞免疫活性的作用相关；茶色素治疗胃癌前期病变，总有效率达93.75%；血液流变学的检测结果显示，全血黏度、血浆黏度、血沉、红细胞变形能力有显著改善（$p < 0.01$）；治疗消化系统肿瘤（肝癌、消化管癌、胰腺癌），茶色素有缩小肿块、消退胸腹水和降黄疸的作用，能明显改善血流变和微循环（$p < 0.01$）。

　　红茶茶色素还可以改善人体（特别是中老年人）肠道微生物结构，维持生理平衡，茶黄素类化合物对肠道细菌有杀灭或抑制作用，从而起到增强肠道免疫功能的作用。原征彦等报道粗茶黄素或单一茶黄素单体对肉毒芽孢杆菌的萌发和增殖都有抑制作用，对食物中毒细菌中的肠炎弧菌属菌株、黄色葡萄球菌、荚膜杆菌、蜡质芽孢杆菌和志贺氏杆菌均有明显的抑制作用。茶黄素和茶红素与茶多酚一样，具有对金黄色葡萄球菌的抑制作用，且 TF 和 TR 的抑制效应有协同作用。霍乱弧菌能引起急性烈性肠道传染病，霍乱弧菌主要分泌霍乱肠毒素与小肠黏膜上皮受体结合并进入细胞膜，作用于腺苷酸环化酶，使 ATP 转变为 cAMP，小肠上皮细胞分泌功能亢进，导致严重腹泻和呕吐。据 Toda 等人的研究，红茶提取物对霍乱弧菌 V569B 和 V86 在 1 h 内均可杀灭。特别是 V569B 几乎在接触后立刻被杀灭。而且红茶提取物还可以在体外和体内实验中破坏霍乱毒素的作用，在体内实验中红茶抽提物在 CT 处理后 5 ～ 30min 内均能抑制毒素作用，而在 30min 以后则无此效果。

8. 对口腔疾病的作用

龋齿是世界卫生组织（WHO）列为人类需重点防治的三大疾病之一，致龋菌变形链球菌所产生的 GTF 酶能够利用蔗糖合成不溶性细胞外多糖——葡聚糖，这种物质与细菌在牙面黏附，形成菌斑，导致龋齿的产生。1990 年，来自日本不同研究机构的研究结果证实红茶提取物抑制 GTF 酶活性的效果优于绿茶。红茶提取物对胞外多糖的合成有明显的抑制作用。茶色素的重要组分茶黄素和它的单没食子酸酯和双没食子酸酯在 1 ～ 10 mM/L 浓度时对 GTF 酶有强抑制作用，其抑制强度超过了儿茶素的各个单体。另外，在龋病的发生、发展中，α – 淀粉酶也是一个重要因素，因为这种酶能使淀粉分解，转化成葡萄糖，而这是 GTF 酶转化葡聚糖的重要前提。红茶提取物能够专一地降低淀粉酶活性。进一步研究表明，茶色素的主要成分茶黄素对 α – 淀粉酶活性有显著的抑制作用，其作用强弱顺序为 TF3 ＞ TF2A ＞ TF2B ＞ TF。结构和功能的相关性分析表明，在 3–OH 上有没食子酰基团显示强抑制作用，这种抑制作用可增强 10 倍，茶黄素对 α – 淀粉酶的抑制作用大于儿茶素类化合物[17]。

使用绿茶、包种茶、乌龙茶和红茶为原料，测定了茶提取物的除臭效果和蛋白质沉淀能力，结果表明，4 种茶均有很强的除口臭效果，作用强度为红茶＞乌龙茶＞包种茶＞绿茶。而且红茶沉淀蛋白质的作用在 4 种茶类中最强，红茶提取物去口臭的机制在于它的抑菌作用和沉淀蛋白质的作用。茶叶功能成分对主要恶臭成分甲硫醇的去除效果是：绿茶水提取物、儿茶素、EGCG 对甲硫醇的去除效果不明显，而茶黄素则表现出较强的活性；在 pH=10 的碱性条件下，1 mg 含量为 40％的茶黄素对甲硫醇的最大去除量为 0.232 mg，绿茶水提物、70％的儿茶素和 EGCG 的体外试验对甲硫醇没有去除能力。

产黑素类杆菌是大多数炎症性牙周病的重要致病菌，龈类杆菌在产黑素杆菌中毒力最强，是导致牙周病的主要病原菌。日本的实验表明红茶色素有效地抑制了龈类杆菌的生长；茶黄素和茶红素可以抑制产黑素类杆菌的生长，并有效抑制这种细菌还原酶的活性。

9. 对流感、SARS 和艾滋病的作用

流行性感冒简称流感，是由流感病毒引起的一种常见的急性呼吸道传染病。流感病毒容易发生变异，传染性强，常引起流感的流行。早在 1990 年 Nakayama M. 等用繁殖在 11 日龄鸡胚上的中国四川 2/ 87 流感病毒 A、苏联 100/83 流感病毒 B 和 Madin–Dary 犬肾（MDCK）细胞作材料，研究红茶提取液（20g 红茶浸泡于 80ml 磷酸缓冲液中）对流感病毒 A 或 B 的抑制作用。11 μL/ml 茶提取液和流感病毒混合 60min，即可抑制流感病

毒 A 或 B 在 MDCK 细胞上吸附，其抑制率都在 80% 以上。病毒和红茶提取液短时间接触，也能降低病毒对 MDCK 细胞的侵染程度。用茶提取液 50 μL/ml 浓度处理 MDCK 细胞，再用流感病毒感染，其感染抑制率为 85%，但当 MDCK 细胞感染病毒后，无抑制效果。这可看出，红茶提取物对流感病毒 A 或 B 只有预防效果，感染后无治疗作用。活体外实验表明，$0.5 \sim 9.4$ mg/kg·d 的红茶提取液可降低因流感 B 病毒引起的肺部感染。

在 SARS 流行期间，有许多通过喝茶来预防 SARS 感染的事例，推测可能茶内有能够抗 SARS 病毒的成分。3CL 蛋白酶被认为是 SARS-CoV 在宿主细胞内复制的关键蛋白酶。人们从天然产物信息库的 72 种组分中筛选出有抗 3CL 蛋白酶活性的组分，发现鞣酸和 TF2B 有活性，IC_{50} 为 7 μM，而这两种组分是属于茶叶中的天然茶多酚。进一步对绿茶、乌龙茶、普洱茶及红茶提取物进行 3CL 蛋白酶抑制活性研究，发现来自普洱茶和红茶的提取物比绿茶和乌龙茶活性高。对一些茶内的已知成分进行抑制 3CL 蛋白酶活性测定，发现咖啡因、EGCG、EC、C、ECG、EGC 这些成分都没有抑制活性，而只有 TF3 是 3CL 蛋白酶抑制剂，表明茶叶中的茶黄素 TF3 能够抑制 3CL 蛋白酶活性。

人类免疫缺陷病毒（Human Immunodeficiency Virus，HIV），是一种感染人类免疫系统细胞的慢病毒，至今无有效疗法治愈该致命性传染病。该病毒破坏人体的免疫能力，导致免疫系统失去抵抗力，从而使各种疾病及癌症得以在人体内生存，发展到最后，导致艾滋病（获得性免疫缺陷综合征）。Nakane H 等人研究发现茶黄素及其没食子酸酯都能抑制 HIV-1 逆转录病毒的逆转录酶的活性，且对 HIV-1 逆转录酶活性 50% 抑制浓度分别为 0.5 μg/ml 和 0.1 μg/ml。这也说明，没食子酰基团的存在可提高茶黄素的抑制效应。

10. 抑制皮肤疾病和过敏作用

关于红茶与皮肤疾病的研究主要集中于皮肤肿瘤、皮肤炎症这两个方向，也仅限于动物实验和体外实验两种方法。口服或皮肤局部外涂红茶提取物均可抑制化学剂诱导的皮肤癌。大量动物实验表明，$280 \sim 340$ nm 波长的 UV 具有致癌作用。口服红茶对 UVB 诱导 SKH21 小鼠产生的皮肤癌有抑制作用。红茶能抑制模拟日光（UVA + UVB）引起的小鼠皮肤肿瘤形成，且呈剂量依赖性。口服或皮肤局部外涂红茶提取物还有减轻化学剂 TPA 或 UV 诱发的皮肤炎症的作用。先用红茶中的多酚（主要包括茶黄素没食子酸盐和（-）-表没食子二茶精-3-没食子酸盐）涂抹小鼠皮肤局部，再用 TPA，发现红茶多酚能显著抑制皮肤红斑、增生、白细胞浸润，以及皮肤鸟氨酸脱羧酶（ODC）、IL-1 和 ODC 的 mRNA 表达；还能抑制皮肤 ODC、环加氧酶、前列腺素代谢物的形成与酶活性。UVB 照射前局部涂抹标准红茶提取物（SBTE），使小鼠红斑发生率和严重度分别下降

40% 和 64%，皮褶厚度下降 50%。SBTE 对人的皮肤同样有效，照射后 5min 涂抹 SBTE 能减轻皮肤炎症，在小鼠和人身上作用相似。

日本杉山清曾报道在肥大细胞脱粒试验及被动皮肤过敏反应中，红茶、乌龙茶、绿茶及儿茶素类均显示了抗过敏作用，且红茶抗过敏持续时间（12 h）远远大于其余茶类（6 h）。由此可推测，红茶中的茶色素类物质可能对抗过敏起了重要作用。

对几种云南大叶茶及同种茶叶加工的红茶和绿茶水提取液进行透明质酸酶体外抑制实验和肥大细胞组胺抑制实验，评价它们的抗过敏活性。结果表明：不同加工方式的同种茶叶，抗过敏活性存在差异，红茶抗过敏作用较绿茶强，但是红茶中儿茶素含量远低于绿茶中的含量，初步试验表明，很有可能是红茶中茶色素比茶多酚具有更好的抗过敏作用，这有待于进一步实验研究。

参考文献

[1] 赵和涛. 我国六大茶类中主要化学物质含量与组成 [J]. 热带作物科技，1991，6:35-38.

[2] 陈宗懋. 茶的杀菌和抗病毒功效 [J]. 中国茶叶，2009（9）：4-5.

[3] 赵欣，郑妍菲，冯柳瑜. MTT 法评价黄茶的体外抗癌效果 [J]. 重庆教育学院学报，2008，21（6）:23-24.

[4] 揭国良，何普明，丁仁凤. 普洱茶抗氧化特性的初步研究 [J]. 茶叶，2005，31（3）:162-165.

[5] 东方，杨子银，何普明，等. 普洱茶抗氧化活性成分的 LC—MS 分析 [J]. 中国食品学报，2008，8（2）:133-141.

[6] 宋鲁彬，黄建安，刘仲华，等. 中国黑茶对 PPARs 的作用研究 [J]. 茶叶科学，2008，28（5）：319-325.

[7] 宋鲁彬，黄建安，刘仲华，等. 中国黑茶对 FXR 及 LXR 核受体的作用 [J]. 茶叶科学，2009，29（2）:131-135.

[8] 屠幼英，须海荣，梁惠玲，等. 紧压茶对胰酶活性和肠道有益菌的作用 [J]. 食品科学，2002，23（10）：113-116.

[9] Tu,Y. Y., Xia, H. L., et al. Changes in catechins during the fermentation of green tea[J]. Applied Biochemistry and Microbiology. 2005, 41（6）：574-577.

[10] 陈文峰，屠幼英，吴媛媛，等．黑茶紧压茶浸提物对胰蛋白酶活性的影响 [J]. 中国茶叶，2002，24（3）:16-17.

[11] wang, L. S. H.，Lin, L. C., et al．Hypolipidemic effect and antiatherogenic potential of Pu-erh tea[J]．Acs Symposium Series. 2003, 859：87 103.

[12] Sesso, H. D., Gaziano, J. M., et al. Coffee and tea intake and the risk of myocardial infarction[J]. American Journal of Epidemiology. 1999, 149：162-167.

[13] Gardner, E. J., Ruxton, C. H. S., et al. Black tea -helpful or harmful? A review of the evidence[J]. European Journal of Clinical Nutrition. 2007, 61：3-18.

[14] Odegaard, A. O., Pereira, M. A., et al. Coffee, tea, and incident type 2 diabetes: the singapore Chinese health study[J]. Am. Journal of Clinical Nutrition. 2008, 88: 979-985.

[15] Tu, Y.Y., Tang, A.B., et al. The theaflavin monomers inhibit the cancer cells growth in vitro[J]. ABBS. 2004, 36（7）, 508-512.

[16] Gomes, A., Vedasiromori, J. R., et al . Antihyperglycemic effect of black tea in rat[J]. Journal of Ethnopharmacology.1995, 45：223-226.

[17] Honda, M., Hata, Y. The inhibition of Ra-amylase by tea polyphenal, proceedings of internation symposium on tea science. 1991, Shialoka, Japan/The Organizing Committee of ISTS, 1992：258—262.

第六章　古今茶疗和配方

第一节　古代茶疗和典型配方

从茶叶发展历史看，我国劳动人民早就已经掌握了茶叶治病的多种方法和功效。几千年来，通过各种实践，人们逐步了解到茶叶具备的多种药用功效：安神除烦、少寐、明目、清头目、下气、消食、醒酒、去腻、清热解毒、止渴生津、祛痰、治痢、疗疮、利水、通便、祛风解表、益气力、坚齿、疗肌、减肥，以及现在医药中的降血脂、降血压、强心、补血、抗衰老、抗癌、抗辐射等。

一、茶疗

茶疗指以茶作为单方或配伍其他中药组成复方，用来内服或外用，以养生保健、防病疗疾的一种治疗方法。

古代医著中有关茶疗方法很多，从茶的传统剂型药用方剂服法上可以分为汤剂、散剂、丸剂、冲剂、食物代茶剂等。其中散剂为研细末后服用或外用，汤剂则水煎后饮服或外用。这些茶疗可以采用饮服、调服、和服、顿服、噙服、含漱及调敷、擦、搽、涂、熏、洗、抹、浴等方法。从茶疗方剂组成上可以是方中有茶即必须用茶汤送药，也有方剂表面看虽无茶而实际上有茶的功效。

最早应用茶疗的是传说中神农氏用茶解毒的故事。在我国现存最早的药学专著《神农本草经》中对茶的药用价值也进行了明确记述，"茶味苦，饮之使人益思、少卧、轻身、明目"；最早记载茶的药用方剂为三国魏时张揖的《广雅》："荆巴间采茶作饼成以米膏出之。若饮，先炙令赤，持末置瓷器中，以汤浇覆之，用葱、姜毛之，其饮醒酒"。东汉名医张仲景在《伤寒杂病论》中说"茶治便脓血"；三国华佗在《食论》中说"苦茶久食益意思"；梁代名医陶弘景在《杂录》中说"苦茶轻身换骨"。

在古代茶疗中，唐代有关茶的强身保健和延年益寿作用的知识广为流传，促使饮茶之风大兴。唐代《本草拾遗》中对茶的功效有"久食令人瘦"的记载，以及我国边疆少数民族素有"宁可三日无食，不可一日无茶""无茶则病"之说，也说明茶叶有帮助食物消化作用。唐代苏敬等撰的《新修本草》（又称《唐本草》）记载："茗，苦荼。茗，味甘、苦，微寒，无毒。"主瘘疮，利小便，去痰、热渴，令人少睡，秋（据《证类本草》与《植物名实图考长编》应作春）采之。苦荼，主下气，消宿食，作饮加茱萸、葱、姜等良。唐代医家陈藏器在《本草拾遗》中说"诸药为各病之药，茶为万病之药"，指出茶是治疗多种疾病的良药。孙思邈《千金要方》记载一则单方广为流传，"治卒头痛如破，非中冷又非中风，是膈中痰厥气上冲所致，名为厥头痛，吐之即差。单煮若作饮二、三升许，适冷暖饮二升，须臾即吐。吐毕又饮，如此数过。剧者，须吐胆乃止，不损人，而渴则差。"

宋代茶疗的服用方法更为多样，出现了药茶研末外敷、和醋服饮、研末调服等多种形式，并从单方迅速向复方发展，使茶疗的应用更为广泛。在王怀隐著的《太平圣惠方》中记载茶疗方10多个，其中包括用茶叶配荆芥、薄荷、山栀、豆豉制成葱豉茶，治"伤寒头痛壮热"；用茶叶配伍生姜、石膏、麻黄，薄荷制成薄荷茶，治"伤寒鼻塞头痛烦躁"等。宋代官修书《圣济总录》中记载用茶叶配炮姜成姜茶，治"霍乱后烦躁、卧不安"；用茶叶配海金沙，取生姜、甘草汤调服，治"小便不通，脐下满闷"等。这说明宋代茶疗方法不断改进，应用范围逐渐扩大，茶疗得到了进一步发展。

元、明、清代茶疗发展迅速，元代宫廷饮膳太医忽思慧著《饮膳正要》中药茶配方很多，如用"玉磨末茶三匙，面、酥油同搅成膏，沸汤点之"制成茶膏；用"金子末茶两匙头，入酥油同搅，沸汤点之"而成酥茶。此外，还有枸杞茶、香茶等十多种茶疗方剂的应用方法。明代的《普济方》专列"药茶"一节，载茶疗方8首；李时珍的《本草纲目》中对茶性设有专论，并载茶疗方10多个。清代不仅民间茶疗应用广泛，而且宫廷中也十分重视茶疗，如用泽泻配乌龙茶、六安茶等制成清宫仙药茶，具有降脂、化浊、补肝、益肾的作用。在《慈禧光绪医方选议》中载清热茶疗方就有清热理气茶、清热化湿茶、清热养阴茶、清热止咳茶等。这说明当时茶疗已成为养生保健、防病治病的重要手段。

二、经典茶疗方

本章从各古代医书中选出茶方50余个，其中涉及20种功效：如和胃、外感风邪、头痛、久咳痰浓、心痛、益气养精、清肝退黄、清咽润喉、咽喉肿痛、化气利水，健脾祛湿、失眠、神经衰弱、月经过多、乳痈、乳腺炎、高血压、心痛、活血化瘀、神经性皮炎、美容、治烫火伤、便秘、止痢泄泻、治虫积和虫胀等内外科等常遇疾病的治疗配方。书中古方用量一两等于30g，一钱等于3g计算。

1．和胃止痢、活血化瘀

醋茶：茶叶 3g，醋适量；制服法：开水冲泡茶叶 5min 后加入醋。用于牙痛、伤痛、胆道蛔虫。

2．白术安胎茶

白术 5g，白芍 3g，黄芩 2g，乌龙茶 3g，红糖适量。用 300ml 开水冲泡后饮用，冲饮至味淡。用于：肝脾不和、胎元不安之先兆性流产、习惯性流产。

3．外感风邪头痛（8 例）

1）葱白姜枣茶

大枣 5 枚，生姜 6g，葱白 2 根。大枣去核，生姜切片，葱白去根须，加水煎汁，趁热饮后发汗。适用于外感风寒及淋雨后风寒腰疼。

2）五神茶

荆芥、苏叶、生姜各 10g，茶叶 6g，红糖 30g。先将前四味加水适量，文火煮 10～15min，放入红糖溶化后饮服。适用于感冒、畏寒、身痛无汗者。

3）葱豉茶[1]

葱白（三茎去须）、豉（半两）、荆芥（一分）、薄荷（三十叶）、栀子仁（五枚）、石膏（三两捣碎）上以水二大盏。煎取一大盏，去渣，下茶末。更煎四五沸。分二度服。治伤寒头痛壮热。

4）薄荷茶

薄荷（三十叶）、生姜（一分）、人参（半两去芦头）、石膏（一两捣碎）、麻黄（半两去根节）上件药锉。先以水一大盏，煎至六分，去滓，分二服。点茶热服之。治伤寒、鼻塞、头痛、烦躁。

5）川芎茶

川芎、荆芥（去梗）各四两；白芷、羌活、甘草（烂）各二两，细辛（去芦）一两，防风（去芦）一两半，薄荷（不见火）八两。细末，每服二钱，食后清茶调下。主治外感风邪头痛最为有效，即症见偏正头痛或鼎顶痛、恶寒、发热、目眩、鼻塞、苔白、脉浮等。

6）秘方茶调散[2]

片芩二两（酒拌炒三次、不可令焦），小川芎一两，细芽茶三钱，白芷五钱，薄荷三钱，荆芥穗四钱，上为细末，每服二、三钱，用茶清调下。治风热上攻、头目昏睡及头风热痛不可忍。

7）菊花茶调散[3]

川芎茶调散（川芎 120g、白芷 60g、羌活 60g、细辛 30g、防风 45g、薄荷 240g、荆芥 120g、甘草 60g）加菊花、僵蚕而成。功效与主治均同川芎茶调散。菊花与僵蚕均以疏风清热为主要功效，故对辨证偏于风热者较为适宜。

8）苍耳子散[4]

辛夷（半两）、苍耳子（炒）（二钱半）、香白芷（一两）、薄荷叶（半钱）。上并晒干，为细末，每二钱，用葱茶清食后调服。本方功效为祛风通窍，主治鼻渊，症见鼻塞，流浊涕而不止，前额疼痛。

4. 气虚头痛（2例）

1）茶方[5]

上春茶末调成膏，置瓦盏内复转，以巴豆四十粒作二次烧烟熏之，晒干，乳细，每服一字。别入好茶末，食后煎服，立效。治气虚头痛。

2）《医方大成》方[6]

用上春茶末调成膏，置瓦盏内复转，以巴豆四十粒作二次烧烟熏之，晒干，乳细，每服一字。别入好茶末，食后煎服，立效。治气虚头痛。

5. 久咳痰浓稠（3例）

1）白前桑皮茶[7]

白前 5g，桑白皮 3g，桔梗 3g，甘草 3g，绿茶 3g。用 300ml 开水冲泡后饮用，冲饮至味淡。用途：久咳痰浓稠。

2）消气化痰茶

红茶 30g，荆芥穗 15g，海螺蛸 3g，蜂蜜适量。研细末为丸，每次 3g，加蜜，沸水泡饮。功效：止咳化痰，主治咳嗽痰多。

3）橘红茶

橘红 5g，绿茶 5g。将上述 2 味放入茶杯中，沸水冲泡，焖 5～10min 即可，每日 1 剂，频服代茶饮。本方适用于咳嗽痰多、痰激、难以咳出的痰湿症。干咳及阴虚燥咳者不宜。

6. 高血压（2例）

1）菊花茶

菊花 1g，槐花 10g，绿茶 10g，龙胆草 10g。以沸水冲沏，待浓后饮用。每日代茶常饮。平肝潜阳，降压。适用于高血压眩晕。

2）罗布麻降压茶

罗布麻 5g，绿茶 3g。将药放入保温瓶中，以沸水冲泡，焖 10min，代茶频饮。主治高血压。阴虚者慎用。

7．久年心痛、冠心病（3 例）

1）《兵部手集方》[8]

久年心痛，十年五年者，煎湖茶，以头醋和匀，服之良。

2）应痛丸 [9]

治急心气痛不可忍者，好茶末四两，榜乳香一两，为细末，用醋同兔血和九如鸡头大。每服一丸，温醋送下。

3）山楂益母茶

山楂 15g，益母草 10g，乌龙茶 5g。将山楂、益母草烘干，上 3 味共研成粗末，与茶叶混合均匀。每日 1 剂，用沸水冲泡，代茶饮用，每日数次。降脂化痰，活血通脉。适宜于治疗冠心病、高脂血症。

8．月经过多（3 例）

1）莲子养肾茶

莲子 30g，茶叶 5g，冰糖 20g。莲子用温水泡数小时后捞出，加冰糖煮烂，入茶汁。代茶饮，每日一剂。健脾益肾，适用于月经过多等症。

2）黑木耳红枣茶

黑木耳 30g，红枣 20 枚，茶叶 1g。煎汤服。每日 1 次，连服 7 日。补中益气、养血调经，适用于月经过多。

3）绿茶方

绿茶 25g，白糖 100g。沸水 900ml 冲泡，露一夜，次日 1 次服完。理气调经，用于月经骤停，伴有腰痛、腹胀等症。

9．益气养精（3 例）

1）防衰茶

灵芝 10g，刺五加 8g，淫羊藿 6g。以上 3 味，沸水冲泡 5min，代茶饮。适用于老年人体衰、健忘等。壮筋骨，强心力。

2）四君子茶

人参 3g，白术 3g，茯苓 3g，甘草 3g，花茶 3g。用法：用前几味药的煎煮液 350ml 泡茶饮用，冲饮至味淡。功能：补脾益气。用于脾胃气虚、面色惨白、食少便溏、四肢无力、精神倦怠。

3）八仙茶[10]

粳米、黄粟米、黄豆、赤小豆、绿豆各750g（炒香熟），细茶500g，净芝麻375g，净花椒75g，净小茴香150g，泡干白姜、炒白盐各30g。将此11味食材研末、炒黄，瓷罐收贮。每日3次，每次6～9g，沸水冲泡服。有益精悦颜，保元固肾作用。用于中年人防衰老。

10. 健脾润肺

1）绿茶蜂蜜茶

绿茶1g，蜂蜜25g。将两者混合，用滚水冲泡5min即成。每日一剂，分多次饮用。饮前先将其温热，趁热饮用。功效为健脾润肺，生津止渴。适用于精神疲倦、暑天口渴、气管炎、低血糖等。

11. 清咽润喉、咽喉肿痛（4例）

1）大海生地茶

胖大海12g，生地12g，冰糖30g，茶叶适量。沸水冲泡，盖焖10min。代茶频饮，每日3剂。清肺化痰，养阴生津，清咽润喉。适用于声音嘶哑。

2）苏叶盐茶

苏叶6g，绿茶3g，盐6g。将绿茶炒至微焦，再将盐炒呈红色后将所有原料加水煎汤去渣取汁。代茶温饮，每日2剂。功效：清热宣肺，利咽喉，用于治疗声音嘶哑、咽痛等。

3）射山茶

射干2g、山豆根1g、绿茶3g。用200ml开水冲泡后饮用，冲饮至味淡。功能：清热解毒，利咽。用途：咽喉肿痛、口舌生疮。

4）百部止嗽茶[11]

百部3g，白前3g，桔梗3g，紫苑3g，橘红3g，绿茶5g。用300ml开水冲泡后饮用，冲饮至味淡。宣肺止咳。寒邪侵于皮毛、肺失宣降咳嗽不止。

12. 神经性皮炎

1）艾姜茶

陈茶叶25g，艾叶25g，老姜50g，紫皮大蒜头2个。大蒜捣碎，老姜切片，与茶叶共煎，5min后加食盐少许，分2天外洗。消炎杀菌，用于神经性皮炎。

13. 治烫火伤

1）伤浓茶剂

茶叶适量。茶叶加水煮成浓汁，快速冷却。将烫伤肢体浸于茶汁中，或将浓茶汁涂于烫伤部位。功效：消肿止痛，防止感染。

2）烫伤茶

泡过的茶叶。将泡过的茶叶，用坛盛地上，砖盖好，愈陈愈好，不论已溃未愈，搽之即愈。治烫火伤。

14. 补气和胃，生津止渴（2例）

1）柠檬红茶

柠檬2片，红茶3g，白糖3g。每次用茶3g，柠檬1～2片，以沸水冲泡，加盖焖10min左右，频频服用，每日2～3次。补气和胃，生津止渴。气郁化火，或阴虚火旺者忌用，孕妇亦当慎用。

2）呕吐姜苏陈皮茶

紫苏梗6g，陈皮3g，生姜2片，红茶3g。前3味研成粗末，与红茶共用沸水冲泡10min，代茶温饮，每日1剂。

桃仁5g、杏仁3g、当归3g、花茶3g。用前几味药的煎煮液350ml泡茶饮用，冲饮至味淡。功能：行滞化瘀，生肌。适用于胃脘痛及胃及十二指肠溃疡，慢性结肠炎。

15. 泄泻（2例）

1）麦芽茶

炒麦芽30g，乌龙茶8g。以上2味用沸水冲泡10min，不拘时间代茶温服，每日1剂。每剂可用沸水冲泡2～3次。主治小儿痢疾、腹泻。因麦芽有回乳作用，故妇女哺乳期忌用。

2）《医方集论》方[12]

雨前茶（三钱）、胡桃肉（敲碎）（五钱）、川芎（五分）、寒多加胡椒（三分），未发前入茶壶内，以滚水冲泡，乘热频频服之。吃到临发时，不可住。治三阴疟。

16. 便秘

1）大黄绿茶饮

大黄5g，白糖10g，绿茶5g。大黄片加醋喷匀，微火炒至稍变色即可。上述3味加开水150ml，浸泡5min，温时分3次服饮。治疗行瘀泻下、解痉止血，也适用于高血压症、大便秘结症。

17. 失眠、神经衰弱（2例）

1）啤酒花茶

啤酒花5g，绿茶3g。将上2味，放保温瓶中，冲入沸水适量，盖焖10min后，代茶频饮。治疗神经衰弱、失眠，食欲减退。

2）姜茶散方[13]

干姜（炮，为末）二钱，好茶末一钱，上述二味，以水一盏，先煎茶令熟，即调干姜末服之。治霍乱后烦躁、卧不安。

18. 化气利水，健脾祛湿（7例）

1）白术泽茶

白术5g，泽泻3g，花茶3g。用250ml开水冲泡后饮用，冲饮至味淡。功能：运脾除湿。用途：治小便不利、水饮内停阻遏清阳上升、浊阴趁热逆而致头目眩晕。

2）茯苓茶

茯苓10g，花茶3g。用法：用300ml开水冲泡后饮用，冲饮至味淡。功能：渗湿利水，健脾和胃，宁心安神；抗菌，利尿降血糖。用途：水肿，小便不利；痰饮咳逆；呕泻与淋浊。

3）二术茶

白术5g、苍术3g、花茶3g。用250ml开水冲泡后饮用，冲饮至味淡。功能：健脾燥湿，主治水肿、肾炎肾病、降低转氨酶。

4）五苓茶[14]

茯苓5g，猪苓3g，泽泻3g，白术3g，桂枝3g，花茶5g。用400ml水煎煮茯苓、猪苓、泽泻、白术、桂枝至水沸后，冲泡花茶后饮用，也可直接冲饮。功能：化气利水，健脾祛湿。用途：太阳病发汗后，大汗出、胃中干、烦躁不得眠。或外有表征、内有饮停，发热、头痛、小便不利、烦渴引饮。或水湿内停、水肿身重。

5）二防茶[15]

防己5g，防风3g，冬葵子3g，花茶3g。用250ml开水冲泡后饮用，冲饮至味淡。功能：利水消滞。用途：小便涩滞不利；浮肿。

6）独风茶[16]

独活5g，防风3g，苍术3g，细辛0.58，川芎2g，花茶5g。用前五味药的煎煮液350ml泡花茶后饮用，冲饮至味淡。功能：祛寒胜湿，强筋止痛。用途：寒湿阻滞腰痛。

（7）独芪茶

独活 5g，黄芪 3g，花茶 3g。用 250ml 开水冲泡后饮用，冲饮至味淡。功能：益气祛湿，消肿止痛。用途：风湿内阻，四肢关节不利，头面肿痛，尿少。

19. 乳痈、乳腺炎（旋英茶）

旋复花 5g，蒲公英 3g，白芷 3g，青皮 3g，甘草 3g，绿茶 3g。用 300mL 开水冲泡 10min 后饮用，冲饮至味淡。功能：清热祛痰，消痈散结。用途：乳痈乳岩，急性乳腺炎，乳癌溃烂。

20. 清肝退黄（柴茅甘茶）

柴胡 5g，白茅根 3g，甘草 3g，花茶 3g。用 250ml 开水冲泡后饮用，冲饮至味淡。功能：清肝退黄。用途：黄疸和乙型肝炎。

21. 明目（2 例）

1）蜡茶饮

芽茶、白芷、附子各一钱，细辛、防风、羌活、荆芥、川芎各五分，加盐少许，清水煎服。治目中赤脉。

2）石膏茶

煅石膏、川芎各 60g，炙甘草 15g，葱白、茶叶各适量（或各 3g）。将前 3 味共研细末，备用。日两次，每次取上末 3g，用葱白、茶叶加水煎汤，温服。能祛风散寒、通窍明目。治风寒眼病、冷泪症、迎风流泪、羞明、眼痛等。

22. 肥胖症

1）桑枝茶

嫩桑枝 20g，切成薄片，沸水冲泡 10min 即可。具有祛风湿、行水气功效。主治肥胖症，关节疼痛。

23. 治蛀牙及虚火牙痛

1）羌辛椒艾茶

芫花、细辛、川椒、蕲艾、小麦、细茶等分，加水 250 ～ 500ml，共煎至 150 ～ 300ml，温漱之，每日 3 ～ 4 次。治蛀牙及虚火牙痛等。

24. 美容

1）慈禧珍珠茶

珍珠、茶叶各适量。选用晶莹圆润的珍珠研磨成极细粉，瓷罐封贮备用。每次 1 小匙（2 ～ 3g），以茶水送服，每隔 10 天服 1 次。可润肌泽肤，葆青春，美容颜。

第二节 现代茶功能食品和药品

一、功能食品定义

根据我国《保健食品监督管理条例》规定，保健食品是指具有特定保健功能，或者以补充维生素、矿物质为目的的食品。即适宜特定人群食用，具有调节机体功能，不以治疗疾病为目的，并且对人体不产生任何急性、亚急性和慢性危害食品。

这类食品除了具有一般食品皆具备的营养和感官功能（色、香、味、形）外，还具有一般食品所没有或不强调的食品的第三种功能，即调节人体生理活动的功能，故称之为"功能食品"（Functional food）。

功能食品必须符合下面4条要求：

（1）首先必须是食品，必须无毒、无害，符合应有的营养要求。

（2）功能食品又不同于一般食品，它具有特定保健功能。这里的"特定"是指其保健功能必须是明确的、具体的，而且经过科学验证是肯定的。同时，其特定保健功能并不能取代人体正常的膳食摄入和对各类必须营养素的需要。

（3）功能食品通常是针对需要调整某方面机体功能的特定人群而研制生产的，不存在对所有人都有同样作用的所谓"老少皆宜"的功能食品。

（4）功能食品不以治疗为目的，不能取代药物对患者的治疗作用。

二、茶功能食品概况

本章节的茶功能食品是指以茶叶或其提取物为主要原料之一的功能食品。茶叶对人体有益的功能包括两个方面：第一是由茶叶中的营养物质提供的营养作用。茶叶中含有糖类、蛋白质和氨基酸、游离有机酸、维生素及矿物质等。这些物质被人体吸收后，可通过各自的代谢途径，提供人体生长发育、维持生命活动所需的物质或能量。第二是由茶叶中的活性成分产生的保健和药理作用。茶叶中含有多种生理活性物质，包括茶多酚、活性多糖、皂苷、咖啡碱、维生素及铁、硒、γ-氨基丁酸、茶氨酸等多种有效成分，具有抗菌、抗氧化、防癌、降低胆固醇、溶血、促进血液循环等多种药效功能，还可以影响脂类代谢，对防治心血管疾病、改善视觉等也具有一定作用。茶功能食品就是利用茶叶的这些保健功能所加工生产的，且具有某些特定保健功能的食品。

自2003年12月保健食品审批职能划转国家食品药品监督管理局（SFDA）以来，截至2007年底，共批准注册国产保健食品3806个。其中茶保健食品有168个，占全部注册产品的 4.41%，见表 6-1。2004 年茶保健品注册个数最多，达 74 个，占当年国产保健品注册总数的 4.90%。2005 年的注册茶保健品占国产保健品总数的比例最小，仅为 3.40%。总体来看，茶保健食品的注册比例维持在 4.40% 左右，比较稳定。按地区分布统计，2003—2007 年批准注册的茶保健食品覆盖了全国 26 个省、自治区、直辖市，注册产品数量最多的地区依次为北京、上海、广东和浙江，这 4 个省、直辖市的产品数量总和约占全国批准产品总量的 62.0%，其中仅北京 1 个地区的产品数量就占到全国同期批准注册产品总量的 20.8%；而新疆、西藏、青海等地的注册产品数量较少，所占比例不足 10.0%，与北京、广东、浙江等省市形成鲜明对比。从注册的配方类型看，茶保健食品以复方产品为主，占注册产品总数的 99.4%。单方产品仅有 1 个，即健和牌茗阳胶囊，SFDA 数据库资料显示该产品的主要原料仅为炒青绿茶。所注册的剂型构成主要有胶囊剂、茶剂、片剂三种形式，分别占注册产品总数的 43.4%、35.7% 和 14.9%。其他剂型的产品如冲剂、丸剂、口服液、酒剂等，只占注册产品总数的 6.0%。所涉及的保健功能共 21 项，排在前 3 位的依次为辅助降脂、减肥和增强免疫力，分别占产品总数的 25.0%、18.5%、16.1%。茶保健食品以宣称单一保健功能的产品为主，占产品总数的 73.5%；宣称具有 2 种及 2 种以上保健功能的产品有 44 个，占产品总数的 26.2%。常见的保健功能组合为"辅助降脂和减肥""缓解体力疲劳和增强免疫力""辅助降脂和通便"。所利用的茶叶保健成分可分为茶叶（包括红茶、绿茶、乌龙茶、普洱茶等）和茶叶提取物（包括茶多酚、茶色素、茶多糖等）两大类。2003—2007 年经 SFDA 审批的 168 个茶保健食品中茶成分以茶叶形式添加的共有 79 个，占产品总数的 47.0%，其中以添加绿茶的产品最多，有 63 个；添加普洱茶、乌龙茶、红茶和花茶的产品个数分别为 6 个、5 个、4 个和 1 个。以茶叶提取物形式添加的产品共有 89 个，其中以添加茶多酚的产品最多，有 60 个；其次为添加绿茶提取物的产品有 17 个；而添加乌龙茶提取物、红茶提取物、茶色素、茶氨酸、茶多糖等其他茶叶提取物的产品很少，所占比例不到总产品数的 5.0% [18]。

表 6-1　2003—2007 年注册茶保健食品主要功能项目分布及比例

排列序号 （Sequence number）	功能名称 （Functions）	产品数量/个 （Registered number）	构成比 a /% （Ratio）
1	辅助降脂	42	25.0
2	减肥	31	18.5
3	增强免疫力	27	16.1

续表

排列序号 (Sequence number)	功能名称 (Functions)	产品数量/个 (Registered number)	构成比 α /% (Ratio)
4	缓解体力疲劳	21	12.5
5	抗氧化（延缓衰老）	16	9.5
6	通便功能	14	8.3
7	辅助降糖	12	7.1
8	对辐射危害有辅助保护功能	11	6.5
9	辅助降血压	6	3.6
10	清咽功能	6	3.6
11	祛黄褐斑	6	3.6
12	对化学性肝损伤有辅助保护	6	3.6
13	提高缺氧耐受力	4	2.4
14	辅助改善记忆	2	1.2
15	对胃黏膜损伤有辅助功能	2	1.2
16	改善皮肤水分	1	1.2
17	改善睡眠	1	1.2
18	缓解视疲劳	1	1.2
19	增加骨密度	1	1.2
20	抗突变	1	1.2
21	改善营养性贫血	1	1.2

三、茶功能食品产品和配方

1．减肥产品

1）更娇丽减肥茶

更娇丽减肥茶针对中国人饮食结构和生活习惯，可促进脂肪代谢与分解，降低血清中甘油三酯和胆固醇。

主要原料：乌龙茶、沱茶、苦丁茶、决明子、仙娜叶、荷叶、甜叶菊；

保健作用：减肥、调节血脂；

适宜人群：单纯性肥胖人群、高血脂人群；

不适宜人群：孕期、哺乳期妇女和胆囊疾病患者、服用激素药物或内分泌疾病引起的肥胖者。

2）茶多酚减肥胶囊

茶多酚减肥胶囊含有茶多酚等有效成分，能促进代谢，减少脂肪积累；同时能抑制脂肪的吸收，还能与脂类直接结合并经粪便排出体外，达到减肥的功效。

保健功能：减肥；

主要原料：茶多酚、决明子、何首乌、熟大黄、荷叶、淀粉；

功效成分：每 100g 含茶多酚 10.0g；

适宜人群：单纯性肥胖者。

3）金线减肥胶囊

主要原料：L- 酒石酸肉碱、茶多酚、白菊花、山楂、枸杞子；

功效成分及含量：每 100g 含 L- 酒石酸肉碱 ≥ 25g；

保健功能：减肥；

适宜人群：单纯性肥胖人群；

不适宜人群：孕期、哺乳期妇女、婴幼儿以及疾病引起的肥胖者。

2．提高免疫力

1）三健口服液

该产品具有耐缺氧、调节血压的保健作用。

主要原料：银杏叶干浸膏、茶多酚、可溶性纤维素、山楂汁、硒元素；

功效成分及含量：总黄酮（以芦丁计）≥ 200 mg/L、茶多酚 1300 ～ 1500mg/L、总硒（以 Se 计）400 ～ 1200 μg/L；

保健功能：耐缺氧、调节血压；

适宜人群：缺氧者、高血压者及易患缺氧、高血压者；

不适宜人群：少年儿童。

2）益康胶囊

主要原料：胡萝卜粉、绞股蓝、茶多酚、维生素 C；

功效成分及含量：每 100g 中含绞股蓝皂苷 ≥ 5.3g，茶多酚 ≥ 2.25g，维生素 C ≥ 130mg。

保健功能：耐缺氧，用于冠心病、高脂血症、脑动脉硬化、老年性视力减退；

批准文号：卫食健字（1998）第 156 号；

适宜人群：处于缺氧环境者；

不适宜人群：婴幼儿及少年儿童、孕妇。

3）疲劳康片

主要成分：淫羊藿、绿茶、山药、黄芪等；

功效成分及含量：每 100 g 含总黄酮 250 mg、总皂苷 300 mg、茶多酚 220 mg；

保健功效：免疫调节、抗疲劳；

适宜人群：免疫力低下及易疲劳者。

4）天福胶囊

天福胶囊有强力抗氧化、延缓衰老的作用。其主要功效为延缓衰老、抗疲劳、提高免疫力，并可消除失眠、头晕、烦躁、疲劳、食欲不振、记忆力下降、腰酸背痛等亚健康状态。

主要原料：葡萄籽提取物、茶多酚、天然维生素 E、磷脂；

保健功能：延缓衰老；

适宜人群：中老年人；

不适宜人群：少年儿童。

3. 护肝

1）绿茶提取物软胶囊

绿茶提取物软胶囊选自上等的有机绿茶，经过低温萃取浓缩而成。保持原有的营养成分和活性。其中茶多酚的纯度高达 95%。

功效：护肝解酒、防癌抗癌、增强免疫、防辐射；

适用人群：孕产妇、学生、中老年、运动员、高级白领。

4. 保护心脑血管

1）Tegreen 绿茶精华素

美国 New shikin 公司制成 Tegreen 绿茶精华素是维持日常身体的基础营养补充品，绿茶精华素多酚类纯度高达 97%，并蕴含逾 65% 天然抗氧化成分儿茶素，如 EGCG 及 EGC，发挥最佳的抗氧化保健功效。美国普渡大学证实能帮助抑制人体癌细胞的特异衍生，增强身体的抗氧化防卫系统，保护细胞免受自由基的侵害，保护 DNA，保护细胞，维持细胞正常发展，延缓衰老，可促进突变细胞和异常细胞凋亡，维持正常的细胞群体和功能，防癌，预防心脑血管疾病，降血脂，抗动脉硬化，改善血液流通，防止血管破裂，调整机体免疫功能，有助抑制某些有损细胞酶类的产生，抑菌防龋齿，促进新陈代谢，加速脂肪燃烧适用。根据 1997 年美国堪萨斯大学医药化学教授 Lester Mitscher 博士的实验结果，一粒 Tegreen97 绿茶精粹胶囊可提供相当于 100 倍维生素 C、或 25 倍维生素 E、或三杯红酒、或七杯绿茶、或四大杯冰茶、或八杯葡萄汁对身体之保护效益。

5. 降脂、降血压、降血糖保健茶饮料

2000 年来，随着日本国内对健康饮食逐渐重视，具有保健作用的茶饮料逐渐成为流行新导向。强化儿茶素、茶多酚的功能性茶饮料成为热销产品；茶以外的植物多酚、单宁等成分也受到关注。加之日本饮料市场日益饱和，厂家为求自身品牌差别化，开始转变传统茶饮料的销售策略。1998 年养乐多公司添加对糖的吸收有抑制作用的"番石榴多酚"成分的"蕃爽丽茶"是在日本首例畅销的保健茶饮料；2003 年花王公司强化添加茶多酚的保健绿茶饮料大受欢迎，其原因在于瘦身意识、保健意识的增强以及大众熟知绿茶和乌龙茶等饮用后保健效果明显和突出。之后，2003 年伊藤园的"绿茶习惯"、可口可乐公司 2005 年的"飒爽"、朝日的"十六茶"、2006 年减肥茶黑乌龙茶和 2007 年的茶花茶等保健茶饮料的推出令茶饮料市场发生了巨大的变化。降脂、降血压、降血糖这"三降"逐渐成为主流。另外，还有降血压的 γ－氨基丁酸粉末茶、防止花粉症的杉树叶与绿茶混合制成的杉茶。

四、茶药品

经过全世界科学家的共同努力，茶叶已经成为许多国家的药物，下面介绍几种获得药物生产许可的茶叶药品。

1. 心脑健

浙江大学研制的对心血管病伴高纤维蛋白原症及高血脂、肿瘤放化疗所致的白细胞减少症有治疗作用的"亿福林"心脑健胶囊，是我国第一个茶叶医药产品。根据国务院颁布的《中药品种保护条例》规定，经卫生部审核，同意从 1992 年 3 月 24 日起，"心脑健胶囊"列为国家二级中药保护品种［证书号：（97）卫药中保证字第 009-1 号］，保护期七年。

2. 尖锐湿疣的组合性药物茶多酚

2006 年 10 月，美国食品和药物管理局（FDA）批准茶多酚作为新的处方药，用于局部（外部）治疗由人类乳头瘤病毒引起的生殖器疣。这是 FDA 根据 1962 年药品修正案条例首个批准上市的植物（草本）药。植物药物专家、FDA 的前官员，医学博士弗雷迪·安·霍夫曼说："这一批准证明 FDA 不仅仅把植物作为食品和食物补充剂，而同样可作药物用。这为一个新药行业的建立铺平了道路。"他认为这是"一个历史性的里程碑"。

3. 茶色素胶囊

1993 年江西省绿色工业集团公司与江西医学院生理、药理教研室、浙江医科大学附二院心内科、中国防备医学科学院营养和食品卫生研究所和江西省绿色工业集团公司科

研所合作进行了药理、毒性的实验研究。结果表明，茶色素有较好的调节血脂代谢紊乱的作用，显著的抗脂质过氧化、清除氧自由基的作用，抗凝和促纤溶作用，抑制人胚、主动脉平滑肌细胞（SMC）增殖，抑制主动脉脂质斑块形成，清利头目，化痰消脂，用于痰瘀互结引起的高脂血症、冠心病、心绞痛、脑梗死等作用。1998年，茶色素胶囊荣获国家中药保护品种证书，获得国家国药准字 Z36021248。

4. 抗感冒药"克菌清"

日本松下与北里环境科学中心经过六年的努力，从茶叶中萃取出感冒药物克菌清，它能99.9%抑制0.01μm的滤过性病毒，有效降低感冒发生率。

第三节　茶叶在食品中的应用

茶食品不但保留了茶叶内含的上百种营养成分，如维生素、氨基酸、糖类及矿物质等，可以完善食品的营养结构，而且可以调节食品原有的口味，在口感上不会过甜或油腻，所以比普通食品具有更丰富的健康元素。目前，在福建、浙江、上海、广州、深圳及四川等地，茶食品开始走俏，并有逐步壮大的趋势。许多福建一线茶叶品牌如中闽魏氏、安溪感德龙馨、裕园、八马、华祥苑、日香、安溪铁观音集团等都推出了多种茶食品。台湾企业天福茗茶更将茶食品作为区别于其他茶庄的特色经营项目，杭州英仕利生物科技有限公司也在近几年推出茶月饼、茶粽子等系列食品。茶食品作为绿色的健康食品正在被越来越多的百姓所喜爱。

茶叶在食品中的应用主要作用机理是抗油脂氧化（茶多酚）、杀菌保鲜（茶多酚、茶黄素）、着色（叶绿素等）、营养补充（氨基酸、维生素）。而其形式主要是茶叶提取物和茶粉。

传统绿茶的冲泡法不能将茶叶的功能成分完全浸出，如茶多酚的水浸出率为60%～70%，维生素、游离氨基酸及矿物质浸出率为70%～80%，茶叶多糖、膳食纤维浸出率则不到20%，尤其是大部分脂溶性的茶多酚和许多难溶性物质仍留存于茶渣之中，因此茶叶保健成分利用率较低。

目前比较流行的茶食品是采用茶叶提取物速溶茶、茶多酚、茶叶氨基酸、茶叶多糖、超微茶粉和抹茶作为茶食品的添加剂，开发不同品种的茶食品，尤其是添加超微茶粉和抹茶的食品更受大众消费者喜爱。

超微茶粉是将鲜茶叶经过杀青和干燥处理后，进行超微粉碎，最终成为200目甚至1000目以上的超微细粉。抹茶不同于一般的绿茶粉，更不是一般意义上的茶叶粉碎物。

抹茶与普通绿茶粉的不同点主要包括种植和加工两个方面：① 抹茶种植需覆膜和特殊施肥，才能获得优质新鲜绿茶；② 抹茶简要的生产工艺流程为：蒸青→干燥→ 碾磨→低温碾磨粉碎→抹茶。

超微绿茶粉因色泽翠绿、粉质细腻、溶解性能好，已成为优良的食品添加剂及保健用品；添加超微绿茶粉制作出的烘焙食品，产品色泽自然翠绿，茶香明显，能抑菌、延长保鲜期；超微绿茶粉还具有防止老化、抗癌防癌、抗辐射、降低胆固醇、防宿醉、分解毒素及养颜美容、促进新陈代谢等多种功效。另外，超微绿茶粉保证茶叶原料成分完整性；提高功能成分活性，增进机体吸收率；改善食用品质，扩大资源利用范围等。

一、茶糕点

21 世纪，添加超微绿茶粉的糕点发展非常迅速。在我国，有 2.6 亿人超重和肥胖，1.6 亿人患高血压，1.6 亿人血脂异常，而能够适合这些人群或者关注健康食品的人群其食品品种还不够丰富，而绿茶具有良好的减肥效果，并且可以降低和调节人体的血糖，尤其夏秋茶茶多酚含量高，可以减轻饼干的甜度，增加抗氧化能力，延长保质期。

作者通过对超微绿茶粉曲奇饼干配方四因素（黄油、糖粉、膨松剂、超微绿茶粉）、三水平的筛选，经过风味审评和理化性质研究，获得了曲奇饼干最佳配方为：100g 面粉中，按照比例加 65% 黄油、60% 糖粉、泡打粉 0.5%、超微绿茶粉 3%，而其他配料为奶粉 5%、鸡蛋 20%。研究发现添加超微绿茶粉可降低饼干含水量、酸度和游离脂肪含量。该方法制作而成的绿茶粉曲奇饼干口感好，略带茶香，金黄带绿，入口较酥软且茶味醇正。这说明颗粒细、品质优的超微绿茶粉可以提高饼干质量，并且降低游离脂肪的含量。

同样，添加茶粉的月饼中，脂肪含量相对于无茶的对照组明显减少，而且随含茶量增加，脂肪减少量较大；同时脂肪含量的减少也改善了火腿月饼的油腻感。

另外，茶叶添加到面条中，可以将茶的独特风味、保健功能有机结合。目前市场上有普洱茶面条、绿茶面条，还有茶酥、羊羹、面包、海绵蛋糕、布丁、奶油卷等几十个品种茶糕。

二、茶糖果和冰淇淋

目前已有多种茶味口香糖、啫喱糖、花生糖和茶叶巧克力等，不仅能固色固香，还有除口臭的作用。另外，超微绿茶粉中的茶多酚还可使高糖食品中的"酸尾"消失，使口感甘爽。

浙江大学茶学系屠幼英等人研究生产的茶口含片是采用高茶多酚含量的速溶茶粉，

添加木糖醇、维生素 C 等成分，采用药物片剂的加工技术，获得无残留胶的含片，有除去异味和提神等作用。

日本生产的 GABA 巧克力在巧克力中添加了 γ- 氨基丁酸，利用 γ- 氨基丁酸有显著的降血压效果的原理，开发出满足那些高血压患者又喜欢巧克力人群的茶食品。

添加 L- 茶氨酸的果冻。以红茶浓缩浸出液（Bx ＝ 20）5%、红糖（Bx ＝ 7.5）5%、砂糖 15%、凝胶剂 1%、L- 茶氨酸 0.2%、柠檬酸 0.2%、柠檬酸钠 0.2%，加水成 100% 制成红茶果冻。食用此果冻 60min 后测定脑波，每 5min 测定 1 次，结果发现食后 α 波出现量立即增大，30min 后出现显著增大，最高达 1.6 倍。研究还证实 L- 茶氨酸添加于糖果、各种饮料等都可以获得很好的镇静效果。

超微绿茶粉可改善冰淇淋的品质，口感不腻，具有消暑解渴、减肥健美、降压提神、防止儿童龋牙等功效。同时超微绿茶粉也是一种很好的天然色素来源，可替代一般的化学色素，使其成为一种健康的夏日食物。

三、肉鱼制品

香肠的脂肪含量高，易发生酸败，贮藏性较差，因此，为了延长货架期，不少香肠企业大量加入人工防腐剂，使产品在安全性能上存在一定的隐患。而茶粉中含有的 15%～30% 茶多酚具有较强的抗氧化活性。研究表明，用 3% 的绿茶粉（茶多酚的含量为 0.05%～0.09%）添加于香肠当中，不仅使香肠散发诱人的淡淡茶香，而且可以抑制脂肪的氧化和提高呈色的稳定性，延长产品的货架期，还可以丰富香肠的风味和产品的种类，提高原料中营养成分的加工稳定性，改善香肠的营养结构，促进香肠向营养保健型产品发展。

20 世纪 90 年代，作者在火腿中添加一定量的茶多酚，不仅可以延长保质期 30% 以上，而且火腿肉色泽新鲜，脂肪氧化速率降低 50%。用油溶性茶多酚作为墨鱼的保鲜剂，可以延长保质期达 30 天以上，能延缓腐败过程。在食用油贮藏中加入茶多酚，能阻止和延缓不饱和脂肪酸的自动氧化分解，从而防止油脂的质变哈败，使油脂的贮藏期延长一倍以上。

四、茶料理

本节所指茶食为茶与其他原料烹制成的茶料理，包括茶肴、茶点和茶膳。以茶叶作为调料或者主料制作的菜肴，既保持了各大菜系的特色，又融入了茶叶的芳香，风味独特，别具韵味，茶膳能起到较好的保健作用，能攻能补，又能入人的五脏，发挥较全面的功效。

如祁门红茶鸡丁、碧螺春比萨、香茶沙拉、冻顶豆腐、西湖龙井虾仁、乌龙茶香鸡等茶肴；含茶加饭佐料、糊状茶、茶米团、茶粥、茶豆粉等茶点心；茶盐、茶蛋黄酱、含茶果酱、东方美人酒、茶火腿、茶油等作料。

五、茶饮料

茶饮料最早的研制起源于 1950 年美国的速溶茶，随后陆续传到日本、欧洲及我国台湾等地。日本是目前茶饮料的最大生产国，茶饮料已成为饮料产业中产量和产值最大的一种，其市场规模为 660 亿人民币，占整个饮料市场的 30%。近 10 年来，日本茶系列饮料销售量在平稳中逐步增长，2016 年，各类茶饮料总销售量达到 56 亿 KL，是 10 年前的 1.28 倍；销售量为 612.2 万 TL，较 10 年前将近增加 6 倍。2009 年，受金融危机影响，其销售量有所下降。2000—2008 年各类茶饮料年销售量中麦茶、乌龙茶、混合茶则呈下降趋势，但下降速度不大；人均茶饮料消费量从 2013 年 38 升增长至 2017 年的 52.2 升。

另外，用红茶和果汁制成的冰红茶、桃茗、橘茗、苹果茶、葡萄茶等果味茶；用菊花、桂花、茉莉花与茶一起制成的各种调味茶；红茶和牛奶、花生、核桃一起制成的奶茶；茶叶和糖一起经微生物发酵生产的茶酒以及各种红茶、绿茶、乌龙茶的纯茶水等茶饮料在我国发展迅速，我国茶饮料销售量 2008 年 600 万吨，2017 年度销售额为 1181.77 亿元。

六、茶叶在其他领域的应用

目前，对茶叶的开发和应用已经涉及许多行业，在日化行业中，茶叶新产品更是琳琅满目，可以将其归为以下 7 类产品。

（1）针织品：床单、毛巾、衬衫、袜子、手帕、尿不湿、袋包、枕头。

（2）医疗用品：除臭品（病床床单等）、尿不湿、口罩等。

（3）日化用品：

①化妆品、化妆水、美容液、护肤霜、洗面霜；

②肥皂、洗发露、护发素、沐浴露等；

③牙膏、漱口液、防龋齿剂；

④除臭剂（用于卫生间、冰箱等）、除臭芳香剂；

⑤抗菌剂、除菌—抗菌—除臭喷雾剂、除菌片、鞋垫。

（4）日用品等：笔记本、便笺、面巾纸、卫生纸、化妆用吸油纸、湿巾纸、扇子、拖鞋。

（5）建材、家具、家电：涂料、地板蜡、抗菌地板、抗菌置物架、滤片（用于空调、干燥机、洗碗机等）、瓦楞纸板、低甲醛木材。

（6）家禽、宠物用品：饲料、除臭宠物睡垫等。

（7）其他：增强植物活力，如植物活力增强剂、土壤改良剂；抗氧化，如木材处理剂、橡胶老化剂等。

茶多酚保柔液是以绿茶的提取物"茶多酚"为主要原料精制而成，集皮肤美容、护理为一体的纯天然植物型的水剂护肤品，渗透快、吸收好、透气性强，具有极强的祛角质层、祛皱纹、除粉刺功能。国内外知名化妆品公司在新千年来临之际，纷纷推出含绿茶成分的护肤品。雅顿推出了绿茶香水及沐浴润肤系列，能提升精神，体验全新清幽气味；雅诗兰黛在 2000 年春夏季主打产品是含绿茶萃取物的美白系列护肤品款；Origins（品牌名）含茶萃取物的眼部润肤霜有助减少鱼尾纹，减轻浮肿及黑眼圈；H$_2$O$^+$（品牌名）推出绿茶面霜。日本生产的系列茶叶化妆品，如护肤霜、化妆水、洗面奶和化妆液等，价格在 2500～4000 日元。国际健康事业部生产的"绿茶美人"沐浴液、绿茶肥皂；福寿制茶的茶多酚沐浴液；另外，还有系列茶叶除菌产品，如鞋垫、房间消臭剂、吸尘器等；积水化学工业的冷库"脱臭茶"；诸田制茶的泡澡茶制品；铭茶问屋太田园用于土壤改良和除臭的脱臭剂；宇治森德的用无农药栽培茶叶提取的茶多酚肥皂；含 50% 绿茶粉的信封、纸扇子、面巾纸、吸油纸，含茶多酚和活性炭的鞋垫、枕头、浴巾；田中园公司生产的一系列茶叶洗澡液、洗浴池液；白井松新药的消臭剂、消臭香波，用于下水道、垃圾箱和澡堂消臭的产品以及绿茶枕头；西泽株式会社生产的茶染色爱犬拉链包。丰岛株式会社生产的茶染色毛巾被；三阳商事生产的室帘、餐巾及小手帕；西川产业生产的茶羽毛被和丸三棉业生产的茶羊毛被；伊藤园生产的棉 T 恤；大忠株式会社生产的茶单宁宠物床单、靠垫；另外，还有伸光株式会社的茶染色剂、东芝生产的茶多酚杀菌碗橱、松下利用茶多酚生产的无菌空调等。

参考文献

[1] 王怀隐，陈昭遇.太平圣惠方.992.

[2] 孙一奎.赤水玄珠.1584.

[3] 汪昂.医方集解.1682.

[4] 严用和. 重订严氏济生方. 北京: 人民卫生出版, 1980.

[5] 李时珍. 本草纲目. 1590.

[6] 孙允贤. 医方大成. 1321.

[7] 张仲景. 金匮要略. 150—219.

[8] 唐慎微. 证类本草. 1082.

[9] 沙图穆苏. 瑞竹堂经验方. 1326.

[10] 韩懋. 韩氏医通. 1522.

[11] 程国彭. 医学心悟. 1732.

[12] 俞朝言. 医方集论.

[13] 宋·太医院. 圣济总录. 1117.

[14] 张仲景. 伤寒论. 200—205.

[15] 孙思邈. 千金方. 652.

[16] 秦景明撰, 秦皇士补辑. 症因脉治. 1706.

[17] 陈梦富. 医部全录. 1723.

[18] 李靓, 林智, 吕海鹏, 等. 2003—2007 年注册茶保健食品的情况分析. 安徽农业科学, 2009, 37 (10): 4835-4837.

第七章

科学饮茶与健康

第一节 合理选茶

一、茶类识别

我国茶区辽阔，种茶、制茶、饮茶历史悠久。发现利用茶叶相传起于原始社会中的神农时代，"神农尝百草，日遇七十二毒，得茶而解之"，这是历史上关于发现利用茶叶最早的传说。从那时至今，经过几千年不断革新和演变，产生了丰富多彩的茶类。中国是茶树的起源地，自然条件很适宜茶树生长，品种资源丰富，不同品种其适制性差异很大，有的品种只适制一种茶类，有的品种可以适制几种茶类，品种不同，制茶的品质也不同，品种丰富，茶类也丰富。

我国最先发明的是绿茶制法。在明朝以前，生产的是单一的绿茶类，尽管命名的依据、方法很多，除以形状、色香味和茶树品种等命名外，还以生产地区、创制人名、采摘时期和技术措施以及销路等不同而命名，但不外乎都是绿茶，如唐朝时的蒸青饼茶，陆羽就以烹茶方法不同而分为粗茶、散茶、末茶、饼茶。又如宋朝时发展到蒸青散茶，据元朝马端临写的《文献通考》记载，蒸青散茶依据外形不同而分三类：① 片茶类，如龙凤、石乳；② 散茶类，如雨前、雨后；③ 腊茶类，如腊面。到了元朝，团茶逐渐被淘汰，散茶大发展，从鲜叶老嫩不同，而分为两类：芽茶和叶茶，前者如探春、紫笋、拣尖，后者如雨前、雨后。明朝以后，我国茶叶制造冲破绿茶技术范围，发明红茶、黄茶和黑茶制法，制法大革新，四种茶叶品质有明显的区别。到了清朝，制茶技术更加发达，白茶、青茶、花茶相继出现。因此为了应用，也曾建立若干不同的分类系统。以产地分，如平水茶和武夷茶；以销路分，内销茶和外销茶；以制法分，如"发酵"茶和"不发酵"茶；以品质分，如红茶、绿茶、青茶、白茶、黄茶和黑茶；以制茶季节分，如春茶、夏茶和秋茶等。

以下主要介绍六大茶类的加工、分类、名茶和花色品种[1,2]。

1. 绿茶类

绿茶加工一般经过杀青、揉捻、干燥等工序，属不发酵茶，其关键性的加工工序是"杀青"，总的品质特征是清（绿）汤绿叶。根据干燥方法不同，又可分为炒青绿茶、烘青绿茶、晒青绿茶等。

2. 黄茶类

黄茶加工一般经过摊青、杀青、揉捻、闷黄、干燥等工序，属后发酵茶。总的品质特征是黄汤黄叶，如广东大叶青、四川蒙顶黄芽、湖南君山银针等。

3. 黑茶类

鲜叶经杀青、揉捻、沤堆、干燥、毛茶蒸堆、压制等工序，属后发酵茶。主要品质特征是：毛茶色泽油黑或暗褐，茶汤褐黄或褐红，如各种砖茶、六堡茶等。

4. 白茶类

鲜叶经萎凋、干燥工序，属微发酵茶。主要品质特征是：茶芽满披白毫茸毛，汤色浅淡，呈浅杏黄色，如白毫银针、白牡丹等。

5. 乌龙茶类

鲜叶经轻萎凋、做青、杀青、揉捻、干燥等工序，属半发酵茶。其主要品质特征是：青蒂绿叶红镶边，汤色金黄，香高味醇，如铁观音、武夷岩茶、凤凰单枞等。

6. 红茶类

鲜叶经萎凋、揉捻（揉切）、发酵、干燥等工序，属全发酵茶。总的品质特征是红汤红叶，如红碎茶、工夫红茶、小种红茶等。

表 7-1 茶叶分类及花色品种[3]

绿茶类	炒青	长炒青	粤绿、琼绿、桂绿、滇绿、黔绿、川绿、陕绿、豫绿、苏绿、杭绿、温绿、舒绿、屯绿、遂绿、婺绿、饶绿、赣绿、湘绿、闽绿、鄂绿、广东英德绿茶、清明碧绿、英华绿茶、白沙绿茶、岩背绿茶、海南五指山绿茶
		圆炒青	浙江平水珠茶、泉冈辉白、涌溪火青、江西窝坑茶
		曲炒青	广东英德碧螺春、绒螺，浙江普陀佛茶，安徽黄山银钩、休宁松萝茶，江苏碧螺春，四川蒙顶甘露，贵州都匀毛尖，湖南碣滩茶，台湾三峡碧螺春
		扁炒青	浙江龙井、西湖龙井、大佛龙井、千岛玉叶、杭州旗枪，安徽老竹大方、西涧春雪，贵州湄江翠片，四川竹叶青，江苏太湖翠竹、宜兴荆溪云片、镇江金山翠芽，云南大关翠华茶，台湾三峡龙井
		特种炒青	广东英德毛尖、岩雾尖，广西凌云白毫，云南苍山雪绿、墨江云针，陕西紫阳毛尖，湖北保康松针，湖南古丈毛尖，江西遂川狗牯脑，庐山云雾，福建雪芽，浙江金奖惠明，安徽九华毛峰，江苏南京雨花茶

续表

绿茶类	烘青	条形茶	广东英德大银毫茶，仁化银毫，乐昌白毛，广北银尖，连州毛尖，广西桂平西山茶，云南南糯白毫，贵州龙泉剑毫，重庆永川秀芽，四川峨眉峨蕊，陕西紫阳银针，甘肃龙神翠竹，湖北采花毛尖，湖南安化松针，福建天山雀舌，江西婺源茗眉，浙江顾渚紫笋，安徽黄山毛峰，敬亭绿雪，江苏金山翠茗，河南信阳毛尖
		曲形茶	广西贵港覃圹毛尖，贵州羊艾毛峰，四川峨眉毛峰，陕西巴山碧螺，山东日照雪青，江苏无锡毫茶，浙江临安蟠毫，安徽歙县银钩，江西婺源天文公银毫，湖南湘波绿
		扁形茶	陕西秦巴雾毫，汉水银梭，江苏金山翠芽，金坛雀舌，浙江安吉白片，安徽六安瓜片，太平猴魁，天柱剑毫
		兰花形	安徽霍山一枝香，舒城兰花，岳西翠兰，浙江兰溪毛峰，建德苞茶，东白春芽，陕西午子仙毫，小兰花茶
绿茶类	烘青	菊花形	湖北保康菊花茶，江西婺源墨菊，安徽霍山菊花茶，黄山绿牡丹
		其他花形	浙江江山绿牡丹(牡丹花形)，安徽霍山梅花茶(梅花型)，福建武夷龙须茶(束形)，四川雷山银球茶(圆球形)，江西泉港龙爪(爪形)
	蒸青	圆形茶	浙江、福建、安徽、广东、日本等地生产的煎茶，苏联绿茶，日本眉茶
		针形茶	湖北恩施玉露，日本玉露
		特种茶	湖北当阳仙人掌茶，江苏阳羡蒸青，广西巴巴茶，广东英德蒸青绿茶
	晒青	芽尖茶	云南毛尖，英德银尖，春蕊，春芽，春尖
		条形茶	滇青，黔青，川青，陕青，豫青，鄂青，湘青，粤青
红茶类	工夫红茶	芽形茶	金芽、金尖、金毫、紫毫、英红九号、英德金毫红茶，云南金芽茶，浙江九曲红梅(龙井红)
		叶形茶	粤红，英红，祁红，滇红，桂红，琼红，湘红，川红，越红，浮红，霍红，宜红，宁红，闽红，镇江红，政和工夫，台湾工夫
		碎片末	碎茶，片茶，末茶，副片，正花香，副花香
	红碎茶	叶茶类	花橙黄白毫(FOP)，橙黄白毫(OP)，白毫(P)，白毫小种(FS)，小种(S)
		碎茶类	花碎橙黄白毫(FBOP)，碎橙黄白毫(BOP)，碎白毫(BP)，碎白毫小种(BPS)，碎橙黄白毫屑片(BOPF)，碎小种(BS)
		片茶类	花碎橙黄白毫花香(FBOPF)，碎橙黄白毫花香(BOPF)，白毫花香(PF)，橙黄花香(OF)，花香(F)
		末茶类	末1(D1)，末2(D2)
	小种红茶		正山小种，外山小种
青茶类(乌龙茶)	闽北乌龙茶		奇种，单枞奇种，名枞奇种(大红袍，铁罗汉，白鸡冠，水金龟)，岩水仙，武夷肉桂；水吉，建瓯等地生产的乌龙，水仙
	闽南乌龙茶		乌龙，色种，梅占，奇兰，毛蟹，铁观音，黄金桂，永春佛手，漳平水仙饼茶
	广东乌龙茶		水仙，浪菜，色种，奇兰，凤凰单枞，岭头单枞，石鼓坪乌龙，西岩乌龙，英洲一号乌龙
	台湾乌龙茶		梨山茶，文山包种，冻顶乌龙，金萱乌龙，翠玉乌龙，阿里山乌龙，人参乌龙，杉林溪乌龙
黄茶类	黄芽茶		君山银针，蒙顶黄芽，莫干黄芽
	黄小茶		沩山毛尖，北港毛尖，远安鹿苑，平阳黄汤
	黄大茶		皖西黄大茶，广东大叶青
白茶类	全萎凋		白毫银针，上饶白眉，仙台大白茶，白牡丹，英德白茶
	半萎凋		土针，白琳银针，白毫银针，白云雪芽，贡眉，寿眉，新白茶，水吉白牡丹

续表

黑茶类	条形茶	云南普洱茶，广东普洱茶，英德普洱茶，曲江罗坑茶(传统加工)，广西普洱茶，六堡散茶
	针形茶	女儿茶，白针金莲，宫廷贡茶，宫廷普洱，普洱金芽，普洱礼茶，特级普洱
	不定形	湖北老青茶，苏联青茶，统级普洱

表 7-2　非基本茶类的品种花色列表

再加工茶	花茶类	绿茶型	茉莉花茶、珠兰花茶、玫瑰花茶、米兰花茶、桔子花茶、桂花花茶、代代花茶、金银花茶、茉莉龙珠
		红茶型	玫瑰红茶、桂花红茶、茉莉红茶、墨红红茶、香饼、莲花红茶
		乌龙型	桂花乌龙、珠兰乌龙、栀子乌龙、龙团香茶
	袋泡茶类	纯茶型	袋泡绿茶、袋泡红茶、袋泡乌龙茶、袋泡普洱茶、袋泡花茶
		果味型	袋泡苹果茶、袋泡荔枝红茶、袋泡蜜桃茶
		保健型	袋泡苦丁茶、袋泡杜仲茶、袋泡山楂茶
		香味型	袋泡香兰茶、袋泡桂皮茶
		压制型	下关沱茶、重庆沱茶、七子饼茶、圆饼茶、方茶、砖茶、紧茶、中华马帮第一饼、哥德堡号之旅七子饼
	红茶类		米砖、小京砖、红茶砖、凤眼砖茶(圆球形)、固形茶
	乌龙类		福建漳平水仙饼、广东英德单枞七子饼、单枞千两茶(茶柱)、单枞人头瓜
	黑茶类	沱茶类	重庆沱茶、下关沱茶、云南沱茶、勐海沱茶、版纳沱茶、大众沱茶、苍洱沱茶、普洱沱茶、金瓜贡茶、销法沱茶、金瓜贡茶团、普洱团茶、旅游小沱茶
		紧茶类	鼎兴紧茶、班禅紧茶、勐景紧茶
		圆茶类	广云贡饼、水仙七子饼、单枞七子饼、勐海七子饼、大友七子饼、绿印七子饼、红印七子饼、黄印七子饼、河南圆茶、普洱圆茶饼、乔木七子饼、古树七子饼、云南七子饼、南糯山野生古树饼、孔雀之乡七子饼
		饼茶类	白金金龙饼、早春银毫饼、金奖茶饼、茶艺象棋饼、十二生肖茶饼、中茶牌绿印大茶饼
		砖茶类	普洱茶砖、普洱方砖、四喜方砖、文革茶砖、越陈越香茶砖、野生老茶砖、枣香老茶砖、老同志茶砖、易武山茶砖、远年回甘茶砖、福禄寿禧茶砖、建国纪念茶砖、英德茯砖、湖南茯砖、黑砖、花砖、湖北老茶砖、老青砖、销俄青砖、四川黑砖、青砖、康砖、千年古树砖、无量山茶砖
		篓包类	湖南花卷、花砖、湘尖、广西六堡茶、安徽六安茶、湖北老茶砖、四川方包、康砖、金尖、天尖、贡尖、千两茶
		固形茶	元宝饼(铜钱形、银锭形)、古币饼、匾额、对联、纪念饼、特制饼、野生人参茶、葫芦茶团、竹筒香茶
	保健茶类		减肥茶、降压茶、降糖茶、戒烟茶、解酒茶、益寿茶、健美茶、健胃茶、清音茶、中天茶、竹壳茶、健身降脂茶
	香(果)味茶类		英德金毫、特级、一级、统级、荔枝红茶、柠檬红茶、果汁红茶、果酱红茶、苹果红茶、桂花红茶、玫瑰红茶、桂皮红茶、水蜜桃红茶、猕猴桃红茶、凤梨茶、香兰茶、薄荷茶、玫瑰香茶、桂花香茶、桂皮红茶

续表

再加工茶	调制茶类		酥油茶、打油茶、奶油茶、泡沫红茶、珍珠奶茶、红石榴茶、水蜜桃奶茶、桂香奶茶、蒙古奶茶、英式奶茶、伯爵奶茶、奶红茶、橘子汁红茶、薄荷红茶、椰子汁红茶、蜂蜜红茶、杏仁红茶、肉桂红茶
	造型茶类		银球茶、绣球茶、兰花形茶、菊花形茶、牡丹花形茶、五星形茶
	茶食品类		茶鱼片、茶虾仁、茶腰花、茶蒸蛋、茶水饺、茶番茄汤、红茶焖牛肉、清蒸茶鲫鱼、乌龙茶香鸡、茶煎牛排、茶糖果、茶饼干、茶挂面、茶面包、茶糕点、茶点心、茶甜筒、茶果冻、茶果脯、茶冰棒、茶雪糕
	特种茶类		腌茶、烤茶、擂茶、酸奶茶、青竹茶、盐巴茶、罐罐茶、三道茶、红茶菌
精加工茶	绿茶类		特珍、珍眉、雨茶、特贡、针眉、秀眉、绿片（三角片）、末茶、副茶
	红茶类		叶茶（叶一号、叶二号）、碎茶（碎一号、碎二号、碎三号、碎四号、碎五号、碎六号）、片茶（片一、片二、片三、片四、片五）、末茶（末一、末二）
深加工茶	萃取茶类含茶饮料		浓缩茶、速溶茶
		纯茶饮料	绿茶、红茶、乌龙茶、花茶等茶饮料
		调味饮料	冰茶、暖茶、桂圆茶、茶汽水、茶可乐、茶香槟、茶冰淇淋
	提取茶有效成分		茶多酚、茶色素、茶皂素、茶氨酸、茶籽油、儿茶素、咖啡碱、保鲜剂、除臭剂、抗氧化剂
	茶药品与茶保健品类		茶多酚减肥胶囊、茶多酚降脂胶囊、茶多酚美容胶囊、心脑健胶囊、醒脑健胶囊、茶树菇胶囊、肾康片、茶多酚降脂延衰片、复方茶树菇冲剂、γ-氨基丁酸粉末茶、绿茶美人沐浴液、复方茶多酚漱口服液、克菌清、茶叶洗发香波、茶洁面奶、茶化妆液、茶沐浴液、茶防晒霜、茶护肤霜、茶香皂
	茶花果实类		茶花茶、茶花粉产品、茶花幼果食品、超氧化物歧酶、茶籽油、茶皂苷、酒精、饲料、农药、肥料、糠醛、单宁、缩戊糖、洗护发用品
	废茶类		重金属离子吸附剂、加工脱色剂、脱硫剂、抑制病毒液、动物饲料、肥料、枕芯、三十烷醇
代用茶类	植物代用茶		苦丁茶、菊花茶、野菊花茶、野藤茶、甜叶菊、柿叶茶、杜仲茶、麦冬茶、银杏茶、祛湿茶、竹叶茶、竹壳茶、广东凉茶、溪黄草茶、藏红花茶、桑菊茶、罗汉果茶、车前草茶、玉米须茶、山楂叶茶、枸杞茶、灵芝茶、桑叶茶、金银花茶、糖梨叶茶、金钱草茶、芦荟灵芝茶、中华猕猴桃茶、水蜜桃茶
	其他代用茶		鱼茶、虫屎茶、蚂蚁茶、蛇胆茶、陕西汉中清茶、面茶、甘肃裕固族酥油炒面茶、大西北回族八宝茶、三炮台碗子茶、湖南苗族虫茶、广西桂林龙珠茶（虫屎茶）、麦饭石茶

（资料来源：陈杖洲.浅议茶叶的分类及其品种花色（下）.茶世界，2007（1））

二、茶叶色香味的本质

茶叶中含有 1500 多种化学成分，主要的有 500 种成分，它们是构成茶叶色香味的物

质基础 [4]。

1. 形成茶叶色泽的基础物质

茶叶的色泽包括干茶外形、色泽，冲泡后的汤色及叶底的色泽三个方面。使茶叶变色的化学物质主要有叶绿素、叶黄素、胡萝卜素、花青素、花黄素及茶多酚的氧化产物等。这些物质在茶叶加工过程中发生一系列化学变化，并通过人为地加以科学控制，使各种成分的结构、含量沿着茶类品质要求方向变化，形成各茶类所需的色泽。

干茶和叶底的色泽与茶汤的颜色，是两种不同的色泽概念，由不同的化学组成所决定。在沏茶时，首先看到的是干茶的色泽，红茶是乌黑红色，绿茶是黄绿色，黑茶是紫褐色，乌龙茶为青褐色，黄茶为黄色，白茶为白色。干红茶和叶底的色泽，是由叶绿素的水解产物、果胶质、蛋白质、糖以及氧化程度较高的多酚类物质附于表面，经干燥后形成的；但绿茶则不同，由于未经发酵，叶绿素得到部分保留，加上热转化产生黑素类，再与叶黄素、胡萝卜素以及不同氧化程度的茶多酚一起构成了干茶和叶底的黄绿色。茸毛也含茶多酚，绿茶的茸毛大多是未经氧化的，故呈白色，如黄山毛峰等名茶就是如此。而红茶的茸毛大多已被氧化，所以呈金黄色，如九曲红梅。

绿茶干茶色泽有翠绿、嫩绿、嫩黄、墨绿和黄绿等颜色。它的形成主要是由鲜叶中含有的叶绿素 a 和 b 含量、比例，以及茶多酚氧化产物一起综合作用的结果。再加上鲜叶中含有的胡萝卜素、蛋白质、果胶等物质在茶叶受热过程中凝固在干茶表面，会形成不同色泽。名优绿茶干茶色泽多呈嫩绿、嫩黄色，这是由叶绿素含量组成比例引起的。用幼嫩芽叶制成的名优绿茶色泽呈嫩绿、嫩黄或黄绿；老叶叶绿素 a 含量较高，所以用老叶制成的绿茶色泽则呈翠绿或深绿。在绿茶加工过程中，鲜叶受热蒸汽、高温及酸性条件的作用，叶绿素受到破坏变成脱镁叶绿素，这种叶绿素和蛋白质结合，是构成叶底色泽的主要物质。若加工过程闷杀和闷炒的时间过长或受热温度过低，叶绿素破坏量达 50% 以上，茶多酚氧化程度过重，则绿茶色泽多呈暗黄。蒸青茶和名优绿茶色泽翠绿，就是由于在加工时采用高温、短时、快速和透气等技术措施，叶绿素破坏较少，茶多酚氧化程度适宜，从而保持了绿翠的色泽。

红茶干茶色泽要求呈乌润或棕红色，汤色红艳明亮，叶底红亮；这种色泽的形成主要取决于茶多酚的氧化产物茶黄素、茶红素和茶褐素的含量和相互间的比例。工夫红茶揉捻程度较轻，细胞破坏不完全，黏附在叶表面的茶汁相对较少，再加上揉捻时析出的蛋白质、果胶、糖等有机物质凝固于叶表，故呈乌润的色泽。红碎茶因细胞破碎率高，黏附在叶表面的茶多酚及其氧化产物含量多，故色多呈棕红色或红褐色。红茶的汤色红艳程度，主要决定于茶多酚氧化产物茶红素的含量，汤色的明亮度由氧化产物茶黄素的含量决定。红茶由于发酵程度过度或贮藏时间过长、含水量过高、受潮变质等原因，汤色由红艳转为红暗，甚至似"酱油汤"，表明红茶的茶黄素含量降低，茶褐素含量增加。品质好的红茶，冲泡后的茶汤常在杯沿出现金黄色的"金边"，说明茶黄素含量高，收敛性强。在水温10℃以下的红茶汤出现浑浊，说明茶黄素与咖啡碱结合产生一种大分子的络合物，是红茶品质好的标志。品质差的红茶，汤色深暗，没有"金边"，不产生"冷后浑"，说明该茶茶黄素含量低、茶褐素含量高。红茶叶底的色泽是由茶多酚的氧化产物与蛋白质缩合成水不溶产物的结果。茶黄素、茶红素与蛋白质结合，叶底色泽则红艳或红亮；茶褐素与蛋白质结合，叶底色泽呈暗红或暗褐。

2. 形成茶香气的基础物质

形成茶叶香气的成分是复杂的。据有关资料显示，茶叶香气成分有700多种，鲜叶固有的香气成分只有53种，其余是在茶叶加工过程中形成。制约茶叶香气的因素也是多方面的，如茶树生长环境、茶树品种、采茶季节、芽叶嫩度及加工方法等。一般高山茶比平地茶香气好；中小叶种茶比大叶种茶香气好；嫩叶茶比粗老叶茶香气好；加工及时、原料新鲜的茶比闷堆时间过长和变质的茶香气好而清鲜。

目前已掌握的几种主要香型组成物质是：

清香型：二甲硫、反型青叶醇、戊烯、醇2-己烯醛等。

栗香型：吡嗪、吡咯类物质等。

花香型：苯乙酸、香叶醇、苯甲醛、水杨酸甲酯、醋酸苯乙酯、苯乙苯甲酯、橙花醇等。

鲜爽型：沉香醇及其氧化产物、水杨酸甲酯、香叶醇等。

粗青气和青草型：顺型青叶醇、己烯醛、正己醛、异戊醇等。

3. 形成茶叶滋味的化学物质

茶叶呈味物质主要是茶多酚及其氧化产物、茶黄素、茶红素、氨基酸、咖啡碱、可溶性糖类、有机酸、水溶性蛋白质及芳香油等物质。其中有刺激性涩味物质是茶多酚，苦味物质是咖啡碱、花青素和茶皂素等，鲜味物质主要是氨基酸，甜味物质主要是可溶性糖和部分氨基酸，鲜爽物质是氨基酸、儿茶素、茶黄素和咖啡碱的复合物。

茶多酚是呈味的主体物质，茶多酚含量高的茶味浓，但未氧化的茶多酚含量过高则味青涩。茶多酚含量过低或茶多酚氧化过度，则茶味淡。茶多酚氧化产物茶黄素与咖啡碱结合产生的络合物呈鲜爽味。

氨基酸是组成茶叶鲜爽味的主要物质。茶叶中的氨基酸种类丰富，各种氨基酸呈味的性质均不相同。如占茶叶氨基酸总量50%的茶氨酸，它的鲜爽味特别高。嫩茶茶氨酸含量高，故滋味鲜爽。春茶、名优茶、高山茶的氨基酸含量高，滋味清鲜爽口。夏茶、粗老茶的氨基酸含量低，故鲜爽味差。制绿茶的原料要求氨基酸含量高、茶多酚含量适当低些，即酚氨比小些，一般不超过10，则成茶滋味鲜爽醇和。红茶的原料要求茶多酚含量高些，酚氨比大些，一般在8以上，则成茶滋味浓强。

组成茶味的成分还有花青素、糖类、果胶、维生素C和无机盐等物质，它们呈苦味、甜味、酸味、咸味。多种呈味物质的配合以及不同含量、不同配比的关系形成了各茶特有的风味，如浓醇、鲜醇、醇和、苦涩、青涩、甜醇及浓强鲜等。

在绿茶味的形成中，起主要作用的成分是儿茶素和花青素。儿茶素形成的涩味和花青素形成的苦味不同。单纯的茶多酚较苦涩，但与其他成分相互配合协调，就能形成绿茶特有的滋味。配合协调的物质不同，味也不同。如果茶汤液中含有0.15%的游离精氨酸（即与氨基酸配合），可使滋味有鲜爽感；如与糖配合，便可有甜醇之感；如与谷氨酸酰乙胺、水溶性果胶配合，可有浓厚的滋味。闻名全国的毛峰的滋味之所以转变为醇甜、香气馥郁，就是由上述化学变化产生的。

红茶因茶多酚氧化聚合量大，故滋味浓厚、刺激性强。红茶味的形成是由于氧化缩合的茶多酚失去了原来的苦涩味，并与氨基酸、咖啡碱及可溶性的糖、果胶配合、彼此协调，形成了红茶所特有的鲜爽、醇浓和收敛性的滋味。所以，红茶入口时微苦而后甘甜爽口，一般以醇厚甘甜者质量最佳。绿茶则因茶多酚氧化聚合少、氨基酸含量高而味醇鲜爽，后味绵长，似吃鲜橄榄。

三、茶叶品质优劣和真假茶的判别

茶叶是健康饮品，品质优劣不仅关系着口感风味的好坏，而且与人体健康密切相关。根据茶叶品质好坏的程度，通常将茶叶分为正品茶、次品茶和劣质茶三种。染有严重的烟、焦、馊、酸、霉、日晒味及其他异味者，尤其是染上有毒物质、对人体造成危害的茶叶，均称之为劣质茶。污染程度较轻者或经过采取相应的技术措施处理后，能得到改善者称之为次品茶。按各类茶品质特点要求，色、香、味、形等因子均符合品质标准的称为正品茶。茶叶的异味主要有以下六类：

烟味：茶叶香味中污染的烟味包括炭味、煤烟味、竹味等。

焦味：杀青和烘炒过程中因温度和技术掌握不当，造成焦叶焦芽，香味中带有严重的焦味，冷嗅、热闻均有浓烈的焦味。

酸馊味：鲜叶摊放不当，二青叶、发酵叶堆放过长、过厚，叶温过高，使半成品变质，产生酸馊味。

日晒味：干燥过程以日晒代烘炒，产生严重的日晒味。

陈霉味：茶叶干度不高，保管不善，空气湿度高，引起茶叶陈化霉变。

夹杂物：茶叶中含有较多老梗老叶、茶籽、茶果和非茶叶夹杂物，如杂草、树叶、泥沙等。

茶叶品质的优劣主要依靠两种方法判别，即感官审评和理化检验。感官审评是由评茶师运用丰富的经验，通过视觉、嗅觉、味觉、触觉来判断茶叶的色、香、味、形是否达到某种茶类的品质特征或标准样的品质水平。理化审评是利用各种仪器设备，通过对茶叶物理性状的测定和对茶叶、茶汤中各种有效化学成分的分析，从而判断茶叶品质的好坏。相对于理化检验，茶叶感官审评不可避免会受到人的主观因素和环境因素的影响，因此，在实践中应尽量创造相同的主客观环境，减少误差。

1. 真假茶鉴别

凡是以茶树上采下的鲜叶为原料，经过加工而成的毛茶、精制茶和再加工茶类等，均称之为真茶。用非茶树叶子为原料，按茶叶的加工方法制成的茶，如柳叶茶、榆叶茶等，称之为假茶。假茶分全假茶和掺假茶两种。掺假茶是在非茶的原料中掺入部分真茶混合制作而成。全假茶易于鉴别，掺假茶较难鉴别，但通过有关的物理性状和化学成分的测定还是能将其分清的。真茶不仅具有独特的形态特征，而且还含有 2% ～ 5% 的咖啡碱、12% ～ 28% 的茶多酚、1.0% ～ 3.0% 的茶氨酸。如在原料或成茶中同时含有这三种成分，且含量较高，则无疑是真茶，否则就是假茶或掺假茶。具体鉴别方法可从以下几方面着手。

1）感官品质审评判别

简单的方法是首先从茶叶香气上区别真假茶，如果闻时凡具有茶叶的清香、栗香、甜香和花香等为真茶；凡带有不正常气味或异味者为假茶。观时凡有各类茶正常的色泽为真茶，如绿茶的翠绿、嫩绿、嫩黄、墨绿、黄绿；红茶的乌润、黑褐、棕红等；乌龙茶的砂绿、褐绿、乌褐等。叶色呈混杂、碧青、不相协调的红色或失真的各种色相，均可疑为假茶或掺假茶。手摸：凡触摸感到粗糙且条索过于细长或过于宽圆，可疑为假茶。其次进行湿看，即开汤审评，尝其味，观其汤色和叶底的形状，凡不具备各类茶应有的色、香、味、形者，均可疑为假茶或掺假茶。

2）形态特征对比

将样品茶用开水冲泡 1 ～ 2 次，待叶底全部展开时，倒去茶汤，将叶底用冷水漂在白瓷盘内，检查芽叶的形态特征。凡叶基部呈三角形，叶缘锯齿显著，锯齿上有腺毛，近基部锯齿渐稀呈网状叶脉（见图7-1），主脉明显，支脉不直射边缘，在2/3处向上弯，连结上一支脉呈波浪形态，芽和嫩叶的背面有银白色茸毛，嫩茎呈圆柱形者为真茶，否则可疑为假茶。

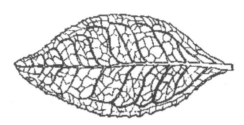

图7-1　茶树叶片上叶脉的分布

3）内部结构检验

将叶片制成细薄切片，在显微镜下观察，凡叶组织内部含有草酸钙星状结晶，叶细胞间有枝状的石细胞者为真茶，否则可疑为假茶。

4）成分测定

一般经感官审评和上述化学分析法测定，真假茶泾渭可辨。倘若还有怀疑，那么，还可借助于仪器分析方法测定茶氨酸的有无，以便做出最后裁决。通过测定有无咖啡碱、儿茶素、茶氨酸及其含量的高低等生化指标，鉴别真假茶。也可采用简易测定法：取可疑茶约1g，放入三角烧瓶内，再加80%酒精20ml，加热煮沸5min，冷却后经过滤，澄清溶液中再加上述酒精至25ml。将酒精提取液摇匀，吸取0.1ml提取液，加入装有1ml 95%酒精的试管中摇匀，再加入1%香荚兰素浓盐酸溶液5ml摇匀。如溶液立即呈鲜艳的红色，说明有较多的茶多酚存在；如果红色很浅，或者不显红色，说明只有微量或没有茶多酚存在，那就是假茶，或在真茶中掺了假。

不过值得说明的是还有一些茶，它们有的根本不是茶，如用人参叶制成的人参茶、罗布麻叶制成的罗布麻茶、桑树芽制成的桑茶、老鹰茶、柿叶茶、杜仲茶、枸杞茶、甜叶菊茶等；还有一些"茶"，有的虽有茶，但掺入数量不等的药用植物叶拼制而成，如糯米茶、青春抗衰老茶、减肥茶、戒烟茶等，这是人们习惯的称谓，不可与假茶混为一谈。

2. 新陈茶鉴别 [5]

新茶与陈茶的鉴别主要是看它的色、香、味。

色泽：茶叶在贮存过程中，主要受空气中氧气和光的作用，绿茶由新茶的青翠嫩绿逐渐变得枯灰；红茶由新茶的乌润变成灰褐。

滋味：陈茶的滋味淡薄，同时茶叶的鲜爽味减弱而变得"滞钝"。

香气：陈茶由于香气物质的氧化、缩合和缓慢挥发，使茶叶由清香变得低浊。

上述区别是对较多的茶叶品种而言的。当保存条件良好，这种差别就会相对缩小。至于有的茶保存后品质并未降低，那就另当别论了。

3. 春、夏和秋茶鉴别 [5]

我国大部分茶区将当年所产的茶叶分为春茶、夏茶、秋茶三类。从当年春天茶园开采日起到小满前产的茶叶为春茶；小满到立秋产的茶叶为夏茶；从立秋到茶园封园为止产的茶叶为秋茶。由于茶季不同，采制而成的茶叶，其外形和内质有很明显的差异。对绿茶而言，由于春季温度适中，雨量充沛，加上茶树经头年秋冬季的休养生息，使得春梢芽叶肥壮，色泽翠绿，叶质柔软，幼嫩芽叶毫毛多，特别是早期春茶往往是一年中绿茶品质最好的。

夏季由于天气炎热，茶树新梢芽叶生长迅速，使得能溶解于茶汤的水浸出物含量相对减少，特别是氨基酸及全氨量的减少，使得茶汤滋味不及春茶鲜爽，香气不如春茶浓烈。相反，由于带苦涩味的花青素、茶多酚含量比春茶高，不但使紫色茶芽增加，成茶色泽不一，而且滋味较为苦涩。

秋季气候条件介于春夏之间，茶树经春夏两季生长、采摘，新梢内含物质相对减少，叶张大小不一，叶底泛黄，茶叶滋味、香气显得比较平和。

4. 高山茶和平地茶鉴别 [5]

外形特点区别：由于海拔高度的差异、昼夜温差的影响，高山茶具有芽叶肥状、杆子粗、叶片厚、节节长、干茶颜色不太翠绿等特点。平地茶则相反，芽叶瘦弱，叶片薄，杆子细小，节节短，有未老先衰之感。

内质特点区别：高山茶香气高，冷香持久，滋味浓，耐冲泡，汤色明亮，不泛红或浅红。高山茶冲泡后叶底容易泛浅白，平地茶泛乌或嫩绿等特点，所以人们误认为平地茶好看，高山茶好喝不中看。

5. 有机茶和无公害茶鉴别

有机茶是指在没有任河污染的产地，按有机农业生产体系种植出鲜叶，在加工、包装、储藏、运输过程中不受任何化学品污染，并经有机食品认证机构颁证的成品茶叶。

有机食品、绿色食品与无公害食品三者之间属于一种"金字塔"式的等级关系。其中有机茶是塔尖，根据国际有机农业运动联合会（LFOAM）《有机生产和加工基本标准》要求加工，符合欧盟 EEC2092/91 关于农产品和食品的有机产品及其标识。而绿色食品执行的是中国农业部行业标准，前者具有国际性，后者具有国家性。无公害食品是按照相应生产技术标准生产的经有关部门认定的安全食品，严格讲，无公害食品是一种基本要求。

6. 窨花茶和拌花茶鉴别

花茶，又称熏花茶，是我国特有的香型茶，属再加工茶类。我国的花茶生产，历史久远，据史料记载，唐代煮茶时就有加入茱萸、葱、姜、枣、橘皮等同烹的做法。北宋蔡襄的《茶录》、熊蕃撰和熊克增补的《宣和北苑贡茶录》中，都谈到有在贡茶中掺入"龙脑"香增加茶香的做法。当时还有"烹点之际，又杂珍果香草"的饮法。这种饮茶方法，可以说是花茶生产的原型。但真正开始生产花茶，却始于南宋。对此，施岳的《步月吟茉莉》和赵希鹄的《调燮类编》中都有记载。但当时所窨花茶，仅是文人雅士的自给性产物，并未形成商品花茶。明代，茶叶加工有所发展，花茶生产亦然。这一事实，在钱椿午的《茶谱》、田艺蘅的《煮泉小品》中都有所提及。但大规模的设厂窨制花茶，却是清咸丰年间（1851—1861年）以后的事。

花茶是利用茶叶中含有的高分子棕榈酸和萜烯类化合物具有吸收异味的特性，用茶坯（即原料茶）和鲜花窨制而成的，俗称窨花茶。花茶加工分为窨花和提花两道工艺。但值得提出的是花茶经窨花后，已经失去花香的花干都要经过筛分剔除，尤其是高级花茶更是如此，很少能见到成品花茶中有花干的存在。只有在一些低级的花茶中，有时为了增色，才人为地夹杂着少许花干，它无益于提高花茶的香气。还有的未经窨花、提花，只是在低级茶叶中拌一些已经窨制过的花干作为花茶。其实，这种茶的品质没有发生质的变化，它只是形似花茶。为与窨花茶相区别，通常称它为拌花茶。所以，从科学的角度而言，只有窨花茶才称得上是花茶，拌花茶只不过是形式上的含花茶而已。

区别窨花茶与拌花茶，只要用双手捧上一把茶，送入鼻端闻一下，凡有浓郁花香者，为窨花茶。倘若只有茶味，却无茶香者，则属拌花茶。如果用开水冲泡，只要一闻一饮，更易检测。但也有少数在茶叶表面喷上从花中提取的香精，再掺上些花干后充作窨花茶的，这就增加了区别的难度。不过，这种花茶的香气只能维持1~2个月，即使在香气有效期内，其香气也有别于天然鲜花，带有闷浊之感。若再用热水冲泡，也只是一饮有香，二饮逸尽。

一般说来，头次冲泡花茶，花香扑鼻，这是提花使茶叶表面吸附香气的结果，而第二、三次冲泡，仍可闻到不同程度的花香，乃是窨花的结果。所有这些，在拌花茶中是无法达到的，而最多也只是在头次冲泡时，能闻到一些低沉的花香。

四、茶叶贮藏和保鲜方法

茶叶虽是干燥食品，它的贮藏性能比鲜活商品好得多，但仍是一种易变性的食品，贮藏方法稍有不当，就会在很短的时期内失去风味。越是名贵茶叶，越是难以保管，如集"色绿、香郁、味醇、形美"四绝于一身的西湖龙井茶，存放时略有疏忽，就会黯然失色，更品尝不到齿颊留芳、沁人心脾的芳香。就是普通茶叶在贮放一段时间后，香气、汤色、滋味也会发生变化，这就是平常所说的新茶味消失，陈味显露。所以，茶叶包装和存放既是保持品质的重要手段，又是商品价值的重要组成部分。

1. 茶叶变质的原因 [6]

茶叶在贮藏期间之所以会发生质的变化，主要是茶叶中某些化学成分发生变化的结果。

1）色素的变化

叶绿素是一种很不稳定的物质，在光和热的作用下，易分解，尤其是受到紫外线的照射更是如此。不少研究者都认为，绿茶失绿变褐的一个重要原因，是叶绿素在贮藏过程中脱去镁形成脱镁叶绿素。一般情况下，这种脱镁叶绿素的比例达到70%以上时，就会出现显著的褐变。

此外，茶叶中还有一类黄色色素，如类胡萝卜素。这类物质具体成分较复杂，由于都是光合作用中的辅助成分，有一定的吸收光能性质，因此，较易被氧化。茶叶氧化后会产生一种类似于胡萝卜贮藏后产生的那种气味，使茶汤变劣。

2）茶多酚的氧化和聚合

通常认为茶多酚类是与茶叶汤色和滋味关系最密切的成分。茶叶中茶多酚含量的多少决定着茶汤的滋味浓度和收敛性、爽度。绿茶中茶多酚的保留量高，同样在贮藏中易发生氧化，生成醌类，从而使茶汤变褐。而且这种氧化产物还会和氨基酸类进一步反应，使滋味劣变。

3）维生素C的减少

维生素C不但是茶叶所含的保健成分之一，且与茶叶品质优劣密切相关，好茶含量很高。维生素C是一种很易被氧化的物质，所以越是高级绿茶愈难以保管的原因之一。维生素C被氧化后可以生成脱氢维生素C，这种形态易与氨基酸反应形成氨基羰基，这既降低了茶叶的营养价值，又使颜色发生了褐变。如果绿茶中维生素C残留量有80%以上，那么绿茶品质几乎不会发生什么变化，一旦下降到60%以下，茶叶品质就明显变质了。

4）类脂物质的水解

脂类置于空气之中，会与空气中的氧慢慢起氧化，生成醛类与酮类，从而产生酸败臭那样的气味。茶叶中含有8%左右的脂肪等类脂物质，在贮藏过程中同样会被氧化、水解。类脂水解后变成游离脂肪酸，随着茶叶贮藏过程中游离脂肪酸含量不断增加，不仅茶叶香味显陈，汤色也会加深，从而导致饮用价值和商品价值降低。

5）氨基酸的变化

茶叶在存放期间，氨基酸会与茶多酚类自动氧化的产物结合生成暗色的聚合物，致使茶叶既失去收敛性，也丧失了新茶原有的鲜爽度，变得淡而无回味。红茶贮存中，氨基酸能与茶黄素、茶红素作用形成深暗色的高聚物。另外，氨基酸在一定的温湿条件下还会氧化、降解和转化，造成贮放时间愈长、氨基酸含量下降愈多的情况。

6）香气成分的变化

随着茶叶存放时间的延长，茶叶香气日渐低落，陈味显露，尤其是新茶特有的清香散失。现代化学分析揭示了这一过程不仅包含着茶叶原有香气成分的丢失，也有一些陈味成分的产生和增加。如构成绿茶新茶香特征的主要成分正壬醛、顺-3-己烯己酸酯、吲哚等随着时间的推移，明显减少。与此同时，陈味物质1-戊烯-3-醇、顺-2-戊烯醇、2顺-4-反-庚二烯醛和丙醛增加。还有些研究者认为，可以利用茶叶香气成分中是否存在丙醛和1-戊烯-3-醇来鉴别是新茶还是陈茶。除此之外，贮藏过程中β-紫罗酮、5，6-环氧-β-紫罗酮和二氢海葵内酯等胡萝卜素转化衍生而成的成分，也有不同程度的增加。

2. 影响茶叶变质的环境条件

茶叶变质、陈化是茶叶中各种化学成分氧化、降解、转化的结果，而对它影响最大的环境条件主要是温度、水分、氧气、光线和它们之间的相互作用。

1）温度

氧化、聚合等作为一种化学变化，与温度高低紧密相连。温度愈高，反应速度愈快。各种实验表明，温度每升高10℃，茶叶色泽褐变的速度要增加3～5倍。如果茶叶在10℃条件以下存放，可以较好地抑制茶叶褐变进程。而在零下20℃条件中冷冻贮藏，则几乎能完全达到防止陈化变质。研究还认为，红茶中残留多酚氧化酶和过氧化物酶活性恢复与温度呈正相关。因此，在较高温度下存放茶叶，未氧化的黄烷醇的酶促氧化和自动氧化、茶黄素和茶红素的进一步氧化、聚合速度都将大大加快，从而加速新茶的陈化、茶叶品质的损失。

2）水分

食品理论认为，绝对干燥的食品中因各类成分直接暴露于空气，容易遭受空气中氧的氧化。而当水分子以氢键和食品成分结合并呈单分子层状态时，就好像给食品成分表面蒙上一层保护膜，从而使受保护物质得到保护，氧化进程变缓。研究认为，当茶叶水分含量在 3% 左右时，茶叶成分与水分子几乎呈单分子关系。因此，可以较好地把脂质与空气中的氧分子隔离开来，阻止脂质的氧化变质。但当水分含量超过这一水平后，水分不但不能起保护膜的作用，反而起着溶剂的作用。特别是当茶叶中水分含量超过 6%时，会使化学变化变得相当剧烈。主要表现在叶绿素会迅速降解，茶多酚自动氧化和酶促氧化、进一步聚合成高分子进程大大加快，尤其是色泽变质的速度呈直线上升。

3）氧气

氧几乎能与所有元素相结合，而使之成为氧化物。茶叶中儿茶素的自动氧化、维生素 C 的氧化、残留酶催化的茶多酚氧化以及茶黄素、茶红素的进一步氧化聚合均与氧存在有关，脂类氧化产生陈味物质也有氧的直接参与和作用。

4）光

光的本质是一种能量。光线照射可以提高整个体系的能量水平，对茶叶贮藏产生极为不利的影响，加速了各种化学反应的进行。光能促进植物色素或脂质的氧化，特别是叶绿素易受光的照射而褪色，其中紫外线又显得更为明显。研究表明，茶叶贮藏期间受光与不受光的相比较，茶叶中 1- 戊烯 -3- 醇、戊醇、辛烯醇、庚二烯醛、辛醇及四种未知成分明显增加。这些成分中除通常因变质增加的成分外，戊醇、辛烯醇及三种未知成分被认为是光照所特有的陈味特征成分。

3. 茶叶的包装对茶叶保质期的影响

茶叶的包装是茶叶贮存、保质、运输、销售中所不可缺少的。不完善的包装往往会加速茶叶色香味形的改变，而从更广的意义上讲，良好的茶叶包装，不仅能使茶叶在从生产到销售的各个环节中减少品质的损失，而且本身还是很好的广告。

根据茶叶包装技术可分为普通包装、真空包装、无菌包装、除氧包装和充气包装等，主要是为更好地保质和提高整体的经济性能。

材料工业的发展不仅为茶叶包装提供了良好的物质条件，推动了整个茶叶包装业的发展和更新换代，形成新一代的包装方法。如多层复合材料的出现，使茶叶充氮保质包装走上了普及阶段，其成本、包装和使用都要比铁听好得多。目前，茶叶包装使用的新型薄膜大多气体阻隔性能良好，能较好地防止水蒸气侵入以及包装内茶叶香气的溢散，符合包装食品的卫生标准。另外，复合薄膜作为茶叶包装材料，虽然它的成本较高，但是一种优良的包装材料。现阶段常用的薄膜主要有：普通玻璃纸、聚乙烯薄膜（有高、低压或低、高密度之分）、聚丙烯薄膜、聚酯薄膜、尼龙薄膜及用这些材料三层甚至五层复合的复合包装薄膜，如玻璃纸／聚乙烯复合薄膜、拉伸聚丙烯／聚乙烯／未拉伸聚丙烯复合薄膜等。

对于一些名茶，因价值较高，批量又相对较少，故贮藏方面还有一些简便易行、经济实用的方法。

1）石灰块和硅胶贮藏法

某些优质绿茶如西湖龙井、洞庭碧螺春、黄山毛峰、景宁惠明茶常采用本方法保贮。它是利用石灰块的吸湿性，使茶叶保持充分干燥，以延缓变质。方法是选用口小腰大，不易漏气的陶坛作为盛具。贮放前将坛洗净、晾干，用粗草纸衬垫坛底。用白细布制成石灰袋，内装石灰块，每袋约 0.5 kg。把待藏茶叶内包柔软白纸，外扎牛皮纸，每包重约 0.5 kg。置包扎好的茶包于坛内四周，中间嵌入 1 ~ 2 只石灰块袋，在其上覆盖已包装好的茶叶。装满坛子后，用数层厚草纸密封坛口，压上砖块或厚木板，使之减少空气交换量。根据袋内石灰潮解程度，每隔一段时间换石灰 1 次，一般当手捻石灰即碎时就需更换新的石灰。这种方法可使茶叶在一年内基本保持原有的色泽和香气。为减少更换石灰的麻烦，也可以改用硅胶，当硅胶呈粉红色时取出烘干（即呈绿色）又可重复使用。

2）炭贮法

乌龙茶和有些红茶经常采用本方法。方法和原理大体与石灰块贮藏法相同，只是吸湿物质为木炭。其方法如下：将木炭（白炭）燃烧后用火盆或瓦罐掩覆其上，使其无氧助燃而熄灭；取洁净布包装前法处理的木炭约 100g，置于盛茶瓦罐或小口铁皮桶中。装入用纸包扎好的茶叶，罐口或桶口以松软纸张盖好，压上平整砖块或木板，以防止茶香外泄和外界潮湿空气浸入，一般可以取得较好的保贮效果。

3）抽气充氮包装贮藏

这是近年来名茶保贮的主要方法，尤其是小包装名茶多用此法。先把欲保藏的茶叶烘到水分含量为 3% ~ 5%，置入镀铝复合袋中，袋口用热封口设备封装牢固。用呼吸式抽气充氮机抽出包装袋内的空气，同时充入纯氮气，加封好封口贴，放置于茶箱，最好是加大包装后送入低温冷库保藏。前者一般可以保存 8 个月，送入冷库可以一年仍较好地保持品质。

4）冷藏法

将绿茶、乌龙茶保存在温度5℃左右的冷库、冰箱或者冷柜中，色泽到次年依然不变；但是黑茶需要通风环境，不适合存放在冰箱或者冷柜中。另外，大企业在夏天如果没有冷库，也可以采用空调房存放的办法，减缓高温对茶叶品质的影响。

5）罐贮法

本方法采用目前市售的各种马口铁听，或是原来放置其他食品或糕点的铁听、箱，最好是有双层铁盖的，这样有更好的防潮性能。该贮藏方法简单方便，取饮随意，是当前家庭贮茶较流行和常用的方法。一般只要把买回的茶叶放入洁净的铁听中即可。为了能更好地保持听内干燥，可以放入1～2小包干燥的硅胶。如果是新买的铁罐或是原先存放过其他物品有气味的铁罐，可用少许茶叶末子先置于听内，盖好盖，停放数天，这样一般可以把异味吸尽。另外，也可以用手压住茶末轻轻来回擦听壁数次，同样可以除去异味。装有茶叶的铁听最好置于阴凉处，不能有直射阳光，或放置潮湿、有热源的地方，这样可以防止铁听生锈，更能减缓听内茶叶陈化、劣变的速度。

6）塑料袋贮藏法

塑料袋是当今最普遍和通用的包装材料，品种繁多，性能各异，价格低廉，使用方便。因此，可以说用塑料袋保管茶叶是目前家庭存放茶叶最简便、最经济实用的方法之一，且容量变化比铁听自如。这种方法的要点是选用合适的塑料袋材料。首先，需要食品用包装袋，不能用包装其他非食用物品的袋子。其次，所用塑料袋材料密度要高一些，即选用低压的材料要比选用高压的好。最后，塑料袋要有一定的强度，以厚实一些的为好。另外，所用的袋子本身不应有孔洞和异味。用较柔软的净纸把茶叶包装好，再置入塑料袋内。如遇一时不饮用的茶叶，可用以下方法封口：取直尺一把，蜡烛一支，把塑料袋口叠在需封口处，放在烛光上方的适当距离缓慢移动，即可封好袋口。为减少香气散失和提高防潮性能，可以再套上一层塑料袋，依上法再封好口。如果是名贵茶叶，又需做较长期的保管，特别是炎热的南方，若能放到冰箱冷藏室，那么即使放上一年，茶叶仍然可以芳香如初、色泽如新。一般经第一次包装后再反向套上一只塑料袋，用绳子扎牢，放在阴凉干燥处，同样可以收到令人满意的效果。

7）热水瓶贮藏法

热水瓶能保温，主要是由于其瓶胆中间真空和壁上镀有反射系数很高的镀层，两者缺一其保温性能就大为下降。然而，保温性能不佳的热水瓶，用来贮茶，仍不失为有效的器皿，可变废物为有用之材。把热水瓶内的水放光，阴凉干燥，装入欲保存的茶叶，尽量把瓶胆的空间装满，盖好塞子。若一时不饮用，可用蜡封口，这样可以保存数月，茶叶仍如新。利用这种热水瓶胆时，最好隔层不能破损。当然，瓶口破损，不能封口，更加不能使用。用新的、保温性能良好的热水瓶，当然更好，但贮茶效果差别不大。因此，还是利用欲废弃的瓶胆更为经济。

第二节　正确泡茶

泡茶本质上就是将茶叶内含成分充分浸出至茶汤中的过程。水的质量、茶叶的选择、冲泡的方法等直接影响到茶叶内含成分的浸出含量，影响到茶汤色、香、味以及其保健效果。

一、水质对泡茶效果的影响

"水为茶之母"，茶汤品质的好坏，即溶解在茶汤中对人体有益物质的含量多少和茶汤的滋味、香气、色泽都必须通过用水冲泡后来品尝、鉴定，因此水之于茶，关系至为密切[7]。明代的许次纾在《茶疏》中说："精茗蕴香，借水而发，无水不可与论茶也。"明代张大复在《梅花草堂笔谈》中说："茶性必发于水，八分之茶，遇十分之水，茶亦十分矣；八分之水，试十分之茶，茶只八分耳。"可见水能直接影响到茶质，如泡茶水质不好，就不能很好地反映出茶叶的色、香、味，尤其是对滋味的影响更大。

根据水中所含钙、镁离子的多少，可将天然水分为硬水和软水两种，即把溶有比较多量的钙、镁离子的水叫作硬水，把只溶有少量或不溶有钙、镁离子的水叫作软水，世界卫生组织推荐的生活用水硬度不超过 100 mg/L，我国现行国家标准为 450 mg/L。如果水的硬性是由含碳酸氢钙或碳酸氢镁引起的，这种水叫作暂时硬水。暂时硬水经过煮沸以后，所含的碳酸氢盐就分解生成不溶性的碳酸盐而大部分析出，也就是说，水的硬性就可以去掉，成为软水。如果水的硬性是由含钙或镁的硫酸盐或氯化物引起的，这种水的硬性就不能用加热的方法去掉，这种水叫作永久硬水。饮茶用水，以软水为好。软水泡茶，茶汤明亮，香味鲜爽；用硬水泡茶则相反，会使茶汤发暗，滋味发涩。如果水质含有较大的碱性或是含有铁质的水，就能促使茶叶中多酚类化合物的氧化缩合，导致茶汤变黑，滋味苦涩，而失去饮用价值。

水的硬度影响水的 pH 值，茶叶汤色对 pH 值高低很敏感，当 pH 值小于 5 时，对红茶汤色影响较小。如超过 5，总的色泽就相应地加深，当茶汤 pH 值达到 7 时，茶黄素倾向于自动氧化而损失，茶红素则由于自动氧化而使汤色发暗，以致失去汤味的鲜爽度。用非碳酸盐硬度的水泡茶，并不影响茶汤色泽，这同用蒸馏水泡茶相近，汤色变化甚微；但用碳酸盐硬度的水泡茶，汤色变化很大，钙镁等酸式碳酸盐与酸性茶红素作用形成中性盐，使汤色变暗，如将碳酸盐硬度的水通过树脂交换进行软化，即钙被钠取代，则水变成碱性，用此法软化的水，pH 值达到 8 以上，用这种方法处理的水泡茶，汤色显著发暗，因为 pH 值增高，产生不可逆的自动氧化，形成大量的茶红素盐。所以泡茶用水，pH 值在 5 以下，红茶汤色显金黄色，用天然软水或非碳酸盐硬度的水泡茶，能获得同等明亮的汤色。

另据日本西条了康对水质与煎茶品质关系的研究，水的硬度对煎茶的浸出率有显著影响。硬度 40 度的水浸出液的透过率仅为蒸馏水的 92%，汤色泛黄而淡薄。用蒸馏水沸水溶出的多酚类有 6.3%，而硬度为 30℃ 的水，多酚类只溶出 4.5%，因为硬水中的钙与多酚类结合起着抑制溶解的作用。同样，与茶味有关的氨基酸及咖啡碱也会使水的硬度增高而浸出率降低。可见，硬水冲泡茶叶对浸出的汤色、滋味、香气都是不利的。蒸馏水冲泡茶叶之所以比硬水好，因蒸馏水中含少量空气和 CO_2 外，基本上不含其他溶解物，这些气体在水煮开后即消失了；而河水，尤其是硬水，一般含矿物质较多，对茶叶品质有不好的影响。

彭乃特（Punnett，P.W.）和费莱特门（Fridman，C.B.）的实验证明水中矿物质对茶叶品质有较大的影响：

（1）氧化铁：当新鲜水中含有低价铁 0.1mg/L 时，能使茶汤发暗，滋味变淡，愈多影响愈大。如水中含有高价氧化铁，其影响比低价铁更大。

（2）铝：茶汤中含有 0.1mg/L 时，似无察觉；含有 0.2mg/L 时，茶汤产生苦味。

（3）钙：茶汤中含有 2mg/L，茶汤变坏带涩；含有 4mg/L，滋味发苦。

（4）镁：茶汤中含有 2mg/L 时，茶味变淡。

（5）铅：茶汤中加入少于 0.4mg/L 时，茶味淡薄而有酸味，超过时产生涩味，如在 1mg/L 以上时，味涩且有毒。

（6）锰：茶汤中加入 0.1～0.2mg/L，产生轻微的苦味，加到 0.3～0.4mg/L 时，茶味更苦。

（7）铬：茶汤中加入 0.1～0.2mg/L 时，即产生涩味，超过 0.3mg/L 时，对品质影响很大，但该元素在天然水中很少发现。

（8）镍：茶汤中加入 0.1mg/L 时就有金属味，水中一般无镍。

（9）银：茶汤中加入 0.3mg/L 即产生金属味，水中一般无银。

（10）锌：茶汤中加入 0.2mg/L 时，会产生难受的苦味，但水中一般无锌，可能由于锌质自来水管接触而来。

（11）盐类化合物：茶汤中加入 1～4mg/L 的硫酸盐时，茶味有些淡薄，但影响不大；加到 6mg/L 时，有点涩味。在自然水源里，硫酸盐是普遍存在的，有时多达 100mg/L，如茶汤中加入氯化钠 16mg/L，只使茶味略显淡薄，而茶汤中加入亚碳酸盐 16mg/L 时，似有提高茶味的效果，会使滋味醇厚。

因此，一般泡茶用水要求清洁、无异臭和异味，水的硬度不超过 8.5 度，色度不超过 15 度，pH 值在 6.5 左右，不含有肉眼所能看到的悬浮微粒，不含有腐败的有机物和有害的微生物，浑浊度不超过 5 度，其他矿物质元素含量均要符合我国"生活饮用水卫生标准 GB5749-2006"的要求。

城市自来水，有时漂白粉用量过多，可先将其贮在缸中静置过夜，让氯气自然逸出后使用，不然自来水中的次氯酸氧化能力很强，会将茶叶中的化合物氧化，破坏其营养成分，并且色泽变暗。某些地方气候炎热，因城市自来水输水管道密封不严导致空气进入形成铁锈的现象时有发生，对于这种水最好能用过滤器过滤后使用。

二、茶叶中可溶性物质的种类及其浸出规律

茶叶能溶于热水的物质通常称为水浸出物。水浸出物的主要成分是茶多酚、氨基酸、咖啡碱、水溶性果胶、可溶糖、水溶蛋白、水溶色素、维生素和无机盐等。冲泡条件不同，各种成分的浸出率是不同的，有些成分易于浸出，有些成分较难浸出，这与各种物质的溶解特性密切相关。一般来说，溶质分子愈小、亲水性越大、在茶叶中含量越大，扩散常数愈大。如咖啡因与茶多酚相比，咖啡因分子小，亲水性好，因此扩散常数较大，即咖啡因比茶多酚更易浸泡出来；同理，氨基酸也易于浸泡。各成分在茶叶中的含量差别较大，如茶红素含量高于咖啡因，因而其在茶/水两相的浓度差较大，推动力也较大，从而浸出速率就快。

同时，茶叶形状、浸提温度、时间和茶水比对茶叶冲泡过程中浸出率都有不同程度的影响，主次效应顺序为茶水比＞浸提时间＞浸提温度。

1．茶叶形状、大小和加工方法对泡茶效果的影响 [8]

茶汤浸出率与茶叶的整碎、加工方法有很大关系。Price 和 Spiro 将红茶为原料筛分成不同的大小颗粒，研究 80℃、200ml 水、4g 茶的浸出条件下茶黄素和咖啡碱的浸出速率，结果表明，茶叶颗粒 850～1000μm 的速率常数为 500～600μm 时的 2.2 倍。所以，茶叶颗粒越小，固体与液体间的表面积越大，溶剂由颗粒内扩散至颗粒表面的距离短，

从而浸出速率快。

不同加工方法对叶片组织结构甚至细胞结构的挤压、切碎、摩擦等外力作用程度不同，也造成浸出速率的不同，同等级鲜叶分别制成直接烘干叶、烘青、炒青绿茶，其茶多酚含量浸出速率也明显不同，浸出速率分别是 0.28g/min、1.21g/min 和 1.58g/min。未经揉捻直接烘干的茶叶因其叶片结构完整，其茶汁未被揉出，因此内含物质最不容易浸出，烘青茶与炒青绿茶因加工过程的揉捻、切碎、摩擦等外力的不同，浸出速率而有所不同，细胞破碎率越高的茶浸出率也越高，浸出速率也越快。

2．水温对泡茶效果的影响[9]

泡茶温度会影响茶叶内含物的溶解度，水温升高，可溶性物质的溶解度升高，浸出速率加快。同时，温度也影响茶叶可溶物质在茶水两相之间的分离常数和扩散系数。温度升高，分子运动加速，而溶液的黏度则降低，从而扩散速率加快。因此，一般情况下，水浸出物及茶多酚、氨基酸、咖啡碱的含量及浸出速率均随着水温的提高而增加（见表7-3）。

表7-3 不同水温对茶叶主要成分泡出量的影响（%）

样品	成分	100℃		80℃		60℃	
		含量	相对	含量	相对	含量	相对
龙井特级	水浸出物	16.66	100	13.43	80.61	7.49	44.96
	游离氨基酸	1.81	100	1.53	87.29	1.21	66.85
	多酚类化合物	9.33	100	6.70	71.81	4.31	46.20
龙井一级	水浸出物	21.83	100	19.50	89.23	14.16	64.86
	游离氨基酸	2.20	100	1.97	89.55	1.54	70.00
	多酚类化合物	11.29	100	8.36	74.05	5.59	49.51

（资料来源：中国农业科学院茶叶研究所王月根等，1980年）

表7-3 所示以100℃的沸水泡出的水浸出物为100%，80℃热水的泡出量为80%，60℃温水的泡出量只有45%。沸水与温水冲泡后的水浸出物含量相差一倍多，游离氨基酸及多酚类物质的溶解度与冲泡水温完全呈正相关，但两者溶解度变化并不完全相同。比较而言，较低温度下，游离氨基酸比多酚类化合物溶解度更大，因此较低温度下的酚氨比较小。酚氨比是茶汤中茶多酚总量与氨基酸总量之比。茶多酚和氨基酸是茶叶品质成分中含碳化合物和含氮化合物的突出代表，其比值是绿茶茶汤滋味醇度的重要指标。当茶多酚与氨基酸达到一定水平时，较低的酚氨比可获得鲜醇的滋味。因此，较低温度浸泡鲜嫩绿茶可获得较鲜醇的滋味。但低温浸泡时水浸出物总量下降，即茶汤内含物较少，也会有滋味单薄之感。温度越高时，氨基酸的浸出速度快且量多，但长时间保持高

温，它会与糖类发生反应，导致茶汤溶液变褐、色变浓，而且氨基酸总量也会减少。因此，泡茶效果还需要结合浸泡时间来综合分析。

许多研究表明，茶叶中氟的浸出与冲泡水温相关。一般而言，随着水温的升高，氟浸出率增加，并随温度继续上升至 80～90℃时而趋于平衡；当浸提温度较低时，氟的浸出率与之呈正相关，在浸提温度为 97℃左右时，氟的浸出率达最大值，而后随着温度的升高而缓慢降低。

3. 冲泡时间对泡茶效果的影响 [9]

浸出速率即茶叶内某一成分扩散至水溶液中的速率。茶叶内含物浸出的速率可用动力学方程式来表达和解释。某一成分在浸出过程的最初阶段，该成分在溶液中的浓度是较小的，因此其浸出速率符合方程零级动力学方程。用浓度与时间作图，可得到最初时间（阶段）的直线关系。此后浸出速率变小直至接近 0，在浓度与时间图上呈一平滑曲线，最后曲线与时间轴趋向平行，不再变化。反应在茶汤中的浓度变化为开始时水浸出物及茶多酚、氨基酸、咖啡碱以及其他成分含量随着冲泡时间的延长，浸出量随之增大；而增加的速度逐渐变缓，直至达到平衡，不再变化。

另据中国农业科学院茶叶研究所王月根试验资料，以 3g 龙井茶用 150ml 水冲泡 3min、5min、10min，其主要成分泡出量是不同的。

表 7-4　不同冲泡时间对茶叶主要成分泡出的影响

化学成分	3min		5min		10min	
	含量（%）	相对（%）	含量（%）	相对（%）	含量（%）	相对（%）
水浸出物	15.07	74.60	17.15	85.39	20.20	100
游离氨基酸	1.53	77.66	1.74	88.32	1.97	100
多酚类化合物	7.54	70.07	8.98	83.46	10.76	100

（资料来源：中国农业科学院茶叶研究所王月根等，1980年）

表 7-4 显示在 10min 内随着冲泡时间的延长，泡出量随之增多。其中游离型氨基酸因浸出较易，3min 与 10min 浸出量相比出入甚微。多酚类化合物 5min 与 10min 相比，虽冲泡时间加倍，而浸出量增加不到 1/5。冲泡 5min 以后的浸出物，主要是涩味较重的酯型儿茶素成分，这是滋味品质的不利成分。良好的滋味，是在适当的浓度基础上，涩味的儿茶素、鲜味的氨基酸、苦味的咖啡碱、甜味的糖类等呈味成分组成之间的相调和。实践证明，冲泡不足 5min，汤色浅，滋味淡，红茶汤色缺乏明亮度；超过 5min，汤色深，涩味的多酚类化合物特别是酯型儿茶素浸出量多，味感差。尤其是泡水温度高、冲泡时间长，引起多酚类等化学成分自动氧化缩聚的加强，导致绿茶汤色变黄，红茶汤色发暗。

冲泡时间对氟的释放也有很大影响，一般在最初的 5 ～ 6min 内增加十分明显，在30 ～ 60min 之内基本达到平衡；长时间熬煮时，氟的浸出率比传统的冲泡高，而且茶叶氟的浸出率随着茶与水质量比的减小而增加。

4. 冲泡次数对泡茶效果的影响

利用茶叶浸泡初期内含成分浸出速率的不同，可以将其分次冲泡，每次持续较短时间，以达到每泡茶汤中内含成分含量及比例各不相同的效果。

根据中川致之 1970 年试验资料，取上级煎茶 3g，投入小茶壶内，冲入沸水 180ml，泡 2min 后，将茶汤倒出供测定用，第一次泡出的茶再用 180ml 沸水冲入，同样地在2min 后倾出茶汤待测，第三泡茶汤重复同一操作，测定的主要成分见表 7-5。

表 7-5　上级煎茶茶汤主要成分测定（%）

冲泡	氨基酸			儿茶素			咖啡碱		
	泡出量	泡出率	其中茶氨酸	酯型	游离型	泡出量合计	泡出率	泡出量	泡出率
头泡	1.29	66.12	0.88	2.64	2.72	5.36	52.04	1.81	65.10
二泡	0.50	25.50	0.36	1.77	1.27	3.04	29.52	0.80	28.71
三泡	0.17	8.38	0.10	1.28	0.62	1.90	18.44	0.17	6.19
1～3泡合计	1.96	100	1.34	5.69	4.61	10.30	100	2.78	100

（资料来源：陆松侯、施兆鹏主编《茶叶审评与检验》第三版。）

上表所示，绿茶主要呈味成分各次冲泡后的泡出量是：头泡最多，而后直线剧降。各个成分的浸出速度有快有慢，如呈鲜甜味的氨基酸和呈苦味的咖啡碱最易浸出，头泡 2min 的泡出率几乎占总泡出量的 2/3，头泡、二泡共 4min 可浸出量达 90% 以上；而呈涩味的儿茶素浸出较慢，头泡泡出率为 52%、二泡约 30%，头泡和二泡共浸出约 80%，其中滋味醇和的游离型儿茶素与收敛性较强的酯型儿茶素两者浸出速度亦有差别的，以游离型儿茶素的浸出速度较快，头泡、二泡 4min 可浸出 87%，而酯型儿茶素泡出量为 76%。

采用间歇冲泡方法时，氟的浸出率以第 1、2 泡浸出率最高，第 3—6 泡浸出率逐渐下降，到第 7—8 泡时趋于平衡。

5. 茶水比对泡茶效果的影响 [10]

在冲泡过程中，茶量和用水量的多少，对水浸出物的含量和茶汤滋味的浓淡都很有关系。就水浸出物的含量来说，若用茶量相同、冲泡时间相同，因用水量不同，其水浸出物的含量不同。水多则水浸出物含量低，水少则含量高；就汤味来说，茶多水少，则汤浓；反之，茶少水多，则汤淡。国际上审评红、绿茶，一般采用的茶水比例为 1：50。

但审评岩茶、铁观音等乌龙茶，因品质要求着重香味并重视耐泡次数，用特制钟形茶瓯审评，其容量为 110ml，投入茶样 5g，茶水比例为 1∶22。不同茶类泡茶的茶水比见表7-6，不同茶类泡茶的水温见表7-7。

表7-6　不同茶类泡茶的茶水比

茶类	茶水比
名优茶（绿茶、红茶、黄茶、花茶）	1∶50
茶多酚含量低的名优茶 （安吉白茶、太平猴魁）	1∶33
大宗茶（绿茶、红茶、黄茶、花茶）	1∶75
普洱茶	1∶30～50
白茶	1∶20～25
乌龙茶	1∶12～15

（资料来源：童启庆，寿英姿.生活茶艺[M]，金盾出版社，2005）

表7-7　不同茶类泡茶的水温

茶类	水温（℃）
安吉白茶、太平猴魁	第一泡60～65℃
一般名优茶	80～85℃
黄茶	85～90℃
花茶、红茶	95℃
普洱茶	沸水
轻发酵乌龙茶	85～90℃
重发酵重焙火乌龙茶	90～95℃

（资料来源：童启庆，寿英姿.生活茶艺[M]，金盾出版社，2005）

一般杯泡绿茶、红茶、黄茶、茉莉花茶，冲泡 2～3min 饮用最佳，当茶汤为茶杯 1/3 时即可续水。一般白茶、乌龙茶用壶或盖碗泡，首先需要温润泡，然后第1、2、3、4泡依次浸泡茶叶约 1'、1'15''、1'40''、2'15''。一般普洱茶用大壶焖泡法，视温润泡汤色的透明度可进行 1～3 次温润泡。然后冲泡，当茶汤呈葡萄酒色，即可分茶品饮。当浸提时间为5min，茶水比为 1∶50 时，茶样中氟的浸出率较低。

6. 茶叶冲泡溶出物稳定性的变化

茶叶冲泡后，茶汤水浸出物、茶多酚、维生素 C 等含量将发生一系列的物理化学变化，此变化与加热温度、保温时间、茶汤 pH 值以及茶汤中的其他离子等有关。

Wang 等（2000）发现，40℃及其以下温度处理儿茶素类稳定，但80℃以上所有表型儿茶素类都有异构现象。Ito（2003）还发现茶汤在室温避光环境中，异构化和没食子基的水解反应同时进行。

pH 值是影响茶儿茶素稳定性的重要原因。在酸性的条件下，即 pH 值在 3 ～ 6 范围内，有利于茶儿茶素类分子的稳定性。pH 值＞ 8 的时候，绿茶儿茶素类极不稳定，在几分钟后就几乎完全消失。除溶液 pH 值外，其他离子的存在对茶儿茶素类的分子稳定性也有影响。Wang 等在 2000 年发现，高温下茶儿茶素的异构反应在自来水中比在蒸馏水中的更强，认为是由于自来水中存在多种离子的缘故。

茶汤冲泡后，氧化反应促使茶汤颜色加深、变黄，这主要是茶多酚、维生素 C 等氧化作用的结果。茶多酚氧化以后产生黄褐色的氧化聚合物，还原型维生素 C 氧化以后形成黄色氧化性维生素 C，这些物质在高温的水溶液里氧化作用非常快。以茶多酚中的儿茶素和维生素 C 为例，随着加热保温时间的延长和温度的提高，氧化减少是很显著的。温度越高，氧化减少越多。

7. 茶叶冲泡方法举例 [11, 12]

根据上述原理，我们可以针对茶叶原料，选用合适的水，通过控制不同浸泡次数及浸提时间和水温，达到较好的泡茶效果。

沸水冲到未经预热的茶杯中，水温迅速下降。两分钟后，紫砂壶、瓷盖碗和玻璃杯的水温各降为 82.5℃、82.0℃和 85.4℃，四分钟后，降为 79.2℃、78.8℃和 81.2℃；因此，古人泡茶有熠盏程序。目前凡品饮乌龙茶时，通常先将茶瓯、茶壶或饮茶小杯先用开水烫热以提高泡茶水温，准确鉴评其香味优次。

冲泡名优绿茶的水温应根据所冲泡茶叶的嫩度与肥壮程度、饮茶时周围的气温、投茶的方式和品饮者的爱好习惯而有所不同。茶叶嫩度好，冲泡水温应低；茶叶成熟度增加，水温相应提高。一般来说，用单芽和一芽一叶初展制成的细嫩芽叶，冲泡的水温宜控制在 75 ～ 85℃，如特级碧螺春、特级南京雨花茶等；一芽一叶初展至一芽二叶制成的茶叶，冲泡水温宜控制在 85 ～ 95℃；一芽二叶初展至一芽二叶制成的茶叶，水温控制在 95 ～ 100℃，同样嫩度的茶叶肥壮的比细秀的泡茶水温稍高 2 ～ 3℃。而日本的高级玉露茶，因其采用细嫩原料蒸汽杀青，长时磨炒加工，其细胞破碎率高，且该茶所含氨基酸含量很高，为品出其特有的鲜味，宜采用 50℃左右的开水冲泡，中级煎茶用 60 ～ 80℃开水冲泡，一般香茶则用 100℃开水冲泡。

饮茶时，环境温度低于正常室温 5 ～ 6℃，冲泡水温应相应地比常温提高 5℃左右。同样嫩度的茶叶上投法可比下投法水温略高一些。泡茶水温的掌握是茶水良好色泽的形成和内质香气充分发挥的关键，也是泡茶者必须掌握的基本常识。同一只茶，采用不同的水温进行冲泡，其品质在一定的范围内会发生变化，风格略有不同。根据这一特点，泡茶者可根据品饮者的爱好调整泡茶用水的水温。

对 4 省 11 只代表性名优绿茶的冲泡水温与时间，进行了正交试验及不同冲泡时间的单因子比较试验，比较了各因子对香气、汤色、滋味的影响。

冲泡时间和水温对香气的影响，一般表现为冲泡时间短，叶底香气好，且温度越高，这种趋势越明显，如西湖龙井、羊岩勾青，3min、100℃处理明显优于7min、100℃处理。冲泡水温对香气的影响较复杂，一般情况下，温度高有利于香气的挥发，热嗅香气好，但对一些原料特别幼嫩的清香型茶叶（如南京雨花茶）则表现为水温稍低（80℃）的香气优于水温高的，冲泡温度高了，香型则有所变化，鲜爽度也随之降低。但对羊岩勾青和原料成熟度较高的炒青名优绿茶，不同的水温对香气影响就不大。

冲泡时间与水温对汤色的影响也很明显，在温度稍高的情况下（90～100℃），冲泡时间越短，汤色好，明亮度高；而某些茶叶（如开化龙顶等），因内含物不易泡出，冲泡时间延长，反而对汤色有利，如果温度稍低（80℃），时间延长至5min左右，对汤色有利。

不同冲泡时间和水温对滋味的影响最大。开化龙顶、羊岩勾青、西湖龙井在冲泡水温80℃时，尽管感官审评时鲜爽度较好，但浓度和厚度都很低，滋味淡薄，得分较低。南京雨花茶在冲泡水温80℃时，浓度与鲜爽度都好，但浓而不厚，有缺乏内容物之感。随着冲泡水温的提高，各种茶汤的浓度、厚度都明显提高，茶味才真正体现出来。因此，冲泡时间对滋味的影响是因茶而异的。如开化龙顶、羊岩勾青在冲泡水温80～90℃时，以7min处理最好；若水温同是80℃，7min的处理优于5min和3min，5min的优于3min的，冲泡水温在100℃时以5min最好。西湖龙井在冲泡水温80℃时，冲泡时间以5～7min最好；90℃时，以5min最好；100℃时，以3min最好。南京雨花茶在冲泡水温80～90℃时，以4min处理最好；100℃时以3min处理最好。总的来看，在所有处理中，每只茶的滋味高分都出现在冲泡水温100℃的处理。可见，对名优茶的冲泡水温以控制在100℃为妥。

根据全国名优绿茶评比各因子权数的分配比例，计算出香气、汤色、滋味三因子的综合得分。可以看出，开化龙顶的最高分出现在5min、100℃处理，与现行的冲泡条件一致，说明开化龙顶在现行的冲泡条件下最能发挥其品质特征。西湖龙井和羊岩勾青的最高分出现在3min、100℃；南京雨花茶的最高分出现在4min、80℃和3min、100℃。

总之，不同造型的茶，由于其嫩度、形状和观赏性的不同，在茶具的选择、水温的把握和冲泡方式等方面也各不相同。会品茶，还得会泡茶，要掌握好泡茶技艺，就应该学会看茶泡茶，扬长避短，合理运用。

第三节　科学饮茶

茶为国饮，提倡全国人民多饮茶，以茶养生，但前提是科学和正确地饮茶。要根据年龄、性别、体质、工作性质、生活环境以及季节有所选择，多茶类、多品种地领略各种茶。

一、因人因时选择茶叶

茶不在贵，适合就好。人的体质、生理状况和生活习惯都有差别，饮茶后的感受和生理反应也相去甚远，有的人喝绿茶睡不着觉，有的人不喝茶睡不着；有的人喝乌龙茶胃受不了，有的人却没事……因此，选择茶叶必须因人而异。中医认为人的体质有燥热、虚寒之别，而茶叶经过不同的制作工艺也有凉性及温性之分，所以体质各异饮茶也有讲究[13-15]。燥热体质的人，应喝凉性茶；虚寒体质者，应喝温性茶。一般而言，绿茶和轻发酵乌龙茶属于凉性茶；重发酵乌龙茶如大红袍属于中性茶，而红茶、黑茶属于温性茶。一般初次饮茶或偶尔饮茶的人，最好选用优质绿茶，如西湖龙井、黄山毛峰、庐山云雾等。对容易因饮茶而造成失眠的人，可选用低咖啡因茶或脱咖啡因茶。

专家建议，有抽烟喝酒习惯、容易上火及体形较胖的人（即燥热体质者）喝凉性茶；肠胃虚寒，平时吃点苦瓜、西瓜就感觉腹胀不舒服的人或体质较虚弱者（即虚寒体质者），应喝中性茶或温性茶。老年人适合饮用红茶及普洱茶。

另外，气候和季节也是我们选择茶叶的依据。四季饮茶各有不同。春饮花茶，夏饮绿茶，秋饮青茶（乌龙茶），冬饮红茶。其道理在于：春季，人饮花茶，可以散发一冬积存在人体内的寒邪，浓郁的香气，能促进人体阳气发生。在炎热干旱的气候条件下，人们对清凉的需求很高，宜饮绿茶或白茶，因为绿茶和白茶性凉，可以驱散身上的暑气，消暑解渴。绿茶、白茶性味苦寒，可以清热、消暑、解毒、止渴、强心。秋季，饮青茶为好。此茶不寒不热，能消除体内的余热，恢复津液。尤其在气候寒冷的地区，应该选择红茶、花茶、普洱茶，并尽量热饮。这些性温的茶，加上热饮，可以驱寒暖身、渲肺解郁，有利于排解体内寒湿之气。

二、合理的饮茶用量

喝茶并不是"多多益善"，而须适量。饮茶过量，尤其是过度饮浓茶，对健康非常不利。因为茶中的生物碱将使中枢神经过于兴奋，心跳加快，增加心、肾负担，还会影响睡眠。高浓度的咖啡碱和多酚类等物质对肠胃产生刺激，会抑制胃液分泌，影响消化功能。茶水过浓，还会影响人体对食物中铁等无机盐的吸收。

根据人体对茶叶中药效成分和营养成分的合理需求来判断，并考虑到人体对水分的需求，成年人每天饮茶的量以每天泡饮干茶 5 ～ 15g 为宜。泡这些茶的用水总量可控制在 400 ～ 1500ml。这只是对普通人每天用茶总量的一般性建议，具体还须考虑人的年龄、饮茶习惯、所处生活环境、气候状况和本人健康状况等。如运动量大、消耗多、进食量大或是以肉类为主食的人，每天饮茶可多些。对长期生活在缺少蔬菜、瓜果的海岛、高山、边疆等地区的人，饮茶数量也可多一些，这样可以弥补维生素等摄入的不足。而对那些身体虚弱或患有神经衰弱、缺铁性贫血、心动过速等疾病的人，一般应少饮甚至不饮茶。

三、合理的饮茶温度

一般情况下饮茶提倡热饮或温饮，避免烫饮和冷饮[16]。跟平时喝汤饮水一样，过高的水温不但烫伤口腔、咽喉及食道黏膜，长期的高温刺激还是导致口腔和食道肿瘤的一个诱因。所以，茶水温度过高是极其有害的。而对于冷饮，就要视具体情况而定了。对于老年人及脾胃虚寒者，应当忌饮冷茶。因为茶叶本身性偏寒，加上冷饮其寒性得以加强，这对脾胃虚寒者会产生聚痰、伤脾胃等不良影响，对口腔、咽喉、肠道等也会有副作用。老人及脾胃虚寒者可以喝些性温的茶类，如红茶、普洱茶等。

四、不宜喝茶的人群

有些疾病患者或处在特殊生理期的人就不适合饮茶[17]。对神经衰弱患者来说，不要在临睡前饮茶。因为神经衰弱者的主要症状是失眠，茶叶含有的咖啡因具有兴奋作用，临睡前喝茶有碍入眠。

脾胃虚寒者不要饮浓茶，尤其是绿茶。因为绿茶性偏寒，并且浓茶中茶多酚、咖啡碱含量都较高，对肠胃的刺激较强，这些对脾胃虚寒者均不利。

缺铁性贫血患者不宜饮茶。因为茶叶中的茶多酚很容易与食物中的铁发生反应，使铁成为不利于被人体吸收的状态。这些患者所服用的药物多为补铁剂，它们会与茶叶中的多酚类成分发生络合等反应，从而降低补铁药剂的疗效。

活动性胃溃疡、十二指肠溃疡患者不宜饮茶，尤其不要空腹饮茶。原因是茶叶中的生物碱能抑制磷酸二酯酶的活力，其结果使胃壁细胞分泌胃酸增加，胃酸一多就会影响溃疡面的愈合，加重病情，并产生疼痛等症状。

习惯性便秘患者也不宜多饮茶，因为茶叶中的多酚类物质具有收敛性，能减轻肠蠕动，这可能加剧便秘。

处于经期、孕期、产期的妇女最好少饮茶或只饮淡茶。茶叶中的茶多酚与铁离子会发生络合反应，使铁离子失去活性，这会使处于"三期"的妇女易患贫血症。茶叶中的咖啡因对中枢神经和心血管都有一定的刺激作用，加重妇女的心、肾负担。孕妇吸收咖啡因的同时，胎儿也随之被动吸收，而胎儿对咖啡因的代谢速度要比大人慢得多，这对胎儿的生长发育是不利的。妇女在哺乳期不能饮浓茶，首先是浓茶中茶多酚含量较高，一旦被孕妇吸收进入血液后，会使其乳腺分泌减少；其次是浓茶中的咖啡因含量相对较高，被母亲吸收后，会通过哺乳而进入婴儿体内，使婴儿兴奋过度或者发生肠痉挛。妇女经期也不要饮浓茶。茶叶中咖啡因对中枢神经和心血管的刺激作用，会使经期基础代谢增高，引起痛经、经血过多或经期延长等。

五、禁茶或服药期的饮茶问题

从中医的角度看，茶本身就是一味中药，它所含的黄嘌呤类、多酚类、茶氨酸等成分，都具有药理功能，它们也可以与体内同时存在的其他药物或元素发生各种化学反应，影响药物疗效，甚至产生毒副作用[18]。所以，这一问题历来为医家和患者所关注。根据有关文献报道，在服用以下药物时，应禁茶或避开饮茶时间。

1. 中药

中药汤剂和中成药组方的治疗效果是药物中多种成分在一定比例下的综合作用，因此，除特别医嘱或特殊情况下需用茶冲服（如川芎茶调散）外，一般内服汤剂和中成药时均不宜饮茶，以免茶中的一些成分与中药有效成分发生反应或改变其配伍平衡。

2. 含有金属离子的药物，特别是补铁药物

铁是人体必需元素，铁不足将导致缺铁性贫血。人体摄入铁的食物来源主要是肉、鱼、豆类及蔬菜等。饮茶与铁营养关系较为密切。20 世纪 70 年代 Disler 等的研究得出，进食前后大量饮茶可导致铁吸收率下降达 60%。Rasagui 等发现血清中铁蛋白水平与进餐时饮茶呈负相关。国内也有因过度饮茶而导致缺铁性贫血的病例发现。饮茶导致缺铁的机理主要是茶多酚类物质在胃中与三价铁离子形成不溶性沉淀物，从而影响铁剂的吸收和疗效。同时大量多酚类的存在抑制了胃肠的活动，进而减少对铁等营养元素的吸收。

茶叶中的多酚类可与三价铁离子发生络合反应生成难溶性沉淀物，然而这种反应只对非血红素铁起作用，对血红素铁不起作用。此外，由于维生素 B_{12} 与红血细胞形成有关，而茶多酚与维生素 B_{12} 之间存在络合现象，此也可能是助长缺铁性贫血的机理之一。另一方面，茶叶中还存在大量维生素 C 等成分，它们有促进铁吸收的作用。一般认为，

如果饮食中富含鱼肉，由于富含血红素态的铁，所以进餐前后饮茶问题不大；而对以素食为主的人群，其食物中铁含量较少，在这种情况下，进食前后饮茶就有可能导致对铁吸收的减少。为防止缺铁性贫血，我们提倡避开用餐时间饮茶，孕妇、幼儿等特殊人群宜少饮茶、不饮浓茶。

此外，茶多酚类还可与钙剂类（如葡萄糖酸钙、乳酸钙等）、铋剂类（丽珠得乐、碳酸铋等）、钴剂类（维生素 B_{12}、氯化钴等）、铝剂类（胃舒平、硫糖铝等）、银剂类（矽碳银等）等药物相结合，在肠道中产生沉淀，不仅影响药效，而且会刺激胃肠道，引起胃部不适，严重时还可引起胃肠绞痛、腹泻或便秘等。

3. 抗生素类、抗菌类药物

茶叶中的多酚类在肠道内可能会对四环素、氯霉素、红霉素、利福平、强力霉素、链霉素、新霉素、先锋霉素等药物发生络合或吸附反应，从而影响这些药物的吸收和活性。喹诺酮类抗菌药物（如诺氟沙星、培氟沙星等）中含有与茶碱和咖啡碱相同的甲基黄嘌呤结构，其代谢途径类似，所以在服用这些药物时饮茶，茶叶中的咖啡碱和茶碱会干扰体内茶碱和咖啡因的代谢平衡，致使血液中药物浓度上升，半衰期延长，造成人体不适。所以，在服用上述抗生素和喹诺酮类抗菌药物时也不宜饮茶。

4. 助消化酶药物

茶中的多酚类物质能与助消化酶中的酰胺键、肽键等形成氢键络合物，从而改变助消化酶的性质和作用，减弱疗效，故不宜用茶水送服胃蛋白酶片、胃蛋白酶合剂、多酶片、胰酶片等药。

5. 解热镇痛药

安乃近及含有氨基比林、安替比林的解热镇痛药（PPC、散痛片、去痛片等）可与茶中的多酚类发生沉淀反应而影响疗效，故应避免用茶水送服。然而，用热茶送服乙酰水杨酸（阿司匹林）、对乙酰氨基酚（扑热息痛）及贝诺酯等药物，则可以增强它们的解热镇痛效果。

6. 制酸剂

由于茶叶中的多酚类可与碳酸氢钠发生化学反应使其分解，与氢氧化铝相遇可使铝沉淀，故在服用碳酸氢钠、氢氧化铝等药物治疗胃溃疡时，应忌茶。同时还由于西咪替丁可抑制肝药酶系列细胞色素 P450 的作用，延缓咖啡因的代谢而造成毒性反应，所以在服用西咪替丁治疗胃溃疡时，也不能饮茶。

7. 单胺氧化酶抑制剂

此类药物较常用的有苯乙肼、异唑肼、苯环丙胺、优降宁、呋喃唑酮和灰黄霉素，其中苯乙肼、异唑肼、优降宁和呋喃唑酮可透过血脑屏障抑制儿茶酚胺的代谢，促进脑内环磷腺苷（cAMP）的合成；而咖啡碱、茶碱可抑制细胞内磷酸二酯酶的活性，减少cAMP 的破坏，从而易造成严重高血压。故在服用上述单胺氧化酶抑制剂时，不宜大量饮茶。

8. 腺苷增强剂

潘生丁、克冠草、六甲氧苯啶（优心平）、利多氟嗪和三磷腺苷可通过增加血液和心肌中的腺苷含量发挥扩冠作用。咖啡碱和茶碱有对抗腺苷的作用，故用上述腺苷增强剂防治心肌缺血时应禁茶。

9. 抗痛风药

抗痛风药别嘌醇是体内次黄嘌呤的同分异构体，两者均可被黄嘌呤氧化酶催化，前者生成别嘌呤，后者生成尿酸。别嘌醇能与次黄嘌呤竞争黄嘌呤氧化酶，从而抑制尿酸合成，降低尿酸的血浓度，减少尿酸盐在骨、关节和肾脏的沉积，故可治疗痛风。有文献认为饮茶降低别嘌醇的药效，可能与茶中所含黄嘌呤类化合物在体内经黄嘌呤氧化酶催化生成甲基尿酸有关。

10. 镇静安神类药物

茶中所含的咖啡碱、茶碱、可可碱可兴奋大脑中枢神经，在服用眠尔通、利眠宁、安定等镇静、催眠、安神类药物时饮茶，会抵消这些药物的作用，故在服用此类药物时不可饮茶。

11. 其他

茶多酚类可与维生素 B_1、氯丙嗪、次碳（硝）酸铋、氯化钙等生成沉淀。生物碱类药物如小檗碱（黄连素）、麻黄碱、奎宁，苷类药物如洋地黄、洋地黄毒苷、地高辛以及活菌制剂乳酶生，亦可被茶多酚类沉淀或吸附。所以，服用上述药物时也应禁茶。饮茶对许多药物的影响尚不明了，源源不断投入使用的新药与茶叶成分的关系还有待研究和观测，所以，在服用药物时应慎对饮茶。

另外，我们不能饮用含有大量毒素的霉变茶、油漆和樟脑等串味的有毒茶、焦微茶炒制过火的茶叶、变了味的隔夜茶、泡得过久的久泡茶。

六、茶叶中氟的安全性

据卫生部调查，我国大部分地区和城市的饮用水氟含量低于 $0.5\,\mu g/g$，而茶汤中的氟含量可达 5 μg/g。所以，经常饮茶可以弥补饮水缺氟的状况，从而起到预防龋齿等作用。流行病学调查和临床试验证明，在许多地方儿童及成年人适量饮茶可有效降低龋齿发病率。然而，如果摄入的氟过量，则会引起人体氟中毒，出现氟斑牙、氟骨病等症状，同时还可使肾脏等多种内脏功能受到影响。近年来，在西藏牧民中因摄氟量过高而引起的氟中毒现象屡见报道[19]。

茶叶中氟对人体健康的作用，以前较多的文献中都提到其对防治龋齿的功效，自从20 世纪 80 年代由国家卫生部组织的专家组的系统调查研究证实了饮茶型氟中毒现象后，更多的文献和研究是关于茶叶中过高的氟对人体健康的危害。茶叶中的氟对人体健康的作用到底如何，关键是氟含量的高低和摄入量的多少。大量的测定数据表明，大部分茶叶的氟含量一般情况下不至于造成对健康的危害，存在的问题主要是砖茶以及采用煮熬泡制的饮茶方式。粗老茶叶原料与长时间熬煮的泡茶方式，是氟浸出率提高导致边疆牧区人们较多发生氟中毒的原因之一。为了解决茶叶高氟所造成的饮茶负面效应，可以从以下几方面努力：①选育低氟富集特性的茶树品种；②适当提高黑茶制茶原料的嫩度；③加工过程中采取除氟工艺也可有效降低氟含量，如茶叶加工中把揉捻叶用 60℃的水处理 1min，茶叶中的氟含量可显著下降，而茶叶品质成分损失不大；④适当缩短煮茶时间，以减少氟的浸出率；⑤研制高效安全的除氟添加物也是解决高氟问题的有效方法，对此已有初步成果，如蛇纹石、复合化学除氟配方等能够消除 20% ～ 40% 的可溶性氟。

七、茶叶中咖啡碱的两面性

咖啡碱是茶叶中最主要的生物碱，含量一般占干茶的 2% ～ 4%。它是茶叶品质特征成分之一，还与茶的许多保健功效有关，具有强心、利尿、兴奋中枢神经等生理作用。对茶叶中咖啡碱的功与过，应该从茶叶整体成分组合的角度去认识，茶叶保健功能的实现是各机能成分相互协调的结果。茶汤中与其他成分混合存在下的咖啡碱与单纯成分的咖啡碱是有区别的，前者由于其较低的浓度和与其他成分的相互制约，对人体健康是安全的，并对茶叶的提神、抗疲劳、利尿、解毒等功能作出主要贡献。但如果不合理饮茶，其咖啡碱等成分就有可能起到危害健康的作用。所以，就咖啡碱而言，饮茶时应注意以下几点：

（1）临睡前不要饮茶，特别是不要饮浓茶，以免造成失眠。

（2）对某些疾病患者，如严重的心脏病及神经衰弱等，也应避免饮浓茶或饮茶太多，尤其不要晚上饮茶，以免加重心脏负荷。由于咖啡碱可诱发胃酸分泌，所以胃溃疡患者一般也不宜饮浓茶。

（3）不要在服用某些药物的同时饮茶，茶叶中的咖啡碱有可能与其发生反应，从而产生不良后果。

参考文献

[1] 安徽农业学院. 制茶学 [M]. 2 版. 北京：中国农业出版社，1999：18-24.

[2] 陆松侯，施兆鹏. 茶叶审评与检验 [M]. 北京：中国农业出版社，2005.

[3] 陈杖洲，陈培钧. 浅议茶叶的分类及其品种花色（下）[J]. 茶世界，2007（1）:37-38.

[4] 商业部杭州茶叶加工研究所. 茶叶品质理化分析 [M]. 上海：上海科学技术出版社，1989.

[5] 龚淑英，屠幼英. 品茶与养生 [M]. 北京：中国林业出版社，2002.

[6] 茶叶贮藏与保鲜 [J]. 中国茶叶，2008（3）:9.

[7] 吴觉农. 茶经述评 [M]. 北京：中国农业出版社，2005.

[8] 罗龙新. 影响茶叶可溶性物质浸出的因素分析 [J]. 饮料工业，2001（6）:22-26.

[9] 严鸿德，汪东风. 茶叶生产加工技术 [M]. 北京：中国轻工业出版社，1998.

[10] 童启庆，寿英姿. 生活茶艺 [M]. 北京：金盾出版社，2005.

[11] 龚淑英，沈培和，顾志蕾，等. 名优绿茶冲泡水温及时间对感官品质的影响 [J]. 茶叶科学，1999（1）:67-72.

[12] 龚淑英，朱晓玲. 名优绿茶的造型加工方法和泡茶艺术 [J]. 中国茶叶加工，2000，3：12-14.

[13] 沈红. 漫谈合理饮茶 [J]. 中国茶叶加工，1999，2:46.

[14] 柴奇彤，孙婧. 科学饮茶 [J]. 中国食品，2009，22: 48-49.

[15] 姚国坤，陈佩芳. 饮茶健身全典 [M]. 上海：上海文化出版社，1995.

[16] 熊江鸿. 泡茶饮茶温度与营养健康 [J]. 农业考古，1996，2:157-158.

[17] 朱永兴，Hervé Huang，杨昌云. 饮茶不当对健康的危害：现象、机理及对策 [J]. 科技通报，2005，5：571-576.

[18] 王雨竹. 科学饮茶"十不宜" [J]. 东方食疗和保健，2006，12：20.

[19] 朱永兴，王岳飞. 茶医学研究 [M]. 杭州：浙江大学出版社，2005.

附　录

常见食物能量表

五谷类

食品	数量	热量(kcal)
白饭	1碗(135g)	200
粥	1碗(135g)	70
米粉	1碗(135g)	132
通心粉	1碗(135g)	132
面	1碗(135g)	280
方便面	1包(100g)	470
白面包	1片	120
法式面包	1片	80
甜饼干	2片	185
甜面包	1个	210
咸面包	1个	170

肉类

食品	数量	热量(kcal)
瘦火腿	2片(60g)	70
烤猪扒	(去肥)60g	135
煎猪扒	100g	450
烧牛肉	(薄瘦)90g	175
午餐肉	1/4罐	350
煎香肠(牛)	2条	375
煎香肠(猪)	2条	440
热狗肠	1条	150
白切鸡脾	1只(100g)	200
烧鸭	1份(120g)	356

蛋类

食品	数量	热量(kcal)
鸡蛋	1只	80
煎蛋	1只	136

蔬果类

食品	数量	热量(kcal)
苹果(中)	1个	55
橙(中)	1个	50
香蕉	1只	80
提子(大)	10粒	50
芒果(大)	1个	125
荔枝	8粒	85
西柚	1个	40
杨桃	1个	55
牛油果(小)	1个	380
雪梨	1个	45
新鲜菠萝	1片(120g)	50
西瓜	1片(240g)	40
哈密瓜	1片(240g)	60
奇异果	1个	30
杏梅(中)	1个	45
桃(大)	1个	45
柿子(中)	1个	90
葡萄干	1大匙	50
胡萝卜	160g	60

海鲜类

食品	数量	热量(kcal)
鱼柳	120g	110
白灼虾(中)	10只	100
蟹肉(滚热)	100g	120
蟹肉(生)	100g	14
带子	100g	100
墨鱼	100g	50
烟三文鱼	100g	130
鳗鱼	100g	340
鳕鱼	100g	75
鲱鱼	100g	220
大比目鱼	100g	90
烟鱼	100g	130
龙虾肉	100g	120
秋刀鱼	100g	240

奶类

食品	数量	热量(kcal)
鲜奶	250ml	163
脱脂奶	250ml	82
高钙低脂奶	234ml	140
全脂奶	30g	147
脱脂奶	2g	71
淡奶	120ml	190
炼奶	120ml	386
保鲜装奶	250ml	155
朱古力奶	250ml	183
芝士片	1片	80
低脂芝士片	1片	54
雪糕	1杯	165
酸奶酪	1杯	200
原味乳酪	1杯	92
乳酸菌饮料	1/2杯	70

调味类

食品	数量	热量(kcal)
油	1汤匙	20
牛排酱	1汤匙	20
番茄酱	1汤匙	20
沙律酱(法式)	1汤匙	60
沙律酱(千岛)	1汤匙	60

糖类

食品	数量	热量(kcal)
白糖	1汤匙	35
蜂蜜糖	1汤匙	60
果糖糖浆	1汤匙	50

油类

食品	数量	热量(kcal)
花生油	1汤匙	135
粟米油	1汤匙	135
牛油	20g	190
辣油	1汤匙	120

饮料类

食品	数量	热量(kcal)
日本酒	1/2杯	110
啤酒	1杯	80
威士忌	30ml	70
白兰地	30ml	70
红酒	1/2杯	80
番茄汁	1杯	35
天然橙汁	1杯	80
天然苹果汁	1杯	90
果菜汁	350ml	95
朱古力	1杯	30
可乐	1罐	110
茶	1杯	⟨1
罐装咖啡	190ml	67
红茶	350ml	104
柠檬水	350ml	136
乳酸饮料	350ml	154
奶茶	350ml	104
甜豆奶	250ml	120
菊花茶	250ml	90

豆类

食品	数量	热量(kcal)
豆腐皮	1/2片	40
板豆腐	1/4块	60
嫩豆腐	1/4块	50
油豆腐	1/4块	80
马豆	100g	340
腰豆	100g	336
红豆	100g	341
黄豆	100g	400
罐头茄汁豆	100g	58
盒装豆腐	400g	252
腐竹	100g	387
甜竹	100g	339
枝竹	20g	77
豆腐花	100g	62
豆腐泡	1件	20

茶叶中的无机矿质元素

矿质元素	每日饮茶10g摄入的数量(mg)	对人体保健的作用
钾	140～300	维持体液平衡
镁	1.5～5	保持人体正常的糖代谢
锰	3.8～8	参与多种酶的作用，与生殖和骨骼有关
氟	1.5～5	预防龋齿，有助于骨骼生长
铝	0.4～1	并非必需
钙	3～4	有助于骨骼生长
钠	2～8	维持体液平衡
硫	5～8	与循环代谢有关
铁	0.6～1	与造血功能有关
铜	0.5～0.6	参与多种酶的作用
镍	0.05～0.28	与代谢有关
硅	0.2～0.5	与骨骼发育有关
锌	0.2～0.4	有助于生长发育
铅	极微量	并非必需
硒	微量	参与某些酶的作用和增强免疫功能

茶叶中的部分维生素含量

维生素	含量（$\mu g/g$）	对人体保健的作用
C	2500（绿茶） 1000（乌龙茶） 500以下（红茶）	参加氧化还原反应，参与促进胶原蛋白和粘多糖的合成
B_1	0.7～1.5	构成脱羧酶的辅酶，参加糖的代谢
B_2	12～17	作为辅酶在体内物质代谢过程中传递氢
尼克酸	35～70	在细胞生理氧化过程中起传递氢作用
叶酸	0.5～0.75	抗贫血；维护细胞的正常生长和免疫系统的功能
泛酸	10～20	抗应激、抗寒冷、抗感染、防止某些抗生素的毒性
生物素	0.5～0.8	参与固碳作用及羧基转移反应
P	3400	并非必需
肌醇	7000～12000	并非必需
A	160～250	维持正常视力；维持上皮细胞组织健康
E	500～1000	维持正常的生殖能力和肌肉正常代谢；维持中枢神经和血管系统的完整
K	10～40	止血

图书在版编目（CIP）数据

　　茶与健康 / 屠幼英，何普明主编. — 杭州 ：
浙江大学出版社，2021.3（2022.1重印）
　　（茶书院系列藏书）
　　ISBN 978-7-308-21104-8

　　Ⅰ．①茶… Ⅱ．①屠… ②何… Ⅲ．①茶—关系
—健康 Ⅳ．①TS971

　　中国版本图书馆CIP数据核字（2021）第029696号

茶与健康

屠幼英　　何普明　主编

策划编辑	陈丽霞
责任编辑	何　瑜
责任校对	俞亚彤　　周星娣
装帧设计	杭州林智广告有限公司
出版发行	浙江大学出版社
	（杭州市天目山路148号　　邮政编码　310007）
	（网址：http://www.zjupress.com）
排　　版	杭州林智广告有限公司
印　　刷	浙江新华印刷技术有限公司
开　　本	787mm×1092mm　1/16
印　　张	21
字　　数	396千
版 印 次	2021年3月第1版　2022年1月第2次印刷
书　　号	ISBN 978-7-308-21104-8
定　　价	68.00元